自动化专业本科系列教材

GONGPEIDIAN JISHU

供配电技术

主　编　海　涛

副主编　周　玲　丁伟国　周雪春　张镱议

参　编　韦善革　朱浩亮　李珍珍　龚文英

李　奋　石　磊　陈明媛　覃　汉

曹先省　周明雨　周楠皓

主　审　李啸骢　龙　军

重庆大学出版社

内容提要

本书介绍了供配电系统的基本知识和理论、计算方法、运行和管理,反映供配电领域的新技术和新产品。主要包括供配电系统和电力系统的基本知识、电力负荷计算及无功功率补偿、三相短路分析、短路电流计算、供配电系统高低压电气设备的选择与校验、电力线路、供配电系统的继电保护、变电所二次回路及自动装置、电气安全、防雷和接地、电气照明、供配电系统的运行和管理等。

本书可作为自动化及相关专业本科生和研究生的教科书,也可作为相关工程技术人员的参考用书。

图书在版编目(CIP)数据

供配电技术/海涛主编.—重庆:重庆大学出版社,2017.2(2023.7 重印)
自动化专业本科系列教材
ISBN 978-7-5689-0263-2

Ⅰ.①供… Ⅱ.①海… Ⅲ.①供电系统—高等学校—教材②配电系统—高等学校—教材 Ⅳ.①TM72
中国版本图书馆 CIP 数据核字(2017)第 020661 号

供配电技术

主　编　海　涛
副主编　周　玲　丁伟国
　　　　周雪春　张镱议
主　审　李啸骢　龙　军
策划编辑:曾显跃
责任编辑:文　鹏　姜　凤　　版式设计:曾显跃
责任校对:谢　芳　　　　　　责任印制:张　策

*

重庆大学出版社出版发行
出版人:饶帮华
社址:重庆市沙坪坝区大学城西路 21 号
邮编:401331
电话:(023) 88617190　88617185(中小学)
传真:(023) 88617186　88617166
网址:http://www.cqup.com.cn
邮箱:fxk@ cqup.com.cn (营销中心)
全国新华书店经销
POD:重庆愚人科技有限公司

*

开本:787mm×1092mm　1/16　印张:21　字数:524 千
2017 年 2 月第 1 版　　2023 年 7 月第 2 次印刷
ISBN 978-7-5689-0263-2　定价:55.00 元

本书如有印刷、装订等质量问题,本社负责调换
版权所有,请勿擅自翻印和用本书
制作各类出版物及配套用书,违者必究

前言

随着供电系统的一次设备制造技术不断提升，其结构与控制的技术水平也不断提高，传统的供电技术与理论知识必须进行改造和提升，以确保供电系统能够安全、可靠地运行，避免给国民经济和人民生活造成不必要的损失。笔者根据多年来从事工矿企业供电技术教学与科研工作的经验和体会，编写了这本《供配电技术》专业教材，使之既有传统的理论分析，又有先进的应用技术。

供电系统是电力系统的一个重要环节，由电气设备及配电线路按一定的接线方式组成。供电系统概念上虽属于电力系统的终端，但它的安全运行与否，直接关系到电力系统的安全稳定运行，关系到国民经济的发展和人民生命财产的安全。随着科学技术的发展，计算机监控与保护、嵌入式微处理器、电力电子等先进技术已广泛应用到供电系统保护与控制领域，形成了目前较流行的柔性现代供电系统。

全书内容共分为11章，第1章供电系统基本概念；第2章工厂电力负荷及其计算；第3章短路电流计算；第4章供配电一次系统；第5章电力线路；第6章供配电系统二次接线；第7章继电保护；第8章电气安全与防雷接地；第9章节约用电与电力谐波；第10章工厂电气照明；第11章漏电保护和防窃电一般常识。本书每章开头有内容提要，结尾有小结和习题，部分地方还提供实物图，便于教学和自学。

本书的编写工作开始于2015年7月，由广西大学电气工程学院硕士生导师教授级高级工程师海涛任主编，广西大学电气工程学院博士生导师李啸骢教授、龙军教授为主审，广西大学电气工程学院张镱议副教授、韦善革讲师，广西桂越电力科技有限公司丁伟国、周雪春，广西电力职业技术学院周玲任副主编。本书参与编写工作的还有南宁学院朱浩亮、李珍珍，广西中烟李奋、石磊，广西大学电气工程学院龚文英、陈明媛、曹先省、周明雨、周楠皓。广西华银铝业有限公司教授级高工覃汉对本书的编写提出许多宝贵意见，广西大学海涛负责全书编写和统稿工作。

本书可作为自动化专业及相关专业本科生和研究生的教科书，也可作为从事相关工程技术人员的参考用书。

在本书的编写过程中，海蓝天、李朝伟、王路、纪昌青等人为本书的撰写做了大量工作，广西桂越电力科技有限公司是一家专业从事电表箱、配电箱、高低压成套、智能电子封印、防窃电系统、电力计量仪表、用电管理终端等设备研发、生产、销售及服务于一体的高新技术企业，对编撰本书给予了大力支持，另外广西地凯科技有限公司也提供了帮助。在此对他们的辛勤工作表示感谢。

由于时间紧迫，编者水平有限，书中谬误之处在所难免，恳请读者批评指正。

E-mail：haitao5913@163.com

编 者
2016 年 10 月

目录

第 1 章
供电系统基本概念

内容提要:本章概述工厂供配电技术的一些基本知识和基本问题。首先介绍供配电系统的基本情况,工厂内供电系统的构成,各主要构成环节的作用及名称;其次介绍典型的各类工厂供配电系统及相关知识,电力系统中性点运行方式;最后介绍工厂供配电电压等级和电网及用电设备、变压器的额定电压等级。

电能是一种清洁的二次能源。由于电能具有生产、转换、分配方便,传输经济的特点,因此,它已广泛用于国民经济、社会生产和人民生活的各个方面。绝大多数电能都由电力系统中发电厂提供,电力工业已成为我国实现现代化的基础。电源结构正在逐步趋向合理。国家能源局发布 2015 年全社会用电量,截至 2015 年 12 月底,全国水电装机容量为 2.90 亿 kW,核电装机容量为 0.40 亿 kW,风电装机容量为 1.04 亿 kW,光伏装机容量为 0.21 亿 kW。2015 年,全社会用电量为 55 500 亿 kW · h,同比增长 0.5%。分产业看,第一产业用电量 1 020 亿 kW · h,同比增长 2.5%;第二产业用电量 40 046 亿 kW · h,同比下降 1.4%;第三产业用电量为 7 158 亿 kW · h,同比增长 7.5%;城乡居民生活用电量为 7 276 亿 kW · h,同比增长 5.0%。工业用电量已占全部用电量的 55% ~75%,是电力系统的最大电能用户。供配电系统是电力系统的重要组成部分,其任务就是用户所需电能的供应和分配。为此,必须利用不断涌现的新理论、新方法、新技术、新设备,把计算机技术、通信技术与传统的供电技术相结合,形成现代供电技术,以适应现代供电系统快速发展的要求。

2015 年,全国电源新增生产能力(正式投产)12 974 万 kW,其中,水电 1 608 万 kW,火电 6 400万 kW。

1.1 电力系统组成

1.1.1 电力工业生产特点

电能生产—传输—消费的全过程,几乎是同时进行的,而且电能生产过程的各个环节紧密联系、相互影响。由于电能不能大量存储且具有很高的传输速度,发电机在某一时刻发出的电能，经过电力系统即时传送给用电设备，而用电设备将电能即时转换成其他形式的能，一瞬间就完成了从发电—供电—用电的全过程。另外，在发电容量充足时，发电量是由用电量来决定的，二者之间是严格平衡的。因此，电力用户如何用电、何时用电及用电多少，对电能生产都具有极大的影响。电力系统中任一环节或任一用户，若因设计不当、保护不完善、操作失误、电气设备故障，都会对整个系统造成不良影响。

电力系统中的暂态过程是非常迅速的。电力系统从一种运行状态到另一种运行状态的过渡极为迅速。开关的操作、电网的短路等过程都是非常短暂的。为了维护电力系统的正常运行，就必须使用迅速而灵敏的保护、监视和测量装置。特别是近几年来，已将计算机技术、通信技术应用于电力系统的保护、控制和管理系统。

电力工业与国民经济的各部门及人民日常生活有着极为密切的关系。供电的突然中断将会造成重大损失及严重后果。

1.1.2 电力系统的基本概念

(1)电力用户

在各行各业中所应用的各类用电设备统称为用电负荷。在电力系统中，通常将某一个企业或由同一线路供电的多个企业用电设备的总和看成是一个电力用户。

(2)发电厂

发电厂是生产电能的工矿企业，其作用是把非电形式的能量转换成电能。发电厂的种类很多，按所利用能源的不同，可分为火力发电厂、水力发电厂、核能发电厂、地热发电厂、潮汐发电厂及风力发电厂等。为了充分利用国家资源，应在全国动力资源比较丰富的地方建立发电厂。目前，我国火力发电厂的装机容量占总装机容量的67.9%以上，水力发电厂的装机容量约占总装机容量的19.5%，其他发电厂的装机容量约占总装机容量的13.6%。

由于煤炭是不可再生能源，且燃烧时会产生大量的二氧化碳、二氧化硫、氮氧化物、粉尘和废渣等，这些排放物都会对大气及生态环境造成严重影响，因此，我国正在充分利用丰富而清洁的水力资源和核能资源，加快水电工程及核电工程的建设。随着三峡、溪洛渡、向家坝、龙滩等大型水电工程及大亚湾、秦山等核电工程的相继建成及投产应用，非煤发电量的比重越来越大，对国民经济的发展将会产生积极而又深远的影响。

(3)变电所

变电所是变换电压和交换电能的场所，由电力变压器和配电装置组成。按变压所的性质和作用，可分为升压变电所和降压变电所两种。按其在电力系统内所处的地位不同，又可分为区域变电所、企业变电所及车间变电所等。只有受电和配电开关等控制设备而无主变压器的变电所称为配电所。用来把交流电转换成直流电的称为变流所。为使供电可靠、经济、合理，一般大型发电厂将低压电能升压后，直接或间接地经区域变电所向较远的城市或工矿区供电。在城郊或工矿区再设降压变电所，将降压后的35～110 kV电能配给附近的工矿企业内部的企业变电所。

(4)电力网

电力网的作用是将发电厂生产的电能输送、交换和分配电能，由变电所和各种不同电压等级的电力线路所组成。它是联系发电厂和用户的中间环节。

(5)**电力系统**

由发电厂、电力网及电力用户组成的整体称为电力系统。它们之间的相互关系可以用图1.1来表示。从发电厂发出的电能,除了少部分自用及供给附近电力用户外,大部分都经过升压变电所升压,采用高电压进行电力传输。输电线路的电压越高,电力的输送距离就越远,输送的功率就越大。当输送功率一定时,提高输电电压就可相应地减少输电线路中的电流,从而减少线路上的电压损失和电能损耗,也可减少导线的截面及有色金属的消耗量。

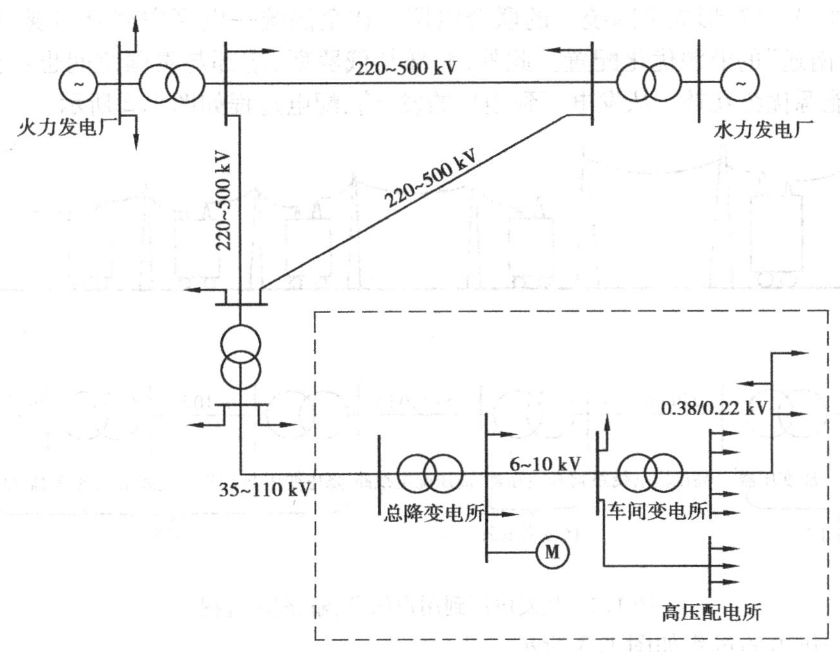

图1.1　电力系统组成示意图

1.2　中国电网概况

1.2.1　中国电网发展趋势

中国大部分能源资源分布在西部地区,而东部沿海地区经济发达,电力负荷增长迅速。开发西部的水电和火电基地,实行"西电东送"是国家的一项长期战略。近年来,山西、内蒙古西部火电基地向"京、津、唐"电网送电,三峡、葛洲坝水电站通过±500 kV直流线路向上海送电,南方互联电网将天生桥水电站和云南、贵州、广西的水电站所发的电送往广东等省的"西电东送"措施已经取得一定成效。随着西部大开发战略的实施,内蒙古西部、山西、陕西、宁夏、河南西部火电基地的建设,黄河上游、金沙江、澜沧江、红水河、乌江等大型水电站的开发,以及"西电东送"输电大通道的开辟,将加大"西电东送"的能力并促进电网的快速发展。

电网是电力能源的载体。加强电网建设是拓展电力市场、提高电力工业整体效益的重要举措。

中国电网发展分3个步骤进行:

①加紧实施7个跨省大区电网之间以及大区电网与5个独立省网之间的互连。

②2010年前后,建成以三峡电网为中心,连接华中、华东、川渝的中部电网,华北、东北、西北3个电网互连形成的北部电网,以及云南、贵州、广西、广东4省(自治区)的南部联合电网。同时,北部、中部、南部3大电网之间实现局部互连,初步形成全国统一的联合电网的格局。

③2020年前后,随着长江和黄河上游以及澜沧江、红水河上一系列大型水电站的开发,西部和北部大型火电厂与沿海核电站的建设,以及一大批长距离、大容量输电工程的实施,电网结构进一步加强,真正形成全国统一的联合电网。在全国统一电网中充分实现"西部水电东送、北部火电南送"的能源优化配置。此外,北部与俄罗斯、南部与泰国之间也可能实现周边电网互连和能源优势互补。从发电厂到用户的发、输、配电过程如图1.2所示。

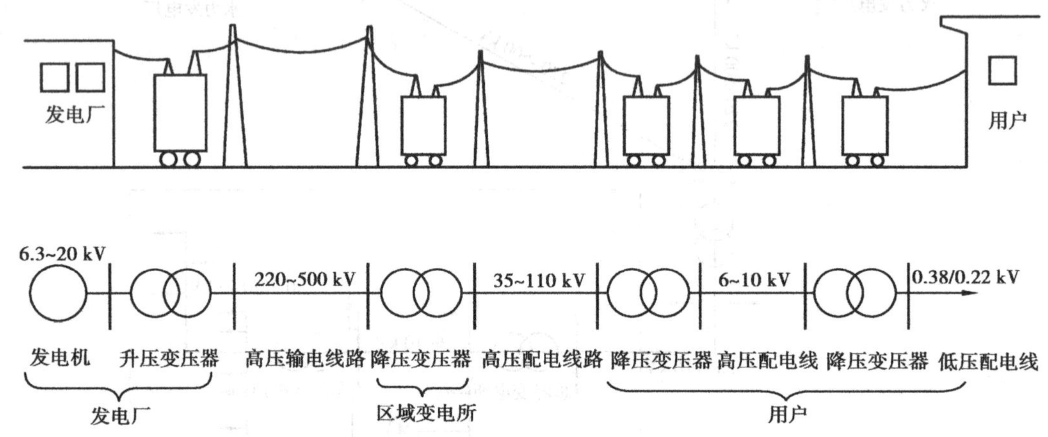

图1.2 从发电厂到用户的发、输、配电过程

从发电到供电的过程如图1.3所示。

1.2.2 发电厂概述

发电厂是生产电能的工厂。它把其他形式的能源,如煤炭、石油、天然气、水能、原子核能、风能、太阳能、地热、潮汐能等,通过发电设备转换为电能。我国以火力发电为主,其次是水力发电、原子能发电、风能发电和太阳能发电等。

(1)火力发电厂

火力发电厂简称火电站或火电厂,是指用煤、油、天然气等为燃料的发电厂。我国的火电厂以燃煤为主。为了提高燃料的效率,现代火电厂都将煤块粉碎成煤粉燃烧。煤粉在锅炉的炉膛内充分燃烧,将锅炉内的水烧成高温高压的水蒸气,推动汽轮机转动,带动与它连轴的发电机发电。其能量转换过程是:燃料的化学能→热能→机械能→电能。现代火电厂一般都考虑了"三废(废水、废气、废渣)"的综合利用,不仅能发电,还能供热。这类兼供热能的火电厂称为热电厂或热电站。

(2)水力发电厂

水力发电厂简称水电厂或水电站,它是把水的位能和动能转变成电能的发电厂,主要分为堤坝式水力发电厂和引水道式水力发电厂。如图1.4所示为堤坝式和引水道式水力发电厂的工作示意图。

当控制水流的闸门打开时,水流沿进水管进入水轮机蜗壳室,冲动水轮机,带动发电机发

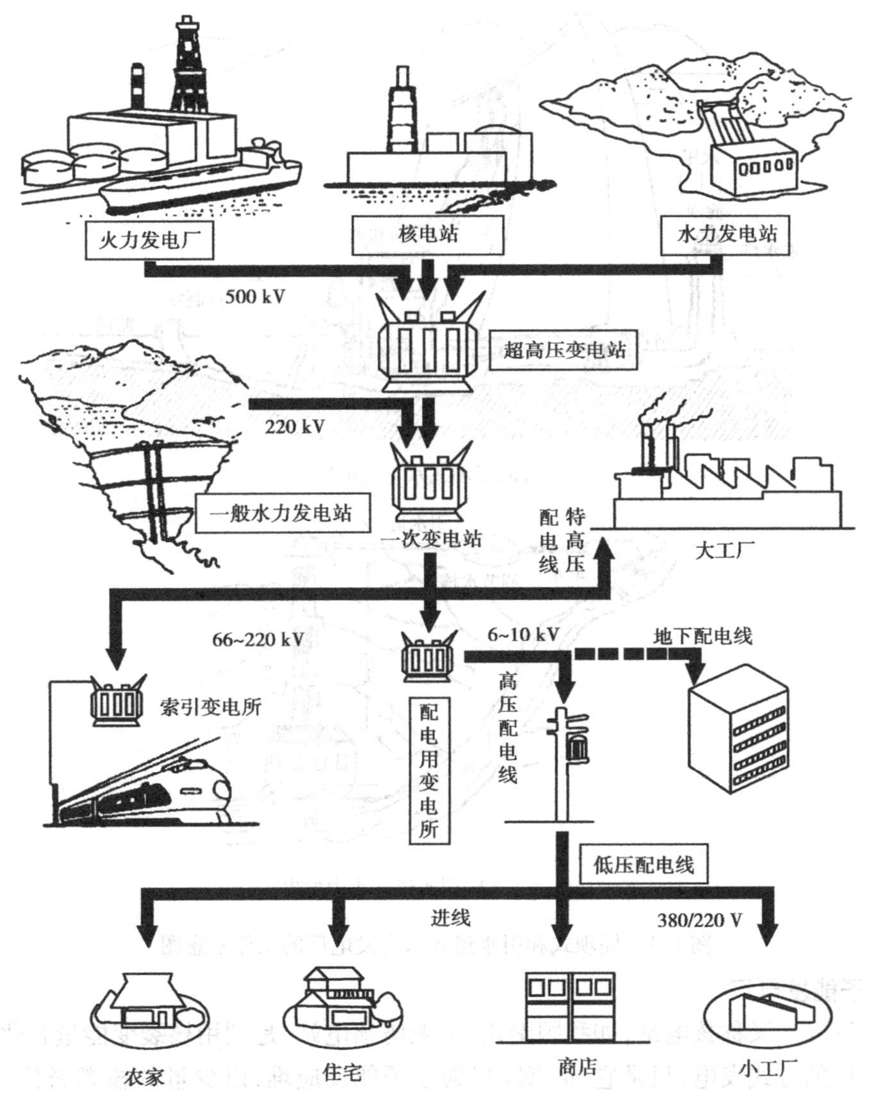

图1.3　从发电到供电的示意图

电。其能量转换过程是:水流位能→机械能→电能。由于水电厂的发电容量与水电厂所在地点上下游水位差及流过水轮机水量的乘积成正比,因此建造水电厂必须用人工的方法来提高水位。最常用的方法是在河流上建筑一个很高的拦河坝,形成水库,提高上游水位,使坝的上下游形成尽可能大的落差,电厂就建在堤坝的后面。这类水电厂即为堤坝后式水电厂。我国一些大型水电厂包括三峡水电站都属于这种类型。三峡水电站建成后坝高 185 m,水位 175 m,总装机容量为 1 820 万 kW,年发电量可达 847 亿 kW · h,居世界首位。另一种提高水位的方法是在具有相当坡度的弯曲河段上游筑一低坝,拦住河水,然后利用沟渠或隧道,将上游水流直接引至建在河段末端的水电厂。这类水电厂就是引水道式水电厂。还有一类水电厂是上述两种方式的综合,由高坝和引水渠道分别提高一部分水位。这类水电厂称为混合式水电厂。

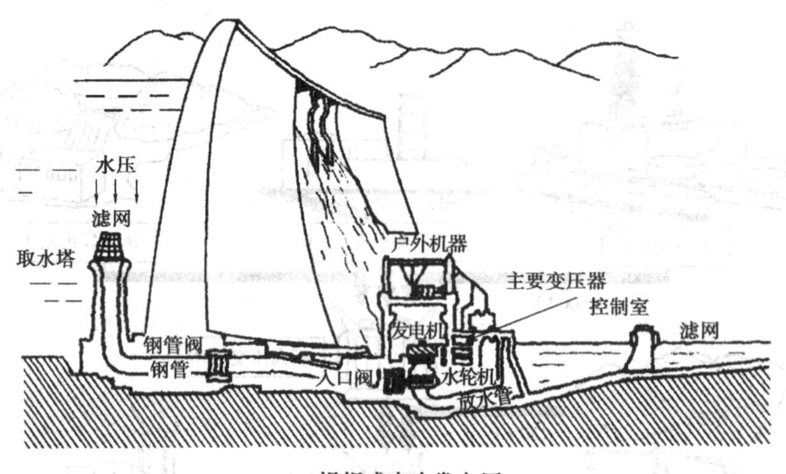

(a)堤坝式水力发电厂

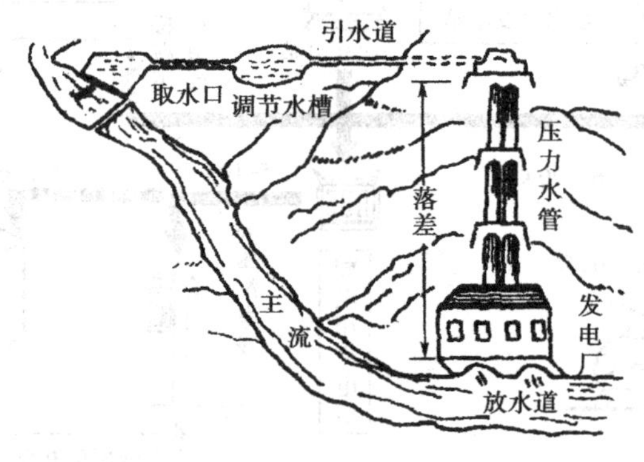

(b)引水道式水力发电厂

图 1.4 堤坝式和引水道式水力发电厂的工作示意图

(3)**原子能发电厂**

原子能发电厂又称核电站,如我国秦山、大亚湾核电站,是利用核裂变能量转化为热能,再按火力发电厂的方式发电,只是它的“锅炉”为原子能反应堆,以少量的核燃料代替了大量的煤炭。其能量转换过程是核裂变能→热能→机械能→电能。由于核能是巨大的能源,而且核电站的建设具有重要的经济和科研价值,故世界上很多国家都很重视核电建设,核电占整个发电量的比重逐年增长。

(4)**风力发电厂**

风能作为一种清洁的可再生能源,越来越受到世界各国的重视。其蕴藏量巨大,全球风能资源总量约为 2.74×10^{9} MW,其中可利用的风能为 2×10^{7} MW。中国风能储量很大、分布面广,仅陆地上的风能储量就有约 2.53 亿 kW,开发利用潜力巨大。

2015 年,国内新增风电装机容量创新高,但容量增速有放缓的迹象。数据显示,在继 2014 年新增风电装机容量达到 2 319.60 万 kW 后,2015 年该数据再度刷新至 3 297 万 kW,但增速却略降至 42.1%。内蒙古、新疆、辽宁、山东、广东等地风能资源丰富,风电产业发展较快。随着中国风电装机的国产化和发电的规模化,风电成本可望再降。因此,风电开始成为越来越多投资者的逐金之地。风电场建设、并网发电、风电设备制造等领域成为投资热点,市场前景较

好。风电装机2009—2015年趋势及风力发电厂，如图1.5和图1.6所示。

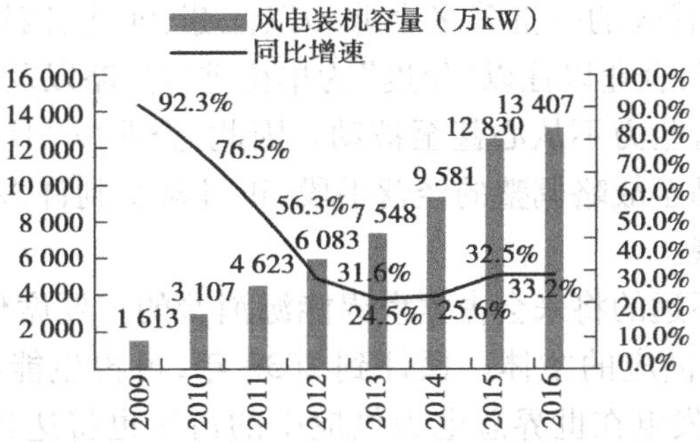

图1.5　风电装机累积容量及增速

(a)新疆风力发电厂

(b)海上直立式风力发电

图1.6　风力发电

(5)太阳能光伏发电站

并网光伏发电系统就是太阳能组件产生的直流电，经过并网逆变器转换成符合市电电网要求的交流电后直接接入公共电网。并网光伏发电系统有集中式大型并网光伏电站，一般都是国家级电站，主要特点是将所发电能直接输送到电网，由电网统一调配向用户供电。但这种电站投资大、建设周期长、占地面积大、发展难度相对较大。而分散式小型并网光伏系统，特别是光伏建筑一体化发电系统，由于投资小、建设快、占地面积小、政策支持力度大等优点，是并网光伏发电的主流。

分布式光伏发电系统，又称分散式发电或分布式供能，是指在用户现场或靠近用电现场配置较小的光伏发电供电系统，以满足特定用户的需求，支持现存配电网的经济运行，或者同时满足这两个方面的要求。

我国太阳能资源十分丰富，适宜太阳能发电的国土面积和建筑物受光面积也很大，其中，青藏高原、黄土高原、冀北高原、内蒙古高原等太阳能资源丰富的地区占到陆地国土面积的2/3，具有大规模开发利用太阳能资源的潜力。

太阳能资源丰富、分布广泛，是21世纪最具发展潜力的可再生能源。随着全球能源短缺和环境污染等问题日益突出，太阳能光伏发电因其清洁、安全、便利、高效等特点，已成为世界各国普遍关注和重点发展的新兴产业。在此背景下，全球光伏发电产业增长迅猛，产业规模不断扩大，产品成本持续下降。我国光伏发电产业也得到迅速发展，已成为我国为数不多的、可以同步参与国际竞争并有望达到国际领先水平的行业。崛起了以尚德电力、英利绿色能源、江西赛维 LDK、保利协鑫为代表的一批著名企业和以江苏、河北、四川、江西四大光伏强省为代表的一批产业基地。由于,企业以往以“年度”为单位进行战略以及策略调整的传统做法,在行业快速变化的今天显得有些力不从心甚至被动。因此,企业以“月度”为单位,根据行业最新发展动向适时进行策略乃至战略调整的经营手段,正日益受到许多大型企业管理者尤其是外资企业管理层的高度重视。

太阳能光伏发电在不远的将来会占据世界能源消费的重要席位,不但要替代部分常规能源,而且将成为世界能源供应的主体。预计到 2030 年,可再生能源在总能源结构中将占到 30% 以上,而太阳能光伏发电在世界总电力供应中的占比也将达到 10% 以上;到 2040 年,可再生能源将占总能耗的 50% 以上,太阳能光伏发电将占总电力的 20% 以上;到 21 世纪末,可再生能源在能源结构中将占到 80% 以上,太阳能发电将占到 60% 以上。这些数字足以显示出太阳能光伏产业的发展前景及其在能源领域重要的战略地位。光伏发电装机趋势及太阳能发电站如图 1.7 和图 1.8 所示。

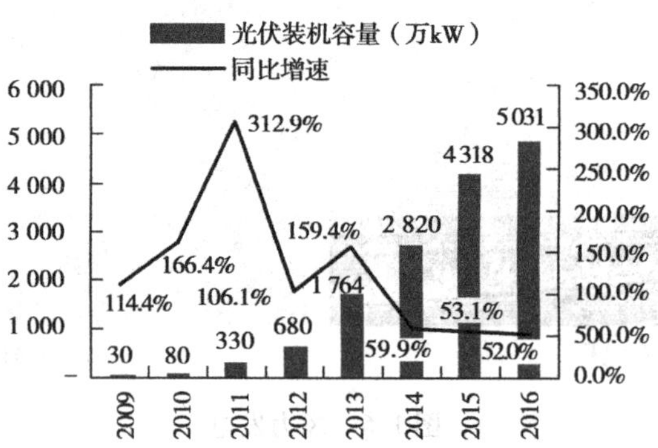

图 1.7　光伏发电装机累积容量及增速

(a)光伏发电站

(b)光伏屋顶发电站

图 1.8　太阳能发电站

1.3　电力系统的电压等级

(1)额定电压

电气设备的额定电压是能使发电机、变压器和用电设备在正常运行时获得最佳技术效果的电压。电气设备的额定电压在我国早已统一化、标准化,发电机和用电设备的额定电压分成若干标准等级,电力系统的额定电压也与电气设备的额定电压相对应,统一组成了电力系统的标准电压等级。

3 kV 及以下高压主要用于发电、配电及高压用电设备;110 kV 及以上超高压主要用于较远距离的电力输送。目前,我国已建成多条 500 kV 的超高压输电线路。

国家标准《标准电压》(GB/T 156—2007)修改采用 IEC 60038:2002 代替 GB 156—2003,是一项重要的基础标准,规定了不同系统和设备的标准电压值,较广泛地适用于交流输、配、用电系统及其设备等。规定的 3 kV 及以上的设备与系统的额定电压和与其对应的设备最高电压见表 1.1。表中供电设备额定电压为发电机和变压器二次绕组的额定电压;受电设备的额定电压为变压器一次绕组和受电设备的额定电压。供、受电设备额定电压是不完全一致的。国家标准规定,供电设备额定电压高出系统和受电设备额定电压 5%,用于补偿正常负荷时的线路电压损失,从而使受电设备获得接近于额定的电压。变压器常接在电力系统的末端,相当于系统的负荷,故规定变压器一次绕组的额定电压与用电设备相同。当变压器距发电机很近时(如发电厂的升压变压器等),规定其一次绕组的额定电压与发电机相同。同理,当变压器靠近用户,即配电距离较近时,可选用二次绕组的额定电压比用电设备的额定电压高出 5% 的变压器;否则应选用变压器二次绕组的额定电压高出电力网和用电设备额定电压 10% 的变压器,因为电力变压器二次绕组的额定电压均指空载电压,高出的 10% 用来补偿正常负荷时变压器内部阻抗和网络阻抗造成的电压损失。

表 1.1　三相交流 3 kV 及以上的设备与系统的额定电压和与其对应的设备最高电压

受电设备与系统额定电压	供电设备额定电压	设备最高电压
3 6 10	3.15 6.3 10.5	3.5 6.9 11.5
	13.8* 15.75* 18* 20*	
35 63 110 220 330 500 750		40.5 69 126 252 363 550

注:①对应于 750 kV 的设备最高电压待定。

②带"*"者只用作发电机电压。

(2)供电系统电压等级的确定

电压等级的确定在供电设计中是十分重要的,电压等级的确定是否合理将直接影响供电系统设计的技术、经济上的合理性。因为电压的高低影响着电网有色金属消耗量、电能损耗、电压损失、建设投资费用以及企业今后的发展等,所以电网电压等级的选择一般应考虑多种方案,进行技术、经济上的比较后方能最后确定。方案比较时,需要考虑的主要技术、经济指标如下。

1)技术指标

技术指标主要包括电能质量、供电的可靠性、配电的合理性及适应将来发展的情况等。

2)经济指标

经济指标主要包括基建投资(线路、变压器和开关设备等)、有色金属消耗量、年电能损失费(包括线路及变压器的年电能损耗费)及年维修费等。

当经济指标相差不大时,各种电压线路送电容量与距离的参考值见表1.2。

表1.2 各种电压线路送电容量与距离的参考值

电网电压/kV	架空线路		电缆线路	
	输送容量/MW	输送距离/km	输送容量/MW	输送距离/km
0.22	<0.06	<0.15	<0.1	<0.20
0.38	<0.1	<0.25	<0.175	<0.35
3.0	<1.0	1~3	<1.5	<1.8
6.0	<2.0	5~10	<3.0	<8
10.0	<3.0	8~15	<5.0	
35	<10	20~70		
110	<50	50~150		

在有总降压变电站(35~110 kV受电)的工矿企业中,经验证明,当6 kV用电设备的负荷占企业总负荷的30%甚至40%以上时,企业内部配电电压采用6 kV为适宜。

1.4 供电系统及接线方式

(1)供电系统在电力系统中的地位与作用

企业供电系统处于电力系统的末端,经过1~2级降压后直接向负荷供电,因此接线相对简单。它作为电力系统的一个组成部分,必然要反映电力系统各方面的理论和要求,并恰当地运用在工矿企业供电的设计、运行维护中,因此,它要受到电力系统工作情况的影响和制约。但工矿企业供电系统和电力系统又有所不同,它主要反映工矿企业用户的特点和要求。例如,工矿企业的电力负荷的统计计算,电能的合理经济利用,减少用地面积的新型变电站结构,大型及特种设备的供电,厂内采用集中控制和调度技术的合理性问题等。这些问题有的与电力系统的安全和经济运行关系密切,有的是为了保证用户的高质量用电。近年来,由于能源紧缺，计划用电、节约用电、安全用电受到了普遍重视，工矿企业供电的讨论内容也较过去更为广泛。例如，供电方案的可行性研究，低能耗高性能、便于安装维护快速施工的新型电气设备及配电电器的选用，我国现行接地运行方式与国际标准协调的研讨，以及计算机用于工矿企业供电系统的辅助设计及监控等，这些都已在国内引起了激烈的讨论。随着用电负荷及设备容量的不断增大、高精设备的广泛应用，用户对电能质量的要求也更高。因此，电能质量的改善、功率因数的提高、谐波危害的抑制和消除、用电管理、电能的优化分配、完善的监控和保护等问题显得更加重要。

(2)确定供电系统的一般原则

在设计供电系统时，需要对方案进行技术、经济上的比较，即使在变电所容量及位置选定后，也还会有不同的配电方案。

影响整个供电系统设计的方案有很多。例如，电压的高低，距离电源的远近，负荷的大小和配置，可靠性及备用容量要求，运行方式及其灵活性，大型用电设备及其工作情况，检修维护要求等。在比较时，无论哪种方案都必须在可靠性、电能质量及对工业生产的生产效果、安全等方面达到相同的基本要求。

确定供电系统的一般原则如下：

1)供电可靠性

供电可靠性是指供电系统不间断供电的可靠程度。应根据负荷等级来保证其不同的可靠性。不可片面地强调供电可靠而造成不应有的浪费。在设计时，不考虑双重事故。

2)操作方便、运行安全灵活

供电系统的接线应保证在正常运行和发生事故时操作和检修方便、运行维护安全可靠。为此，应简化接线，减少供电层次和操作程序。

3)经济合理

接线方式在满足生产要求和保证供电质量的前提下应力求简单，以减少投资和运行费用，并应提高供电安全性。提高经济性的有效措施之一就是高压线路尽量深入负荷中心。

4)具有发展的可能性

接线方式应保证便于将来发展，同时能适应分期建设的需要。

1.5　电网中性点的运行方式

中性点不接地方式，即电力系统的中性点不与大地相接。供电系统的中性点运行方式是指电源或变压器中性点采用什么方式接地。通常分为以下几种运行方式：

①不接地方式：又称中性点绝缘。

②直接接地方式：中性点直接与接地装置连接。

③电阻接地方式：中性点经过不同数值的电阻与接地装置连接，接地电阻在数十欧时称为低电阻接地方式，在数百欧以上时称为高电阻接地方式。

④消弧线圈接地方式：中性点经电抗器(称消弧线圈)与接地装置连接。电抗器有分接头，可用来调节电抗值，以便系统单相接地时，电抗电流能补偿输电线路的对地分布电容电流，使接地点的电流减少，电弧易于熄灭，故称消弧线圈。

电力系统的中性点是指发电机或变压器的中性点。考虑到电力系统运行的可靠性、安全性、经济性及人身安全等因素，电力系统中性点常采用不接地、消弧线圈接地和直接接地3种运行方式。

(1)中性点不接地的电力系统

电力系统中的三相导线之间和各相导线对地之间都存在着分布电容。设三相系统是对称的，则各相对地均匀分布的电容可由集中电容 C 表示，线间电容电流数值较小，可不考虑，如图1.9(a)所示。

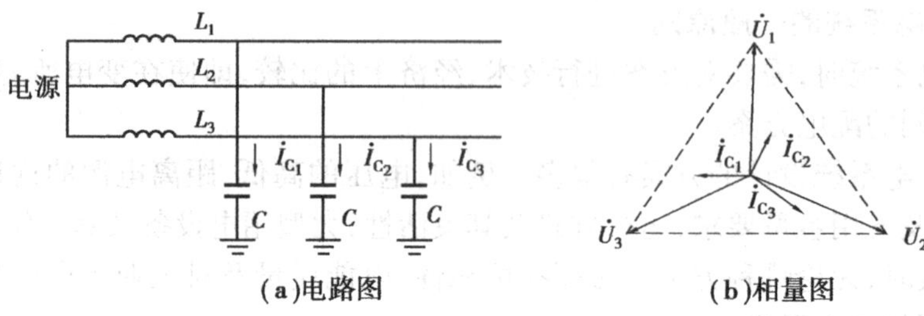

(a)电路图 (b)相量图

图1.9 正常运行时中性点不接地的电力系统

系统正常运行时，3个相电压 $\dot{U}_1$、$\dot{U}_2$、$\dot{U}_3$是对称的，三相对地电容电流 $\dot{I}_{C_1}$、$\dot{I}_{C_2}$、$\dot{I}_{C_3}$，也是对称的，其相量和为零，所以中性点没有电流流过。各相对地电压就是其相电压，如图1.9(b)所示。

当系统任何一相绝缘受到破坏而接地时，各相对地电压、对地电容电流都要发生改变。当故障相(如第3相)完全接地时，如图1.10(a)所示。

接地的第3相对地电压为零，即 $\dot{U}'_3=0$

非接地相的第1相对地电压：$\dot{U}'_1=\dot{U}_1+(-\dot{U}_3)=\dot{U}_{13}$

非接地相的第2相对地电压：$\dot{U}'_2=\dot{U}_2+(-\dot{U}_3)=\dot{U}_{23}$

当非接地两相对地电压均升高$\sqrt{3}$倍时，变为线电压，如图1.10(b)所示。第3相接地时，由于第1、2两相对地电压升高$\sqrt{3}$，使得该两相对地电容电流 I_{C_0} 也相应地增大$\sqrt{3}$倍，即 $I'_{C_1}=I'_{C_2}=\sqrt{3}I'_{C_0}$。

从图1.10(b)的相量图可知，第3相接地点接地电容电流为：

$$I_{C_3}=I_3=\sqrt{3}I'_{C_1}=\sqrt{3}\times\sqrt{3}I_{C_0}=3I_{C_0} \tag{1.1}$$

即中性点不接地系统单相接地电容电流为正常运行时每相对地电容电流的3倍。从图1.10(b)的相量图还可看出，系统的3个线电压无论相位和量值均未发生变化，因此，系统中所有用电设备仍可继续运行。

值得指出的是：一是这种单相接地状态不允许长时间运行，否则如果另一相又发生接地故障，则形成两相接地短路，产生很大的短路电流而损坏线路及其用电设备；二是单相接地电容电流会在接地点引起电弧，形成间歇电弧过电压，将威胁电力系统的安全运行。因此，中国电力规程规定，中性点不接地的电力系统发生单相接地故障时，单相接地运行时间不应超过两小时。

为了保证在发生单相接地故障时能够及时发现并得到处理，中性点不接地系统一般都装有单相接地保护装置或绝缘监测装置。在发生接地故障时及时发出警报，使工作人员尽快排除故障,在可能的情况下,应把负荷转移到备用线路上去。

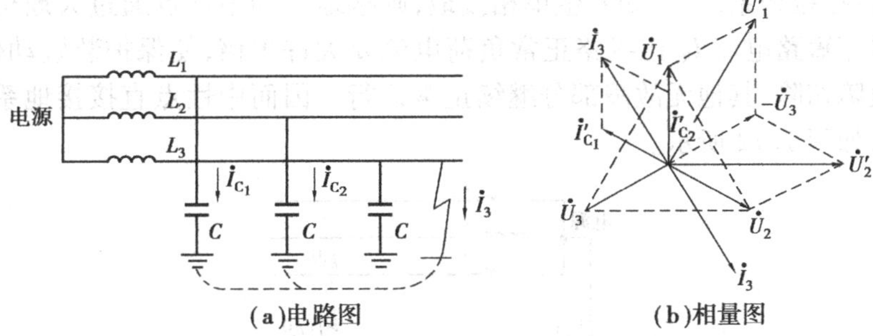

(a)电路图　　(b)相量图

图 1.10　一相接地时的中性点不接地系统

在中国 6 ~ 10 kV 电力网和部分 35 kV 电力网中采用中性点不接地方式。

(2) 中性点经消弧线圈接地的电力系统

在中性点不接地系统中,当单相接地电流超过规定数值时,电弧不能自行熄灭。一般采用经消弧线圈接地措施来减小接地电流,使故障电弧自行熄灭。这种方式称为中性点经消弧线圈的接地方式,如图 1.11 所示。

消弧线圈 L 是一个具有铁芯的电感线圈,线圈本身电阻很小,感抗却很大。通过调节铁芯气隙和线圈匝数改变感抗值,以适应不同系统中运行的需要。

在正常运行情况下,三相系统是对称的,中性点电流为零,消弧线圈中没有电流通过。当发生一相接地(如第 3 相)时,就把相电压 U_3 加在消弧线圈上,使消弧线圈有电感电流 I_L 流过。因为电感电流 I_L 和接地电容电流 I_C 相位相反,因此,在接地处互相补偿。如果消弧线圈电感选用合适,会使接地电流减到很小,而使电弧自行熄灭。这种系统和中性点不接地系统发生单相接地故障时,接地电流均较小,故统称为小电流接地系统。

中性点经消弧线圈接地系统,与中性点不接地系统一样,当发生单相接地故障时,接地相电压为零,3 个线电压不变,其他两相电压也将升高$\sqrt{3}$倍,因而单相接地运行也同样不允许超过两小时。

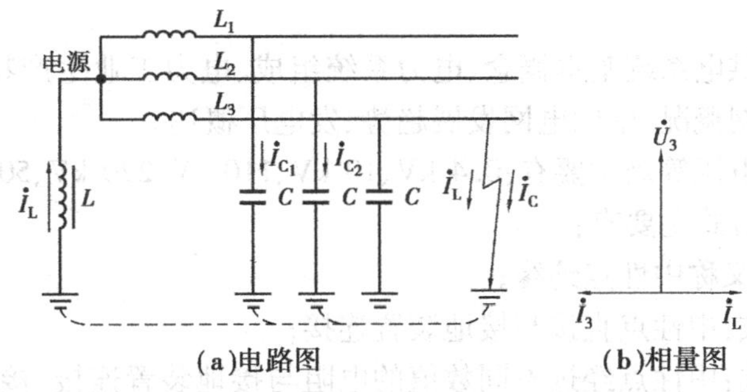

(a)电路图　　(b)相量图

图 1.11　一相接地时的中性点经消弧线圈接地系统

目前在 35 ~ 60 kV 的电力网中多采用这种接地方式。在 35 kV 电力网中单相接地电流大于 5 A;在 6 ~ 10 kV 电力网中,单相接地电流大于 30 A,其中性点均要求采用经消弧线圈接地方式。

(3) 中性点直接接地的电力系统

在电力系统中采用中性点直接接地方式,即把中性点直接和大地相接。这种方式可以防止中性点不接地系统中单相接地时产生的间歇电弧过电压。

在中性点直接接地系统中，如发生单相接地，则接地点和中性点通过大地构成回路，形成单相短路，其单相短路电流 I_K 比线路正常负荷电流要大许多倍，使保护装置动作或使熔断器熔断，将短路故障切除，其他无故障部分继续正常运行。因而中性点直接接地系统，又称为大电流接地系统，如图 1.12 所示。

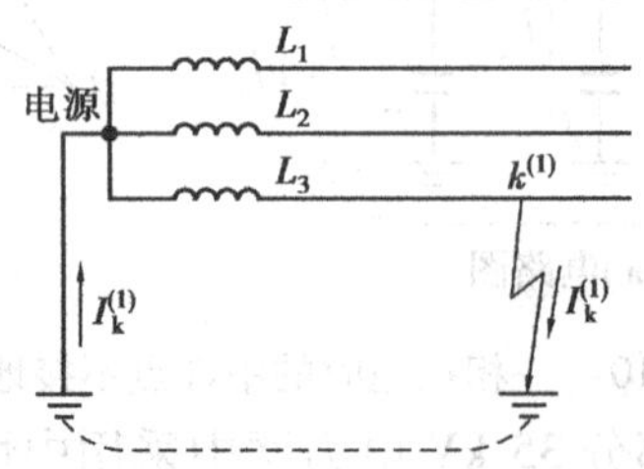

图 1.12　一相接地的中性点直接接地系统

中性点直接接地系统发生单相接地时，既不会产生间歇电弧过电压，也不会使非接地相电压升高。因此，这种系统中供用电设备的相绝缘只需按相电压设计。这样对超高压系统而言，可以大大降低电网造价，具有较高的经济技术价值；在低压配电系统中可以减少对人身及设备的危害。但是，每次发生单相接地故障时，都会使保护装置跳闸或熔断器熔断，从而中断供电，使供电可靠性降低。为了提高供电可靠性，克服单相接地必须切断故障线路这一缺点，目前在中性点直接接地系统中广泛采用自动重合闸装置。当发生单相接地故障时，保护装置自动切断线路，经过一定时间自动重合闸装置动作，将线路合闸。如果是瞬时接地故障，则线路接通恢复供电，若属持续性接地故障，则保护装置再次切断线路。

目前中国的 110 kV 及以上电力网均采用中性点直接接地方式，380/220 V 低压配电系统也采用中性点直接接地方式。

本章小结

本章主要介绍了供电系统基本概念、电力系统组成、电力工业生产特点、电力系统的基本概念。描述了中国电网概况、中国电网发展趋势、发电厂概述。

电力系统的电网电压等级主要有：0.4 kV、10 kV、110 kV、220 kV、500 kV 等。

电网中性点运行方式主要有：

(1)不接地方式：又称中性点绝缘；

(2)直接接地方式：中性点直接与接地装置连接；

(3)电阻接地方式：中性点经过不同数值的电阻与接地装置连接，接地电阻在数十欧姆时称为低电阻接地方式，在数百欧姆以上时称为高电阻接地方式；

(4)消弧线圈接地方式：中性点经电抗器(称消弧线圈)与接地装置连接。

思考与练习

1.1　简述工业企业供电系统的构成。

1.2　为什么有不同电压等级的电网？统一规定各种电气设备的额定电压有什么意义？

1.3　同一电压等级的发电机、变压器、用电设备及电网的额定电压有无差别？产生差别的原因是什么？

1.4　双回路独立电源的含义是什么？在什么条件下适合采用双回路或者环形供电系统？

1.5　简述桥式接线的种类、特点及适用场合。

1.6　简述供电系统中性点运行方式的种类、特点及适用场合。

1.7　某电力系统如图 1.13 所示，试标出变压器一、二次侧及发电机的额定电压。

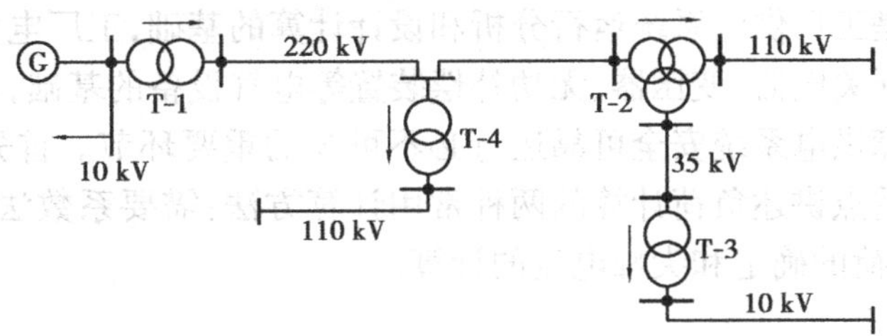

图 1.13　题 1.7 图

1.8　为什么说太阳能发电是最理想的新能源？

1.9　风力发电厂包括哪些主要设备？

1.10　发电并网条件是什么？

提示：(1) 电压相同；(2) 频率相同；(3) 相位角一致（可用非同期指示灯）。当以上条件满足时，同期灯由亮变最暗时合闸并网。显然，风电较难控制上述条件的。

第2章 工厂电力负荷及其计算

内容提要:本章是工厂供电系统运行分析和设计计算的基础,工厂电力负荷计算是正确选择供电系统中导线、开关电器、变压器、无功补偿装置等电气设备的基础,也是为继电保护的整定提供技术参数,保障供电系统安全可靠运行必不可少的重要环节。首先介绍工厂电力负荷及其相关概念,然后重点讲述负荷计算的两种常用计算方法:需要系数法和二项式系数法,最后介绍了全厂计算负荷的确定和尖峰电流的计算。

2.1 工厂的电力负荷与负荷曲线

2.1.1 工厂电力负荷及对供电的要求

电气设备所消耗的功率或线路中流过的电流称为电力负荷。工厂的电力负荷,根据其在国民经济中的重要性及对供电可靠性的要求,按《供配电系统设计规范》(GB 50052—1995)规定,可分为以下3个等级。

(1)一级负荷

符合下列情况之一时,应为一级负荷:

①中断供电将造成人身伤亡时。

②中断供电将在政治、经济上造成重大损失,例如,重大设备损坏、重大产品报废、用重要原料生产的产品大量报废、国民经济中重点企业的连续生产过程被打乱需要长时间才能恢复等。

③中断供电将影响有重大政治、经济意义的用电单位的正常工作,例如,重要交通枢纽、重要通信枢纽、重要宾馆、大型体育场馆、经常用于国际活动的大量人员集中的公共场所等用电单位中的重要电力负荷。

此外,在一级负荷中,当中断供电将发生中毒、爆炸和火灾等情况的负荷,以及特别重要的场所不允许中断供电的负荷,应视为特别重要的负荷。特别重要的负荷又称为保安负荷,如事故照明、通信系统、火灾报警装置、保证安全生产的计算机及自动控制装置等。

一级负荷要求有两个独立电源供电，所谓独立电源是指这两个电源之间无直接联系，如果其中一个电源因故障而停止供电，另一电源将不受影响，能继续供电。对于特别重要的负荷（保安负荷）还必须备有应急电源，如蓄电池、能快速启动的柴油发电机、不间断电源装置（UPS）等。

（2）二级负荷

符合下列情况之一时，应为二级负荷：

①中断供电将在政治、经济上造成较大损失，例如，主要设备损坏、大量产品报废、连续生产过程被打乱需要较长时间才能恢复、重点企业大量减产等。

②中断供电将影响重要用电单位的正常工作，例如，交通枢纽、通信枢纽等用电单位中的重要电力负荷以及中断供电将造成大型影剧院、大型商场等较多人员集中的重要的公共场所秩序混乱时。

二级负荷应由双回线路供电，且双回线路应尽可能地引自不同的变压器或母线段。当负荷较小或取得双回线路确有困难时，也可由一路专用架空线路供电。

（3）三级负荷

三级负荷为一般电力负荷，所有不属于上述一、二级负荷者均属三级负荷，如化工厂的机修辅助车间等。

三级负荷属不重要负荷，对供电电源无特殊要求，允许较长时间停电，可用单回线路供电。

2.1.2　工厂用电设备的工作制

工厂用电设备种类很多，它们的用途和工作的特点也不相同，按其工作制不同可划分为连续工作制、短时工作制、断续周期工作制 3 类。在负荷计算时，不能将用电设备的额定功率简单地直接相加，而需将不同工作制的用电设备额定功率换算成统一规定的工作制条件下的功率。

（1）连续工作制

连续工作制的设备在恒定负荷下运行，已运行时间长到足以使之达到热平衡状态，绝大多数用电设备都属于此类工作制。如通风机、水泵、空气压缩机、电动机发电机组、电炉和照明灯等。机床电动机的负荷，一般变动较大，但其主电动机一般也是连续运行的。

（2）短时工作制

短时工作制的设备在恒定负荷下运行的时间短，而停歇时间长（长到足以使设备温度冷却到周围介质的温度），如机床上的某些辅助电动机（如进给电动机）、控制闸门的电动机等。

（3）断续周期工作制

断续周期工作制的设备有规律，时而工作，时而停歇，反复运行，其工作周期一般不超过 10 min，无论工作或停歇，均不足以使设备达到热平衡。如电焊机和吊车电动机、电焊用变压器等。

此类工作制的设备，通常用暂载率（又称负荷持续率）来描述其工作性质。暂载率表达式为一个周期内工作时间与工作周期的百分比值，用 ε 表示：

$$\varepsilon = \frac{t}{T} \times 100\% = \frac{t}{t + t_0} \times 100\% \tag{2.1}$$

式中　t——工作时间；

t_0——停歇时间；

T——工作周期，不应超过 10 min。

断续周期工作制设备的额定容量（铭牌功率）P_N，是对应于某一标称负荷持续率 ε_N 的，如果实际运行的负荷持续率 $\varepsilon \neq \varepsilon_N$，则实际容量 P_e 应按同一周期内等效发热条件进行换算。如果设备在 ε_N 下的容量为 P_N，则换算到实际 ε 下的容量 P_e 为：

$$P_e = \sqrt{\frac{\varepsilon_N}{\varepsilon}} P_N \tag{2.2}$$

2.1.3 负荷曲线

负荷曲线是表征电力负荷随时间变动情况的一种图形，它反映了用户用电的特点和规律。负荷曲线绘制在直角坐标系上，纵坐标表示负荷（有功功率或无功功率），横坐标表示对应的时间（一般以小时为单位）。

负荷曲线按负荷对象分，有工厂的、车间的或某类设备的负荷曲线。按负荷性质分，有有功和无功负荷曲线。按所表示的负荷变动时间分，有年的、月的、日的或工作班的负荷曲线。

(1)日负荷曲线

日负荷曲线表示负荷在一昼夜间（0～24 h）的变化情况，图 2.1 是一班制工厂的日有功负荷曲线。

日负荷曲线可用测量的方法绘制，其绘制方法如下：

①以某个检测点为参考点，在 24 h 中各个时刻记录有功功率表的读数，逐点绘制而成折线形状，称折线形负荷曲线，如图 2.1(a)所示。

②通过接在供电线路上的电度表，每隔一定的时间间隔（一般为半小时）将其读数记录下来，求出半小时的平均功率，再依次将这些点画在坐标上，把这些点连成阶梯状成梯形负荷曲线，如图 2.2(b)所示。

为了便于计算，负荷曲线多绘成梯形，横坐标一般按半小时分格，以便确定“半小时最大负荷”（将在后面介绍）。当然，其时间间隔取得越短，曲线越能反映负荷的实际变化情况。日负荷曲线与横坐标所包围的面积代表全日所消耗的电能。

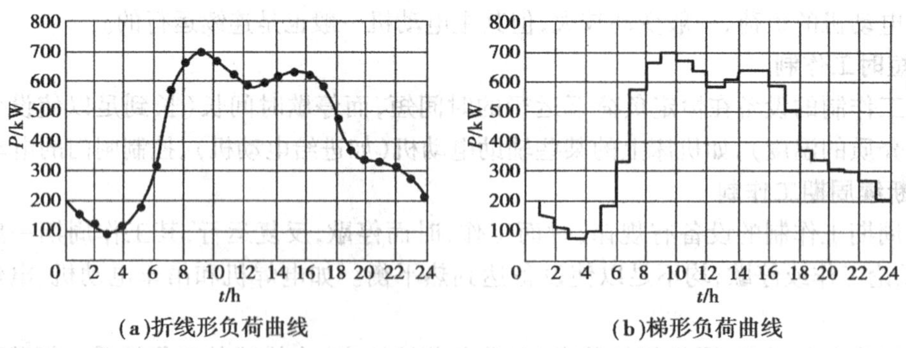

(a)折线形负荷曲线　　(b)梯形负荷曲线

图 2.1 日有功负荷曲线

(2)年负荷曲线

年负荷曲线反映负荷全年（8 760 h）的变化情况。

年负荷曲线又分为年运行负荷曲线和年持续负荷曲线。年运行负荷曲线可根据全年日负荷曲线间接制成;年持续负荷曲线的绘制,要借助一年中有代表性的冬季日负荷曲线和夏季日负荷曲线。通常用年持续负荷曲线来表示年负荷曲线,绘制方法如图2.2所示。其中,夏季和冬季在全年中占的天数视地理位置和气温情况而定。一般在北方,近似认为冬季200天,夏季165天;在南方,近似认为冬季165天,夏季200天。图2.2是南方某用户的年负荷曲线,为$T_1 = 200t_1 + 165t_2$。

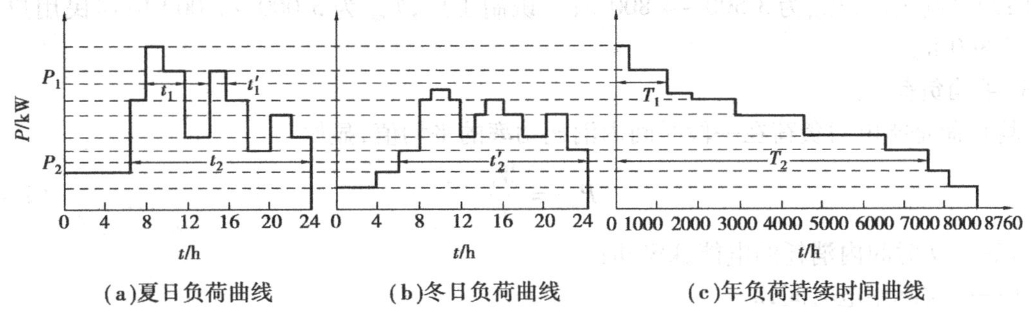

图2.2　年负荷持续时间曲线的绘制

从各种负荷曲线上可以直观地了解电力负荷变动的情况。通过对负荷曲线的分析,可以更深入地掌握负荷变动的规律,并从中获得一些对设计和运行有用的资料。

2.1.4　与负荷曲线和负荷计算有关的物理量

(1)年最大负荷 P_{max}

全年中负荷最大的工作班内(该工作班的最大负荷不是偶然出现的,而是在负荷最大的月份内至少出现过2~3次)消耗电能最大半小时的平均功率。因此,年最大负荷也称为半小时最大负荷P_{30}。

(2)年最大负荷利用小时 T_{max}

年最大负荷利用小时是指负荷以年最大负荷P_{max}持续运行一段时间后,消耗的电能恰好等于该电力负荷全年实际消耗的电能,这段时间就是年最大负荷利用小时。如图2.3所示,阴影部分即为全年实际消耗的电能。

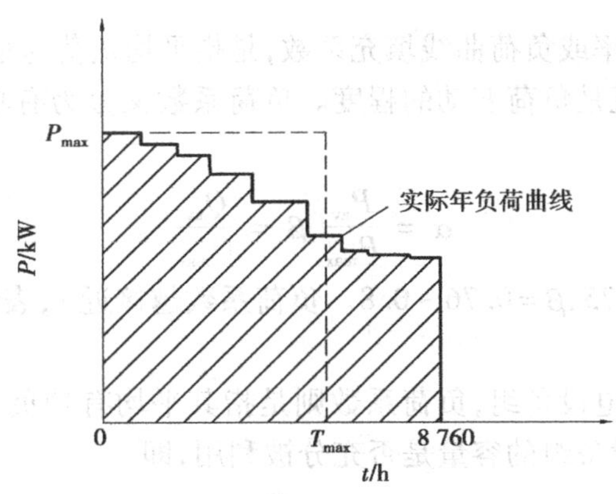

图2.3　年最大负荷与年最大负荷利用小时

如果以W表示全年实际消耗的电能,则有:

$$T_{max} = \frac{W_a}{P_{max}} \tag{2.3}$$

因此,年最大负荷利用小时 T_{max} 是一个假想时间。T_{max} 也是反映工厂负荷是否均匀的一个重要参数。该值越大,则负荷越平稳。如果年最大负荷利用小时为 8 760 h,说明负荷常年不变(实际上不可能)。T_{max} 与用户的性质和生产班制有关,例如一班制工厂,T_{max} 为 1 800 ~ 3 000 h;两班制工厂,T_{max} 为 3 500 ~ 4 800 h;三班制工厂,T_{max} 为 5 000 ~ 7 000 h;居民用户为 1 200 ~ 2 800 h。

(3)**平均负荷 P_{av}**

平均负荷是指电力负荷在一段时间内消耗功率的平均值,显然

$$P_{av} = \frac{W_t}{t} \tag{2.4}$$

式中 W_t——t 时间内消耗的电能,kW·h;

t ——实际用电时间,h。

平均负荷也可通过负荷曲线来求得,如图 2.4 所示。

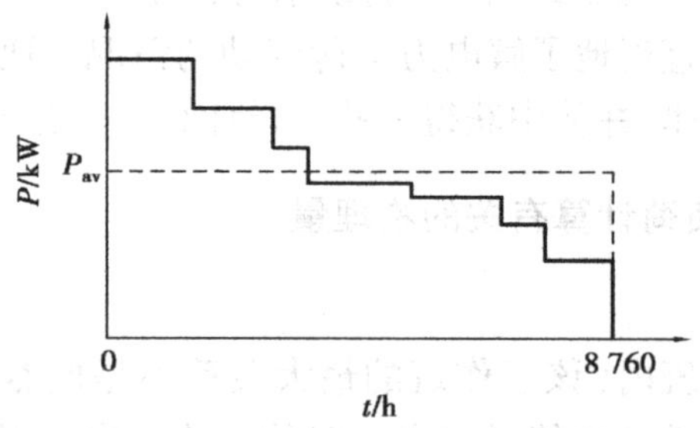

图 2.4 年平均负荷

年负荷曲线与两坐标轴所包围的图形面积(即全年消耗的电能)恰好等于虚线与两坐标轴所包围的面积。因此平均负荷为:

$$P_{av} = \frac{W_t}{8\,760} \tag{2.5}$$

(4)**负荷系数 K_L**

负荷系数又称为负荷率或负荷曲线填充系数,是指平均负荷与最大负荷之比,它表征了负荷曲线不平坦的程度,也就是负荷变动的程度。负荷系数又分为有功负荷系数 α 和无功负荷系数 β:

$$\alpha = \frac{P_{av}}{P_{max}}, \beta = \frac{Q_{av}}{Q_{max}} \tag{2.6}$$

一般工厂 $\alpha = 0.7 \sim 0.75$, $\beta = 0.76 \sim 0.8$。负荷系数越接近 1,表明负荷变动越缓慢;反之,则表明负荷变动激烈。

对单个用电设备或用电设备组,负荷系数则是指其平均有功负荷 P_{av} 和它的额定容量 P_N 之比,它表征了该设备或设备组的容量是否充分被利用,即

$$K_L = \frac{P_{av}}{P_N} \tag{2.7}$$

2.2 工厂电力负荷的计算

2.2.1 计算负荷的概念

工厂供电系统运行时的实际负荷并不等于所有用电设备额定功率之和。这是因为用电设备不可能全部同时运行,每台设备也不可能全部满负荷,各种用电设备的功率因数也不可能完全相同。因此,工厂供电系统在设计过程中,必须找出这些用电设备的等效负荷。所谓等效是指这些用电设备在实际运行中所产生的最大热效应与等效负荷产生的热效应相等,产生的最大温升与等效负荷产生的最高温升相等。按照等效负荷,从满足用电设备发热的条件来选择用电设备,用以计算的负荷功率或负荷电流称为"计算负荷",即计算负荷是通过负荷的统计计算求出的、用来按发热条件选择供电系统中各元件的负荷值。

计算负荷是根据已知的用电设备安装容量确定的、预期不变的最大假想负荷。该负荷是设计时作为选择供配电系统供电线路的导线截面、变压器容量、开关电器及互感器等的额定参数的依据。

在设计计算中是将"半小时最大负荷"作为计算负荷的,用 P_{30} 表示有功计算负荷,用 Q_{30} 表示无功计算负荷,用 S_{30} 表示视在计算负荷,用 I_{30} 表示计算电流。因为年最大负荷 P_{max}(Q_{max}、S_{max})是以最大负荷工作班,半小时平均最大负荷 P_{30}(Q_{30}、S_{30})绘制的,所以计算负荷、年最大负荷、半小时平均最大负荷三者之间有以下关系:

$$P_{30} = P_{max}, Q_{30} = Q_{max}, S_{30} = S_{max}, I_{30} = I_{max} \tag{2.8}$$

求计算负荷的工作称为负荷计算,负荷计算就是求取有功计算负荷 P_{30}、无功计算负荷 Q_{30}、视在计算负荷 S_{30} 及计算电流 I_{30} 的 4 个参数。

2.2.2 用电设备组计算负荷的确定

计算负荷的确定是工厂供电设计中较重要的环节,计算负荷的确定是否合理,直接影响电气设备选择的合理性和经济性。如果计算负荷确定得过大,将使电气设备选得过大,造成投资和有色金属的浪费;而计算负荷确定得过小,则电气设备运行时电能损耗增加,并产生过热,使其绝缘过早老化,甚至烧毁,从而造成经济损失。因此,在供电设计中,应根据不同的情况,选择正确的计算方法来确定计算负荷。

目前,广泛采用确定计算负荷的方法有:需要系数法、二项式系数法。其中以需要系数法应用最为广泛,它适合于不同类型的各种企业,计算结果也基本符合实际。由于需要系数法的系数是按照车间以上的负荷情况来确定的,故也适用于变配电所的负荷计算。二项式系数法考虑了用电设备中几台功率较大的设备工作时对负荷影响的附加功率,计算结果往往偏大,一般适用于低压配电支干线和配电箱的负荷计算。

使用需要系数法和二项式系数法进行负荷计算时,都必须根据设备名称、类型、数量查取需要系数和二项式系数(见附录1),然后分别按需要系数法和二项式系数法的基本公式求出有功计算负荷 P_{30}、无功计算负荷 Q_{30},再根据电路理论的相关知识求得视在计算负荷 S_{30} 及计算电流 I_{30}。

(1)**设备容量的确定**

要进行负荷计算,应首先确定设备容量 P_e。确定各种用电设备容量 P_e 的方法如下:

①长期工作制、短期工作制的设备容量 P_e 等于其铭牌功率 P_N。

②断续周期工作制,如起重机用的电动机有功功率 P_N 应统一换算到暂载率 $\varepsilon_N = 25\%$ 时的有功功率。对电焊机则应统一换算到暂载率 $\varepsilon_N = 100\%$ 时的有功功率(这是因为实用上推荐的需要系数等常用系数是对应这种暂载率的)。具体换算如下:

对吊车电动机:要求统一换算到 $\varepsilon = 25\%$ 时的功率,即

$$P_e = \sqrt{\frac{\varepsilon_N}{\varepsilon_{25}}} P_N = 2\sqrt{\varepsilon_N} P_N \tag{2.9}$$

对电焊机:要求统一换算到 $\varepsilon = 100\%$ 时的功率,即

$$P_e = \sqrt{\frac{\varepsilon_N}{\varepsilon_{100}}} S_N \cos\varphi = \sqrt{\varepsilon_N} S_N \cos\varphi \tag{2.10}$$

式中 P_N、S_N——设备铭牌给出的额定功率(kW)和额定容量(kV · A);

ε_N——设备铭牌给出的额定暂载率;

ε_{25}——吊车电动机标准暂载率,$\varepsilon_{25} = 0.25$;

ε_{100}——电焊机标准暂载率,$\varepsilon_{100} = 1.0$;

$\cos\varphi$——设备的功率因数。

③照明设备的设备容量:

a. 不用镇流器的照明设备(如白炽灯、碘钨灯)的设备容量就是其额定功率,即

$$P_e = P_N \tag{2.11}$$

b. 用镇流器的照明设备(如荧光灯、高压水银灯)的设备容量要包括镇流器中的功率损失,即

荧光灯:

$$P_e = 1.2P_N \tag{2.12}$$

高压水银灯、金属卤化物灯:

$$P_e = 1.1P_N \tag{2.13}$$

c. 照明设备的设备容量还可按建筑物的单位面积容量法估算,即

$$P_e = \frac{\omega S}{1\,000} \tag{2.14}$$

式中 ω——建筑物单位面积的照明容量,W/m^2;

S——建筑物的面积,m^2。

(2)**需要系数法**

1)基本公式及含义

按需要系数法进行负荷计算的基本过程是先确定计算范围(如某低压干线上的所有设备),然后将不同的工作制下用电设备的额定功率 P_N 换算到同一工作制下。经换算后的额定功率也称为设备容量 P_e。再将工艺性质相同的并有相近需要系数的用电设备合并成组,算出每一组用电设备的计算负荷,最后汇总各级计算负荷得到总的计算负荷。其基本公式为:

$$P_{30} = K_d P_e \tag{2.15}$$

式中 K_d——需要系数;

P_{30}——计算负荷；

P_e——设备容量。

考虑需要系数 K_d 的原因有：用电设备的设备容量是指输出容量，它与输入容量之间有一个平均效率 η_N；用电设备不一定满负荷运行，因此引入负荷系数 K_L；用电设备本身及配电线路有功率损耗，所以引入一个线路平均效率 η_{wL}；用电设备组的所有设备不一定同时运行，故引入一个同时系数 $K_{\sum}$。故需要系数可表达为：

$$K_d = \frac{K_{\sum} K_L}{\eta_N \eta_{WL}} \tag{2.16}$$

由式(2.16)可知，需要系数 K_d 是包含了上述几个影响计算负荷的因素综合而成的一个系数。实际上，需要系数不仅与用电设备组的工作性质、设备台数、设备效率、线路损耗等因素有关，而且与工人的技术熟练程度、生产组织等多种因素有关。附表 1.1 列出了各种用电设备组的需要系数值供参考。

若进行计算的负荷有多种，则可将用电设备按其设备性质的不同分成若干组，对每一组选用合适的需要系数，算出每组用电设备的计算负荷，然后由各组计算负荷求总的计算负荷。所以需要系数法一般用来求多台三相用电设备的计算负荷。

2）计算负荷的确定

①单组用电设备组的计算负荷。单组用电设备组是指用电设备性质相同的一组设备，即 K_d 相同，比如均为通风机。图 2.5 中 D 层面各组用电设备组的计算负荷即为单组用电设备组的计算负荷。采用需要系数进行负荷计算时，首先由基本公式求得其有功计算负荷 P_{30}，然后再求出其他计算负荷 Q_{30}、S_{30} 及 I_{30}，其计算公式如下：

$$P_{30} = K_d P_e \tag{2.17}$$

$$Q_{30} = P_{30} \tan\varphi \tag{2.18}$$

$$S_{30} = \sqrt{P_{30}^2 + Q_{30}^2} \tag{2.19}$$

$$I_{30} = \frac{S_{30}}{\sqrt{3}U_N} \tag{2.20}$$

式中　K_d——需要系数；

P_e——设备容量；

$\tan\varphi$——设备功率因数角的正切值。

其中 K_d、$\tan\varphi$ 查附表 1.1 可得。

【例 2.1】　已知某化工厂机修车间采用 380 V 供电，低压干线上接有冷加工机床 34 台，其中 11 kW 冷加工机床 1 台，4.5 kW 8 台，2.8 kW 15 台，1.7 kW 10 台，试求该机床组的计算负荷？

【解】　该设备组的总容量为：$P_{e\sum} = 11 \times 1 + 4.5 \times 8 + 2.8 \times 15 + 1.7 \times 10$ kW $= 106$ kW

查附表 1.1 得　　$K_d = 0.16 < 0.2$（取 0.2）　$\tan\varphi = 1.73$　$\cos\varphi = 0.5$

有功计算负荷　　$P_{30} = 0.2 \times 106$ kW $= 21.2$ kW

无功计算负荷　　$Q_{30} = 21.2 \times 1.73$ kV · A $= 36.68$ kV · A

视在计算负荷　　$S_{30} = \sqrt{21.2^2 + 36.68^2}$ kV · A ≈ 42.4 kV · A

计算电流 $$I_{30} = \frac{42.4}{\sqrt{3} \times 0.38}\ \text{A} = 64.4\ \text{A}$$

②多组用电设备组的计算负荷。低压干线一般是给多组不同工作制的用电设备供电的，如通风机组、机床组、水泵组等，因此，低压干线上的计算负荷可看成是多组用电设备组的计算负荷。其计算也可用图2.5的工厂供电系统说明，低压干线的计算负荷即图中C点的计算负荷。其计算方法是：先分别计算出D层面每组（如机床组、通风机组等）的计算负荷，然后将每组有功计算负荷$P_{30(i)}$、无功计算负荷$Q_{30(i)}$分别相加，再乘上同时系数，即可得到C点的总的有功计算负荷P_{30}和无功计算负荷Q_{30}，最后确定视在计算负荷S_{30}和计算电流I_{30}，即

$$P_{30} = K_{\sum p} \sum_{i=1}^{n} P_{30(i)} \tag{2.21}$$

$$Q_{30} = K_{\sum q} \sum_{i=1}^{n} Q_{30(i)} \tag{2.22}$$

$$S_{30} = \sqrt{P_{30}^2 + Q_{30}^2} \tag{2.23}$$

$$I_{30} = \frac{S_{30}}{\sqrt{3}U_N} \tag{2.24}$$

式中，$P_{30(i)}$和$Q_{30(i)}$分别表示D层面不同工作制用电设备组的有功和无功的计算负荷，K_Σ是考虑各用电设备组最大负荷不可能同时出现而引入的同时系数，一般可取$K_\Sigma = 0.85 \sim 0.97$，视负荷多少而定。应特别注意的是，由于各组的$\cos\varphi$不相同，因此低压干线视在计算负荷$S_{30}$与计算电流$I_{30}$不能用各组的$S_{30(i)}$与$I_{30(i)}$之和来进行计算。

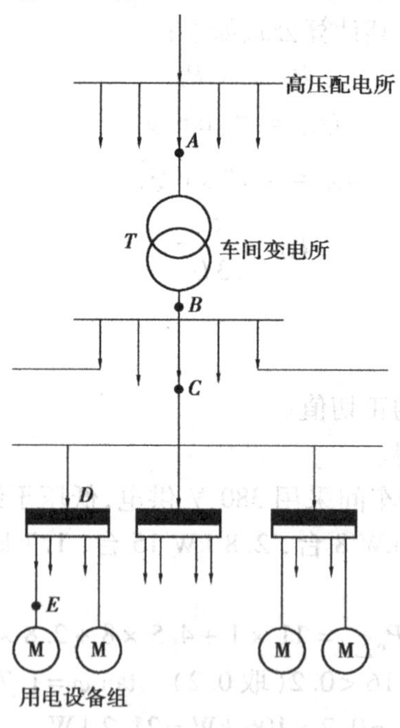

图2.5 工厂供电系统中各点电力负荷的计算

至于车间低压母线上计算负荷的确定，也就是确定图2.5中B点的计算负荷，类似于C点可看作多组用电设备组的计算负荷的确定。由于考虑到各低压干线最大负荷不一定同时出

现,因此在确定 B 点的计算负荷时,也引入了一个同时系数,一般取0.8~0.9。计算公式与上面的相类似。

【例2.2】　一机修车间的380 V线路上,接有金属切削机床电动机20台共50 kW,其中较大容量电动机有7.5 kW 2台,4 kW 2台,2.2 kW 8台;另接通风机1.2 kW 2台;电阻炉2 kW 1台。试求该车间的计算负荷(设同时系数 $K_{\sum p}$、$K_{\sum q}$ 均为0.9)。

【解】 (1)冷加工机床:查附表1.1可得

$$K_{d1} = 0.2, \cos\varphi_1 = 0.5, \tan\varphi_1 = 1.73$$

$$P_{30(1)} = K_{d1}P_{e1} = 0.2 \times 50\ \text{kW} = 10\ \text{kW}$$

$$Q_{30(1)} = P_{30(1)}\tan\varphi_1 = 10 \times 1.73\ \text{kW} = 17.3\ \text{kV}\cdot\text{A}$$

(2)通风机:查附表1.1可得

$$K_{d2} = 0.8, \cos\varphi_2 = 0.8, \tan\varphi_2 = 0.75$$

$$P_{30(2)} = K_{d2}P_{e2} = 0.8 \times 2.4\ \text{kW} = 1.92\ \text{kW}$$

$$Q_{30(2)} = P_{30(2)}\tan\varphi_2 = 1.92 \times 0.75\ \text{kV}\cdot\text{A} = 1.44\ \text{kV}\cdot\text{A}$$

(3)电阻炉:查附表1.1可得

$$K_{d3} = 0.7, \cos\varphi_3 = 1, \tan\varphi_3 = 0$$

因为只有1台设备,故其计算负荷等于设备容量

$$P_{30(3)} = P_{e3} = 2\ \text{kW}$$

$$Q_{30(3)} = 0$$

车间计算负荷为:

$$P_{30} = K_{\sum p}\sum_{i=1}^{3}P_{30(i)} = 0.9 \times (10 + 1.92 + 2)\ \text{kW} = 12.5\ \text{kW}$$

$$Q_{30} = K_{\sum q}\sum_{i=1}^{3}Q_{30(i)} = 0.9 \times (17.3 + 1.44 + 0)\ \text{kV}\cdot\text{A} = 16.9\ \text{kV}\cdot\text{A}$$

$$S_{30} = \sqrt{P_{30}^2 + Q_{30}^2} = \sqrt{12.5^2 + 16.9^2}\ \text{kV}\cdot\text{A} = 21.02\ \text{kV}\cdot\text{A}$$

$$I_{30} = \frac{S_{30}}{\sqrt{3}U_N} = \frac{21.02}{\sqrt{3} \times 0.38}\ \text{A} = 31.94\ \text{A}$$

按一般工程设计说明书的要求,以上计算可列成表2.1所示的负荷计算表。

表2.1　【例2.2】电力负荷计算表

序号	用电设备组名称	设备台数	设备容量/kW	需要系数 K_d	$\cos\varphi$	$\tan\varphi$	计算负荷			
							P_{30}/kW	Q_{30}/(kV·A)	S_{30}/(kV·A)	I_{30}/A
1	冷加工机床	20	50	0.2	0.5	1.73	10	17.3		
2	通风机	2	2.4	0.8	0.8	0.75	1.92	1.44		
3	电阻炉	1	2	0.7	1	0	3	0		
合　计		23	55.4				14.92	18.74		
		$K_{\sum p} = K_{\sum q} = 0.9$					12.5	16.9	21.02	31.94

应用需要系数法进行负荷计算时还需注意,需要系数值与用电设备的类别和工作状态有关,计算时一定要正确判断,否则会造成错误。如机修车间的金属切削机床电动机应属于小批

生产的冷加工机床电动机；各类锻造设备应属热加工机床；起重机、行车或电葫芦等都属吊车等。

(3)**二项式系数法**

1)基本公式及含义

采用需要系数法来求计算负荷，其特点是简单方便，计算结果较符合实际，而且长期使用已积累了各种设备的需要系数，因此是世界各国普遍采用的基本方法。但是，把需要系数看作与一组设备中设备台数的多少及容量是否相差悬殊等都无关的固定值，考虑不够全面。实际上只有当设备台数较多、总容量足够大、没有特大型用电设备时，表中的需要系数的值才较符合实际。因此，需要系数法普遍应用于求用户、全厂和大型车间变电所的计算负荷。而在确定设备台数较少而容量差别悬殊的分支干线的计算负荷时，通常采用另一种方法，即二项式系数法。

采用二项式法进行负荷计算时，既考虑了用电设备组的平均负荷，又考虑了几台最大用电设备引起的附加负荷。其基本公式为：

$$P_{30} = bP_e + cP_x \tag{2.25}$$

式中 b、c——二项式系数；

bP_e——用电设备组的平均负荷，其中 P_e 是用电设备组的设备总容量；

cP_x——用电设备组中容量最大的 x 台用电设备所增加的附加负荷，其中 P_x 是 x 台容量最大的用电设备容量之和。

附表1.1列出了部分用电设备组的二项式系数。查表时应注意，当用电设备组的设备总台数 $n \geqslant 2x$ 时，则最大容量设备台数按表取值；当用电设备组的设备总台数 $n < 2x$ 时，则最大容量设备台数按 $x = n/2$ 取，且按“四舍五入”法取整；当只有一台设备时，可认为 $P_{30} = P_e$。$\tan\varphi$为设备功率因数角的正切值。

2)计算负荷的确定

①单组用电设备组的计算负荷

在计算图2.5中 D 点用电设备组的计算负荷时，即为单组用电设备组的负荷计算。下面以例题的方式说明如何利用二项式系数法确定该点的计算负荷。首先由式(2.25)确定 P_{30} 后，然后可与需要系数法一样，分别应用式(2.18)、式(2.19)、式(2.20)即可求出 Q_{30}、S_{30}、I_{30}。

【例2.3】 用二项式系数法计算【例2.1】的计算负荷。

【解】 查附表1.1，取 $b=0.14$，$c=0.4$，$x=5$，$\cos\varphi=0.5$，$\tan\varphi=1.73$

由【例2.1】已得出 $P_e = 106\ \text{kW}$

而 $P_x = 11 \times 1 + 4.5 \times 4 = 29\ \text{kW}$

有功计算负荷

$$P_{30} = (0.14 \times 106 + 0.4 \times 29)\ \text{kW} = 26.44\ \text{kW}$$

无功计算负荷

$$Q_{30} = 26.44 \times 1.73\ \text{kV} \cdot \text{A} = 45.8\ \text{kV} \cdot \text{A}$$

视在计算负荷

$$S_{30} = \sqrt{26.44^2 + 45.8^2}\ \text{kV} \cdot \text{A} = 52.88\ \text{kV} \cdot \text{A}$$

计算电流

$$I_{30} = \frac{52.9}{\sqrt{3} \times 0.38}\text{A} = 80.38\ \text{A}$$

②多组用电设备组的计算负荷

采用二项式法确定多组用电设备总的计算负荷时(如图2.5所示 C 点低压干线的计算负荷),也应考虑各组用电设备的最大负荷不同时出现的因素。但不是计入一个同时系数,而是在各组用电设备中取其中一组最大的附加负荷 $(cP_x)_{max}$,再加上各组的平均负荷 bP_e,即

$$P_{30} = \sum_{i=1}^{n} (bP_e)_i + (cP_x)_{max} \tag{2.26}$$

$$Q_{30} = \sum_{i=1}^{n} (bP_e \tan \varphi)_i + (cP_x)_{max} \tan \varphi_{max} \tag{2.27}$$

式中　$(bP_e)_i$——各用电设备组的平均功率;

cP_x——每组用电设备组中 x 台容量较大的设备的附加负荷;

$(cP_x)_{max}$——附加负荷最大的一组设备的附加负荷;

$\tan \varphi_{max}$——最大附加负荷设备组对应的功率因数角的正切值。

由式(2.26)、式(2.27)求出 P_{30}、Q_{30} 后,仍可按式(2.19)、式(2.20)求得 S_{30} 和 I_{30}。

【例2.4】　试用二项式法确定【例2.2】所述机修车间380 V线路的计算负荷。

【解】　先求出各组的平均功率 bP_e 和附加负荷 cP_x。

(1)金属切削机床电动机组

查附表1.1,取 $b_1 = 0.14, c_1 = 0.4, x_1 = 5, \cos \varphi_1 = 0.5, \tan \varphi_1 = 1.73$ 则

$$(bP_e)_1 = 0.14 \times 50\ \text{kW} = 7\ \text{kW}$$

$$(cP_x)_1 = 0.4 \times (7.5 \times 2 + 4 \times 2 + 2.2 \times 1)\ \text{kW} = 10.08\ \text{kW}$$

(2)通风机组

查附表1.1,取 $b_2 = 0.65, c_2 = 0.25, x_2 = 5, \cos \varphi_2 = 0.8, \tan \varphi_2 = 0.75$,因为 $n = 2 < 2x_2$ 取 $x_2 = n/2 = 1$ 则

$$(bP_e)_2 = 0.65 \times 2.4\ \text{kW} = 1.56\ \text{kW}$$

$$(cP_x)_2 = 0.25 \times 1.2\ \text{kW} = 0.3\ \text{kW}$$

(3)电阻炉

$$(bP_e)_3 = 2\ \text{kW}$$

$$(cP_x)_3 = 0$$

显然,在3组用电设备中,第一组的附加负荷 $(cP_x)_1$ 最大,故总计算负荷为:

$$P_{30} = \sum_{i=1}^{3} (bP_e)_i + (cP_x)_1 = [(7 + 1.56 + 2) + 10.08]\ \text{kW} = 20.64\ \text{kW}$$

$$Q_{30} = \sum_{i=1}^{3} (bP_e \tan \varphi)_i + (cP_x)_1 \tan \varphi_1$$

$$= [(7 \times 1.73 + 1.56 \times 0.75 + 0) + 10.08 \times 1.73]\ \text{kV} \cdot \text{A} = 30.72\ \text{kV} \cdot \text{A}$$

$$S_{30} = \sqrt{P_{30}^2 + Q_{30}^2} = \sqrt{20.64^2 + 30.72^2}\ \text{kV} \cdot \text{A} = 37.01\ \text{kV} \cdot \text{A}$$

$$I_{30} = \frac{S_{30}}{\sqrt{3} U_N} = \frac{30.01}{\sqrt{3} \times 0.38}\ \text{A} = 56.23\ \text{A}$$

以上计算过程也可列出见表2.2的负荷计算表。

表 2.2 【例 2.4】电力负荷计算表

序号	用电设备组名称	台数		容量/kW		二项式系数		cos φ	tan φ	计算负荷			
		n	x	P_e	P_x	b	c			P_{30}/kW	Q_{30}/(kV·A)	S_{30}/(kV·A)	I_{30}/A
1	冷加工机床	20	5	50	25.2	0.14	0.4	0.5	1.73	7 + 10.08	29.55		
2	通风机	2	1	2.4	1.2	0.65	0.25	0.8	0.75	1.56 + 0.3	1.40		
3	电阻炉	1	0	2	0	0.7	0	1	0	1.4 + 0	0		
合计		23	6	55.4						20.64	30.72	37.01	56.23

(4)**单相计算负荷的确定**

在工厂的用电设备中,除了广泛应用三相设备(如三相交流电机)外,还有不少单相用电设备(如照明、电焊机、单相电炉等)。这些单相用电设备有的接在相电压上,有的接在线电压上,我们通常将这些单相设备容量换算成三相设备容量,以便确定其计算负荷。其具体方法如下:

①如果单相用电设备的容量小于三相设备总容量的 15%,则按三相平衡负荷计算,不必换算。

②对于接在相电压上的单相用电设备,应尽量使各单相负荷均匀分配在三相上,然后将安装在最大负荷相上的单相设备容量乘以 3,即为等效三相设备容量。

③对于同一线电压上的单相设备,等效三相设备容量为该单相设备容量的$\sqrt{3}$倍。

④如果单相设备既接在线电压又接在相电压上,应先将接在线电压上的单相设备容量换算为接在相电压上的单相设备容量,然后分相计算各相的设备容量和计算负荷。而总的等效三相有功计算负荷就是最大有功计算负荷相的有功计算负荷的 3 倍,总的等效三相无功计算负荷就是对应最大有功负荷相的无功计算负荷的 3 倍,最后再按式(2.19)、式(2.20)计算出 S_{30} 和 I_{30}。

(5)**照明计算负荷的确定**

照明供电系统是工厂供电系统的一个组成部分。电气照明负荷也是工厂电力负荷的一部分。良好的照明环境是保证工厂安全生产、提高劳动生产率、提高产品质量、改善职工劳动环境、保障职工身体健康的重要方面。工厂的电气照明设计,应根据生产性质、厂房自然条件等因素选择合适的光源和灯具,进行合理的布置,使工作场所的照明度达到规定的要求。

照明设备通常都是单相负荷,在设计安装时应将它们均匀地分配到三相上,力求减少三相负荷不平衡状况。通常,车间的照明设备容量都不会超过车间三相设备容量的 15%。因此,可在确定了车间照明设备总容量后,按需要系数法单独计算车间照明设备的计算负荷,照明设备组的需要系数及功率因数值按表 2.3 选取,负荷计算公式如前述的需要系数法。

表2.3 照明设备组的需要系数和功率因数

光源类别	需要系数 K_d	功率因数 cos φ				
		白炽灯	荧光灯	高压汞灯	高压钠灯	金属卤化物
生产车间办公室	0.8～1	1	0.9	0.45～0.65	0.45	0.4～0.61
变配电所、仓库	0.5～0.7	1	0.9	0.45～0.65	0.45	0.4～0.61
生活区宿舍	0.6～0.8	1	0.9	0.45～0.65	0.45	0.4～0.61
室外	1	1	0.9	0.45～0.65	0.45	0.4～0.61

2.2.3 供电系统的功率损耗和电能损耗

为了合理选择工厂变电所各种主要电气设备的规格型号，必须确定工厂总的计算负荷 S_{30} 和 I_{30}。在前述内容中，已经用需要系数法或二项式系数法确定了低压干线或车间低压母线的计算负荷，但要确定全厂的计算负荷，还要考虑线路和变压器的功率损耗。另外，由于变压器和线路是供配电系统中常年运行的设备，因此其产生的电能损耗相当可观，也应当引起重视。

(1)线路的功率损耗

因为线路具有电阻和电抗，所以其功率损耗包括有功和无功两部分。

1)有功功率损耗

有功功率损耗是电流流过线路电阻所引起的，其计算公式为：

$$\Delta P_{WL} = 3I_{30}^2 R_{WL} \times 10^{-3} \tag{2.28}$$

式中 I_{30}——线路的计算电流，A；

R_{WL}——线路每相的电阻，Ω，$R_{WL}=R_0L$，R_0 为线路单位长度的电阻，Ω/km；

L——线路的计算长度，km。

2)无功功率损耗

无功功率损耗是电流流过线路电抗所引起的，其计算公式为：

$$\Delta Q_{WL} = 3I_{30}^2 X_{WL} \times 10^{-3} \tag{2.29}$$

式中 I_{30}——线路的计算电流，A；

X_{WL}——线路每相的电抗，Ω，$X_{WL}=X_0L$，X_0 为线路单位长度的电抗，Ω/km，一般对架空线路，其值约为0.4 Ω/km，对电缆线路，其值约为0.08 Ω/km；

L——线路的计算长度，km。

(2)变压器的功率损耗

因变压器同样具有电阻和电抗，所以其功率损耗也包括有功功率损耗和无功功率损耗两部分。

1)有功功率损耗

变压器的有功功率损耗又由铁损和铜损两部分组成。

①铁损 ΔP_{Fe}

铁损是变压器主磁通在铁芯中产生的有功损耗。变压器空载时的损耗为空载损耗，由铁损和一次绕组中的有功损耗产生，因空载电流 I_0 很小，在一次绕组中产生的有功功率损耗也很小，可忽略不计，故空载损耗 ΔP_0 可认为就是铁损，所以铁损又称为空载损耗。

②铜损 ΔP_{Cu}

铜损是变压器负荷电流在一次、二次绕组的电阻中产生的有功损耗,其值与负荷电流(或功率)的平方成正比。变压器负载试验(旧称短路试验)时,一次侧施加的电压 U_k 很小,铁芯中的主磁通很小,在铁芯中产生的有功功率损耗可略去不计,故变压器的负载损耗 ΔP_k 可认为就是额定电流下的铜损 $\Delta P_{Cu.N}$。

因此,变压器的有功功率损耗可写为:

$$\Delta P_T = \Delta P_{Fe} + \Delta P_{Cu} = \Delta P_{Fe} + \Delta P_{Cu.N}\left(\frac{S_{30}}{S_N}\right)^2 \approx \Delta P_0 + \Delta P_k\left(\frac{S_{30}}{S_N}\right)^2 \tag{2.30}$$

或

$$\Delta P_T \approx \Delta P_0 + \Delta P_k\beta^2 \tag{2.31}$$

式中 S_N——变压器的额定容量;

S_{30}——变压器的计算负荷;

β——变压器的负荷率($\beta = S_{30}/S_N$)。

2)无功功率损耗

变压器的无功功率损耗也由励磁电流损耗和漏磁损耗两部分组成。

①励磁(空载)电流损耗 ΔQ_0

ΔQ_0 是变压器空载时,由产生主磁通的励磁电流所造成的,与绕组电压有关,与负荷无关。其值与励磁电流(或近似与空载电流)成正比,即式中,$I_0\%$ 为变压器空载电流占额定电流的百分数。

$$\Delta Q_0 \approx \frac{I_0\%}{100}S_N \tag{2.32}$$

②漏磁损耗 ΔQ

ΔQ 是变压器负荷电流在一次、二次绕组电抗上所产生的无功功率损耗,其值也与电流的平方成正比。因变压器绕组的电抗远大于电阻,故可认为其在额定电流时的值与阻抗电压成正比,即

$$\Delta Q_N \approx \frac{U_k\%}{100}S_N \tag{2.33}$$

式中 $U_k\%$——变压器的阻抗电压百分数。

因此,变压器的无功功率损耗为:

$$\begin{aligned}\Delta Q_T &= \Delta Q_0 + \Delta Q = \Delta Q_0 + \Delta Q_N\left(\frac{S_{30}}{S_N}\right)^2 \\ &\approx S_N\left[\frac{I_0\%}{100} + \frac{U_k\%}{100}\left(\frac{S_{30}}{S_N}\right)^2\right]\end{aligned} \tag{2.34}$$

或

$$\Delta Q_T \approx S_N\left(\frac{I_0\%}{100} + \frac{U_k\%}{100}\beta^2\right) \tag{2.35}$$

以上各式中,ΔP_0、ΔP_k、$I_0\%$ 和 $U_k\%$ 均可由变压器产品目录中查得。

在负荷计算中,变压器功率损耗还可采用下列简化公式进行近似计算。

对于 SJL_1 型号的变压器,有

$$\Delta P_T \approx 0.002S_{30}, \Delta Q_T \approx 0.08S_{30} \tag{2.36}$$

对于SL_7型号的低损耗变压器，有

$$\Delta P_T \approx 0.015S_{30}, \Delta Q_T \approx 0.06S_{30} \tag{2.37}$$

其中S_{30}均是变压器二次侧的视在计算负荷。

(3)供配电系统的电能损耗

在供配电系统中，因负荷随时间不断变化，其电能损耗计算困难，通常利用年最大负荷损耗小时τ来近似计算线路和变压器的有功电能损耗。当线路或变压器中以最大计算电流I_{30}流过τ小时后所产生的电能损耗，恰与全年流过实际变化的电流时所产生的电能损耗相等。可见，τ是一个假想时间，它与年最大负荷利用小时T_{max}及负荷功率因数有一定关系。

如图2.6所示为不同功率因数下的τ与T_{max}的关系。当$\cos\varphi=1$，且线路电压不变时有

$$\tau = \frac{T_{max}^2}{8\ 760} \tag{2.38}$$

1)线路的电能损耗

$$\Delta W_{a\text{-}WL} = 3I_C^2 R_{WL}\tau \times 10^{-3} \tag{2.39}$$

2)变压器的电能损耗

①由于铁损引起的电能损耗

$$\Delta W_{a1} = \Delta P_{Fe} \times 8\ 760 \approx \Delta P_0 \times 8\ 760 \tag{2.40}$$

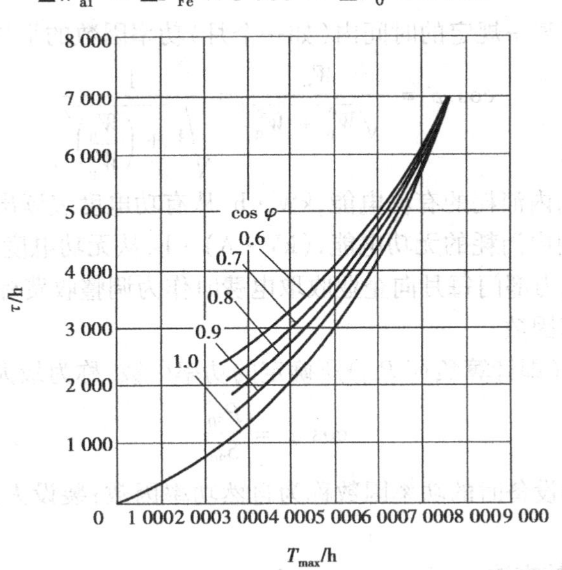

图2.6 τ与T_{max}的关系曲线

②由于铜损引起的电能损耗

$$\Delta W_{a2} = \Delta P_{Cu}\tau = \Delta P_{Cu.N}\beta^2 \approx \Delta P_k\beta^2\tau \tag{2.41}$$

变压器全年的电能损耗为：

$$\Delta W_a = \Delta W_{a1} + \Delta W_{a2} \approx \Delta P_0 \times 8\ 760 + \Delta P_k\beta^2\tau \tag{2.42}$$

2.2.4 无功功率的补偿

工厂中的用电设备多为感性负载，在运行过程中，除了消耗有功功率外，还需要大量的无

功功率在电源至负荷之间交换,导致功率因数降低,因此一般工厂的自然功率因数都比较低,它给工厂供配电系统造成不利影响。

根据我国制定的按功率因数调整收费的办法要求,高压供电的工业用户和高压供电装有带负荷调压装置的电力用户,功率因数应达到0.9以上,其他用户功率因数应在0.85以上,当功率因数低于0.7时,电力部门不予供电。因此,工厂在改善设备运行性能,合理调整运行方式提高自然功率因数的情况下,都需安装无功功率补偿装置,提高工厂供配电系统的功率因数。

(1)工厂的功率因数

功率因数是供用电系统的一项重要的技术经济指标,它反映了供用电系统中无功功率消耗量在系统总容量中所占的比重,反映了供用电系统的供电能力。根据测量方法和用途的不同,工厂的功率因数常有以下3种。

1)瞬时功率因数

工厂的功率因数随着负荷的性质、大小的变化和电压波动而不断变化。功率因数的瞬时值称为瞬时功率因数,瞬时功率因数由功率因数表直接读出,也可用瞬间测取的有功功率表、电流表、电压表的读数计算得到。

瞬时功率因数只是用来了解和分析工厂用电设备在生产过程中无功功率的变化情况,以便采取相应的补偿对策。

2)平均功率因数

平均功率因数是指某一规定的时间内(如一个月)功率因数的平均值,即

$$\cos\varphi = \frac{W_p}{\sqrt{W_p^2 + W_q^2}} = \frac{1}{\sqrt{1 + \left(\frac{W_q}{W_p}\right)^2}} \tag{2.43}$$

式中 W_p——某一时间内消耗的有功电能,kW·h,从有功电度表读出;

W_q——某一时间内消耗的无功电能,(kV·A)·h,从无功电度表读出。

平均功率因数是电力部门每月向企业收取电费时作为调整收费标准的依据。

3)最大负荷时功率因数

依据最大负荷P_{max}(即计算负荷P_{30})所确定的功率因数,称为最大负荷时的功率因数,即

$$\cos\varphi = \frac{P_{30}}{S_{30}} \tag{2.44}$$

凡未装设任何补偿设备时的功率因数称为自然功率因数;装设人工补偿后的功率因数称为补偿后功率因数。

(2)提高功率因数的方法

提高功率因数的方法有很多,一般可分为两大类,即提高自然功率因数的方法和人工补偿无功功率提高功率因数的方法。但自然功率因数的提高往往有限,一般还需采用人工补偿装置来提高功率因数。目前,人工补偿提高功率因数一般有4种方法:并联电力电容器组、采用同步调相机、采用可控硅静止无功补偿器和采用进相机改善功率因数。在工厂供配电系统中,人工补偿无功功率提高功率因数的方法通常是并联电力电容器组。

在供电系统中采用并联电力电容器组或其他无功补偿装置来提高功率因数时,需要考虑补偿装置的装设地点,不同的装设地点,其无功补偿效益有所不同。对于用户供电系统,电力电容器组的设置有高压集中补偿、低压成组补偿和分散就地补偿3种方式。详情请参阅本书

第 9 章第 2 节。

(3)无功补偿容量的计算

从图 2.7 中可以明显看出功率因数的提高与无功功率和视在功率变化的关系。在有功功率 P_{30} 不变的情况下,加装无功补偿装置后,无功功率 Q_{30} 减少到 Q'_{30},视在功率 S_{30} 也相应地减少到 S'_{30},则功率因数从 $\cos\varphi$ 提高到 $\cos\varphi'_{30}$,此时 $Q_{30}-Q'_{30}$ 就是无功功率补偿的容量 Q_c,即

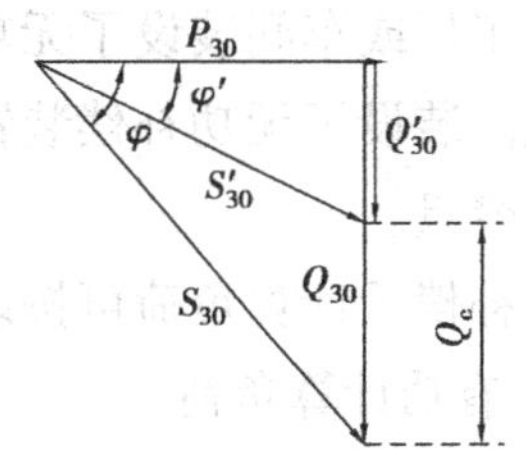

图 2.7　补偿后的功率因数

$$Q_c = Q_{30} - Q'_{30} = P_{30}(\tan\varphi - \tan\varphi') \tag{2.45}$$

式中　$\tan\varphi$、$\tan\varphi'$——补偿前后功率因数角的正切值。

(4)高压集中补偿所需电容器台数的确定

三相系统中,当单个电容器的额定电压与电网的电压相同时,电容器应按三角形接法;当低于电网电压时,应将若干个电容器串联后接成三角形。这时,可算出三相所需的单相电容器总台数 N 为:

$$N = \frac{Q_c}{q_c\left(\dfrac{U}{U_{N,C}}\right)^2} \tag{2.46}$$

式中　Q_c——三相所需总电容器容量,kV·A;

q_c——单台(柜)电容器容量,kV·A,见表 2.4;

U——电网的工作电压(即电容器安装处的实际电压),V;

$U_{N,C}$——电容器额定电压,V。

每相电容器的台数 n 为:

$$n = \frac{N}{3} \tag{2.47}$$

算出 N 后,对于 6~10 kV 为单母线不分段的变电所,考虑高压为单相电容器,故实际取值应为 3 的倍数,对于 6~10 kV 为单母线分段的变电所,由于电容器组应分两组安装在各段母线上,故每相电容器台数应取双数,此时单相电容器实际总台数 N 应为 6 的整数倍。

表 2.4　常用电力电容器技术数据

型　号	额定电压/kV	标称容量/(kV·A)	标称电容/μF	相数	质量/kg
YY0.4-12-1	0.4	12	240	1	21
YY0.4-24-1	0.4	24	480	1	40
YY0.4-12-3	0.4	12	240	3	21
YY0.4-24-3	0.4	24	480	3	40
YY6.3-12-1	6.3	12	0.962	1	21
YY6.3-24-1	6.3	24	1.924	1	40
YY10.5-12-1	10.5	12	0.347	1	21
YY10.5-24-1	10.5	24	0.694	1	40

(5)无功补偿后工厂计算负荷的确定

工厂或车间装设了无功补偿并联电容器后,能使装设地点前的供电系统减少相应的无功损耗。装设了无功补偿装置后,在确定补偿装置装设地点以前的总计算负荷时,应扣除无功补偿的容量。

补偿后计算负荷可按以下公式确定:

有功计算负荷 $$P'_{30} = P_{30} \tag{2.48}$$

无功计算负荷 $$Q'_{30} = Q_{30} - Q_c \tag{2.49}$$

视在计算负荷 $$S'_{30} = \sqrt{P'^{2}_{30} + Q'^{2}_{30}} \tag{2.50}$$

计算电流 $$I'_{30} = \frac{S'_{30}}{\sqrt{3}U_N} \tag{2.51}$$

【例2.5】 某化工厂变电所有一台低损耗变压器,其低压侧有功计算负荷为1 387 kW,无功计算负荷为982 kV·A。按规定工厂(即高压侧)的功率因数不得低于0.9,问该厂变压器低压侧要补偿多大的无功容量才能满足功率因数的要求?

【解】 未补偿前

低压侧

$$S_{30(2)} = \sqrt{P^2_{30(2)} + Q^2_{30(2)}} = \sqrt{1\ 387^2 + 982^2}\ \text{kV·A} = 1\ 699\ \text{kV·A}$$

$$\cos\varphi_{(2)} = \frac{P_{30(2)}}{S_{30(2)}} = \frac{1\ 387}{1\ 699} = 0.82$$

显然低压侧的功率因数较低,考虑到变压器也要消耗一定的无功功率,若高压侧的功率因数不得低于0.9,则低压侧应取 $\cos\varphi'_{(2)} = 0.92 \sim 0.93$(经验数据),才能满足要求。现取0.93,则低压侧无功补偿容量为:

$$Q_c = P_{30(2)}(\tan\varphi - \tan\varphi') = 1\ 387 \times (\tan\cos^{-1}0.82 - \tan\cos^{-1}0.93)$$
$$= 1\ 387 \times 0.303\ \text{kV·A} \approx 420\ \text{kV·A}$$

补偿后

低压侧 $P'_{30(2)} = 1\ 387$ kW 不变

$$Q'_{30(2)} = Q_{30(2)} - Q_c = (982 - 420)\ \text{kV·A} = 562\ \text{kV·A}$$

$$S'_{30(2)} = \sqrt{P'^2_{30(2)} + Q'^2_{30(2)}} = \sqrt{1\ 387^2 + 562^2}\ \text{kV·A} \approx 1\ 496.5\ \text{kV·A}$$

变压器损耗

$$\Delta P_T \approx 0.015S'_{30(2)} = 0.015 \times 1\ 496.5\ \text{kW} \approx 22.4\ \text{kW}$$

$$\Delta Q_T \approx 0.06S'_{30(2)} = 0.06 \times 1\ 496.5\ \text{kV·A} = 89.8\ \text{kV·A}$$

高压侧 $$S'_{30(1)} = \sqrt{(P'_{30(2)} + \Delta P_T)^2 + (Q'_{30(2)} + \Delta Q_T)^2}$$
$$= \sqrt{(1\ 387 + 22.4)^2 + (562 + 89.8)^2}\ \text{kV·A}$$
$$= 1\ 552.8\ \text{kV·A}$$

工厂功率因数 $\cos\varphi'_{(1)} = \dfrac{P'_{30(1)}}{S'_{30(1)}} = \dfrac{1\ 387 + 22.4}{1\ 552.8} \approx 0.908 > 0.9$ 满足要求。

2.2.5　全厂计算负荷的确定

确定工厂总计算负荷的方法很多,本书只介绍工厂需要系数法、按年产量和单位产品耗电量计算法和逐级计算法。

(1)工厂需要系数法

将全厂用电设备的总容量$\sum P_e$(备用容量不计入)乘以工厂需要系数K_d(见附表1.2)就可得到全厂的计算负荷P_{30},然后根据工厂的功率因数$\cos\varphi$,由式(2.18)、式(2.19)和式(2.20)求出全厂的无功计算负荷Q_{30}、视在计算负荷S_{30}和计算电流I_{30}。

(2)按年产量和单位产品耗电量计算法

将工厂全年生产量A乘以单位产品耗电量α,即可得到工厂全年耗电量,即

$$W_a = Aa \times 10^3 \tag{2.52}$$

然后再将工厂全年耗电量W_a除以最大负荷利用小时T_{max},即可得到工厂的有功计算负荷,即

$$P_{30} = \frac{W_a}{T_{max}} \tag{2.53}$$

而Q_{30}、S_{30}和I_{30}的计算与上述需要系数法相同。

(3)逐级计算法

如图2.5所示的工厂供电系统示意图,确定全厂计算负荷时,应从用电末端逐级向上推至电源进线端,其计算方法和步骤如下:

①确定用电设备的设备容量(图中E点)。

②确定用电设备组的计算负荷(图中D点)。

③确定车间低压干线(图中C点)或车间变电所低压母线(图中B点)的计算负荷。计算时应注意,当干线或低压母线上接的用电设备组较多时,应考虑各用电设备组最大负荷不可能同时出现而引入的同时系数$K_{\sum 1}$或各低压干线最大负荷不一定同时出现的同时系数$K_{\sum 2}$;如果在低压进线上装有无功补偿用的电容器组时,在确定低压进线上无功功率时还应减去无功补偿容量。

④确定车间(或小型工厂)变电所高压侧的计算负荷。车间(或小型工厂)变电所高压侧计算负荷应等于车间(或小型工厂)变电所低压进线的计算负荷再加上变压器的功率损耗。

⑤若没有总降压变电所,则根据上述过程确定总降压变压器低压侧的计算负荷。

⑥确定全厂总计算负荷。将总降压变电所低压母线上的计算负荷加上总降压变压器的功率损耗(或高压配电所高压母线上的计算负荷),即可确定全厂总的计算负荷。

2.3　尖峰电流及其计算

尖峰电流I_{pk}是指单台或多台用电设备持续1~2 s的短时最大负荷电流。它是由于电动机启动、电压波动等原因引起的,尖峰电流与计算电流不同,计算电流是指半小时最大电流,尖

峰电流比计算电流大得多。

计算尖峰电流的目的是选择熔断器，整定低压断路器和继电保护装置，计算电压波动及检验电动机自启动条件等。

(1)单台设备尖峰电流的计算

对于只接单台电动机或电焊机的支线，其尖峰电流就是其启动电流，即

$$I_{pk} = I_{st} = K_{st} I_N \tag{2.54}$$

式中 I_N——用电设备的额定电流；

I_{st}——用电设备的启动电流；

K_{st}——用电设备的启动电流倍数，可查产品样本或设备铭牌。

(2)多台设备尖峰电流的计算

对接有多台电动机的配电线路，其尖峰电流可按下式确定：

$$I_{pk} = I_{30} + (I_{st} - I_N)_{max} \tag{2.55}$$

式中 $(I_{st} - I_N)_{max}$——用电设备中$(I_{st} - I_N)$最大的那台设备的电流差值；

I_{30}—— 全部设备投入时，线路上的计算电流，即$I_{30} = K_{\sum} \sum I_N$；

$K_{\sum}$—— 多台设备的同时系数，按台数的多少可取0.7 ~ 1。

【例2.6】 有一条380 V的线路，供电给4台电动机，负荷资料见表2.5，试计算该380 V线路上的尖峰电流。

表2.5 电动机负荷资料

电动机参数	电动机			
	1M	2M	3M	4M
额定电流 I_N/A	5.8	5	35.8	27.6
启动电流 I_{st}/A	40.6	35	197	193.2

【解】 取$K_{\sum} = 0.9$，则$I_{30} = K_{\sum} \sum I_N = 0.9 \times (5.8 + 5 + 35.8 + 27.6)\text{A} = 66.78\text{ A}$

由表2.5可知，4M的$(I_{st} - I_N) = 193.2 - 27.6 = 165.6$ A为最大，故

$$I_{pk} = I_{30} + (I_{st} - I_N)_{max} = [66.78\text{ A} + (193.2 - 27.6)]\text{A} = 232.4\text{ A}$$

本章小结

本章介绍了负荷曲线的基本概念、类别及有关物理量，电力负荷的分级及有关概念；讲述了用电设备容量的确定方法；重点介绍了负荷计算的两种方法，即需要系数法和二项式系数法，功率因数及其补偿；讨论了供配电系统的功率损耗与电能损耗的计算，尖峰电流及其计算。

(1)负荷曲线是表征电力负荷随时间变动情况的一种图形。按照时间单位的不同，分日负荷曲线和年负荷曲线。

(2)与负荷曲线有关的物理量有年最大负荷、年最大负荷利用小时、平均负荷和负荷

系数。

(3)需要系数法适用于求多组三相用电设备的计算负荷,二项式法适用于确定设备台数较少而容量差别较大的分支干线的较少负荷。要求掌握三相负荷和单相负荷的计算方法。

(4)负荷计算时,应计入供配电线路和变压器的功率损耗与电能损耗。要求掌握线路及变压器的功率损耗和电能损耗的计算方法。

(5)提高功率因数的方法有提高自然功率因数和人工补偿两大类,人工补偿最常用的是并联电容器组,要求能熟练计算补偿容量。

(6)确定工厂总计算负荷主要有工厂需要系数法、按年产量和单位产品耗电量计算法和逐级计算法。要求重点掌握采用逐级计算法进行负荷计算。

(7)尖峰电流是指单台或多台用电设备持续 1 ~2 s 的短时最大负荷电流。要求会进行尖峰电流的计算。

思考与练习

2.1　电力负荷按其重要性分哪几级?各级负荷对供电电源有什么要求?

2.2　什么是平均负荷和负荷系数?什么是年最大负荷和年最大负荷利用小时数?

2.3　什么是用电设备的设备容量?各工作制用电设备的设备容量如何确定?

2.4　什么是计算负荷?为什么计算负荷通常采用半小时最大负荷?

2.5　确定用电设备组计算负荷的需要系数法和二项式法各有什么特点?各适用于哪些场合?

2.6　如何分配单相(220 V、380 V)用电设备,使计算负荷最小?如何将单相负荷简便地换算为三相负荷?

2.7　进行无功功率补偿,提高功率因数,有哪些意义?如何确定无功补偿容量?

2.8　什么是尖峰电流?尖峰电流的计算有哪些用处?

2.9　某车间有吊车 1 台,设备铭牌上给出其额定功率 $P_N = 9$ kW,$\varepsilon_N = 15\%$,问其设备容量为多少?

2.10　某车间 380 V 线路供电给下列设备:长期工作的设备有 75 kW 的电动机 2 台,4 kW的电动机 3 台,3 W 的电动机 10 台;反复短时工作的设备有 42 kV · A 的电焊机 1 台(额定暂载率为 60%,$\cos\varphi_N = 0.62$,$\cos\varphi_N = 0.85$),10 t 吊车 1 台(在暂载率为 40% 的条件下,其额定功率为 396 kW,$\cos\varphi_N = 0.5$)。试确定它们的设备容量。

2.11　某车间设有小批量生产的冷加工机床电动机 40 台,总容量 122 kW,其中较大容量的电动机有 10 kW 1 台,7 kW 3 台,4.5 kW 3 台,2.8 kW 12 台。试分别用需要系数法和二项式系数法确定其计算负荷?

2.12　某金工车间采用 220/380 V 三相四线制供电,车间内设有冷加工机床 48 台,共 192 kW;吊车 2 台,共 10 kW($\varepsilon_N = 25\%$);通风机 2 台,共 9 kW;车间照明共 8.2 kW。试求该车间的计算负荷?

2.13　某降压变电所装有一台 S9-630/10 型电力变压器，其二次侧(380 V)的有功计算负荷为 420 kW，无功计算负荷为 350 kV · A。试求此变电所一次侧的计算负荷及其功率因数。如果功率因数未达到 0.90，问此变电所低压母线上应装设多大并联电容器容量才能达到要求？

2.14　某车间有一条 380 V 线路供电给表 2.6 的 4 台电动机。试计算其尖峰电流(K_{Σ} = 0.9)。

表 2.6　电动机负荷资料

电动机参数	电动机			
	1M	2M	3M	4M
额定电流 I_N/A	35	14	56	20
启动电流 I_{st}/A	148	85	160	135

第3章 短路电流计算

内容提要：本章介绍短路电流(short-circuit-current)暂态过程的分析；无限大容量电源系统及有限容量电源系统短路电流的计算；大容量电动机对短路电流的影响；复杂供电系统短路电流的计算；不对称短路的分析及不对称短路电流的计算；短路电流的电动力、热效应分析等。

在供配电系统的设计和运行中，不仅要考虑系统的正常运行状态，还要考虑系统的不正常运行和故障情况，最严重的故障是短路故障。短路是指不同相之间，相对中线或地线之间的直接金属性连接或经小阻抗连接。本章讨论和计算供配电系统在短路故障情况下的电流(简称短路电流)，短路电流计算的目的主要是供母线、电缆、设备的选择和继电保护整定计算之用。

3.1 短路概述

(1)短路的种类

所谓“短路”是指电力系统正常运行情况以外的相与相之间或相与地(或中性线)之间的接通。在正常运行时，除中性点以外，相与相或相与地之间是绝缘的。

三相交流系统的短路种类主要有三相短路、两相短路、单相短路和两相接地短路。

三相短路是指供配电系统三相导体间的短路，用$K^{(3)}$表示，如图3.1(a)所示。

两相短路是指三相供配电系统中任意两相导体间的短路，属不对称短路，用$K^{(2)}$表示，如图3.1(b)所示。两相短路的发生概率为10% ~15%。

单相短路是指供配电系统中任一相经大地与中性点或与中线发生的短路，用$K^{(1)}$表示，如图3.1(c)、(d)所示。

两相接地短路是指中性点不接地系统中，任意两相发生单相接地而产生的短路，用$K^{(1,1)}$表示，如图3.1(e)、(f)所示。

在上述各种短路中，三相短路属对称短路，其他短路属不对称短路。因此，三相短路可用对称三相电路分析，不对称短路采用对称分量法分析，即把一组不对称的三相量分解成三组对称的正序、负序和零序分量来分析研究。在电力系统中，发生单相短路的可能性最大，发生三相短路的可能性最小，但通常三相短路的短路电流最大，危害也最严重，所以，短路电流计算的重点是三相短路电流计算。单相短路也是一种不对称短路。它的危害虽不如其他短路形式严重,但在中性点直接接地系统中,发生的概率最高,占短路故障的65% ~70%。

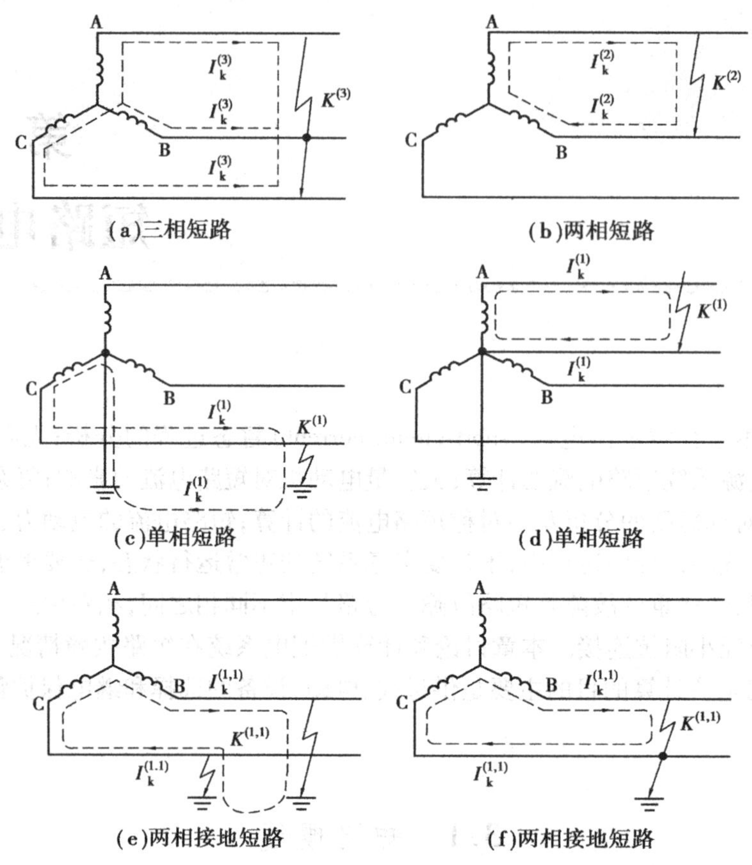

图3.1 短路的种类

(2)短路的原因

短路发生的主要原因是电力系统中电气设备载流导体的绝缘损坏。造成绝缘损坏的原因主要有设备长期运行,绝缘材料的自然老化,操作过电压、雷电过电压等造成的绝缘被击穿,以及掘沟时损伤电缆使绝缘受到机械损伤等。

运行人员不遵守操作规程发生的误操作,如带负荷拉、合隔离开关,检修线路或设备后未拆除地线就合闸供电等,另外,如鸟兽、风筝跨越在裸露导体上,或藻类植物生长造成的相导体间净距减少也是引起短路的原因。

(3)短路的危害

发生短路时,由于短路回路的阻抗很小,产生的短路电流较正常电流大数十倍,有时可能高达数万甚至数十万安。同时系统电压降低,离短路点越近,电压降低越大;三相短路时,短路点的电压可能降到零。因此,短路将造成严重危害。

①短路产生很大的热量,导体温度升高,将绝缘损坏。

②短路产生巨大的电动力,使电气设备受到机械损坏。

③短路点处可能产生的电弧有可能烧毁电气设备的载流部分,严重时可能引发火灾。

④短路使系统电压严重降低,电气设备正常工作受到破坏。例如,异步电动机的转矩与外

施电压的平方成正比，当电压降低时，其转矩降低使转速减慢，造成电动机过热而烧坏。

⑤短路可造成停电，而且越靠近电源，停电范围越大，造成国民经济损失，给人民生活带来不便。

⑥严重的短路将影响电力系统运行的稳定性，使并联运行的同步发电机失去同步，严重的可能造成系统解列，甚至崩溃。

⑦单相对地短路时，电流将产生较强的不平衡磁场，会对附近的通信线路、信号系统及电子设备等产生电磁干扰，影响其正常运行，甚至使之发生误动作。

由上可知，短路产生的后果极为严重，在供配电系统的设计和运行中应采取有效措施，设法消除可能引起短路的一切因素，使系统安全可靠地运行。同时，为了减轻短路的严重后果和防止故障扩大，需要计算短路电流，以便正确地选择和校验各种电气设备、计算和整定保护短路的继电保护装置及选择限制短路电流的电气设备（如电抗器）等。

3.2　无限大容量供电系统三相短路分析

3.2.1　无限大容量供电系统的概念

三相短路是电力系统最严重的短路故障，三相短路的分析计算又是其他短路分析计算的基础。短路时，发电机中发生的电磁暂态变化过程很复杂；为了简化分析，假设三相短路发生在一个无限大容量电源的供电系统。“无限大容量系统”是指端电压保持恒定，没有内部阻抗和容量无限大的系统。实际上，任何电力系统都有一个确定的容量（电力系统的容量即为其各发电厂运转发电机的容量之和），并有一定的内部阻抗。系统容量越大，系统内阻抗就越小。当电力系统的容量超过用户供电系统容量50倍时，电力系统阻抗不超过短路回路总阻抗的5%～10%，或短路点离电源的电气距离足够远，发生短路时电力系统母线电压降低很小，此时可将电力系统看成是无限大容量系统，从而使短路电流计算大为简化。供配电系统一般满足上述条件，可视为无限大容量供电系统，据此进行短路分析和计算。

3.2.2　无限大容量供电系统三相短路暂态过程

如图3.2所示是电源为无限大容量系统的供电系统发生三相短路的系统图和三相电路图。图中 r_K、x_K 为短路回路的电阻和电抗，r_1、x_1 为负载的电阻和电抗。由于三相电路对称，可取一相等效电路进行分析，如图3.2(c)所示。

(1)正常运行

设电源相电压为 $u_\varphi = U_{\varphi m}\sin(\omega t + \alpha)$，正常运行电流为式中：

$$i = I_m \sin(\omega t + \alpha - \varphi) \tag{3.1}$$

电流幅值 $I_m = U_{\varphi m}/\sqrt{(r_K + r_1)^2 + (x_K + x_1)^2}$；阻抗角 $\varphi = \arctan(x_K + x_1)/(r_K + r_1)$。

(2)三相短路分析

当发生三相短路时，如图3.2(b)所示的电路将被分成两个独立的回路。一个仍与电源相连接，另一个则成为没有电源的短接回路。在这个没有电源的短接回路中，电流将从短路发生瞬间的初始值按指数规律衰减到零。在衰减过程中，回路磁场中所储藏的能量，将全部转化成热能。与电源相连的回路，由于负荷阻抗和部分线路阻抗被短路，因此电路中的电流要突然增大。但是，由于电路中存在着电感，根据楞次定律，电流又不能突变，因而引起一个过渡过程，即短路暂态过程，最终达到一个新稳定状态。

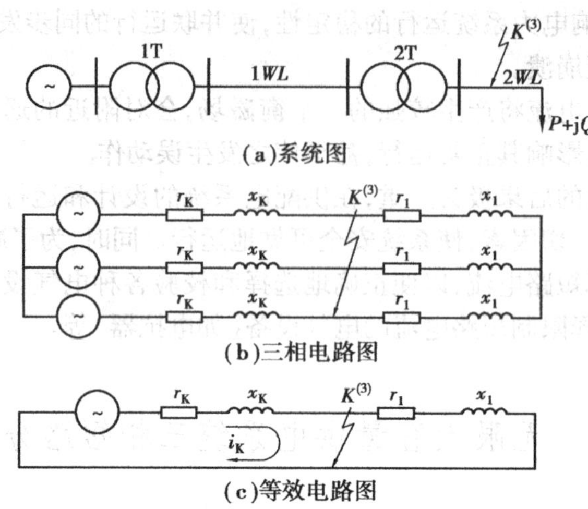

图 3.2　无限大容量的三相短路图

下面分析短路电流的变化，短路电流 i_k 应满足微分方程

$$L_K \frac{di_K}{dt} + r_K i_K = U_{\varphi m}\sin(\omega t + \alpha) \tag{3.2}$$

式(3.2)是非齐次一阶微分方程，其解包括特解和通解两部分

$$i_K = I_{pm}\sin(\omega t + \alpha - \varphi_K) + i_{np0}e^{-\frac{t}{\tau}} \tag{3.3}$$

式(3.3)中，前一部分为非齐次微分方程的特解，属于周期分量，又称为稳态分量。后一部分为齐次微分方程的通解，属于非周期分量，又称为暂态分量或自由分量。其中，$I_{pm} = U_{\varphi m}/\sqrt{r_K^2 + x_K^2}$ 为短路电流周期分量幅值；$\varphi_K = \arctan(x_K/r_K)$ 为短路回路阻抗角；$\tau = L_K/r_K$ 为短路回路时间常数；i_{np0} 为短路电流非周期分量初值，i_{np0} 由初始条件决定。

根据楞次定律可知，当 $t=0$ 时发生三相短路的瞬间，电流不能突变，即在短路瞬间，短路前工作电流与短路后短路电流相等，即

$$I_m\sin(\alpha - \varphi) = I_{pm}\sin(\alpha - \varphi_K) + i_{np0} \tag{3.4}$$

$$i_{np0} = I_m\sin(\alpha - \varphi) - I_{pm}\sin(\alpha - \varphi_K) \tag{3.5}$$

将式(3.5)代入式(3.3)，得：

$$i_K = I_{pm}\sin(\omega t + \alpha - \varphi_K) + [I_m\sin(\alpha - \varphi) - I_{pm}\sin(\alpha - \varphi_K)]e^{-\frac{t}{\tau}} = i_p + i_{np} \tag{3.6}$$

从式(3.6)可知，与无限大容量电源系统相连电路的电流在暂态过程中包含有两个分量，即周期分量 i_p 和非周期分量 i_{np}。周期分量属于强制电流，其大小取决于电源电压和短路回路的阻抗，其幅值在暂态过程中保持不变。非周期分量属于自由电流，是为了使电感回路中的磁链和电流不突变而产生的一个感生电流，其值在短路瞬间最大，接着便以一定的时间常数按指数规律衰减，直到衰减为零。此时暂态过程即告结束，系统进入短路的稳定状态。

(3)最严重三相短路时的短路电流

下面讨论在电路参数确定和短路点一定情况下，产生最严重三相短路时的短路电流(即

最大瞬时值)的条件。由图3.4可知,短路电流非周期分量初值最大时短路电流瞬时值也最大,如图3.3所示是三相短路时的相量图。图中$\dot{U}_m$、$\dot{I}_m$、$\dot{I}_{pm}$分别表示电源电压幅值、工作电流幅值和短路电流周期分量幅值的相量。短路电流非周期分量的初值等于相量$\dot{I}_m$和$\dot{I}_{pm}$之差在纵轴上的投影。从图3.3相量图中可以看出,当$\dot{U}_m$与横轴重合,短路前空载$\dot{I}_m=0$或功率因数等于1,$\dot{I}_m$与横轴重合;短路回路阻抗角$\varphi_K=90°$,$\dot{I}_{pm}$与纵轴重合时,短路电流非周期分量初值达到最大。综上所述,最严重短路电流的条件为:

①短路前电路空载或$\cos\varphi=1$;

②短路瞬间电压过零,即$t=0$时$\alpha=0°$或180°;

③短路回路纯电感,即$\varphi_K=90°$。

将$I_m=0,\alpha=0,\varphi_K=90°$代入式(3.6),得:

$$i_K=-I_{pm}\cos\omega t+I_{pm}e^{-\frac{t}{\tau}}=-\sqrt{2}I_p\cos\omega t+\sqrt{2}I_p e^{-\frac{t}{\tau}} \tag{3.7}$$

式中　I_p——短路电流周期分量有效值。

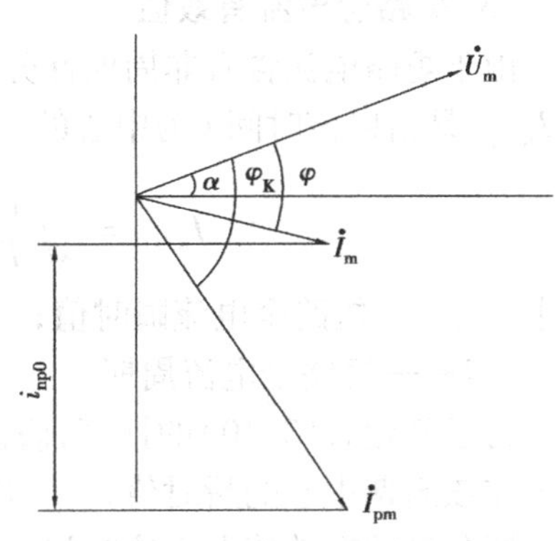

图3.3　三相短路时的相量图

无限大容量电源系统发生三相短路前后电流、电压的变化曲线如图3.4所示,与无限大容量电源系统相连电路的电流在暂态过程中包含有两个分量,即周期分量和非周期分量。应当指出的是,三相短路时只有其中一相电流最严重,短路电流计算也是计算最严重三相短路时的短路电流。

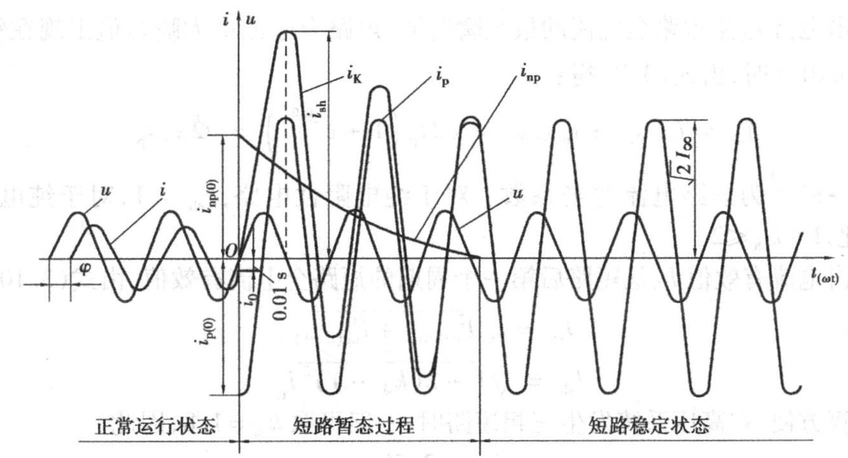

图3.4　无限大容量系统发生三相短路时的短路电流波形图

3.2.3　三相短路电流的有关参数

(1)短路电流周期分量有效值

由式(3.3)短路电流周期分量幅值I_{pm},可得短路电流周期分量有效值I_p。式中,电源电压为线路额定电压的1.05倍,即线路首末两端电压的平均值,称线路平均额定电压,用U_{av}表示,从而短路电流周期分量的有效值为：

$$I_p = \frac{U_{av}}{\sqrt{3}Z_K} \tag{3.8}$$

式中 $U_{av} = 1.05U_N, Z_K = \sqrt{r_K^2 + x_K^2}$——短路回路总阻抗。

(2)次暂态短路电流

次暂态短路电流是短路电流周期分量在短路后第一个周期的有效值，用I''表示。在无限大容量系统中，短路电流周期分量不衰减，即

$$I'' = I_p \tag{3.9}$$

(3)短路全电流有效值

由于短路电流含有非周期性分量，短路全电流不是正弦波，短路过程中短路全电流的有效值$I_{K(t)}$，是指以该时间t为中心的一个周期内，短路全电流瞬时值的均方根值，即

$$I_{K(t)} = \sqrt{\frac{1}{T}\int_{t-\frac{T}{2}}^{t+\frac{T}{2}} i_K^2 dt} = \sqrt{\frac{1}{T}\int_{t-\frac{T}{2}}^{t+\frac{T}{2}} (i_p + i_{np})^2 dt} \tag{3.10}$$

式中 i_K——短路全电流瞬时值；

T——短路全电流周期。

为了简化式(3.10)的计算，假设短路电流非周期分量i_{np}在所取周期内恒定不变，即其值等于在该周期中心的瞬时值$i_{np(t)}$；周期分量i_p的幅值也为常数，其有效值为$I_{p(t)}$。在该周期内非周期分量的有效值即为该时间t时的瞬时值$i_{np(t)}$；周期分量有效值为$I_{p(t)}$。

作如上假设后，式(3.10)经运算，短路全电流有效值为：

$$I_{K(t)} = \sqrt{I_{p(t)}^2 + i_{np(t)}^2} \tag{3.11}$$

(4)短路冲击电流和冲击电流有效值

短路冲击电流i_{sh}是短路全电流的最大瞬时值，短路全电流最大瞬时值出现在短路后半个周期，即$t = 0.01$ s时，由式(3.7)得：

$$i_{sh} = i_{p(0.01)} + i_{np(0.01)} = \sqrt{2}I_p\left(1 + e^{-\frac{0.01}{\tau}}\right) = \sqrt{2}k_{sh}I_p \tag{3.12}$$

其中，$k_{sh} = 1 + e^{-\frac{0.01}{\tau}}$为短路电流冲击系数。对于纯电阻性电路，$k_{sh} = 1$；对于纯电感性电路，$k_{sh} = 2$。因此，$1 \leqslant k_{sh} \leqslant 2$。

短路冲击电流有效值I_{sh}是短路后第一个周期的短路全电流有效值，由式(3.10)可得：

$$I_{sh} = \sqrt{I_{p(0.01)}^2 + i_{np(0.01)}^2}$$

或

$$I_{sh} = \sqrt{1 + 2(k_{sh} - 1)^2}I_p \tag{3.13}$$

为了计算方便，在高压系统发生三相短路时，一般可取$k_{sh} = 1.8$，因此

$$i_{sh} = 2.55I_p \tag{3.14}$$

$$I_{sh} = 1.52I_p \tag{3.15}$$

在低压系统发生三相短路时，可取$k_{sh} = 1.3$，因此

$$i_{sh} = 1.84I_p \tag{3.16}$$

$$I_{sh} = 1.09I_p \tag{3.17}$$

(5)稳态短路电流有效值

稳态短路电流有效值是指短路电流非周期分量衰减完后的短路电流有效值，用I_∞表示。

在无限大容量系统中，$I_{\infty}=I_{p}$。

因此，无限大容量系统发生三相短路时，短路电流的周期分量有效值保持不变。在短路电流计算中，通常用 I_K 表示周期分量的有效值，以下简称短路电流，即

$$I''=I_{p}=I_{\infty}=I_{K}=\frac{U_{av}}{\sqrt{3}Z_{K}} \tag{3.18}$$

(6)三相短路容量

在短路计算和电气设备选择时，常遇到短路容量的概念，其定义为短路点的额定电压 U_{av} 与短路电流周期分量 I_K 所构成的三相视在功率，即

$$S_{K}=\sqrt{3}U_{av}I_{K} \tag{3.19}$$

计算短路容量的目的是在选择开关设备时，用来校验其分断能力。

综上所述，无限大容量系统发生三相短路时，求出短路电流周期分量有效值，即可计算有关短路的所有物理量。

3.3 无限大容量供电系统三相短路电流的计算

短路电流的计算方法有欧姆法(又称有名值法)、标幺制法(又称相对单位制法)和短路容量法(又称兆伏安法)。用常规的有名值计算短路电流时，必须将所有元件的阻抗归算到同一电压级才能进行计算，而供配电系统通常具有多个电压等级，因此有名值法显得麻烦和不便。故通常采用标幺值，以简化计算，便于比较分析。故本节仅讲述短路电流标幺值计算方法，其余计算方法请参见相关书籍。

3.3.1 标幺制

用相对值表示元件的物理量，称为标幺制。任意一个物理量的有名值与基准值的比值称为标幺值，标幺值没有单位，即

$$\text{标幺值}=\frac{\text{物理量的有名值}}{\text{物理量的基准值}} \tag{3.20}$$

标幺值用上标[*]表示，基准值用下标[d]表示，则容量、电压、电流、阻抗的标幺值分别为：

$$\left.\begin{aligned} S^{*}&=\frac{S}{S_{d}}\\ U^{*}&=\frac{U}{U_{d}}\\ I^{*}&=\frac{I}{I_{d}}\\ Z^{*}&=\frac{Z}{Z_{d}} \end{aligned}\right\} \tag{3.21}$$

基准电压 U_d、基准电流 I_d 和基准阻抗 Z_d 也应遵守功率方程 $S_d=\sqrt{3}U_dI_d$ 和电压方程 $U_d=\sqrt{3}I_dZ_d$。因此，4个基准值中只有两个是独立的，通常选定基准容量和基准电压，按下式求出基准电流和基准阻抗，即

$$I_d = \frac{S_d}{\sqrt{3}U_d} \tag{3.22}$$

$$Z_d = \frac{U_d}{\sqrt{3}I_d} = \frac{U_d^2}{S_d} \tag{3.23}$$

基准值可以任意选定,工程设计中为计算方便通常取基准容量 $S_d = 100$ MV·A,取线路平均额定电压为基准电压,即 $U_d = U_{av} \approx 1.05U_N$。线路的额定电压和基准电压对照值见表 3.1。

表 3.1　线路的额定电压和基准电压

额定电压 U_N/kV	0.38	6	10	35	110	220	500
基准电压 U_d/kV	0.4	6.3	10.5	37	115	230	550

由于基准容量从一个电压等级换算到另一个电压等级时,其数值不变,而基准电压从一个电压等级换算到另一个电压等级时,其数值就是另一个电压等级的基准电压。

下面用如图 3.5 所示的多级电压的供电系统加以说明。短路发生在 4*WL*,选基准容量为 S_d,各级基准电压分别为 $U_{d1} = U_{av1}$,$U_{d2} = U_{av2}$,$U_{d3} = U_{av3}$,$U_{d4} = U_{av4}$,则线路 1*WL* 的电抗 X_{1WL} 归算到短路点所在电压等级的电抗 X'_{1WL} 为:

$$X'_{1WL} = X_{1WL}\left(\frac{U_{av2}}{U_{av1}}\right)^2\left(\frac{U_{av3}}{U_{av2}}\right)^2\left(\frac{U_{av4}}{U_{av3}}\right)^2$$

1*WL* 的标幺值电抗为:

$$X_{1WL}^* = \frac{X'_{1WL}}{Z_d} = X'_{1WL}\frac{S_d}{U_{d4}^2} = X_{1WL}\left(\frac{U_{av2}}{U_{av1}}\right)^2\left(\frac{U_{av3}}{U_{av2}}\right)^2\left(\frac{U_{av4}}{U_{av3}}\right)^2\frac{S_d}{U_{d4}^2} = X_{1WL}\frac{S_d}{U_{av1}^2}$$

即

$$X_{1WL}^* = X_{1WL}\frac{S_d}{U_{d1}^2}$$

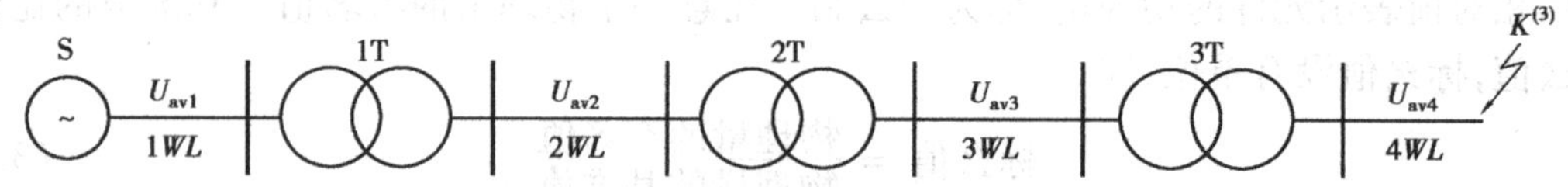

图 3.5　多级电压的供电系统示意图

以上分析表明,用基准容量和元件所在电压等级的基准电压计算的阻抗标幺值,和将元件的阻抗换算到短路点所在的电压等级,再用基准容量和短路点所在电压等级的基准电压计算的阻抗标幺值相同,即变压器的变比标幺值等于 1,从而避免了多级电压系统中阻抗的换算。短路回路总电抗的标幺值可直接由各元件的电抗标幺值相加而得。这也是采用标幺制计算短路电流所具有的计算简单、结果清晰的优点。

3.3.2　短路回路元件的标幺值阻抗

计算短路电流时,需要计算短路回路中各个电气元件的阻抗及短路回路的总阻抗。

(1)线路的电阻标幺值和电抗标幺值

线路给出的参数是长度 l、单位长度的电阻 R_0 和电抗 X_0。其电阻标幺值和电抗标幺值分别为：

$$R_{WL}^{*} = \frac{R_{WL}}{Z_d} = R_0 l \frac{S_d}{U_d^2} \tag{3.24}$$

$$X_{WL}^{*} = \frac{X_{WL}}{Z_d} = X_0 l \frac{S_d}{U_d^2} \tag{3.25}$$

式中　S_d——基准容量，MV·A；

U_d——线路所在电压等级的基准电压，kV。

线路的 R_0、X_0 也可采用表3.2所列的平均值。

表3.2　电力线路单位长度的电抗平均值

线路名称	$X_0/(\Omega \cdot km^{-1})$
35～220 kV 架空线路	0.4
3～10 kV 架空线路	0.38
0.38/0.22 kV 架空线路	0.36
35 kV 电缆线路	0.12
3～10 kV 电缆线路	0.08
1 kV 以下电缆线路	0.06

（2）变压器的电抗标幺值

变压器给出的参数是额定容量 S_N 和阻抗电压 $U_K\%$，由于变压器绕组的电阻 R_T 较电抗 X_T 小得多，在变压器绕组电阻上的压降可忽略不计，因而其电抗标幺值为：

$$X_T^{*} = \frac{X_T}{Z_d} = \frac{U_K\%}{100} \cdot \frac{\frac{U_d^2}{S_N}}{\frac{U_d^2}{S_d}} = \frac{U_K\%}{100} \cdot \frac{S_d}{S_N} \tag{3.26}$$

（3）电抗器的电抗标幺值

电抗器给出的参数是电抗器的额定电压 $U_{L.N}$、额定电流 $I_{L.N}$ 和电抗百分数 $X_L\%$，其电抗标幺值为：

$$X_L^{*} = \frac{X_L}{Z_d} = \frac{X_L\%}{100} \cdot \frac{\frac{U_{L.N}}{\sqrt{3} I_{L.N}}}{\frac{U_d^2}{S_d}} = \frac{X_L\%}{100} \cdot \frac{U_{L.N}}{\sqrt{3} I_{L.N}} \cdot \frac{S_d}{U_d^2} \tag{3.27}$$

式中　U_d——电抗器安装处的基准电压。

（4）电力系统的电抗标幺值

电力系统的电抗相对很小，一般不予考虑，可看成是无限大容量系统。但若供电部门提供电力系统的电抗参数，常计及电力系统电抗，再看成是无限大容量系统，这样计算的短路电流更为精确。

1）已知电力系统电抗有名值 X_S

系统电抗标幺值为：

$$X_S^* = X_S \frac{S_d}{U_d^2} \tag{3.28}$$

2)已知电力系统出口断路器的断流容量 S_{oc}

将系统变电所高压馈线出口断路器的断流容量看成是系统短路容量来估算系统电抗,即

$$X_S^* = X_S \frac{S_d}{U_d^2} = \frac{U_d^2}{S_{oc}} \cdot \frac{S_d}{U_d^2} = \frac{S_d}{S_{oc}} \tag{3.29}$$

3)已知电力系统出口处的短路容量 S_K

系统的电抗标幺值由下式决定

$$X_S^* = \frac{S_d}{S_K} \tag{3.30}$$

(5)短路回路的总阻抗标幺值

短路回路的总阻抗标幺值 Z_K^* 由短路回路总电阻标幺值 R_K^* 和总电抗标幺值 X_K^* 决定,即

$$Z_K^* = \sqrt{R_K^{*2} + X_K^{*2}} \tag{3.31}$$

若 $R_K^* < \frac{1}{3}X_K^*$ 时,可忽略电阻,即 $Z_K^* = X_K^*$。通常高压系统的短路计算中,由于总电抗远大于总电阻,故只计及电抗而忽略电阻;在计算低压系统短路时往往需计及电阻。

3.3.3 三相短路电流计算

无限大容量系统发生三相短路时,短路电流的周期分量的幅值和有效值保持不变,短路电流的有关物理量 I''、I_{sh}、i_{sh}、I_∞ 和 S_K 都与短路电流周期分量有关。因此,只要算出短路电流周期分量的有效值,短路其他各量按前述公式很容易求得。

(1)三相短路电流周期分量有效值

$$I_K = \frac{U_{av}}{\sqrt{3}Z_K} = \frac{U_d}{\sqrt{3}Z_K^* Z_d} = \frac{U_d}{\sqrt{3}Z_K^*} \cdot \frac{S_d}{U_d^2} = \frac{S_d}{\sqrt{3}U_d} \cdot \frac{1}{Z_K^*} \tag{3.32}$$

由于 $I_d = S_d/\sqrt{3}U_d$,$I_K = I_K^* I_d$,式(3.32)为:

$$I_K = \frac{I_d}{Z_K^*} = I_d I_K^* \tag{3.33}$$

$$I_K^* = \frac{1}{Z_K^*} \tag{3.34}$$

式(3.34)表示,短路电流周期分量有效值的标幺值等于短路回路总阻抗标幺值的倒数。在实际计算中,由短路回路总阻抗标幺值求出短路电流周期分量有效值的标幺值(简称短路电流标幺值),再计算短路电流的有效值。

(2)冲击短路电流

由式(3.12)和式(3.13)可得冲击短路电流和冲击短路电流有效值为:

$$i_{sh} = \sqrt{2}k_{sh}I_K \tag{3.35}$$

$$I_{sh} = \sqrt{1 + 2(k_{sh} - 1)^2}I_K \tag{3.36}$$

或 $i_{sh} = 2.55I_K$　　$I_{sh} = 1.52I_K$　　(高压系统)　　(3.37)

$i_{sh} = 1.84I_K$　　$I_{sh} = 1.09I_K$　　(低压系统)　　(3.38)

(3)**三相短路容量**

由式(3.19)可得三相短路容量计算如下：

$$S_K = \sqrt{3}U_{av}I_K = \sqrt{3}U_d\frac{I_d}{Z_K^*} = S_dI_K^* = S_dS_K^* \tag{3.39}$$

或

$$S_K = \frac{S_d}{Z_K^*} \tag{3.40}$$

式(3.40)表示，三相短路容量在数值上等于基准容量与三相短路电流标幺值或三相短路容量标幺值的乘积，三相短路容量标幺值等于三相短路电流的标幺值。

在短路电流具体计算中，首先，应根据短路计算要求画出短路电流计算系统图，该系统图应包含所有与短路计算有关的元件，并标出各元件的参数和短路点；其次，画出计算短路电流的等效电路图，每个元件用一个阻抗表示，电源用一个小圆表示，并标出短路点，同时标出元件的序号和阻抗值，一般分子标序号，分母标阻抗值。然后选取基准容量和基准电压，计算各元件的阻抗标幺值，再将等效电路化简，求出短路回路总阻抗的标幺值。简化时电路的各种简化方法都可使用，如串联、并联、△-Y 或 Y-△变换、等电位法等。

最后，按前述公式，由短路回路总阻抗标幺值计算短路电流标幺值，再计算短路各量，即短路电流、冲击短路电流和三相短路容量。

【例3.1】　某供电系统如图3.6(a)所示。已知电力系统出口断路器的断流容量为500 MV·A。试用标幺值法求 *K*-1 及 *K*-2 点的短路电流及短路容量。

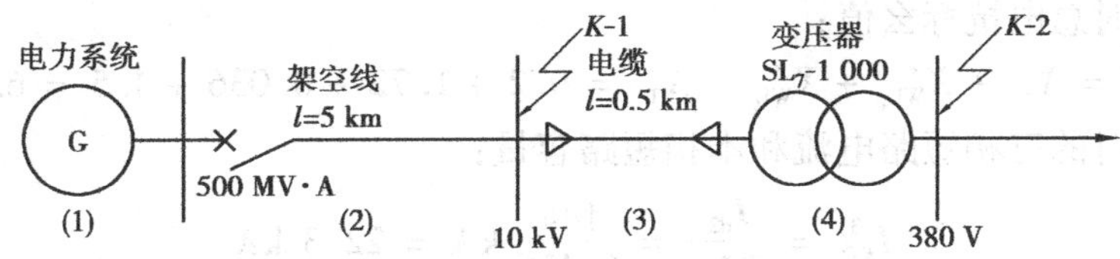

图3.6(a)　【例3.1】的供电系统图

【解】　(1)选定基准值

$$S_d = 100\ \text{MV}\cdot\text{A}, U_{d1} = 10.5\ \text{kV}, U_{d2} = 0.4\ \text{kV}$$

$$I_{d1} = \frac{S_d}{\sqrt{3}U_{d1}} = \frac{100}{\sqrt{3}\times 10.5}\ \text{kA} = 5.5\ \text{kA}$$

$$I_{d2} = \frac{S_d}{\sqrt{3}U_{d2}} = \frac{100}{\sqrt{3}\times 0.4}\ \text{kA} = 144\ \text{kA}$$

(2)绘出等效电路图，如图3.6(b)所示，并求各元件电抗标幺值

$\frac{1}{0.2}$ S　$\frac{2}{1.72}$ WL_1　K-1　$\frac{3}{0.036}$ WL_2　$\frac{4}{4.5}$ T　K-2

图3.6(b)　【例3.1】的等效电路图

电力系统电抗标幺值：

$$X_S^* = \frac{100}{S_{oc}} = \frac{100}{500} = 0.2$$

查表 3.2 得 10 kV 架空线路的 $X_0=0.38\ \Omega/\text{km}$,则架空线路电抗标幺值为:

$$X_{WL_1}^* = X_0 l_1 \frac{S_d}{U_{d1}^2} = 0.38 \times 5 \times \frac{100}{10.5^2} = 1.72$$

10 kV 电缆线路的 $X_0=0.08\ \Omega/\text{km}$,求出电缆线路电抗标幺值:

$$X_{WL_2}^* = X_0 l_2 \frac{S_d}{U_{d1}^2} = 0.08 \times 0.5 \times \frac{100}{10.5^2} = 0.036$$

变压器电抗标幺值:

$$X_T^* = \frac{U_K\%}{100} \cdot \frac{S_d}{S_N} = \frac{4.5 \times 100 \times 10^3}{100 \times 1\,000} = 4.5$$

(3)计算短路电流和短路容量

K-1 点短路时总电抗标幺值:

$$X_{\sum 1}^* = X_S^* + X_{WL_1}^* = 0.2 + 1.72 = 1.92$$

K-1 点短路时的三相短路电流和三相短路容量:

$$I_{K\text{-}1}^{(3)} = \frac{I_{d1}}{X_{\sum 1}^*} = \frac{5.5}{1.92}\ \text{kA} = 2.86\ \text{kA}$$

$$I''^{(3)} = I_\infty^{(3)} = I_{K\text{-}1}^{(3)} = 2.86\ \text{kA}$$

$$i_{sh}^{(3)} = 2.55 I_{K\text{-}1}^{(3)} = 2.55 \times 2.86\ \text{kA} = 7.29\ \text{kA}$$

$$S_{K\text{-}1}^{(3)} = \frac{S_d}{X_{\sum 1}^*} = \frac{100}{1.92}\ \text{MV} \cdot \text{A} = 52.08\ \text{MV} \cdot \text{A}$$

K-2 点短路时总电抗标幺值:

$$X_{\sum 2}^* = X_S^* + X_{WL_1}^* + X_{WL_2}^* + X_T^* = 0.2 + 1.72 + 0.036 + 4.5 = 6.456$$

K-2 点短路时的三相短路电流和本相短路容量:

$$I_{K\text{-}2}^{(3)} = \frac{I_{d2}}{X_{\sum 2}^*} = \frac{144}{6.456}\ \text{kA} = 22.3\ \text{kA}$$

$$I''^{(3)} = I_\infty^{(3)} = I_{K\text{-}2}^{(3)} = 22.3\ \text{kA}$$

$$i_{sh}^{(3)} = 1.84 I_{K\text{-}2}^{(3)} = 1.84 \times 22.3\ \text{kA} = 41.0\ \text{kA}$$

$$S_{K\text{-}2}^{(3)} = \frac{S_d}{X_{\sum 2}^*} = \frac{100}{6.456}\ \text{MV} \cdot \text{A} = 15.5\ \text{MV} \cdot \text{A}$$

【例 3.2】 设供电系统图如图 3.7(a)所示,数据均标在图上,试求 K_1 及 K_2 处的三相短路电流。

【解】 先选定基准容量 S_d 和基准电压 U_d,根据式(3.22)求出基准电流值。S_d 或选 100 MV · A,或选系统中某个元件的额定容量。有好几个不同电压等级的短路点就要选同样多个基准电压,自然也有同样多个基准电流值。基准电压应选短路点所在区段的平均电压值。

(1)本题选 $S_d=100\ \text{MV} \cdot \text{A}$

取 $U_{d1}=6.3\ \text{kV}$ 则:$I_{d1}=\dfrac{100}{\sqrt{3}\times 6.3}\ \text{kA}=9.16\ \text{kA}$

取 $U_{d2}=0.4\ \text{kV}$ 则:$I_{d2}=\dfrac{100}{\sqrt{3}\times 0.4}\ \text{kA}=144.92\ \text{kA}$

最大运行方式及最小运行方式下,系统电抗 X_M 及 X_m,分别为:

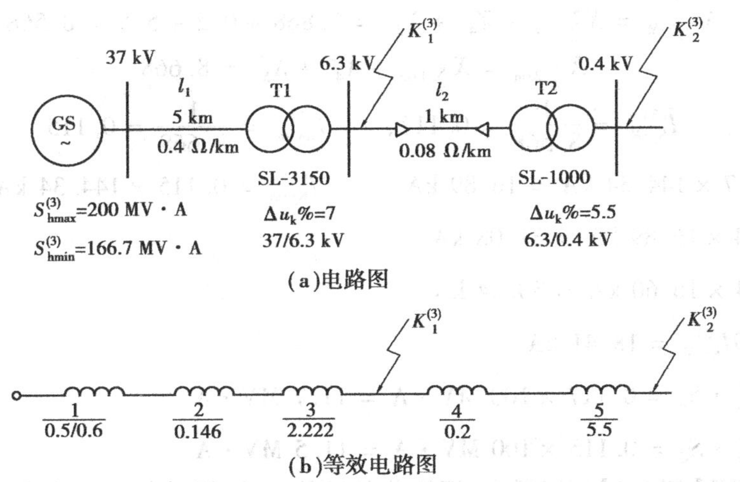

(a)电路图

(b)等效电路图

图 3.7　【例 3.2】的供电系统图

$$X_{1M}^* = \frac{S_d}{S_{K\cdot max}^{(3)}} = \frac{100}{200} = 0.5 \qquad X_{1m}^* = \frac{S_d}{S_{K\cdot min}^{(3)}} = \frac{100}{166.7} = 0.6$$

线路 l_1　　$$X_2^* = X_1 l_1 \frac{S_d}{U_{av1}^2} = 0.4 \times 5 \times \frac{100}{37^2} = 0.146$$

变压器 T1　　$$X_3^* = \frac{\Delta u_{k1}\%}{100} \times \frac{S_d}{S_{N1}} = \frac{7}{100} \times \frac{100}{3.15} = 2.222$$

线路 l_2　　$$X_4^* = X_2 l_2 \frac{S_d}{U_{av2}^2} = 0.08 \times 1 \times \frac{100}{6.3^2} = 0.2$$

变压器 T2　　$$X_5^* = \frac{\Delta u_{k2}\%}{100} \times \frac{S_d}{S_{N2}} = \frac{5.5}{100} \times \frac{100}{1} = 5.5$$

(2)作等效电路图如图 3.7(b)所示

(3)求电源点至短路点的总阻抗

$K_1^{(3)}$ 点：
$$X_{\sum 1\cdot M}^* = X_{1M}^* + X_2^* + X_3^* = 0.5 + 0.146 + 2.22 = 2.868$$
$$X_{\sum 1\cdot m}^* = X_{1m}^* + X_2^* + X_3^* = 0.6 + 0.146 + 2.22 = 2.968$$

(4)求短路电流的周期分量，冲击电流及短路容量

最大运行方式：

$$I_{K_1\cdot M}^{(3)*} = \frac{1}{X_{\sum 1\cdot M}^*} = \frac{1}{2.868} = 0.349$$

$$I_{K_1\cdot M}^{(3)} = I_{K_1\cdot M}^{(3)*} \times I_{d1} = 0.349 \times 9.16\ \text{kA} = 3.197\ \text{kA}$$

$$i_{sh1}^{(3)} = 2.55 I_{K_1\cdot M}^{(3)} = 2.55 \times 3.197\ \text{kA} = 8.152\ \text{kA}$$

$$S_{K_1}^{(3)} = I_{K_1\cdot M}^{(3)*} \times S_d = 0.349 \times 100\ \text{MV}\cdot\text{A} = 34.9\ \text{MV}\cdot\text{A}$$

最小运行方式：

$$I_{K_1\cdot m}^{(3)*} = \frac{1}{X_{\sum 1\cdot m}^*} = \frac{1}{2.968} = 0.337$$

$$I_{K_1\cdot m}^{(3)} = I_{K_1\cdot m}^{(3)*} \times I_{d1} = 0.337 \times 9.16\ \text{kA} = 3.086\ \text{kA}$$

对于 $K_2^{(3)}$ 处

$$X^*_{\sum 2\cdot M} = X^*_{\sum 1\cdot M} + X^*_4 + X^*_5 = 2.868 + 0.2 + 5.5 = 8.568$$

$$X^*_{\sum 2\cdot m} = X^*_{\sum 1\cdot m} + X^*_4 + X^*_5 = 8.668$$

$$I^{(3)*}_{K_2\cdot M} = \frac{1}{8.568} = 0.117, \qquad I^{(3)*}_{K_2\cdot m} = \frac{1}{8.668} = 0.115$$

$$I^{(3)}_{K_2\cdot M} = 0.117 \times 144.34\ \text{kA} = 16.89\ \text{kA} \qquad I^{(3)}_{K_2\cdot m} = 0.115 \times 144.34\ \text{kA} = 16.60\ \text{kA}$$

$$i^{(3)}_{sh_2\cdot M} = 1.84 \times 16.89\ \text{kA} = 31.08\ \text{kA}$$

$$i^{(3)}_{sh_2\cdot m} = 1.84 \times 16.60\ \text{kA} = 30.54\ \text{kA}$$

$$I^{(3)}_{sh_2\cdot M} = 1.09 I^{(3)}_{K_2\cdot M} = 18.41\ \text{kA}$$

$$S^{(3)}_{K_2\cdot M} = I^{(3)*}_{K_2\cdot M} \cdot S_d = 0.117 \times 100\ \text{MV}\cdot\text{A} = 11.7\ \text{MV}\cdot\text{A}$$

$$S^{(3)}_{K_2\cdot m} = I^{(3)*}_{K_2\cdot m} \cdot S_d = 0.115 \times 100\ \text{MV}\cdot\text{A} = 11.5\ \text{MV}\cdot\text{A}$$

从【例 3.1】及【例 3.2】可以看出，用简化的计算方法，误差的大小取决：系统阻抗在总阻抗中所占的比例；变压器额定容量的大小。

另外，上面两个例子说明：用标幺值法计算短路电流比有名值法公式简明、清晰，数字简单，特别是在大型复杂、短路点多的系统中，优点更为突出。因此标幺值法在电力工程计算中应用广泛。

3.3.4 电动机对三相短路电流的影响

供配电系统发生三相短路时，从电源到短路点的系统电压下降，严重时短路点的电压可降为零。接在短路点附近运行的电动机的反电势可能大于电动机所在处系统的残压，此时电动机将和发电机一样，向短路点馈送短路电流。同时电动机迅速受到制动，它所提供的短路电流很快衰减，一般只考虑电动机对冲击短路电流的影响，如图 3.8 所示。

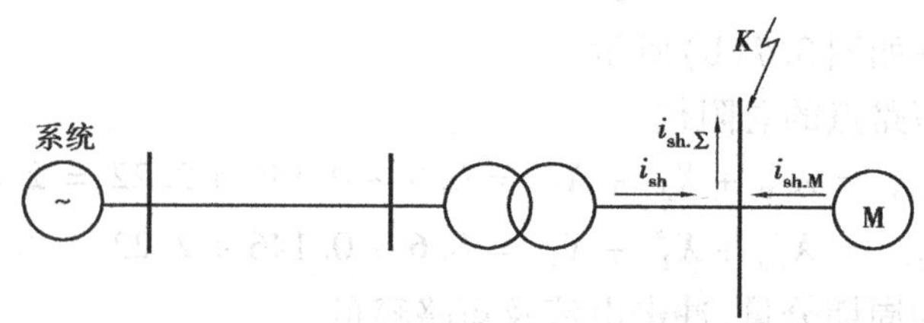

图 3.8 电动机对冲击短路电流的影响示意图

电动机提供的冲击短路电流可按下式计算

$$i_{sh.M} = \sqrt{2} k_{sh.M} \cdot \frac{E''^*_M}{X''^*_M} I_{N.M} \tag{3.41}$$

式中 $k_{sh.M}$——电动机的短路电流冲击系数，低压电动机取 1.0，高压电动机取 1.4～1.6；

E''^*_M——电动机的次暂态电势标幺值；

X''^*_M——电动机的次暂态电抗标幺值；

$\dfrac{E''^*_M}{X''^*_M}$——电动机的次暂态短路电流标幺值；E''^*_M和 X''^*_M数值见表 3.3；

$I_{N.M} = \dfrac{P_{N.M}}{\sqrt{3} U_{N.M} \cos\varphi\eta}$——电动机额定电流。

在实际计算中,只有当高压电动机单机或总容量大于1 000 kW,低压电动机单机或总容量大于100 kW,在靠近电动机引出端附近发生三相短路时,才考虑电动机对冲击短路电流的影响。

表3.3　电动机有关参数

电动机种类	同步电动机	异步电动机	调相机	综合负载
E''^{*}_{M}	1.1	0.9	1.2	0.8
X''^{*}_{M}	0.2	0.2	0.16	0.35

因此,考虑电动机的影响后,短路点的冲击短路电流为:

$$i_{sh.\sum} = i_{sh} + i_{sh.M} \tag{3.42}$$

3.4　两相和单相短路电流的计算

实际中除了需要计算三相短路电流外,还需要计算不对称短路电流,用于继电保护灵敏度的校验。不对称短路电流的计算一般要采用对称分量法,这里介绍无限大容量系统两相短路电流和单相短路电流的实用计算方法。

3.4.1　两相短路电流的计算

如图3.9所示的无限大容量系统发生两相短路时,其短路电流可由下式求得:

$$I_{K}^{(2)} = \frac{U_{av}}{2Z_{K}} = \frac{U_{d}}{2Z_{K}} \tag{3.43}$$

式中　U_{av}——短路点的平均额定电压;

U_{d}——短路点所在电压等级的基准电压;

Z_{K}——短路回路一相总阻抗。

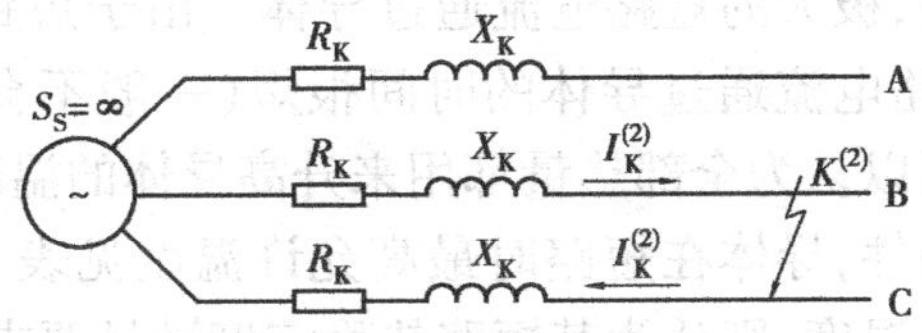

图3.9　无限大容量系统发生两相短路

将式(3.43)和式(3.8)三相短路电流计算公式相比,可得两相短路电流与三相短路电流的关系,并同样适用于冲击短路电流,即

$$I_{K}^{(2)} = \frac{\sqrt{3}}{2} I_{K}^{(3)} \tag{3.44}$$

$$i_{sh}^{(2)} = \frac{\sqrt{3}}{2} i_{sh}^{(3)} \tag{3.45}$$

$$I_{sh}^{(2)} = \frac{\sqrt{3}}{2} I_{sh}^{(3)} \tag{3.46}$$

因此，无限大容量系统短路时，两相短路电流较三相短路电流小。

3.4.2 单相短路电流的计算

在工程计算中，大接地电流系统或低压三相四线制系统发生单相短路时，单相短路电流可用下式进行计算：

$$I_K^{(1)} = \frac{U_{av}}{\sqrt{3}Z_{P-0}} = \frac{U_d}{\sqrt{3}Z_{P-0}} \tag{3.47}$$

式中 U_{av}——短路点的平均额定电压；

U_d——短路点所在电压等级的基准电压；

Z_{P-0}——单相短路回路相线与大地或中线的阻抗。

同时有

$$Z_{P-0} = \sqrt{(R_T + R_{P-0})^2 + (X_T + X_{P-0})^2} \tag{3.48}$$

式中 R_T、X_T——变压器单相等效电阻和电抗；

R_{P-0}、X_{P-0}——相线与大地或中线回路的电阻和电抗。

在无限大容量系统中或远离发电机处短路时，单相短路电流较三相短路电流小。

3.5 短路电流的效应

通过短路计算可知，供电系统发生短路时，短路电流是相当大的。如此大的短路电流通过电器和导体，一方面要产生很高的温度，即热效应；另一方面要产生很大的电动力，即电动效应。这两类短路效应，对电器和导体的安全运行威胁很大，必须充分注意。

3.5.1 短路电流的热效应

(1)短路时导体的发热过程与发热计算

当电力线路发生短路时，极大的短路电流通过导体。由于短路后线路的保护装置很快动作将故障线路切除，因此短路电流通过导体的时间很短(一般不会超过2～3 s)，其热量来不及向周围介质中散发。故可以认为全部热量都用来升高导体的温度了。

根据导体的允许发热条件，导体在短路时最高允许温度见表3.4。如果导体和电器在短路时的发热温度不超过允许温度，则认为其短路热稳定度满足要求。

一般采用短路稳态电流来等效计算实际短路电流所产生的热量。由于通过导体的实际短路电流并不是短路稳态电流，因此需要假定一个时间。在此时间内，假定导体通过短路稳态电流时所产生的热量，恰好与实际短路电流在实际短路时间内所产生的热量相等。这一假想时间称为短路发热的假想时间，用 t_{ima} 表示。

短路发热假想时间可用下式近似计算：

$$t_{ima} = t_K + 0.05 \tag{3.49}$$

当 $t_K > 1$ s时，可以认为 $t_{ima} = t_K$。

表 3.4　导体在短路时的最高允许温度

<table>
<tr><th colspan="3">导体种类和材料</th><th>短路最高允许温度/℃</th></tr>
<tr><td rowspan="2">母线</td><td colspan="2">铜</td><td>300</td></tr>
<tr><td colspan="2">铝</td><td>200</td></tr>
<tr><td rowspan="2">交联聚乙烯绝缘电缆</td><td colspan="2">铜</td><td>250</td></tr>
<tr><td colspan="2">铝</td><td>200</td></tr>
<tr><td rowspan="2">聚氯乙烯绝缘导线和电缆</td><td colspan="2">铜</td><td>160</td></tr>
<tr><td colspan="2">铝</td><td>160</td></tr>
<tr><td rowspan="2">橡胶绝缘导线和电缆</td><td colspan="2">铜</td><td>150</td></tr>
<tr><td colspan="2">铝</td><td>150</td></tr>
<tr><td rowspan="4">油浸纸绝缘电缆</td><td rowspan="2">铜</td><td>≤10 kV</td><td>250</td></tr>
<tr><td>35 kV</td><td>175</td></tr>
<tr><td rowspan="2">铝</td><td>≤10 kV</td><td>200</td></tr>
<tr><td>35 kV</td><td>175</td></tr>
</table>

短路时间 t_K 为短路保护装置实际最长的动作时间 t_{op} 与断路器的断路时间 t_{oc} 之和，即

$$t_K = t_{oc} + t_{op}$$

对于一般高压油断路器，可取 $t_{oc}=0.2$ s；对于高速断路器，可取 $t_{oc}=0.1 \sim 0.15$ s。

实际短路电流通过导体在短路时间内产生的热量等效为：

$$Q_K = I_\infty^2 R t_{ima} \tag{3.50}$$

(2)**短路热稳定度的校验**

1)对于一般电器

$$I_t^2 t \geqslant I_\infty^{(3)2} t_{ima} \tag{3.51}$$

式中　I_t——电器的热稳定试验电流(有效值)，可从产品样本中查得；

t——电器的热稳定试验时间，可从产品样本中查得。

2)对于母线及绝缘导线和电缆等导体

$$S \geqslant S_{min} = \frac{I_\infty^{(3)}}{C}\sqrt{t_{ima}} \tag{3.52}$$

式中　C——导体的短路热稳定系数；

S_{min}——导体的最小热稳定截面积，mm^2。

【例 3.3】　已知某车间变电所 380 V 侧采用 $80 \times 10\ mm^2$ 铝母线，其三相短路稳态电流为 36.5 kA，短路保护动作时间为 0.5 s，低压断路器的断路时间为 0.05 s，试校验此母线的热稳定度。

【解】 查相关表得，$C=87$

因为　$t_{ima} = t_K + 0.05 = t_{oc} + t_{op} + 0.05 = (0.05+0.5+0.05)\ s = 0.6\ s$

所以有　$S_{min} = \dfrac{I_\infty^{(3)}}{C}\sqrt{t_{ima}} = \dfrac{36\ 500}{87} \times \sqrt{0.6}\ mm^2 = 325\ mm^2$

由于母线的实际截面为 $S = 80 \times 10\ \text{mm}^2 = 800\ \text{mm}^2$，大于 $S_{min} = 325\ \text{mm}^2$，因此，该母线满足短路热稳定的要求。

3.5.2 短路电流的电动效应

供电系统短路时，短路电流特别是短路冲击电流将使相邻导体之间产生很大的电动力，有可能使电器和载流导体遭受严重破坏。因此，要使电路元件能承受短路时最大电动力的作用，电路元件必须具有足够的电动稳定度。

(1)短路时最大电动力

在短路电流中，三相短路冲击电流 $i_{sh}^{(3)}$ 为最大。可以证明三相短路时，$i_{sh}^{(3)}$ 在导体中间相产生的电动力最大，其电动力 $F^{(3)}$ 可用下式表示为：

$$F^{(3)} = \sqrt{3} \times i_{sh}^{(3)2} \times \frac{L}{a} \times 10^{-7} \tag{3.53}$$

式中 L——导体两支撑点间的距离，即挡距，m；

a——两导体间的轴线距离，m。

校验电器和载流导体的动稳定度时，通常采用 $i_{sh}^{(3)}$ 和 $F^{(3)}$。

(2)短路动稳定度的校验

电器和导体的动稳定度的校验，需根据校验对象的不同而采用不同的校验条件。

1)对于一般电器

$$i_{max} \geqslant i_{sh}^{(3)} \tag{3.54}$$

或

$$I_{max} \geqslant I_{sh}^{(3)} \tag{3.55}$$

式中 i_{max}、I_{max}——电器极限通过电流的峰值和有效值，可由有关手册或产品样本查得。

2)对于绝缘子

$$F_{al} = F_c^{(3)} \tag{3.56}$$

式中 F_{al}——绝缘子的最大允许载荷，可由有关手册或产品样本查得。

$F_c^{(3)}$——短路时作用于绝缘子上的计算力。如图 3.10 所示，母线在绝缘子上平放，则 $F_c^{(3)} = F^{(3)}$；母线在绝缘子上竖放，则 $F_c^{(3)} = 1.4F^{(3)}$。

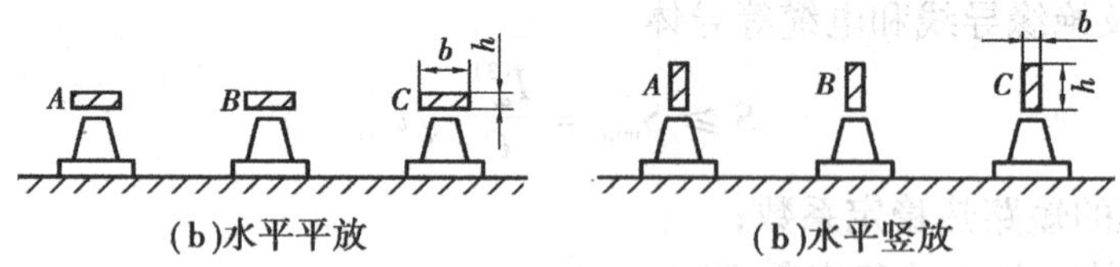

图 3.10 母线的放置方式

3)对母线等硬导体

$$\sigma_{al} \geqslant \sigma_c \tag{3.57}$$

式中 σ_{al}——母线材料的最大允许应力，Pa(N/m²)。硬铜母线为 140 MPa，硬铝母线为 70 MPa。

σ_c——母线通过 $i_{sh}^{(3)}$ 时所受到的最大计算应力，即 $\sigma_c = M/W$；其中 M 为母线通过三相短路冲击电流时所受到的弯曲力矩，N·m(当母线的挡数≤2 时，$M = F^{(3)}L/8$；

当挡数大于2时，$M = F^{(3)}L/10$。其中L为导线的挡距，m）。W为母线截面系数，m^3，计算式为：$W = b^2h/6$。

对于电缆，因其机械强度较高，可不必校验其短路动稳定度。

【例3.4】 已知某车间变电所380 V侧采用80×10 mm^2铝母线，水平平放，竖放相邻两母线间的轴线距离为$a = 0.2$ m，挡距为$L = 0.9$ m，挡数大于2，它上面接有一台500 kW的同步电动机，$\cos\varphi = 1$时，$\eta = 94\%$，母线的三相短路冲击电流为67.2 kA。试校验此母线的动稳定度。

【解】 计算电动机反馈冲击电流，取$k_{sh.M} = 1$，$E''^{*}_{M} = 1.1$，$X''^{*}_{M} = 0.2$

则 $$i_{sh.M} = \sqrt{2}k_{sh.M} \cdot \frac{E''^{*}_{M}}{X''^{*}_{M}}I_{N.M} = \sqrt{2} \times 1 \times \frac{1.1}{0.2} \times \frac{500}{\sqrt{3} \times 380 \times 1 \times 0.94}\ \text{kA} = 6.3\ \text{kA}$$

母线在三相短路时承受的最大电动力为：

$$F^{(3)} = \sqrt{3}(i_{sh}^{(3)} + i_{sh.M})^2 \frac{L}{a} \times 10^{-7}$$

$$= \sqrt{3} \times (67.2 + 6.3)^2 \times \frac{0.9}{0.2} \times 10^{-7}\ \text{N/A}^2 = 4\ 210.5\ \text{N/A}^2$$

母线在$F^{(3)}$作用下的弯曲力矩：

$$M = F^{(3)}\frac{L}{10} = 4\ 210.5 \times \frac{0.9}{10}\ \text{N} \cdot \text{m} = 379\ \text{N} \cdot \text{m}$$

计算截面系数 $$W = b^2\frac{h}{6} = 0.08^2 \times \frac{0.01}{6}\text{m}^3 = 1.07 \times 10^{-5}\text{m}^3$$

计算应力 $$\sigma_c = \frac{M}{W} = \frac{379}{1.07 \times 10^{-5}}\ \text{Pa} = 35.4\ \text{MPa}$$

而铝母线的允许应力为：$\sigma_{al} = 70$ MPa $> \sigma_c$，所以该母线满足动稳定要求。

本章小结

本章简述了短路的种类、原因和危害，分析了无限大容量系统三相短路的暂态过程，着重讲述了用标幺制计算短路回路元件阻抗和三相短路电流的方法，讨论了短路电流的电动力效应和热效应。

(1)短路的种类有三相短路、两相短路、单相短路和两相接地短路4种。除三相短路属对称短路外，其他短路均属不对称短路。

(2)为简化短路计算，提出了无限大容量系统的概念，即系统的容量无限大、系统阻抗为零和系统的端电压在短路过程中维持不变。这是个假想的系统，但供配电系统短路时，可将电力系统视为无限大容量系统。

(3)无限大容量系统发生三相短路时，短路电流由周期分量和非周期分量组成。短路电流周期分量在短路过程中保持不变。从而$I'' = I_p = I_\infty = I_K = U_{av}/(\sqrt{3}Z_K)$，使短路计算十分简便。应了解次暂态短路电流，稳态短路电流，冲击短路电流，短路全电流和短路容量的物理意义。

(4)采用标幺制计算三相短路电流，避免了多级电压系统中的阻抗转变，计算方便，结果清晰。短路电流的标幺值等于短路阻抗标幺值的倒数，短路容量的标幺值等于短路电流的标幺值，且等于短路总阻抗标幺值的倒数。应掌握基准值的选取、短路元件阻抗标幺值的计算和三相短路电流的计算方法和步骤。

(5)三相短路电流产生的电动力最大，并出现在三相系统的中相，以此作为校验短路动稳定的依据。短路发热计算复杂，通常采用稳态短路电流和短路假想时间计算短路发热，利用 $A=f(\theta)$ 的关系曲线确定短路发热温度，以此作为校验短路热稳定的依据。

思考与练习

3.1　什么是短路？短路的类型有哪些？造成短路故障的原因是什么？短路有哪些危害？

3.2　什么是无限大容量系统？它有什么特征？为什么供配电系统短路时，可将电源看成是无限大容量系统？

3.3　无限大容量系统三相短路时，短路电流如何变化？

3.4　产生最严重三相短路电流的条件是什么？

3.5　什么是次暂态短路电流？什么是冲击短路电流？什么是稳态短路电流？它们与短路电流周期分量有效值有什么关系？

3.6　什么是标幺制？如何选取基准值？

3.7　如何计算三相短路电流？

3.8　电动机对短路电流有何影响？

3.9　在无限大容量系统中，两相短路电流与三相短路电流有何关系？

3.10　什么是短路电流的电动力效应？如何计算？

3.11　什么是短路电流的热效应？如何计算？

3.12　试求图3.11所示的供电系统中 K_1 和 K_2 点分别发生三相短路时的短路电流、冲击短路电流和短路容量？

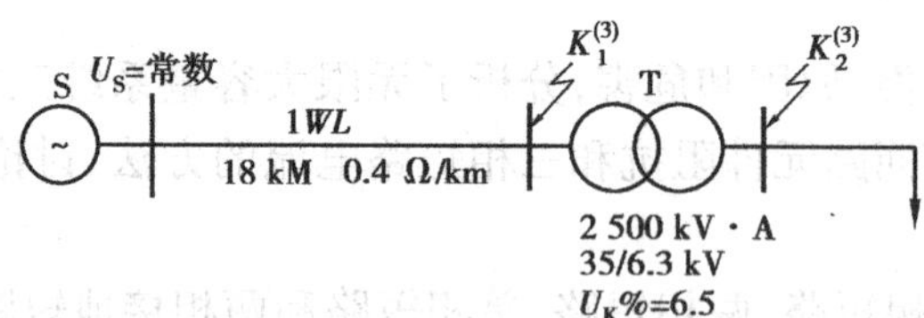

图3.11　题3.12图

3.13　试求图3.12所示的供电系统中 K_1 和 K_2 点分别发生三相短路时的短路电流、冲击短路电流和短路容量？

3.14　试求图3.13所示的无限大容量系统中 K 点发生三相短路时的短路电流、冲击短路电流和短路容量，以及变压器2T一次流过的短路电流。各元件参数如下：

变压器1T：$S_N=31.5$ MV · A，$U_K\%=10.5$，10.5/121 kV；

变压器2T、3T：$S_N=15$ MV · A，$U_K\%=10.5$，110/6.3 kV；

线路1WL、2WL：$L=100$ km，$X_o=0.4$ Ω/km；

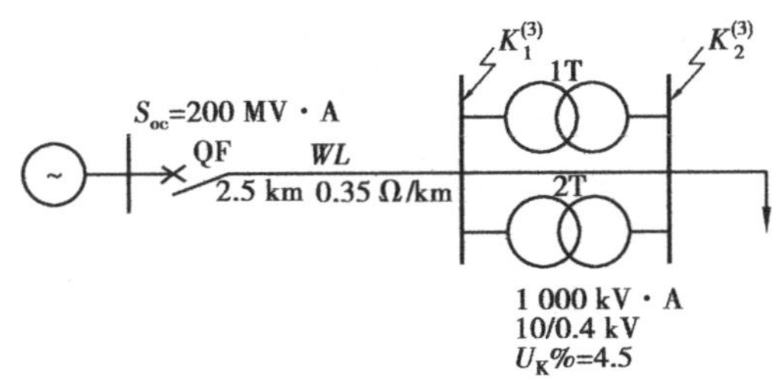

图3.12 题3.13图

电抗器 L：$U_{NL}=6\ kV$，$I_{NL}=1.5\ kA$，$X_{NL}\%=8$。

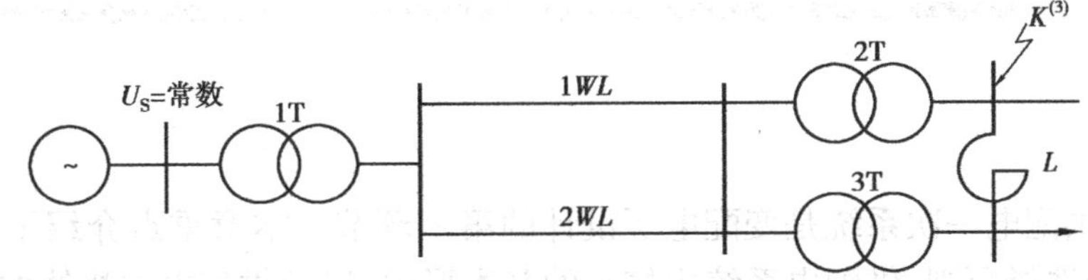

图3.13 题3.14图

3.15 试求图3.14所示的系统中 K 点发生三相短路时的短路电流、冲击短路电流和短路容量。已知线路单位长度电抗 $X_0=0.4\ \Omega/km$，其余参数如图3.14所示。

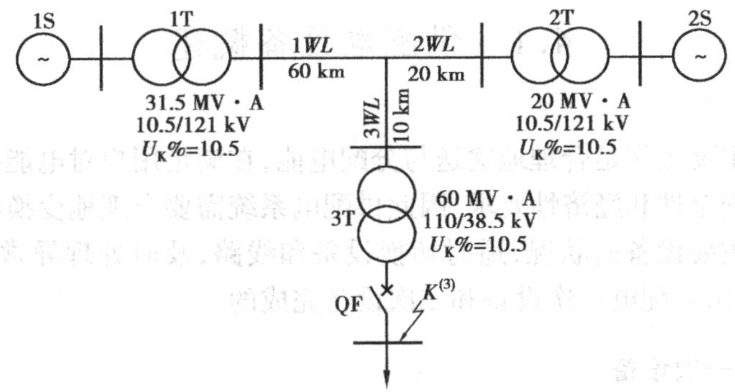

图3.14 题3.15图

3.16 在题3.12中，若6 kV的母线接有一台400 kW的同步电动机，$\cos\varphi=0.95$，$\eta=0.94$，试求 K_2 点发生三相短路时的冲击短路电流。

第 4 章 供配电一次系统

内容提要:供配电一次系统是变配电所设计的第一环节。本章重点介绍了供配电一次设备和一次设备的选择原则、供配电系统主接线的基本形式,以及供配电主接线的设计方法。本章所讲述的内容为合理、有效地配置供配电系统一次回路提供了依据和方法,也是从事供配电设计与运行工作必备的基础知识。

4.1 供配电设备概述

供配电系统的主要工作是合理地输送与分配电能,在满足用户对电能要求的同时,还要保证电力系统运行的安全性和经济性要求,因此供配电系统需要合理地变换电压等级,在系统运行过程中不断监视主要设备的状况,适时切换设备和线路,及时处理异常状况和切除故障设备,这些工作主要是由供配电一次设备和二次设备完成的。

4.1.1 供配电一次设备

承担直接生产、输送和分配电能的设备称为一次设备,由一次设备相互连接,构成发电、输电、配电或进行其他生产的电气回路称为一次回路或一次接线系统,也称为主接线。一次设备按功能分为以下几类:

①生产和变换设备。包括将机械能转换为电能的发电机,变换电压等级的变压器,将高电压、大电流转换为低电压、小电流以供二次设备测量的互感器等。

②开关设备。用来控制一次回路的接通和断开,包括高低压断路器、隔离开关、负荷开关、重合器、分段器、磁力启动器等。

③保护设备。用来对一次回路过电压或过电流进行保护的设备,包括限制短路电流的电抗器、高低压熔断器、避雷器等。

④载流导体。传输电能的软、硬导体,如各种类型的架空线路和电力线缆等。

⑤补偿设备。用来补偿无功功率,如并联电容器等。

⑥成套设备。将有关一次设备及二次设备按电路接线方案的要求,组合为一体的电气装置,如高低压开关柜、低压配电箱等。

4.1.2　供配电二次设备

二次设备是指对一次设备的工作进行监测、控制、调节、保护以及为运行、维护人员提供运行工况或生产指挥信号所需的低压电气设备。如熔断器、控制开关、继电器、控制电缆等。由二次设备相互连接,构成对一次设备进行监测、控制、调节和保护的电气回路称为二次回路或二次接线系统。二次设备按功能分为以下几类:

①测量仪表。用于测量经互感器变换后的低电压、小电流从而得到系统运行的电气参数的各种电压表、电流表、电能表、功率表等。

②继电保护装置。用于监控一次系统运行,迅速反映异常事故和切除故障,以达到对一次回路进行保护和控制的各种继电器、信号和控制回路、微机保护装置等。

③直流操作电源。用以供给二次设备的直流电源,如蓄电池组、硅整流直流电源、直流发电机等。

4.1.3　一次设备选择的一般原则

供配电系统中的一次设备除了要适应工作场所的温、湿度和腐蚀等条件,并能在额定的电压、电流、频率等条件下安全可靠地工作外,还应在电力线路发生短路故障时,能够承受短路电动力和短路电流的发热,从而不损坏设备,各种开关设备还应具有足够的断流能力以保证短路时能可靠地切除故障设备。

电气设备不管用途和工作环境有何差异,它们都应遵循以下3个选择原则:

(1)按正常工作条件选择原则

1)额定电压的选择

所选电气设备的最高允许工作电压 U_{alm} 不得低于其所在线路的最高运行电压 U_{sm},即

$$U_{alm} \geqslant U_{sm} \tag{4.1}$$

在实际选择时可按电气设备的额定电压不得低于其所在线路的额定电压进行,即

$$U_N \geqslant U_{W.N} \tag{4.2}$$

2)额定电流的选择

电气设备的额定电流 I_N,不得小于其所在线路在各种运行方式下的最大持续工作电流(最大负荷电流)I_{max},即

$$I_N \geqslant I_{max} \tag{4.3}$$

需要注意的是,电气设备的额定电流 I_N 是指在额定环境温度 θ_0 下的长期允许电流,若环境温度 θ 不等于额定环境温度 θ_0,则应用下式进行修正

$$I'_N = I_N\sqrt{\frac{\theta_{al} - \theta}{\theta_{al} - \theta_0}} = KI_N \tag{4.4}$$

式中　θ_{al}——电气设备的长期允许发热温度,θ_0 对裸导线为25 ℃,对断路器、隔离开关等一次设备为40 ℃;

$K = \sqrt{\frac{\theta_{al} - \theta}{\theta_{al} - \theta_0}}$——温度修正系数,可查相关技术手册得到。

3)按电气设备的工作环境选择相应型号

电气设备的选择除满足经济性的要求外,还应满足防火、防爆、防尘、防腐蚀等环境要求。

例如，在对化工厂、高层建筑等消防要求较高的场所应安装干式电力变压器，而对室外独立变电所等可采用油浸变压器。

（2）按短路条件校验原则

1）按短路条件校验动稳定性

所选择的电气设备，应能承受最大三相短路冲击电流 $i_{sh}^{(3)}$ 所产生的电动力而不损坏，满足动稳定的条件是：

$$i_{max} \geqslant i_{sh}^{(3)} \text{ 或 } I_{max} \geqslant I_{sh}^{(3)} \tag{4.5}$$

式中 i_{max}、I_{max}——电气设备所允许通过的极限电流的峰值和有效值，可查相关手册得到。

2）按短路条件校验热稳定性

所选择的电气设备，在通以最大稳态短路电流时，其热效应不应超过允许值，即

$$Q_{al} \geqslant Q_k^{(3)} \tag{4.6}$$

式中 Q_{al}——电气设备所允许的热效应；

$Q_k^{(3)}$——最大三相稳态短路电流产生的热效应。

因为在发生短路故障时，继电保护装置会很快切除故障线路，因此，对于电气设备，通常按下式校验热稳定性：

$$I_t^2 t \geqslant I_\infty^{(3)} t_{ima} \tag{4.7}$$

式中 I_t——电气设备在热稳定时间 t 内所允许通过的热稳定电流；

t_{ima}——短路假想时间，可查相关技术资料得到。

（3）开关设备断流能力校验原则

断路器、熔断器等开关设备担负着切断短路电流的任务，在通过最大三相短路电流时必须可靠切断，即当最大短路通过时开关设备不应出现持续飞弧、引燃、损坏、熔融等现象。开关设备的断流能力校验可按下式进行：

$$S_{oc} \geqslant S_{K.max} \text{ 或 } I_{oc} \geqslant I_{K.max}^{(3)} \tag{4.8}$$

式中 S_{oc}、I_{oc}——开关设备的额定开断容量和开断电流，可查相关资料得到；

$S_{K.max}$和 $I_{K.max}^{(3)}$——最大三相短路容量和最大三相短路电流周期分量的有效值。

表4.1是各种高低压电气设备选择和校验的项目。

表4.1 高低压电气设备选择和校验的项目

设备名称	选择项目				校验项目			
	额定电压/kV	额定电流/A	装置类型（户内/户外）	准确度级	短路电流 热稳定	短路电流 动稳定	开断能力/kA	二次容量
高压断路器	√	√	√	×	√	√	√	×
高压负荷开关	√	√	√	×	√	√	√	×
高压隔离开关	√	√	√	×	√	√	×	×
高低压熔断器	√	√	√	×	—	—	√	×
电流互感器	√	√	√	√	√	√	—	√
电压互感器	√	—	√	√	—	—	—	√
母线	—	√	√	×	√	√	—	×

续表

设备名称	选择项目				校验项目			
	额定电压/kV	额定电流/A	装置类型（户内/户外）	准确度级	短路电流		开断能力/kA	二次容量
					热稳定	动稳定		
电缆	√	√	—	×	√	—	—	×
支柱绝缘子	√	—	√	×	—	√	—	×
穿墙套管	√	√	√	×	√	√	—	×
压刀开关	√	√	√	×	—	—	√	×
低压负荷开关	√	√	√	×	×	×	√	×
低压断路器	√	√	√	×	—	—	√	×
电容器	√	×	×	×	×	×	×	×

注：①表中“√”表示必须校验，“×”表示不必校验，“—”表示可不校验。

②选择变电所高压侧的电气设备时，应取变压器高压侧额定电流。

③对发电机、变压器回路的断路器，应选断路器前或后短路时的短路电流较大者为短路计算点；对互感器的断流能力应依据熔断器的具体类型而定；对高压负荷开关，最大开断电流应大于它可能开断的最大过负荷电流。

4.1.4 电弧的基本知识

当电力线路接通或断开时，在触头间产生的强烈的气体放电现象称为电弧，电弧又分为交流电弧、直流电弧和脉冲电弧，本节主要介绍交流电弧的产生与熄灭。

如果电路电压大于20 V，电流大于100 mA，则电气设备分断时触头间便会产生电弧，电弧属于气体放电现象，它使开关设备的触头间隙充满自由电子和高温高导电率的离子，从而使设备失去绝缘性，严重时不仅对触头有很大的破坏作用，而且使断开电路的时间延长，甚至使开关设备失去开断能力，进而危及电力系统的安全运行。因此，从事供配电系统设计需要了解电弧的产生原因及熄灭电弧的方法。

(1)电弧的产生和熄灭过程

电弧的形成是触头间的中性质子（分子和原子）被游离的过程。开关触头刚分离时，动、静触头间距离 d 很小，因此电场强度 E 很高（$E = U/d$）。当电场强度超过 3×10^6 V/m 时，阴极表面的电子就会被电场力拉出而形成触头空间的自由电子，这种游离方式称为强电场发射。

从阴极表面发射出来的自由电子和触头间原有的少数电子，在电场力的作用下向阳极作加速运动，途中不断和中性质点相碰撞。只要电子的运动速度 v 足够高，使得电子的动能大于中性质点的游离能，就可能从中性质点中打出电子，形成自由电子和正离子，这种现象称为碰撞游离。新形成的自由电子也向阳极作加速运动，同样会与中性质点碰撞而发生游离，其情形类似于原子弹的链式反应，碰撞游离连续进行的结果导致触头间充满了自由电子和正离子，具有很大的导电性，在外加电压作用下，触头间隙的介质被击穿而产生电弧，电路再次被导通。

触头间电弧燃烧的间隙称为弧隙。电弧形成后，弧隙间的高温可达10 000 ℃以上，气体中性质子的不规则热运动速度增加。当具有足够动能的中性质子相互碰撞时，将被游离而形成自由电子和正离子，这种现象称为热游离，因此，即使触头分开的距离 d 增大使得电场强度

E减小,触头间仍然能够以依靠热游离产生足够多的自由电子和正离子来维持电弧的燃烧。电弧产生与维持的过程如图 4.1 所示。

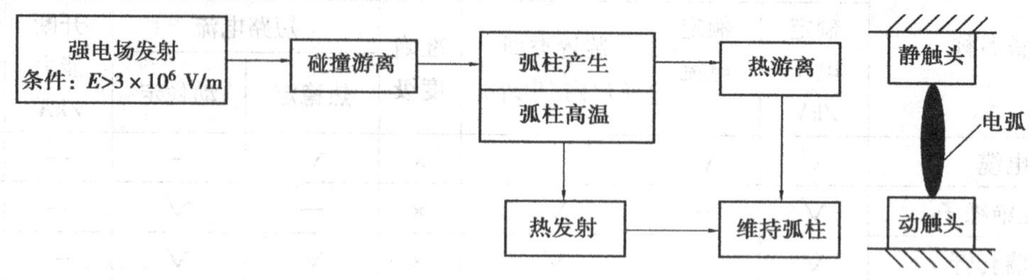

图 4.1　电弧的产生与维持过程

从电弧产生的物理过程可知,如果要熄灭电弧,关键在于减少触头间自由电子和正离子的数量。一方面带电质子会在电弧间隙逸出到周围的介质中,逸出的速度与周围介质的温度和带电质子浓度成反比,这种现象称为扩散;将电弧拉长或利用气体、液体吹弧,都可降低周围介质的温度和带电质子浓度达到加强扩散作用的目的。另一方面,触头间的自由电子和正离子之间会因相互接触而形成中性质子,从而降低导电性,这种现象称为复合。因为自由电子的速度远大于正离子,因此二者直接复合的概率是很低的,复合的主要方式是自由电子先依附于中性质子形成慢速的负离子,负离子再与正离子复合成中性质子;降低温度可以使带电质子的运动速度降低,从而增加复合的概率。扩散和复合统称为去游离。

游离和去游离是电弧中同时存在的两个相反的过程,要熄灭电弧,可以从减弱游离和加强去游离两个方面入手。

(2)开关设备熄灭交流电弧的方法

供配电系统运行中存在的电弧主要是交流电弧。交流电弧电流与交流电流一样,每半个周期会过零一次,在电弧电流过零时,弧隙温度急剧下降,去游离大大增强,热游离相对减弱。同时,在电弧电流过零后大约 0.1 μs 的时间内,由于弧隙的电极极性发生了改变,弧隙中剩余的带电质子的运动方向也相应改变,质量小的自由电子立即向新的阳极运动,而比电子质量大 1 000 多倍的正离子则原地未动,导致在新的阴极附近形成了一个只有正电荷的离子层,这个正离子层电导很低,能耐受 150 ~ 250 V 的电压,称为起始介质强度,这种现象称为近阴极效应。由于弧隙温度的降低和近阴极效应,使得在电弧电流过零时的弧隙介质强度逐渐恢复,导电性降低,电弧会暂时熄灭。

但是,实践证明,因为电流过零的时间是非常短暂的,在过零时,电弧的热惯性使得热游离仍然存在,弧隙间仍存在一定的剩余电导,同时,随着过零后弧隙电压会很快恢复到电源电压(由于电路中电容的存在使电压不能跃变,弧隙电压的恢复是一个过渡过程),在弧隙两端电压的作用下,弧隙中仍有剩余电流通过而产生能量输入,这时如果输入能量大于散失能量,则弧隙温度会再度升高,使热游离加强,电弧会重燃,这种现象称为热击穿。热击穿后,如果某一时刻弧隙上的电压超过弧隙介质所能承受的电压,将会使弧隙重新击穿而使电弧重燃,这种现象称为电击穿。电弧的重燃一般都要经过热击穿与电击穿两个阶段。

综上所述,交流电弧在电流过零时暂时熄灭后能否重燃,取决于弧隙介质强度的恢复和弧隙电压恢复的速度,如果在某一时刻恢复电压超过介质强度,则电弧会重燃,相反,如果在电弧电流过零后的任意时刻内介质强度都高于恢复电压,则电弧最终熄灭,触头间隙变成绝缘性质。交流电弧的熄灭条件可用下式描述：

$$u_j(t) > u_h(t) \tag{4.9}$$

式中 $u_j(t)$——弧隙介质强度的耐受电压；

$u_h(t)$——弧隙恢复电压。

近阴极效应产生的起始介质强度与电极材料和温度有关，但是一般不超过250 V，因此，对万伏电压以上的高压断路器等高压开关电器的灭弧作用不大，所以还需设计各种灭弧装置，使用性能优良的灭弧介质，以加强弧隙的去游离并降低弧隙电压的恢复速度，达到熄灭电弧的目的。现代开关电气设备主要采用以下几种灭弧方法：

1）采用耐高温金属材料作为触头

金属触头的导热性越好，熔点越高，触头表面的电子就越不容易被触头间的电场力拉出，从而从根本上抑制各类游离作用，有利于熄灭电弧。

2）用液体、气体或磁场吹弧

用液体、气体吹弧，可使电弧的温度在气流或油流中被迅速冷却，同时能将带电质子吹到周围介质中，加强去游离作用，增加介质强度的恢复速度。吹弧的方式分为横吹和纵吹，原理如图4.2所示。与弧柱轴线垂直的吹法称为横吹，与弧柱轴线平行的吹法称为纵吹。横吹就是把电弧拉长、吹断，使其熄灭；纵吹是使电弧冷却变细最后熄灭。将横吹和纵吹相结合效果会更好。

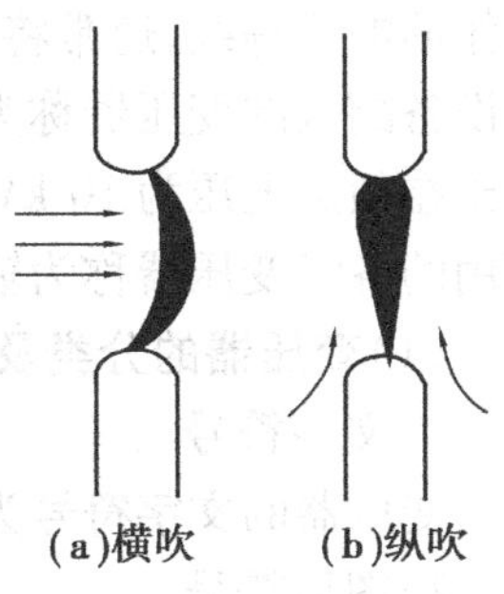

图4.2 吹弧方法

磁吹灭弧是利用磁场对电弧的电动力，使电弧产生运动来加强去游离作用，以提高间隙的灭弧能力。

3）加快触头分离速度（迅速拉长电弧）

触头分离速度越快，弧隙间的电场强度降低得越快，能抑制游离作用，还能迅速拉长电弧的长度和表面积，一方面有利于吹弧，另一方面有利于电弧的冷却和扩散作用，从而加快电弧的熄灭。例如，拉开刀开关时动作要迅速，以拉长电弧。

4）采用优良的灭弧介质

电弧周围介质的传热性能越好，介电强度和热容量越大，越有利于去游离作用，越容易熄灭电弧。常用的灭弧介质为SF_6，其无毒、无味，不易燃烧，无腐蚀作用，而且不含碳元素和氧元素，具有极好的绝缘性能和抗氧化性能，绝缘强度大约是空气的5倍；SF_6呈负电性，其氟原子具有很强的吸附自由电子的能力，能迅速捕捉触头间的自由电子称为负离子，加强了复合作用，因此在电流过零使电弧暂时熄灭后，能迅速使触头间绝缘，达到熄灭电弧的目的。在电弧高温作用下，SF_6会分解出有毒的氟、硫及氟硫化合物，如果SF_6纯度较高，则电弧消失后这些分解物又还原为SF_6，若含有杂质，则会产生具有较强的腐蚀性的化合物，因此，使用SF_6作为灭弧介质的触头一般都设计成具有自动净化吸附作用。

真空也是一种良好的绝缘和灭弧介质。真空中的中性质子很少，从而使发生碰撞游离的概率大大降低，即使有少数自由电子和正离子产生，因为真空中的离子浓度很低，有利于扩散作用，因此真空具有很强的介质强度恢复速度。

有些介质还会在电弧高温下分解出气体，在高压喷嘴的作用下产生吹弧作用。

5）采用多断口灭弧

将开关触头分成多个断口串联，从而将一个电弧分割成多个串联电弧，使每个断口上的电弧电压和弧隙恢复电压降低，而且电弧被拉得更长，更有利于电弧的冷却和吹弧。

4.2 变电所主要一次设备

4.2.1 变压器

变压器是变电所中主要的一次设备，其主要功能是升高或降低电压，以利于电能的合理输送、分配和使用。发电厂发出的电力往往需经远距离传输才能到达用电地区。为了获得较低的线路压降和线路损耗，需采用较高的输电电压，所以要用升压变压器将发电机端的电压升高以后再输送出去。另一方面，在受电端又必须用降压变压器将高压降低到配电系统电气设备工作的电压等级，通常将35～110 kV进线，降压至10 kV或6 kV，再向各车间变电所和高压用电设备配电的变压器称为主变压器，而将10 kV电压等级的两线圈变压器称为配电变压器，其高压端额定电压为10 kV，低压输出端额定电压为400 V，通常接有3～5挡的调压开关。配电前用的各级变压器称为输电变压器。

(1)变压器的分类及型号选择

1)文字符号

变压器的文字符号为TM。

2)图形符号

双绕组变压器为─○○─，三绕组变压器为─○○○─。

3)变压器的分类

①按用途分类：有输电变压器、配电变压器、联络变压器、特种变压器(电炉变、整流变)、工频试验变压器、调压器、矿用变、冲击变压器、电抗器、互感器等。

②按相数分类：有单相变压器、三相变压器。

③按冷却介质分类：有干式变压器、液(油)浸变压器及充气变压器等。

④按冷却方式分类：有自然冷却式、风冷式、水冷式、强迫油循环风(水)冷方式及水内冷式等。

⑤按导电材质分类：有铜线变压器、铝线变压器及半铜半铝、超导等变压器。

⑥按调压方式分类：有无载调压变压器和有载调压变压器。

⑦按中性点绝缘水平分类：有全绝缘变压器、半绝缘(分级绝缘)变压器。

变压器的型号表示及含义如下：

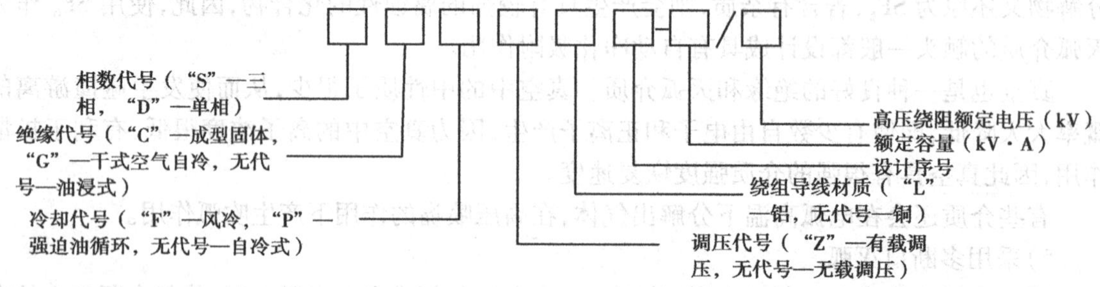

例如,SZ7-5000/35 表示三相铜绕组油浸式(自冷式)有载调压变压器,设计序号为 7,容量为 5 000 kV·A,高压绕组额定电压为 35 kV。

4)型号选择的原则

①应尽可能地选择低损耗的节能变压器,这是因为在整个配电系统的电能损耗中,变压器的损失占总损失的40%~50%,因而高损耗变压器已被淘汰,不再采用。10 kV 配电变压器宜采用 S9 系列或 S10 系列,S11 系列是新型低损耗环保型产品,绕组采用铜线绕制,箱体和绝缘采用新的设计和工艺,损耗性能参数已达到国际先进水平。

②在多尘或有腐蚀性气体严重影响变压器安全的场所,应选择密闭型变压器或防腐型变压器;供电系统中没有特殊要求和民用建筑独立变电所常采用三相油浸自冷电力变压器(S9、S10—M,S11、S11—M 等)。

③对于高层建筑、地下建筑、发电厂、化工厂等对消防要求较高的单位或场所,宜采用干式电力变压器(SC、SCZ、SG3、SG10、SC6 等)。

④电网电压波动较大的,为改善电能质量应采用有载调压电力变压器(SZ7、SFSZ、SGZ3等)。

(2)变压器台数的确定

变压器在电气设备投资中所占的比例很大,合理选择变压器台数,对供电可靠性、节能、投资和企业成本核算都有直接影响。确定变压器台数的一般原则应综合考虑下列因素:负荷容量、负荷性质和负荷等级对供电可靠性的要求,用电部门发展规划和基建投资,以及是否有利于变压器的经济运行。

一般而言,变电所装设的变压器台数越多,接线运行越灵活,供电可靠性也越高,但投资和运行费用也相应地增加。因此,只要能够满足可靠性的要求,对一般不重要负荷的变电所或者可以从低压取得备用电源的三级负荷,以选用一台变压器为宜。而在下述情况下,可以考虑选用两台或两台以上的变压器:

①在一、二级负荷比重较大的总降压变电所中,应选择两台主变压器,以满足用电负荷对可靠性的要求。

②负荷极不均衡,昼夜负荷变化很大时,为降低电能损耗应设置两台变压器,当负荷较小时只运行其中一台变压器。

③工厂有大型冲击负荷(如高压电弧炉)时,为了改善电压质量,减小母线电压波动,除主变压器外可设专用变压器。

④工厂用电设备要求多种配电电压等级时(石油、矿山、化工厂等有许多要求 660 V 低压配电电压,又有 10 kV 和 6 kV 高压用电设备),可设置多台变压器。

⑤车间变电所负荷容量超过目前生产的单台变压器最大容量时,须使用两台变压器。

⑥工厂分批分期建设时,为了节省初期投资和提高变压器经济运行效率,可选用多台变压器。

(3)变压器容量的确定

变压器容量的确定,需综合考虑现有负荷情况、变压器实际使用环境、工厂未来发展规模、短期过负荷要求、发生事故时的过负荷能力等因素,在保证电能质量的要求下,应尽量减少投资、运行费用和有色金属耗用量。在选择容量上,可采用综合费用分析法、最佳效益法等,一般以能满足负荷最大值为标准,同时考虑容量利用率,根据实际情况投入不同容量的变压器。

1）变压器的实际容量

电力变压器的额定容量是指它在规定的环境温度条件下，在规定的使用年限内能够保证变压器正常运行的最大载荷视在功率，它与变压器所采取的冷却方式有关，可查相关技术手册得到。一般规定，如果变压器安装地点的年平均气温 $\theta_{0.av}$ 大于 20 ℃时，则年平均气温每升高 1 ℃，变压器的容量应相应减小 1%。因此，变压器的实际容量应计入一个温度校正系数 K_θ。

对室外变压器，其实际容量为：

$$S_T = K_\theta S_N = \left(1 - \frac{\theta_{0.av} - 20}{100}\right) S_N \tag{4.10}$$

式中 S_{NT}——变压器的额定容量。

对室内变压器，由于散热条件较差，因此其容量比室外要减小约 8%，即

$$S_T = K_\theta S_N = \left(0.92 - \frac{\theta_{0.av} - 20}{100}\right) S_N \tag{4.11}$$

2）变压器容量确定的原则

①装单台变压器时，其额定容量 S_N 应能满足全部用电设备的计算负荷 S_c，而且考虑用电部门发展规划和基建投资引起的用电负荷增加，应留有一定的容量裕度，即

$$S_N \geqslant (1.15 \sim 1.4) S_c \tag{4.12}$$

②装多台变压器时，任一台主变压器单独运行时，应能满足全部一、二级负荷 $S_{c(\text{Ⅰ}+\text{Ⅱ})}$ 的需要，即

$$S_N \geqslant S_{c(\text{Ⅰ}+\text{Ⅱ})} \tag{4.13}$$

③以变压器的容量利用率为选择依据，配电变压器的负载率为 0.6 ~0.7 时，效率最高，此时变压器的容量称为经济容量。如果负荷比较稳定，且装有两台或多台主变压器时，其中任意一台主变压器容量 S_N 应满足总计算负荷 60% ~70% 的要求，即

$$S_N \geqslant (0.6 \sim 0.7) S_c \tag{4.14}$$

④35 kV 变电所单台主变压器的容量一般选 3 150、4 000、6 300 或 8 000 kV · A；车间变电所中使用的单台变压器容量不宜超过 1 250 kV · A；二层楼以上的干式变压器，其容量不宜大于 630 kV · A。

⑤同一电压等级的主变压器单台容量的规格不宜超过 3 种，同一电压等级的变压器最好采用相同的容量规格，以方便运行和检修。

⑥一般来讲，变压器容量和台数的确定是与变电所主接线方案一起确定的，在设计主接线方案时，也要考虑用电单位对变压器台数和容量的要求。

【例 4.1】 某总降压变电所（35 kV/10 kV），总计算负荷为 1 500 kV · A，其中一、二级负荷为 800 kV · A。试选择变压器的台数和容量。

【解】 根据变压器台数确定原则①，该总降压变电所有较大的一、二级负荷，应选择安装两台主变压器。

根据变压器容量确定原则②，任一台主变压器单独运行时，要满足全部一、二级负荷级的要求，即

$$S_N \geqslant 800 \text{ kV} \cdot \text{A}$$

且任一台主变压器的额定容量 S_N 应满足总计算负荷 60% ~70% 的要求，即

$$S_N \geqslant (0.6 \sim 0.7) \times 1\,500 \text{ kV} \cdot \text{A} = 900 \sim 1\,050 \text{ kV} \cdot \text{A}$$

因此,可选两台容量均为1 250 kV·A的变压器,具体型号为S9-1250/10。

3)变压器的过负荷能力

变压器容量是按最大计算负荷选择的,但是在运行中,其负荷经常变化,因此变压器运行时大部分时间实际上没有充分发挥其负荷能力,所以,变压器在必要时完全可以短时过负荷运行,过负荷运行是指变压器运行时的视在功率超过了铭牌上规定的额定功率,变压器的过负荷能力是指它在较短时间内所能输出的最大容量。过负荷运行往往使变压器温度升高,促使绝缘老化加快,从而缩短使用寿命。

过负荷分为正常过负荷和事故过负荷两种,前者是指在正常供电情况下,用户用电量增加而引起的,后者是因为事故原因引起的。所谓正常过负荷,就是认为在一个时间周期(通常是24 h)内,过负荷时因温升引起的绝缘寿命的过度损失可由其他负荷较轻时间来补偿,在这种情况下可认为是与正常环境温度下施加额定负载时是等效的,换句话说,即变压器在过负荷运行期间造成的寿命损失,可以由其他负荷较轻时间运行获得的寿命增加来补偿,使得变压器的总寿命(20~30年)不变,变压器在必要时完全可以安全的过负荷运行。而事故过负荷运行通常大大超出变压器的额定容量,使变压器温度升高很多,内部有放电声和不正常的噪声,油面上升并出现碳质,有渗漏油现象,大大缩短使用寿命,长时间会损坏变压器,所以通常不允许长时间事故过负荷运行。

过负荷运行时应遵循以下原则:

①对于油浸式变压器,一般来说,其允许正常过负荷为:室外变压器不得超过30%,室内变压器不得超过20%。

②干式变压器通常不考虑正常过负荷运行。

③在事故情况下,可以允许变压器在短时间内较大幅度地过负荷运行,事故过负荷按表4.2的规定执行。

表4.2　电力变压器事故过负荷允许值

油浸式变压器	过负荷率/%	30	45	60	75	100	200
	允许过负荷时间/min	120	80	45	20	10	1.5
干式变压器	过负荷率/%	10	20	30	40	50	60
	允许过负荷时间/min	75	60	45	32	16	5

如图4.3所示YB口-10/0.4系列高压/低压预装式变电站(简称箱变)是一种把高压配电设备、变压器、低配电设备按一定接线方案组合而成的工厂预制式成套配电设备,用于额定电压12/0.4 kV三相交流系统中,作为接受和分配电能的成套变电站。箱变适用于城市高层建筑、城乡建筑、居民小区、高新技术开发区、中小型工厂、矿山油田以及临时施工用电等场所。

4.2.2　高压断路器

高压断路器是供配电系统中地位最重要、功能最强大、结构最复杂的一种开关设备。高压断路器的最主要特点是其具有完善的灭弧装置,能够可靠、快速地熄灭短路大电流引起的电弧,因此它不仅可以根据系统运行的需要,将高压电路的部分设备和线路在带负荷运行的情况下切除或投入,提高系统运行的经济性与可靠性,而且当系统发生故障时,它和保护装置、自动装置相配合,可自动、迅速地跳闸而将该故障部分从系统中切除,以减少停电范围,防止事故扩大,从而保护系统中各类电气设备不受损坏,保证系统无故障部分安全运行。

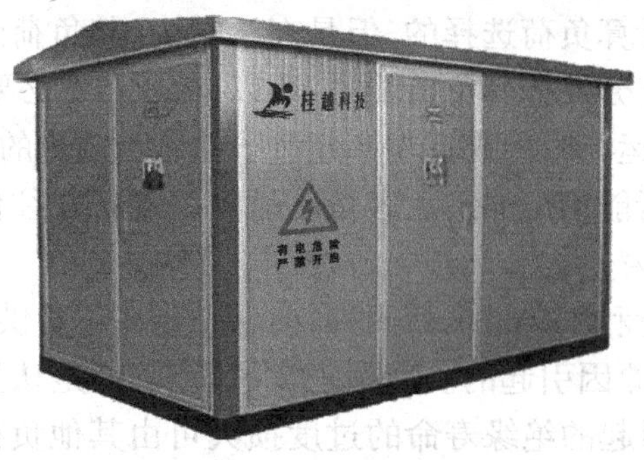

图 4.3 YB 口高压/低压预装箱式变电站

高压断路器由通断元件、中间传动机构、操动机构、绝缘支撑件和基座 5 个部分组成。通断元件是断路器的核心部分,主电路的接通和断开由它来完成;操动机构接到操作指令后,经中间传动机构传送到通断元件,通断元件执行命令,使主电路接通或断开。通断元件包括触头、导电部分、灭弧介质和灭弧室等,一般安放在绝缘支撑件上,使带电部分与地绝缘,而绝缘支撑件则安装在基座上。

(1)高压断路器的型号

1)文字符号

高压断路器的文字符号为 QF。

2)图形符号

高压断路器的图形符号为—×/—。

3)型号表示及含义

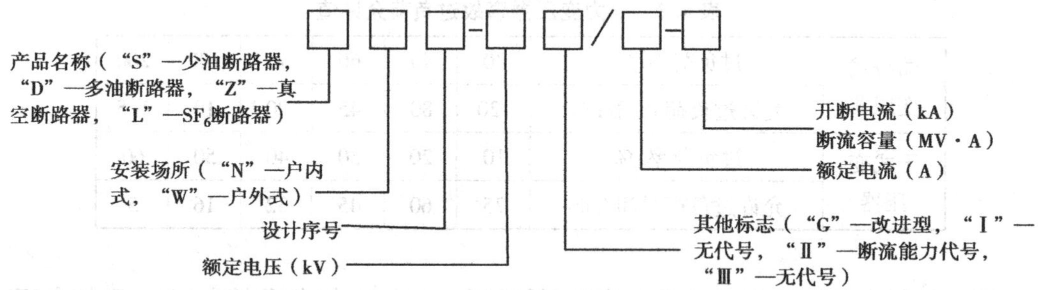

例如,ZN24-10/1250-20 代表真空户内断路器,设计序号 24,额定电压 10 kV,额定电流 1 250 A,开断电流 20 kA;而 LN2-35Ⅱ代表 SF_6 户内断路器,计序号 2,额定电压 35 kV,断流能力Ⅱ级(25 kA)。

除了额定电压、额定电流、开断电流等技术参数外,高压断路器还具有一些重要参数:

①热稳定电流。又称额定短时耐受电流,指在规定的持续时间内,断路器所能承受的最大热效应对应的短路电流有效值,其持续时间与额定电压有关,通常 110 kV 及以下为 4 s,220 kV及以上为 2 s。热稳定电流在数值上取断路器的额定短路开断电流,但是它反映的是断路器承受短路热效应的能力。

②动稳定电流。又称极限通过电流峰值,指断路器在闭合位置时,所能通过的最大短路电

流，它反映断路器在短路冲击电流作用下，所能承受的电动力大小，由导电及绝缘等部件的机械强度所决定。

③额定关合电流。断路器在接通电路时，电路中可能有预伏故障，此时将断路器关合，可能触头尚未接触，触头间隙就被击穿，会产生很大的短路电流，一方面由于短路电流的电动力减弱了合闸的操作力，减慢断路器合闸的速度，甚至会造成触头弹跳无法合闸现象；另一方面由于触头尚未接触前发生预击穿而产生电弧，可能使触头熔焊，从而使断路器造成损伤。断路器能够可靠关合的电流最大峰值，称为额定关合电流。额定关合电流和动稳定电流在数值上是相等的，两者都等于额定开断电流的2.55倍，由断路器的灭弧装置的性能以及操动机构的合闸动力所决定。

④开断时间。指从接到分闸指令触头分离瞬间开始，到电弧完全熄灭为止所经过的时间，开断时间=固有分闸时间+燃弧时间，固有分闸时间指断开操作开始瞬间到三相的触头都分开瞬间为止的时间间隔，燃弧时间指从第一个电弧产生的瞬间起到三相电弧最终熄灭的瞬间止的时间间隔。开断时间反映了断路器断开故障的速度，由灭弧装置的性能以及操动机构的分闸动力所决定，通常希望开断时间越短越好。

⑤合闸时间。指从接到合闸命令起到三相触头都完全接触为止的时间，其长短由操动机构及中间机构的机械特性决定。需要注意的是，有时在合闸时，动、静触点接触时会发生接触-分开-接触的弹跳现象，称为合闸弹跳。

⑥操作循环。这也是表征断路器操作性能的指标。架空线路的短路故障大多是暂时性的，短路电流切断后，故障即迅速消失。因此，为了提高供电的可靠性和系统运行的稳定性，断路器应能承受一次或两次以上的关合、开断或关合后立即开断的动作能力。此种按一定时间间隔进行多次分、合的操作称为操作循环。

以上各技术参数可查阅相关型号的断路器技术手册得到。

(2)高压断路器的分类

1)真空高压断路器

高压真空断路器利用"真空"作为绝缘和灭弧介质。真空度用气体压强表示，真空度越高即空间内气体压强越低。在"真空"中，气体分子的自由行程约为10^3 mm，在真空灭弧室较小的容积内，发生碰撞的概率几乎为零，因此不会发生碰撞游离而使真空间隙击穿，所以"真空"的绝缘强度比变压器油、空气和3个大气压的SF_6气体要高得多。真空中的电弧产生的主要原因是：触头电极的微观表面突出部分使得间隙电场能量集中，从而发生电子发射或蒸发逸出，撞击阳极使局部发热，放出金属蒸汽而导致间隙击穿产生电弧。

需要注意的是，并不是真空度越高断路器的间隙绝缘强度越大，绝缘强度与真空度的关系曲线呈"V"字形，即充气压力过高或过低，都会降低极间间隙绝缘强度(即降低气体间隙的击穿电压)，如图4.4所示；一般来说，当气体压力降低到1.31×10^{-2} Pa时，绝缘强度进入平坦区，但是当气体压力降低到10^{-8} Pa以下时，绝缘强度又开始下降，因此真空断路器的真空度通常设置在$10^{-8}\sim10^{-2}$ Pa。真空断路器的关键部件是真空灭弧室，其结构如图4.5所示，由外壳、波纹管、触头、屏蔽罩等组成。

真空断路器中的电弧主要是在金属蒸汽中形成的，因此将触头设计为特殊形状，一般采用横向或纵向触头，其中横向触头使得电流通过时产生一个横向磁场，该磁场将形成真空电弧的金属蒸汽沿触头表面切线的方向吹到屏蔽罩内壁上，冷却凝结成电弧生成物，一方面将热量通过屏蔽罩散发出去，降低热游离作用，另一方面可拉长电弧，当电弧在自然过零暂时熄灭后，触头间的介质强度迅速恢复；电流过零后，外加电压虽然恢复，但触头间隙不会再被击穿，真空电弧在电流第一次过零时就能完全熄灭。纵向触头磁场沿触头表面的垂直方向（近似与电弧轴向同向），可将电弧分成很多个细弧，扩大了电弧表面积，因此大电流的真空断路器多采用纵向触头。

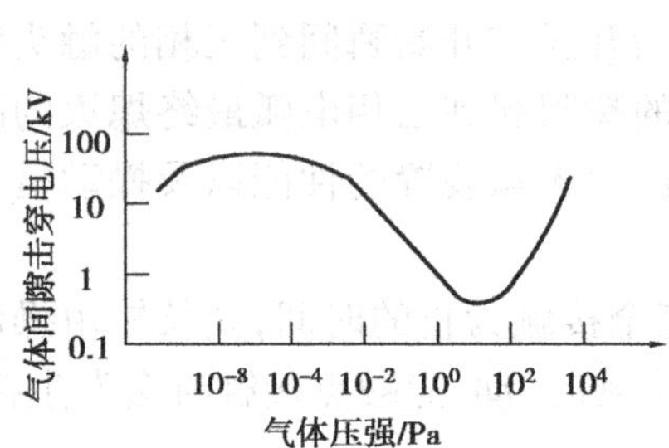

图 4.4 气体压强与绝缘强度的关系

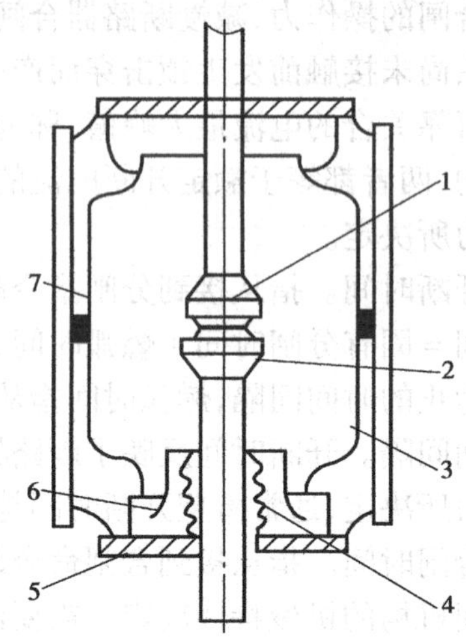

图 4.5 真空断路器灭弧室结构

1—静触头；2—动触头；3—屏蔽罩；
4—波纹管；5—与外壳接地的金属法兰盘；
6—波纹管屏蔽罩；7—玻壳

值得注意的是，有实验表明，真空断路器在开断大电流后，其真空减小绝缘强度常常会下降，为了提高真空断路器的耐压性能，通常对其触头作如下处理：

①选择高熔点、热传导率小，机械强度和硬度大的触头材料，目前使用最广泛的是铜-铬合金。

②预先对触头作“老炼处理”，即向触头间隙施加高电压，并通过反复放电，使触头表面附着的金属或绝缘微粒熔化、蒸发。

③改善触头外形，减少突起，减弱触头间的电场强度。

真空断路器的优点在于：灭弧室密封，电弧和金属热蒸汽不外泄，且不易因潮气、灰尘、有害气体等影响而降低它的性能；操作机构简单，整体体积小，质量轻；开断能力较强；灭弧时间短，触头损耗小，寿命长，适合于需要频繁开断的场合；灭弧介质不含有油或气体，不产生有害气体，安全防爆。

缺点在于：运行中不易监测真空度；容易产生操作过电压：在开断感性电流时，会出现电流截断现象造成较高的过电压，因此要加装过电压吸收装置，造成维护量增加和费用上升；容易吸附粉尘，对工厂变配电场所的环境要求较高。

2）油断路器

油断路器是以油作为灭弧介质的断路器，按其油量的多少又分为多油和少油两大类，其中多油断路器因为体积大、维护困难，现已被淘汰。目前在工厂 6～35 kV 户内配电所中广泛应用的是我国自行设计的 SN10 型高压少油断路器，按其断流容量分有Ⅰ、Ⅱ、Ⅲ型，断流容量分别为 300、500 和 750 MV·A。

SN10-10 型高压少油断路器的外形图及内部结构的剖面图如图 4.6 和图 4.7 所示。

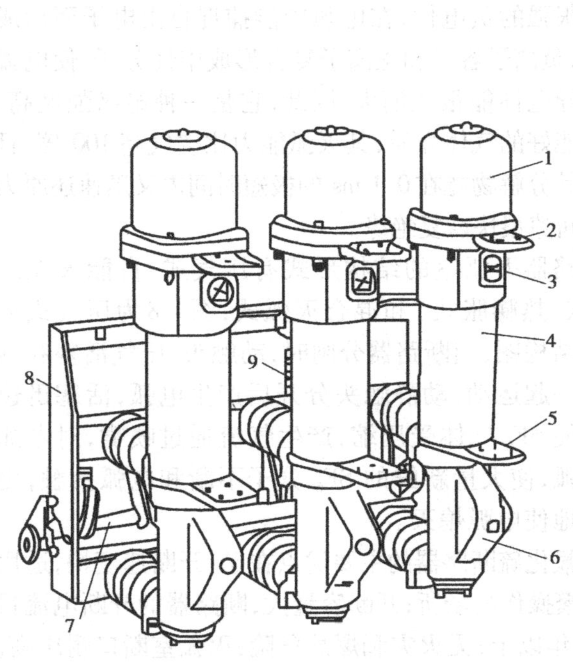

图 4.6　SN10-10 型少油断路器外形结构

1—铝帽;2—上接线端子;3—油标;4—绝缘筒;5—下接线端子;6—基座;7—主轴;8—框架;9—断路弹簧

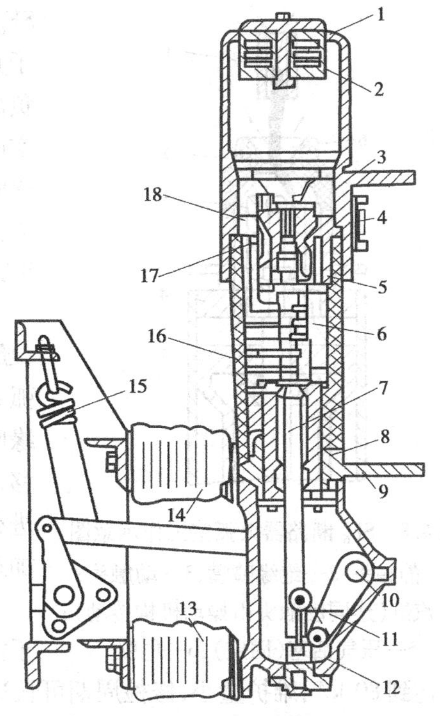

图 4.7　SN10-10 型少油断路器内部剖面结构

1—铝帽;2—油气分离器;3—上接线端子;4—油标;5—插座式静触头;6—灭弧室;7—动触头;8—中间滚动触头;9—下接线端子;10—转轴;11—拐臂;12—基座;13—下支柱绝缘子;14—上支柱绝缘子;15—断路弹簧;16—绝缘筒;17—逆止阀;18—绝缘油

少油断路器的灭弧原理:当断路器开断电路产生电弧时,电弧的高温使其附近的绝缘油蒸发汽化和分解,形成灭弧能力很强的气体(主要是氢气)和压力较高的气泡,气泡推动油层迅速向四周运动,加强了电弧的冷却,同时在灭弧室中利用高速气流对电弧进行强烈气吹(纵吹、横吹、环吹、纵横吹等)而使电弧很快熄灭,灭弧过程中产生的油气混合物在油气分离室中旋转分离,气体从顶部排气孔排出,而油则沿内壁流回灭弧室。

少油断路器在运行时,必须经常检查油标,发现漏油、渗油、油面过低、有不正常声音等现象时,应停运检查并采取相应措施。

少油断路器的优点在于:体积小、质量轻、易于制造和维修、价格低、使用方便,目前在工厂 6～35 kV 户内配电所中得到广泛应用。

缺点在于:在发生故障时可能引起油箱的爆炸和燃烧;工作中会散发出有害气体;灭弧时间较长,动作较慢,检修周期短,不适用于频繁开合断路器的场合;受单元断口的电压限制,发展特高压等级有困难等。因此,在高压系统用真空断路器代替少油断路器已经成为一种趋势。

3)六氟化硫(SF_6)断路器

采用惰性气体六氟化硫(SF_6)作为灭弧和绝缘介质的无油化断路器,属气体吹弧式断路器。SF_6无色、无臭、无腐蚀、无毒、不燃、比空气重5倍,其分子具有很强的负电性,在电弧中能捕捉自由电子而形成负离子,负离子容易和正离子复合形成中性分子,使电弧空间的导电性能很快消失,因此,它是一种绝缘强度高、灭弧性能好的气体介质,其灭弧能力比空气高100倍,且灭弧后其分解物能在0.1 ms的极短时间内又迅速还原为SF_6,使间隙很快恢复绝缘。

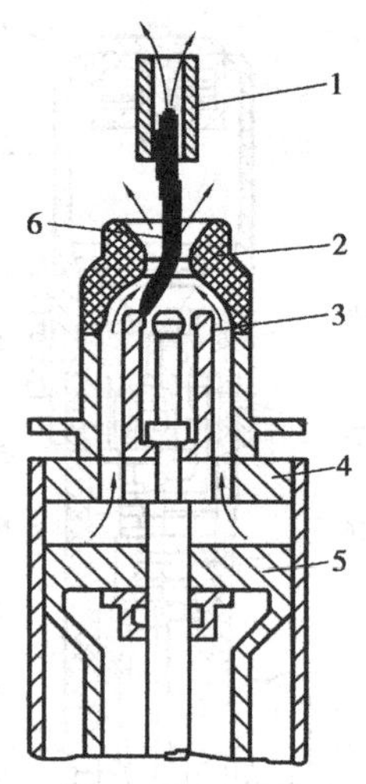

图4.8 SF_6断路器灭弧室工作示意图

1—静触头;2—绝缘喷嘴;3—动触头;4—汽缸(连同动触头由操动机构传动);5—压气活塞(固定);6—电弧

断路器灭弧室的结构形式有压气式、自能灭弧式(旋弧式、热膨胀式)和混合灭弧式,图4.8为压气式灭弧室的结构图,当断路器分闸时,动触头、压气活塞和绝缘喷嘴一起运动,动静触头分开后产生电弧,活塞迅速移动时使SF_6气体受压缩,产生气流通过喷嘴,对电弧进行吹弧,使大量新鲜的SF_6分子不断和电弧接触,更加迅速地使电弧熄灭。

六氟化硫断路器的主要优点在于:开断速度快,适用于需频繁操作的场所;开断容量大,断路器的开断电流目前已达到80 kA;维护量小,修检周期可长达10年以上;无火灾和爆炸危险;灭弧室断口耐压高,目前已达到单断口"245 kV、50 kA"的水平,因此断路器的结构简单、紧凑、占地面积小。

六氟化硫断路器的主要缺点在于:密封性能要求更严,价格昂贵。

(3)高压断路器的选择与校验

1)各类高压断路器的适用场合

①根据变电所的位置选择户内还是户外型断路器。

②少油断路器质量轻、体积小、节约油和钢材、价格低,但不适用于能频繁操作的场合,多用于6~35 kV的室内配电所。

③真空断路器安全性好、结构简单、无污染,在35 kV配电系统及以下电压等级系统中占主导地位,但价格昂贵。

④SF_6断路器目前在高压和超高压系统中得到了广泛应用。适用于需频繁操作及有易燃易爆危险的场所,但要求加工精度高,对其密封性能要求严格,价格昂贵。

2)高压断路器的选择与校验

高压断路器除了按电压、电流、装置类型选择型号,并校验热、动稳定性外,还应校验其开断能力。高压断路器的具体选择与校验项目可参考表4.1进行。

【例4.2】 如图4.9所示的无限大容量供电系统中,若系统和断路器电抗可忽略,继电保护时间为1.1 s,若K_1点发生三相短路,请选择断路器QF的型号并进行校验。

【解】 (1)额定电流计算

变压器一次侧的最大工作电流按变压器的额定电流计算:

$$I_C = I_{1N} = \frac{S_N}{\sqrt{3}U_N} = \frac{6\ 000}{\sqrt{3} \times 35}\text{A} = 99\text{ A}$$

(2)短路电流计算

K_1 点三相短路时:

线路的电抗标幺值:$X_1^* = 0.35 \times 8 \times \frac{100}{37^2} = 0.205$

变压器的电抗标幺值:$X_2^* = \frac{U_K\%}{100} \cdot \frac{S_d}{S_N} = \frac{6}{100} \times \frac{100}{6} = 1$

回路总阻抗标幺值为:$X_{K_1}^* = X_1^* + X_2^* = 1.205$

K_1 点所在电压级的基准电流:$I_{d2} = \frac{S_d}{\sqrt{3} U_{d3}} = \frac{100}{\sqrt{3} \times 10.5} = 5.5\ \text{kA}$

K_1 点短路时的短路各量为:

$$I_{K_1}^* = \frac{1}{X_{K_1}^*} = \frac{1}{1.205} = 0.83$$

$$I_{K_1}^{(3)} = I_{d2} I_{K_1}^* = 5.5 \times 0.83\ \text{kA} = 4.565\ \text{kA}$$

$$i_{sh.K_1}^{(3)} = 2.55 I_{K_1} = 11.64\ \text{kA}$$

$$S_{K_1}^{(3)} = \frac{S_d}{X_{K_1}^*} = 100 \times 0.83\ \text{MV} \cdot \text{A} = 83\ \text{MV} \cdot \text{A}$$

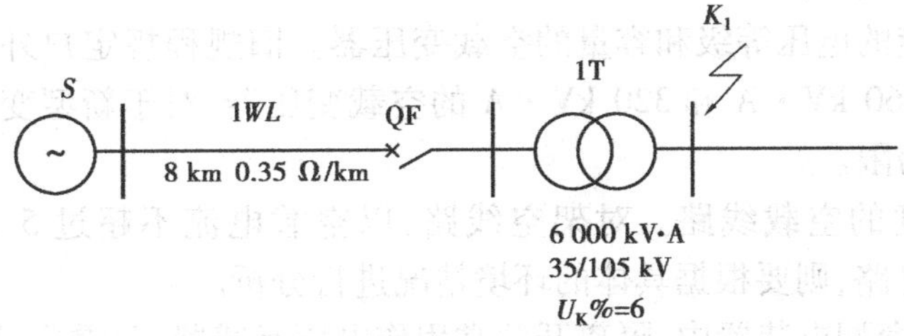

图4.9　高压断路器的选择及校验

K_1 点短路时在1T一次侧产生的穿越电流为:

$$I'^{(3)}_{K_1} = I_{K_1}^{(3)}/K = 4.565 \times \frac{10.5}{37}\ \text{kA} = 1.295\ \text{kA}$$

1T一次侧产生的三相短路冲击电流为:

$$i'^{(3)}_{sh.K_1} = 2.55 \times I'^{(3)}_{K_1} = 2.55 \times 1.295\ \text{kA} = 3.303\ \text{kA}$$

(3)断路器选择及校验

根据选择条件和相关数据,选用SN10-35I/630型高压断路器,选择校验结果见表4.3。由选择校验结果可知,所选断路器符合要求。

表4.3　高压断路器校验结果

序号	SN10-35I/630			选择要求	装设地点电气条件		结论
	项目	校验名称	数　据		项目	数　据	
1	U_N	额定电压	35 kV	≥	$U_{W.N}$	35 kV	合格
2	I_N	额定电流	630 A	≥	I_C	99 A	合格

续表

序号	SN10-35I/630			选择要求	装设地点电气条件		结论
	项目	校验名称	数　据		项目	数　据	
3	$I_{OC.N}$	开断电流	16 kA	≥	$I'^{(3)}_{K_1}$	1.295 kA	合格
4	i_{max}	动稳定	40 kA	≥	$i'^{(3)}_{sh.K_1}$	3.303 kA	合格
5	$I_t^2 \times 4$	热稳定	$16^2 \times 4 = 1\ 024\ kA^2 \cdot s$	≥	$I_\infty^2 \times t_{ima}$	$(1.295)^2 \times (1.1 + 0.1) = 2.012\ kA^2 \cdot s$	合格

4.2.3　高压隔离开关

高压隔离开关可以说是供配电系统中使用最广泛的开关设备，具有明显的分段间隙，其主要作用是隔离高压电源，保证电气设备和线路在检修时与电源有明显的断开间隙以保护人员和设备的安全。隔离开关的主要特点是：没有专门的灭弧装置，因此，不允许带负荷开断或投切电路，也不能用于切断短路电流。隔离开关与断路器配合，可以倒母线操作，即将设备或线路从一组母线切换到另一组母线上。在一定条件下，隔离开关可通断以下一些负荷电流较小的电力设备：

①电压互感器和避雷器。

②符合规程规定的电压等级和容量的空载变压器。旧规程规定户外、户内型隔离开关分别只能通断容量为 560 kV · A 和 320 kV · A 的空载变压器，对于新型变压器，以变压器的空载电流不超过 2 A 为限。

③具有一定长度的空载线路。对架空线路，以空载电流不超过 5 A，线路长度不超过 10 km为限；对电缆电路，则要根据具体的环境情况进行分析。

因此，在高压成套配电装置中，隔离开关常用作电压互感器、避雷器、配电所用变压器及计量柜的高压控制电器。

(1)高压隔离开关的型号

1)文字符号

高压隔离开关的文字符号为 QS。

2)图形符号

高压隔离开关的图形符号为—|╱—。

3)型号表示及含义

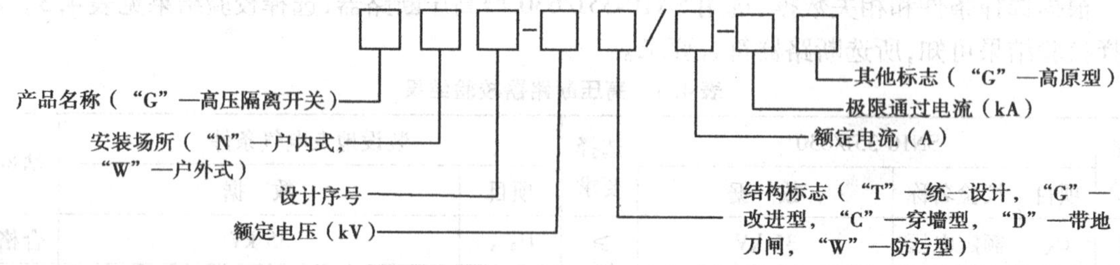

例如，GN8-10T/400 代表户内型隔离开关，设计序号 8，额定电压 10 kV，额定电流 400 A，而 GW13-35/630 代表户外型隔离开关，设计序号 13，额定电压 35 kV，额定电流 630 A。

除图中所列技术参数外，高压隔离开关的重要技术参数还有热稳定电流和动稳定电流。在使用时须校验动稳定性与热稳定性，方法同高压断路器，但是高压隔离开关主要用于电气隔离而不能分断正常负荷和短路电流，因此不需要校验开断电流。

(2)高压隔离开关的分类

1)户内型隔离开关

通常分为三极式和单极式两种，三极式有3个闸刀，可用于隔离三相线路，单极式只有一个闸刀，用于隔离单相线路。高压隔离开关主要由导电部分(动、静触头)、绝缘部分(包括升降绝缘子和支柱绝缘子，用于将金属触头与传动机构、底座隔离)和底座部分，如图4.10所示为三极式户内型隔离开关结构。

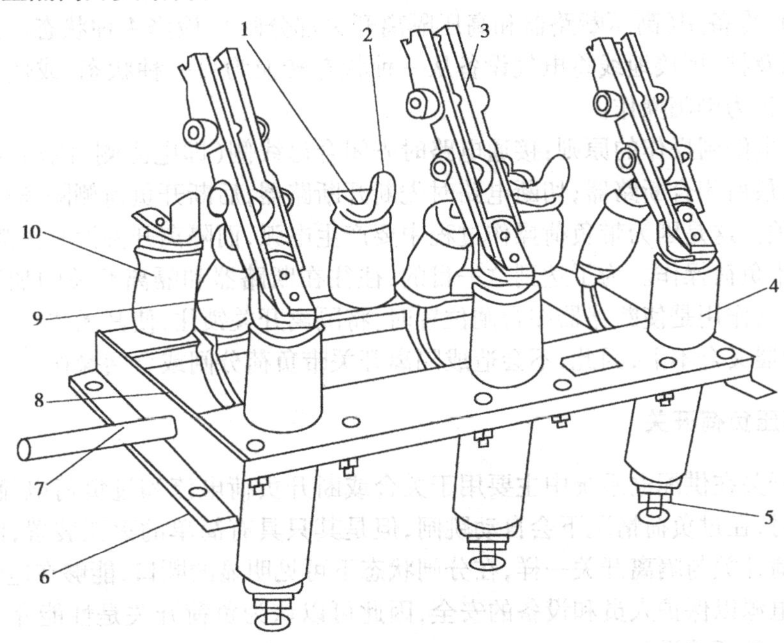

图4.10　GN8-10型高压隔离开关外形结构

1—上接线端子;2—静触头;3—闸刀;4—套管绝缘子;5—下接线端子;
6—框架;7—转轴;8—拐臂;9—升降绝缘子;10—支柱绝缘子

2)户外型隔离开关

户外型隔离开关按其绝缘支柱机构的不同分为单柱式、双柱式和三柱式。主要用于35 kV及以上系统，为了应付恶劣环境，通常要求其具有较高的绝缘和机械强度，在寒冷地区，有些户外隔离开关还带有破冰机构。

(3)高压隔离开关的操作

1)高压隔离开关的手动操作原则

高压隔离开关的合闸和分闸操作，都必须在不带负荷或负荷在隔离开关允许的操作范围之内时才能进行。手动操作隔离开关具有以下原则：

①操作前，注意检查动、静触头是否对准，传动机构是否完好，导电部分是否变色，绝缘部分是否完好等，以免出现事故。

②合闸操作时，必须确保与之串联的断路器处于分闸状态；合闸动作必须迅速而果断，但在合闸终了时用力不可过猛，以免损坏设备，使机构变形。

③分闸操作时，在确保与之串联的断路器处于分闸状态后，开始时应缓慢操作，待闸刀离开静触头后迅速拉开，以便能迅速消弧。

④如果发生了带负荷分或合隔离开关的误操作，则应冷静地避免可能发生的另一种反方向的误操作，即若发现带负荷误合闸后，不得再立即拉开，当发现带负荷分闸时，若已拉开，不得再合（若拉开一点，发觉有火花产生时，可立即合上）。

随着电力系统自动化水平的提高，使用电动操作的高压隔离开关应用越来越广泛，使操作变得简单可靠，但仍然需要日常巡视与例行检查。

2）线路停、送电倒闸操作的原则

电气设备分为运行（高压断路器和高压隔离开关均合闸）、热备用（高压断路器分闸、高压隔离开关合闸）、冷备用（高压断路器和高压隔离开关都分闸）、检修4种状态。通过操作隔离开关、断路器以及挂、拆接地线将电气设备从一种状态转换为另一种状态，或使系统改变了原有的运行方式，称为倒闸操作。

线路停、送电倒闸操作的原则：接通电路时先闭合母线侧（即电源侧）隔离开关，再闭合负荷侧隔离开关，最后闭合断路器；切断电路时先断开断路器，后断开负荷侧隔离开关，最后断开母线侧隔离开关。这是因为带负荷操作过程中要产生电弧，而隔离开关没有灭弧功能，所以隔离开关不允许带负荷操作。为了达到这一目的，往往在断路器和隔离开关间加装电动式或机械式闭锁装置，其作用是使断路器在合闸位置时，将隔离开关锁住，使其无法拉开，而在隔离开关断开时，断路器又合不上，因此，不会造成隔离开关带负荷分闸或合闸操作。

4.2.4 高压负荷开关

高压负荷开关在供配电系统中主要用于关合或断开负荷电流和过负荷电流，负荷开关在装有热脱扣器时，在过负荷情况下会自动跳闸，但是其只具有简单的灭弧装置，因此不能断开短路电流。负荷开关与隔离开关一样，在分闸状态下可见明显的断口，能够在电气设备和线路在检修时断开电源以保护人员和设备的安全，因此可以认为负荷开关是性能介于断路器和隔离开关之间的一种开关设备。

（1）高压负荷开关的型号

1）文字符号

高压负荷开关的文字符号为QL。

2）图形符号

高压负荷开关的图形符号为。

3）型号表示及含义

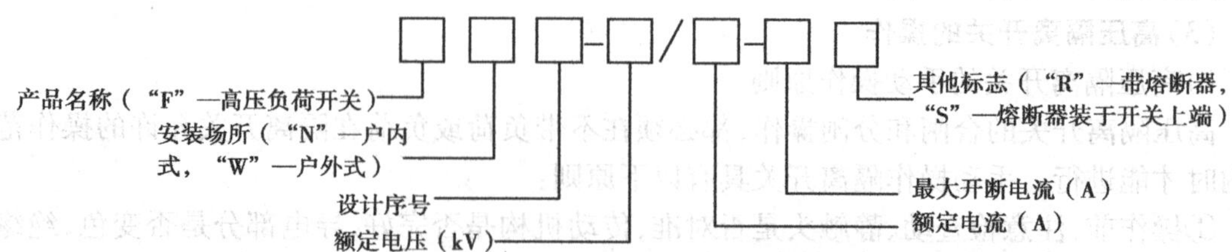

负荷开关按其安装场所分为户内式和户外式，按灭弧方式分为压气式、产气式、真空式和六氟化硫式。例如，FN3-10RT代表户内型高压负荷开关，设计序号3，额定电压10 kV，带熔断

器,T 代表其灭弧装置为压气式。图 4.11 为其外形结构。

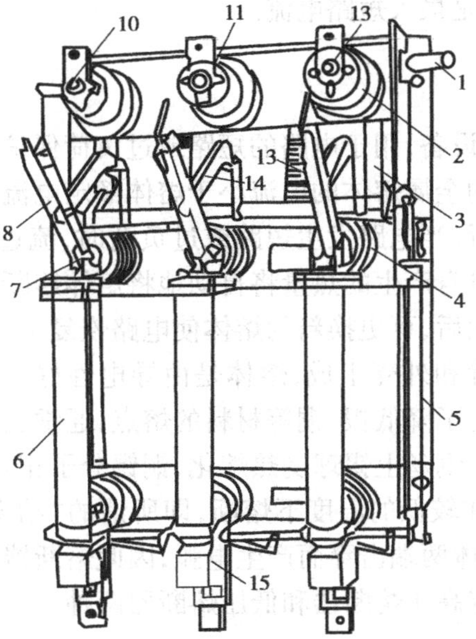

图 4.11　FN3-10RT 户内型高压负荷开关结构图

1—主轴;2—上绝缘端子兼汽缸;3—连杆;4—下绝缘子;5—框架;6—RNI 型熔断器;
7—下触座;8—闸刀;9—弧动触头;10—绝缘喷嘴(内有弧静触头);11—主静触头;
12—上触座;13—断路弹簧;14—绝缘拉杆;15—热脱扣器

(2)高压负荷开关的分类

1)压气式负荷开关

利用活塞和汽缸在开断电路过程中产生的压缩空气,通过绝缘喷嘴吹弧,使电弧熄灭。

2)真空负荷开关

以真空作为灭弧介质,常见型号有 FZN 21-12D/T630-2 等,具有开断能力大、安全可靠、无污染、可频繁操作、结构简单、维护周期长等优点。

3)SF_6 负荷开关

以 SF_6 为灭弧介质和绝缘介质,具有绝缘性能好、安全可靠、操作方便、可频繁开断等优点,常用于关合和开断负荷电流及过载电流,也可用作关合和开断空载长线,空载变压器及电容器组等。

4)产气式负荷开关

利用聚四氯乙烯、三聚氢胺、耐压有机玻璃等产气材料在电弧作用下产生的 H_2、O_2、CO 等气体吹弧。产气式负荷开关是目前国内产量最多、使用最广的一种负荷开关。但随着开断次数的增加,灭弧管内的产气材料会逐渐烧光,因此要不断更换灭弧管。

(3)高压负荷开关的选择与校验

真空负荷开关与同类产品相比性能优良,与断路器相比价格便宜,可带有明显隔离断口。特别适合农村小型化变电所及配电线路改造。产气式负荷开关只能用于开断容量小,不频繁操作的场合。SF_6 负荷开关体积小,开断性能好,但价格昂贵,比较适用于大城市。

高压负荷开关应校验额定电压、额定电流、开断能力、热稳定性和动稳定性等内容,可参考

表4.1进行,需要注意的是,校验开断能力时,高压负荷开关的最大开断电流应不小于它可能开断的最大过负荷电流而不是最大短路电流。

4.2.5 高压熔断器

熔断器是最简单的保护设备,用于电路的短路或过负荷保护。熔断器串联于电路之中,电路正常运行时,流过熔断器的金属熔体的电流小于熔体额定电流时,其正常发热温度不会熔断熔体,熔断器可长期可靠运行,当电路发生短路或过负荷时,流过熔断器的金属熔体的电流超过其熔体额定电流时,熔体自身产生的热量将自动地将熔体熔断而断开电路,达到保护线路或电气设备的目的,当故障排除后,可更换新的熔体使电路恢复工作。

熔断器由熔体、触点装置和外壳组成,熔体是由导电性好、不易氧化的铅、锡、铅锡合金、锌、银、铜等金属材料制成,为了降低银、铜等材料的熔点,通常在高熔点熔体表面焊上小锡球,当熔体温度超过锡的温度时,铜丝上锡球受热熔化,铜锡分子相互渗透形成熔点较低的铜锡合金(冶金效应),使铜熔丝能在较低的温度下熔断,即所谓的"冶金效应"。由于金属熔体熔化时产生的金属蒸汽会导致熔体两端击穿而产生电弧,因此熔断器需要具备灭弧能力。

熔断器按电压等级分,有高压熔断器和低压熔断器两种。

(1)高压熔断器的型号

1)文字符号

高压熔断器的文字符号为FU。

2)图形符号

高压熔断器的图形符号为─▭─。

3)型号表示及含义

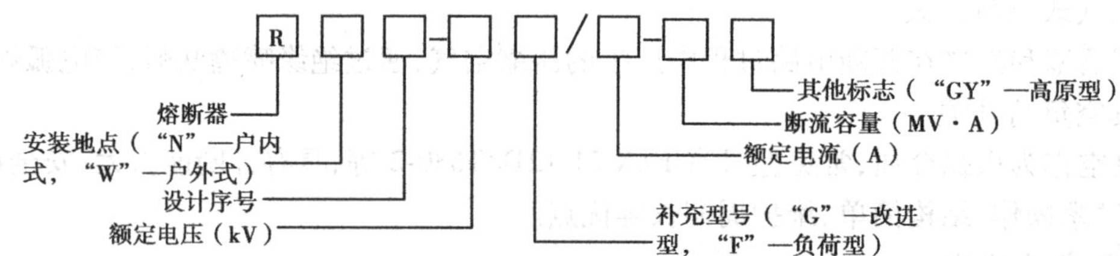

除了额定电压、额定电流、最大开断电流等参数外,高压熔断器还具有以下重要参数:

①熔体的额定电流。指熔体允许长期通过而不熔化的最大电流,应不大于熔断器的额定电流。

②极限开断电流。指熔断器能可靠分断的最大短路电流。

③最小熔化电流I_{min}。在通过最小熔化电流值时,熔体必须熔化,但熔化时间应近似趋于无穷大,在实际运行中,由于腐蚀以及熔体附近部件熔化温度较低等原因,如果熔断器长期运行在最小熔化电流下,会造成熔体过早熔断或者触头等部件温度过高,因此一般规定I_{min}大于额定电流,二者之比称为熔断系数,通常为1.2~1.5。

④弧前电流-时间特性。从电流流过熔体开始,到熔体汽化产生电弧为止所经过的时间称为熔断器的弧前时间。当电流较大时,熔体熔断所需的时间就较短,而电流较小时,熔体熔断所需用的时间就较长,弧前电流-时间特性是指熔断器熔体的熔化时间与通过电流之间的关系曲线,由制造厂家给出,又称安-秒特性,呈反时限特性,如图4.12所示,图中给出了两个额定

电流不同的熔体的安-秒特性曲线。其中熔体1的额定电流大于熔体2的额定电流。

⑤最小开断电流。指能够使熔断器可靠熔断的最小短路电流,也就是说,如果故障电流太小也不能使熔断器可靠开断。最小开断电流用额定电流倍数来表示。

⑥负荷开关-熔断器组合的交接电流。应当注意的是,由于最小开断电流的限制,熔断器对程度不重的过负荷电流基本不能保护,因此通常将负荷开关和熔断器进行组合,由负荷开关承担轻度过负荷保护,这一任务通常由负荷开关的热脱扣器实施,而由熔断器承担重度过负荷和短路故障的保护,这就要求熔断器的保护特性与热脱扣器的保护特性要互相配合,二者之间的动作电流分界点称为交接电流,如图4.13所示。当电流较小时,负荷开关先动作,而电流较大时,熔断器先动作。

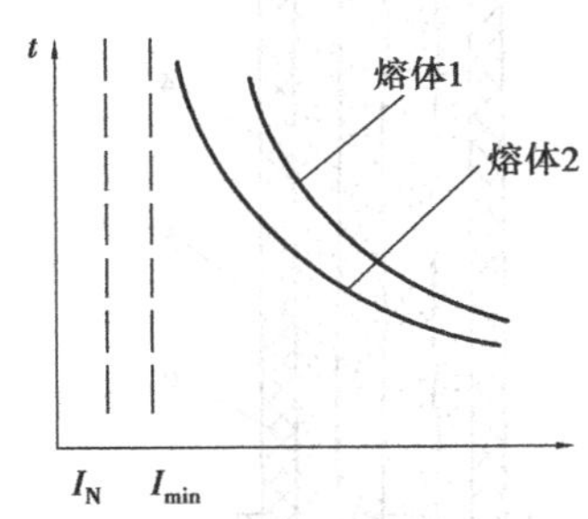

图4.12　熔断器的安-秒特性

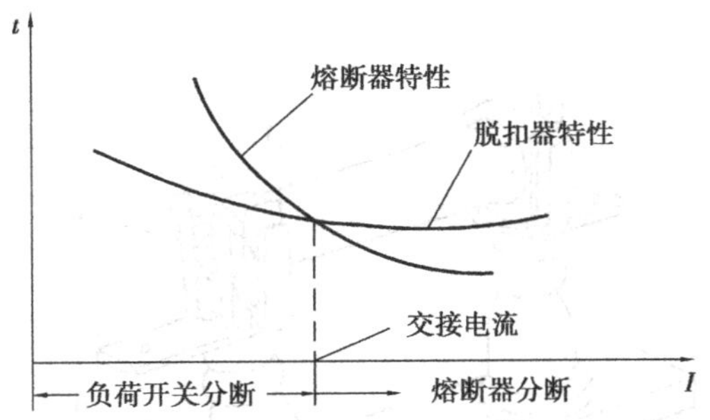

图4.13　负荷开关-熔断器组合的交接电流

(2)高压熔断器的分类

高压熔断器按使用地点分为户内式和户外式;按限流作用分为“限流式”和“非限流式”。限流式熔断器可在短路发生后不到半个周期即短路电流未达到最大值(短路冲击电流值)时就将电弧熄灭,而非限流式熔断器须在电弧电流过零时熄灭电弧,即此时短路电流已经至少达到最大值1次。按结构分为跌落式、插入式、母线式等。按保护对象分为T型-保护变压器、M型-保护电动机、P型-保护电压互感器、C型-保护电容器和G型-不指定保护对象。

1)RN系列户内高压限流式熔断器

①适用场合。RN系列高压熔断器主要用于户内3~35 kV电力系统的短路和过负荷保护,其中RN1、RN3、RN5型额定电流大于25 A,主要用于电力变压器和电力线路的短路保护,RN2、RN4型的额定电流为0.5 A,为保护电压互感器的专用熔断器。

②结构和工作原理。如图4.14和图4.15所示分别为RN1、RN2型高压熔断器的外形和熔管内部结构图。主要由熔管、触点座、动作指示器、绝缘子和底座构成。熔管一般采用具有较高机械强度和耐热性能的瓷质管,熔丝上焊有小锡球,由单根或多根镀银的细铜丝并联绕成螺旋状并埋放在石英砂中,石英砂形成大量细小的固体介质狭沟。短路或过负荷致使温度上升时,铜丝上的锡球因熔点较低率先熔化,铜锡分子相互渗透形成熔点较低的铜锡合金(冶金效应),使铜熔丝能在较低的温度下熔断。动作指示器在熔体熔断时弹出,提示熔断器动作。

③灭弧原理。当短路电流发生时,几根并联铜丝熔断时可将粗弧分成多条细电弧,同时石英砂狭沟对电弧起到分割、冷却和吸附(带电离子)的作用,具有很强的去游离作用(狭沟灭弧),因此RN系列熔断器具有很强的灭弧能力。

④XRNT全范围保护熔断器。是一种新型限流高压熔断器,由喷射式熔断器和限流式熔

断器组成,综合了限流式熔断器分断能力高和喷射式熔断器最小熔化电流小的优点,能可靠开断最小熔化电流至额定开断电流之间的任何故障电流。

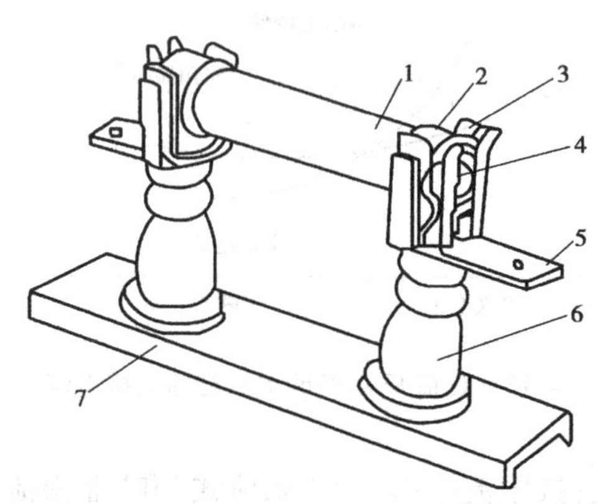

图 4.14　RN1 及 RN2 型熔断器外形
1—瓷熔管;2—金属管帽;3—弹性触座;4—熔断指示器;5—接线端子;6—瓷绝缘子;7—底座

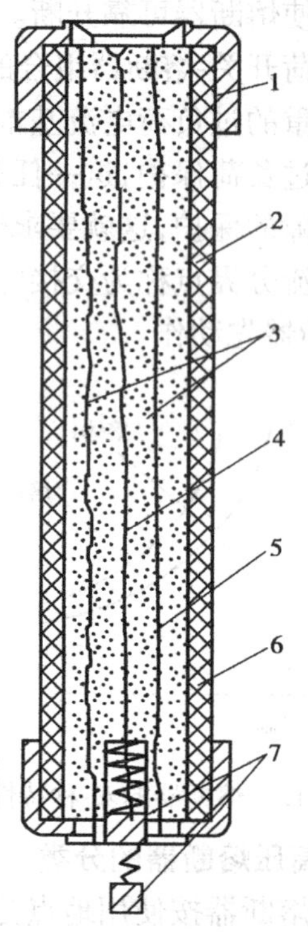

图 4.15　熔管内部结构剖面图
1—管帽;2—瓷管;3—工作熔体;4—指示熔体;5—锡球;6—石英砂填料;7—熔断指示器(熔断后弹出状态)

2)RW 系列户外高压跌落式熔断器

①适用场合。RW 系列户外高压跌落式熔断器主要作为配电变压器或电力线路的短路保护和过负荷保护,在一定条件下也可以关合、断开空载架空线路、空载变压器和小负荷电流。跌落式熔断器适用于环境空气无导电粉尘、无腐蚀性气体及易燃、易爆等危险性环境,年度温差变比在 ±40 ℃以内的户外场所。常用型号有 RW3、RW4、RW7、RW9、RW10、RW11 和 PRWG 等,其中 RW10-35/0.5 是户外 35 kV 电压互感器专用保护熔断器。

②结构和工作原理。如图 4.16 所示为 RW4-10(G)型跌落式熔断器结构,其结构主要由上静触头、上动触头、熔管、熔丝、下动触头、下静触头、绝缘子和底板等组成。熔管上端的动触头借助管内熔丝张力拉紧后,利用绝缘棒,先将下动触头卡入下静触头,再将上动触头推入上静触头内锁紧,接通电路。短路或过负荷时熔体熔断时,在熔管的上下动触头弹簧片的作用下,熔管迅速跌落,形成断开间隙,使电路断开,切除故障段线路或者故障设备。

③灭弧原理。熔管由产气管和保护管组成,当熔体熔化产生电弧后,产气管由于电弧燃烧而分解出大量的高压气体,从熔管两端喷出,形成对电弧的纵吹作用而迅速熄灭电弧,其灭弧能力不强,灭弧速度不快,不能在短路电流达到冲击值之前熄灭电弧。

④PRWG全范围保护熔断器。是一种新型跌落式高压熔断器，由喷射式熔断器和限流式熔断器组成，解决了传统跌落式熔断器熔管尺寸的不合适，容易松动或转动不灵活，开断容量小，熔管易老化、变形等缺陷。

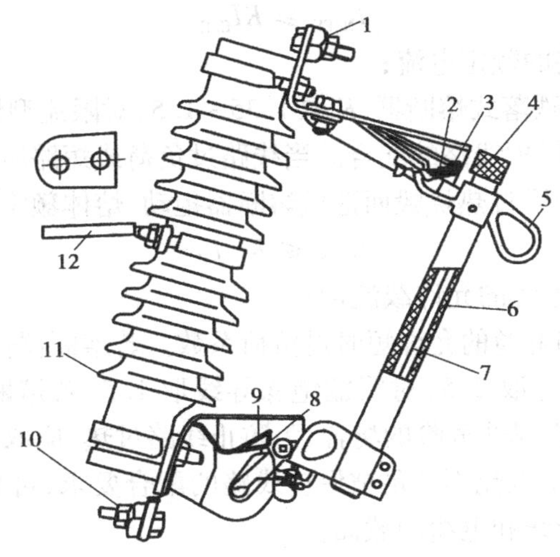

图4.16　RW4-10(G)型外形结构

1—上接线端子；2—上静触头；3—上动触头；4—管帽（带薄膜）；5—操作环；6—熔管；7—铜熔丝；8—下动触头；9—下静触头；10—下接线端子；11—绝缘瓷瓶；12—固定安装板

(3)高压熔断器的选择与校验

1)高压熔断器的选择

除按前面所述的各类高压熔断器的适用场合选择熔断器类型外，还应遵循以下原则：

①高压熔断器的额定电压应大于或等于安装处的线路额定电压。需要注意的是，RN系列限流型熔断器的额定电压应等于线路的额定电压，这种情况下，此类熔断器熔断产生的最大过电压倍数限制在规定的2.5倍相电压之内，此值并未超过同一电压等级电器的绝缘水平，若熔断器的工作电压低于其额定电压，则过电压有可能超过电器的绝缘水平造成事故。

②对保护线路的熔断器，熔断器的额定电流$I_{N.FU}$应不小于熔体的额定电流$I_{N.FE}$，同时其熔体的额定电流不小于线路的计算电流I_c，即同时满足以下两式：

$$I_{N.FU} \geqslant I_{N.FE} \tag{4.15}$$

$$I_{N.FE} \geqslant I_c \tag{4.16}$$

③为防止因高压电动机正常启动等原因造成引起的尖峰电流I_{PK}（持续时间1～2 s）引起熔断器熔断，熔体的额定电流应躲过线路的尖峰电流，即

$$I_{N.FU} \geqslant KI_{pk} \tag{4.17}$$

式中，K为计算系数，因熔体的熔断需要一定时间，而尖峰电流持续时间很短，因此，K通常小于1；对单台电动机的线路：当电动机启动时间$t_{st}<3$ s时，取$K=0.25\sim0.35$；当重载启动时($t_{st}=3\sim8$ s)，取$K=0.35\sim0.5$；当$t_{st}>8$ s或电动机为频繁启动、反接制动时，取$K=0.5\sim0.6$。对供给多台电动机的线路：取$K=0.5\sim1$。

④对保护变压器的熔断器，其熔体额定电流应躲过变压器正常过负荷电流、变压器低压侧的电动机等设备自启动产生的冲击电流、变压器合闸时产生的励磁潮涌，同时为满足上下级保护动作的选择性，其熔体额定电流应满足：

$$I_{N.FE} \geqslant (1.5 \sim 2.0) I_{1N.T} \tag{4.18}$$

式中 $I_{1N.T}$——变压器一次侧额定电流。

⑤对保护电力电容器的熔断器，其熔体额定电流应满足：

$$I_{N.FE} \geqslant KI_{C.E} \tag{4.19}$$

式中 $I_{C.E}$——电容器回路的额定电流；

K——可靠系数，对跌落式熔断器，K 取 1.35～1.5；对限流型熔断器，K 取 1.5～1.8。

⑥熔体额定电流与被保护线路的配合。当线路过负荷或短路时会造成线路或电缆温度上升，为防止绝缘导线或电缆因过热烧毁而造成熔断器拒动，熔体额定电流应满足：

$$I_{N.FE} \leqslant K_{OL} I_{al} \tag{4.20}$$

式中 I_{al}——绝缘导线和电缆的允许载流量；

K_{OL}——绝缘导线和电缆的允许短时过负荷系数。若熔断器作短路保护，对电缆和穿管绝缘导线 K_{OL} 取 2.5，对明敷绝缘导线取 1.5；若熔断器作过负荷保护时可取 0.8～1；对有爆炸危险的场合，为防止线路过热，应取下限值 0.8。

如果所选择的熔体额定电流不满足被保护线路的配合要求，可选择额定电流较大的熔断器型号，或适当加大绝缘导线和电缆的截面。

⑦熔断器的级间配合。为防止发生越级熔断、扩大事故范围，上、下级（即供电干、支线）线路的熔断器间应有良好配合，即应具有选择性。若下级线路或设备发生故障，保护下级的熔断器应熔断而保护上级线路的熔断器不应熔断，只有下级的熔断器因故障不发生熔断时，上级熔断器才会熔断，此时上级熔断器为下级线路的后备保护。如图 4.17 所示电路，若 K_1 点短路，则 FU1 应先熔断，且 FU2 不动作，当 FU1 不动作时，FU2 才动作。选用时，应根据安-秒特性曲线选择上级熔断器的熔断时间为下级熔断器的熔断时间的 3 倍，或上级熔体额定电流为下级的 1.6～2 倍即可满足选择性的要求。

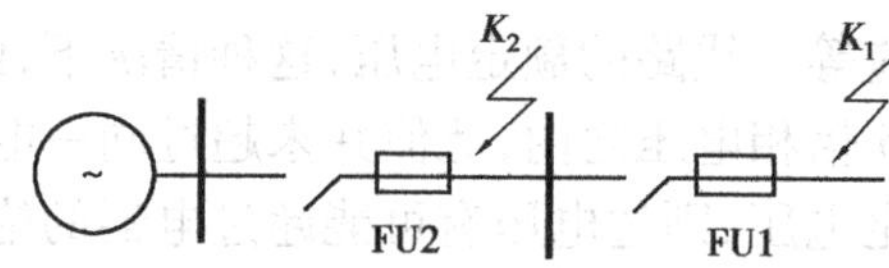

图 4.17 熔断器的级间配合

2）高压熔断器的校验

限流型熔断器不需要校验热稳定性和动稳定性，而非限流型熔断器在选择时根据需要进行动、热稳定性校验，二者都需要校验断流能力：

①对限流型熔断器，因其可在短路电流达到最大前灭弧，其断流能力应满足：

$$I_{oc} \geqslant I''^{(3)} \tag{4.21}$$

式中 $I''^{(3)}$——熔断器安装处三相次暂态短路电流有效值。

②对非限流型熔断器，由于其不能在短路电流达到最大前灭弧，因此其断流能力上限必须能承受最大三相短路冲击电流，即

$$I_{oc,max} \geqslant I_{sh}^{(3)} \tag{4.22}$$

式中 $I_{sh}^{(3)}$——熔断器安装处最大三相短路冲击电流有效值。

③对断流能力有下限的熔断器，为防止开断小故障电流时，可能因短路电流小于熔断器的断流能力下限，造成产气不足而无法熄灭电弧的情况，要求断流能力下限小于安装处的最小两

相短路电流,即

$$I_{oc.min} \leqslant I_{K.min}^{(2)} \tag{4.23}$$

式中　$I_{K.min}^{(2)}$——最小运行方式下熔断器所保护的线路末端两相短路电流的有效值。

4.2.6　母线

母线在电力系统中主要承担汇集、传输和分配电能的重要任务。母线是将电气装置中各截流分支回路连接在一起的导体,由于电压等级及要求不同,所使用导体的类型也不相同。

(1)母线的型号和分类

母线按材料分为铜母线和铝母线。按结构形式分为硬母线和软母线,硬母线又分为矩形母线和管形母线。矩形母线一般使用于主变压器至配电室内,其优点是施工安装方便,运行中变化小,载流量大,但造价较高。管形母线可防微风震动,结构简单,占地面积小。软母线通常用于室外空间较大的场合,这样即使导线有所摆动也不会造成线间距离不够,软母线施工简便,造价低廉。

(2)母线的选择和校验

母线因为都是用支柱绝缘子固定的,因此对电压等级无要求。母线的选择主要应满足以下原则:

1)型号的选择

①母线材料的选择。当通过电流较大时,可选择铜母线,以减少母线电阻,同时铜母线的允许载流量也较大,热稳定较好。电流较小时尽量选择铝母线,以节约投资。在对铝有较严重腐蚀的场所,可选用铜质材料的硬裸导体。

②母线形式的选择。回路正常工作电流在400 A及以下时,一般选用矩形导体;在400~8 000 A时,一般选用槽形导体。35 kV及以下变电所的室内配电装置一般选用矩形铝母线。110~220 kV的变电所,通常选用管形母线。

2)母线截面积的选择

①按计算电流选择。母线的允许载流量应不小于汇集到母线上的计算电流,即

$$I_{al} \geqslant I_c \tag{4.24}$$

式中　I_{al}——母线的允许载流量;

I_c——汇集到母线上的计算电流。

注意,I_{al}是按母线在环境温度为25 ℃的条件下计算的,若环境温度不是25 ℃,则应乘以相应的修正系数。

②按经济电流密度选择。在负荷较大,母线较长的情况下,为减少母线的电能损耗,减少投资,应按经济电流密度选择母线截面,即

$$S_{ec} = \frac{I_c}{j_{ec}} \tag{4.25}$$

式中　S_{ec}——经济截面;

j_{ec}——经济电流密度,A/mm^2。

3)母线的动稳定校验

当发生短路时,母线要承受很大的电动力,母线所承受的应力为:

$$\sigma_c = \frac{M}{W} \tag{4.26}$$

式中 σ_c——短路冲击电流 $i_{sh}^{(3)}$ 产生的最大计算应力,MPa;

M——发生三相短路时短路冲击电流 $i_{sh}^{(3)}$ 产生的力矩,$N \cdot cm^2$;

W——母线截面系数,cm^3。

$$M = \frac{F_c^{(3)} l}{10} \tag{4.27}$$

式中 $F_c^{(3)}$——中间相受到的最大计算电动力;

l——母线支持绝缘子之间的距离(挡距)。

当矩形母线水平放置和垂直放置时,W 分别为:

$$W = \frac{bh^2}{6} \text{或} W = \frac{b^2 h}{6} \tag{4.28}$$

式中 b——母线的宽度;

h——母线的厚度。

母线的动稳定校验公式为:

$$\sigma_{al} \geqslant \sigma_c \tag{4.29}$$

式中 σ_{al}——母线材料允许的最大应力,其中硬铝母线为 70 MPa,硬铜母线为 140 MPa。

4)母线的热稳定校验

母线出口处发生三相短路时,必须按下式校验其热稳定:

$$S \geqslant S_{min} = \frac{I_K^{(3)}}{C} \sqrt{t_{ima}} \times 10^3 \tag{4.30}$$

式中 S_{min}——母线的最小截面;

$I_K^{(3)}$——三相短路稳态电流;

t_{ima}——短路假想时间,一般为 2 ~ 3 s;

C——母线常数,$A \cdot s^{0.5}/mm^2$,当短路前导体的温度为 70 ℃时,硬铝母线的母线常数为 87,硬铜母线为 171,当短路前导体的温度不是 70 ℃时,需进行修正。

4.2.7 避雷器

避雷器是一种能释放雷电或过电压的能量以限制过电压幅值,又能截断续流,不致引起系统接地短路的保护设备,通常接于带电导线与地之间,与被保护设备并联。

(1)避雷器的符号

文字符号:F。

图形符号:[符号]。

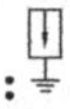

(2)避雷器的工作原理

在正常情况下,避雷器中无工频电流流过,对工频电压呈高阻状态,一旦线路被雷电击中传来雷电侵入波,使过电压值达到规定的动作电压时,避雷器被击穿,相当于短路状态,使得雷电流通过引下线和接地装置迅速流入大地,从而限制了过电压的水平。当雷电侵入波消失后,避雷器能自动恢复高阻状态,自动切断工频续流(避雷器击穿后,在系统的工频电压的作用下流过避雷器的电流)。

(3)避雷器的分类

国内使用的避雷器主要有间隙避雷器、管型避雷器、阀型避雷器、氧化锌避雷器等。氧化锌避雷器由于具有良好的非线性、动作迅速、残压低、通流容量大、无续流、结构简单、可靠性高、耐污能力强等优点,因而是传统碳化硅阀型避雷器的更新换代产品,在电站及变电所中得到了广泛的应用。保护间隙、管型避雷器在工厂变电所中使用较少。

1)间隙避雷器

间隙避雷器又称保护间隙,由两个相距一定距离的电极构成,间隙避雷器与被保护设备并联,通过调整两个电极间的距离,使得电极间的击穿放电电压低于被保护设备的绝缘耐受电压。当雷电波入侵时,电极间隙先于被保护设备击穿,形成电弧接地,使得雷电流通过引下线和接地装置流入大地,限制了被保护设备电压的升高。由于间隙避雷器的灭弧能力较差,因此在工厂配电系统中较为少见,通常用于线路和变电所进线段的保护。

2)管型避雷器

管型避雷器由内、外两个间隙和产气管组成,当间隙被击穿,雷电流流入大地使过电压消失后,在工频续流电弧的作用下,产气管产生大量气体,通过纵吹灭弧,使工频续流电弧在过零时熄灭,恢复间隙的绝缘性。管型避雷器切断工频电流有上、下限的限制,工频电流过大容易使产气管炸裂,过小则产生的气体量太小不足以灭弧,因此其使用受到限制,通常只用于线路保护和变电所的进线段保护。

3)阀型避雷器

阀型避雷器由叠装于密封瓷套(电压等级高的避雷器产品具有多节瓷套)内的火花间隙和阀片(非线性电阻,常见的由碳化硅钢片组成),阀片的伏安特性关系可用下式描述:

$$U = CI^{\alpha} \tag{4.31}$$

式中　C——与材料有关的常数;

α——非线性系数,其值小于1,通常在0.2左右,可见电流越大,阀片的电阻越小,且具有非线性。

火花间隙的主要作用是正常工作时将阀片与母线隔离,当雷电波入侵时,火花间隙被击穿,雷电流经阀片流入大地,由于避雷器的冲击放电电压低于被保护设备的绝缘耐压,从而保护了电气设备。当过电压消失后,在间隙中有工频续流,但此时因阀片电流大大减少,因此阀片电阻值急剧升高,使间隙电弧在过零时熄灭。

阀型避雷器按灭弧方式可分为普通型和磁吹型。普通型的火花间隙由许多间隙串联组成,放电分散性小,伏秒特性平坦,灭弧性能好。磁吹型利用磁场驱动电弧,使电弧的去游离加强来提高灭弧性能,从而具有更好的保护性能。

阀型避雷器保护性能好,广泛用于交、直流系统,保护发电、变电设备的绝缘。其中FS型通流容量小,主要用于保护3~10 kV配电系统中的设备,FZ型通流容量较大,主要用于保护发电厂、总降压变电所的变压器等设备。

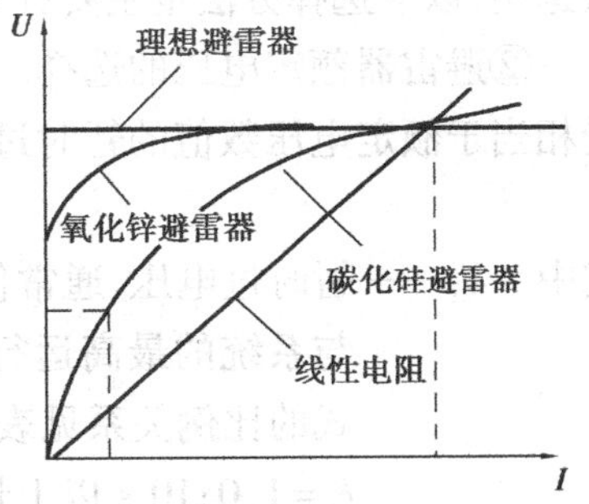

图4.18　氧化锌、碳化硅和理想避雷器伏安特性的比较

4)氧化锌避雷器

氧化锌避雷器的阀片由氧化锌(ZnO)制成,其非线性系数α比碳化硅小得多,具有很好的

非线性伏安特性。正常工作时,氧化锌阀片具有极高的电阻,相当于绝缘,而在过电压时,氧化锌阀片电阻很小,相当于短路状态,因此残压就小,且过电压消失后,阀片电阻在极短时间内就可以恢复到绝缘状态,工频续流被大大限制,其伏安特性曲线如图 4. 18 所示。

基本型氧化锌避雷器型号的表示和含义如下:

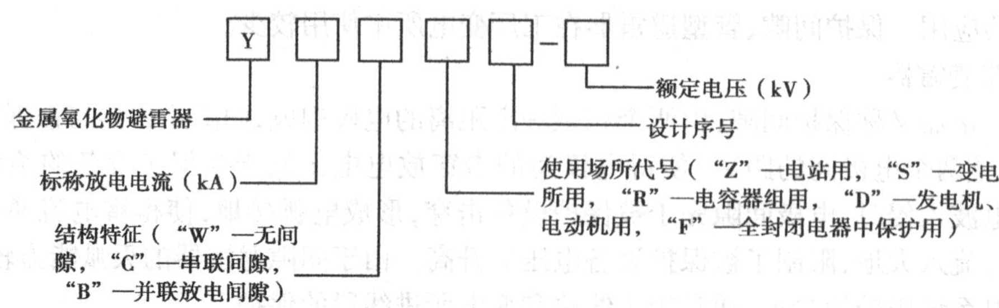

由于新型金属氧化锌避雷器保护性能优于碳化硅避雷器,已在逐步取代传统的阀型避雷器,广泛用于交、直流系统中,用于保护发电、变电设备的绝缘,尤其适于中性点有效接地的 110 kV 及以上电网。

氧化锌避雷器主要技术参数有:

①标称放电电流:给避雷器施加波形为 8/20 μs 的标准雷电波冲击 10 次时,避雷器所能耐受的最大冲击电流峰值。避雷器的标称放电电流分 1、1. 5、2. 5、5、10 和 20 kA 共 6 个等级。

②额定电压:能施加在避雷器指定端,而不引起避雷器特性变化和使避雷器动作的最大工频电压有效值。按 IEC 标准规定,避雷器在注入标准规定的能量后,必须能耐受相当于额定电压数值的暂时过电压至少 10 s。

③持续运行电压:指允许持久施加在避雷器端子间的工频电压有效值。

④冲击电流残压:指避雷器受放电电流击穿时,避雷器两端的残余电压,因避雷器与被保护设备并联,因此冲击电流残压就是过电压来袭时,被保护设备承受的最高电压。可分为标称放电电流残压(波形 8/20 μs,峰值 5、10、15、20 kA)和操作冲击放电电流残压(波形 30/60 μs,峰值 1. 5、2、3 kA)。

(4)避雷器的选择

①根据被保护对象选择避雷器的类型。因为氧化锌避雷器远优于传统避雷器,因此应尽量选用,以下选择方法也主要针对氧化锌避雷器而言。

②避雷器额定电压的选择。按 IEC 标准规定,避雷器在注入标准规定的能量后,必须能耐受相当于额定电压数值的暂时过电压至少 10 s。避雷器的额定电压可按下式选择:

$$U_{N.F} \geqslant KU_t \tag{4.32}$$

式中 U_t——暂时过电压,通常仅考虑单相接地、甩负荷和长线电容效应引起的暂时过电压,与系统的最高运行电压 U_m 成一定的比例关系,不同电压等级的系统和接地方式的比例关系见表 4. 4。K 为切除单相接地故障时间系数,10 s 及以内切除故障 $K=1.0$;10 s 以上切除故障 $K=1.3$。

表4.4 无间隙氧化锌避雷器额定电压和持续运行电压

系统接地方式		持续运行电压/kV		额定电压/kV	
		相对地	中性点	相对地	中性点
有效接地	110 kV	$U_m/\sqrt{3}$	0.45U_m	0.75U_m	0.57U_m
	230 kV	$U_m/\sqrt{3}$	0.13～0.45U_m	0.75U_m	0.17～0.57U_m
不接地	3～20 kV	1.1U_m	0.64U_m	1.38U_m	0.8U_m
	35～66 kV	U_m	$U_m/\sqrt{3}$	1.25U_m	0.72U_m
经消弧线圈接地		U_m	$U_m/\sqrt{3}$	1.25U_m	0.72U_m
低电阻		0.8U_m		U_m	
高电阻		1.1U_m	1.1$U_m/\sqrt{3}$	1.38U_m	0.8U_m

注：U_m 表示系统的最高运行电压。

【例4.3】 某110 kV设备的系统，绝缘水平为450 kV，若选择氧化锌避雷器作为保护，故障在10 s内切除，请确定避雷器的参数。

【解】 110 kV系统的最高电压为126 kV，则选择避雷器参数为：

①额定电压：按表4.4，取相对地电压0.75U_m＝0.75×126 kV＝94.5 kV，因此避雷器额定电压取100 kV。

②标称放电电流：根据被保护设备的电压等级，取10 kA。

③雷电冲击电流残压：根据设备绝缘水平450 kV，取雷电过电压配合系为1.4，则避雷器的雷电冲击电流残压不得超过450/1.4 kV＝321.4 kV，可取260 kV。最终选择避雷器型号为Y10W-100/260，其技术参数满足要求。

4.2.8 高压成套设备

高压成套设备是按一定的接线方案将相关一、二次设备（诸如变压器、高压断路器、高压隔离开关和负荷开关、高压熔断器、互感器、电容器、电抗器、避雷器、母线、进出线套管、电缆终端、监测仪表等）进行合理配置并有机地组合于金属封闭外壳内，具有相对完整使用功能的电气设备。高压成套设备常见的有金属封闭开关设备（高压开关柜）、气体绝缘金属封闭开关设备（充气柜）等。

（1）高压开关柜

高压开关柜是以空气或复合绝缘材料作为绝缘介质的高压成套配电设备，通常用于发电厂和变配电所中作为控制和保护发电机、变压器或高压线路之用，也可作为大型高压交流电动机的启动和保护之用。早期的高压开关柜是半封闭式的，因母线外露防护性能差已被淘汰，现在生产的高压开关柜均为金属封闭式。

1）高压开关柜的型号和分类

我国旧系列高压开关柜型号的表示和含义如下：

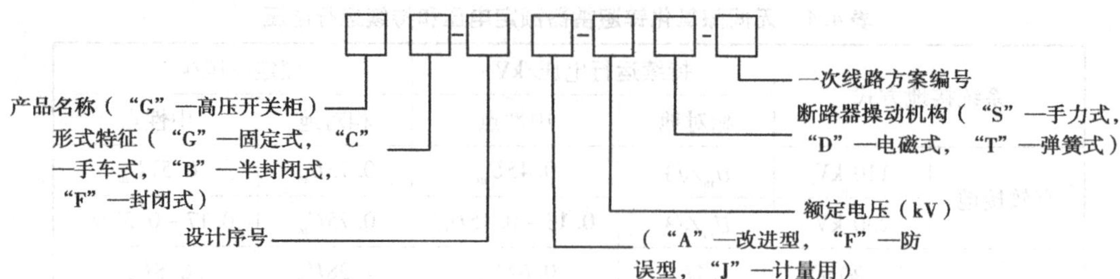

新系列高压开关柜全型号的表示和含义如下：

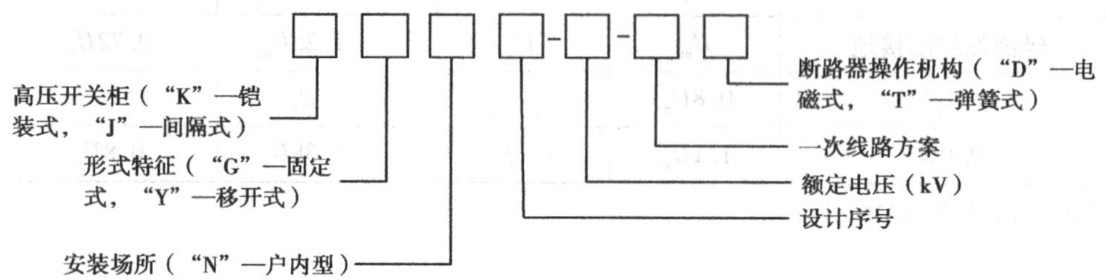

①按安装地点分为户内式(N)和户外式。

②按主电气设备的功能分为断路器柜、互感器柜、计量柜、F-C 回路柜和环网柜等。F-C 回路柜的主电气设备为高压限流型熔断器(Fuse)—高压接触器(Contractor)组合电器;环网柜的主电气设备为负荷开关-熔断器的组合电器。

③按柜内整体结构分为铠装式(K)、间隔式(J)和箱式(X)。

铠装式:铠装式高压开关柜中的主要设备如断路器、进线母线、继电仪表、电缆接线盒等都被安放在由接地的金属隔板制成的独立小室内。这些小室组装完成后拴接在一起。

间隔式:柜内部分组件和铠装式一样,安装在独立的隔间内,但是有些隔间的隔板不是由金属而是由绝缘板制成的,常见型号为 JYN 型。

箱式:一般只有一个封闭的金属外壳,柜内隔室很少甚至不分隔室,如 XGN 型。

以上 3 种结构中,铠装式可以将事故时产生的电弧通过金属隔板引到地上,因此可靠性和安全性最好,而箱式结构简单,价格便宜,但是安全性最差。

④按柜内组件是否固定可分为固定式(G)和移开式(K)。

固定式:柜内的所有组件都是固定安装的,结构简单,价格便宜。

移开式:又称手车式(形式代号 C),柜内的主要电气设备如断路器、互感器、避雷器、继电器等安装在可移动的小车上,小车上的电气设备通过插入式触头连接。当需要对电气设备进行更换或检修时,只需将小车抽出柜体进行检修,也可将备用小车推入柜体继续工作,具有检修方便、恢复供电时间短的优点。常见型号有 KYN、JYN 等。需要注意的是,移开式开关柜中没有隔离开关,因为断路器在小车抽出后能形成断开点,故不需要隔离开关。

图 4.19 和图 4.20 分别为 GC-10(F)型手车式高压开关柜和 GG-1A(F)-07S 型固定式高压开关柜的结构图。

⑤按母线组数可分为单母线式和双母线式,6 ~ 35 kV 供配电系统的主接线通常采用单母线式,若要求提高供电可靠性,可采用双母线式。

2)高压开关柜的"五防"功能

高压开关柜应具备"五防"功能:防止误分、合断路器或负荷开关;防止带负荷分、合隔离开关;防止带电挂接地线;防止带接地线关合开关设备;防止人员进入带电隔间。

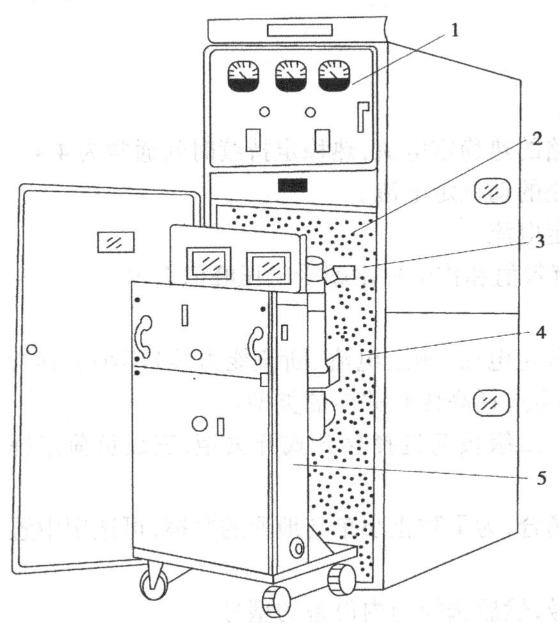

图4.19　GC-10(F)型高压开关柜
(断路器手车柜未推入)
1—仪表屏;2—手车室;
3—上触头(兼起隔离开关作用);
4—下触头(兼起隔离开关作用)
5—SN10-型断路器手车

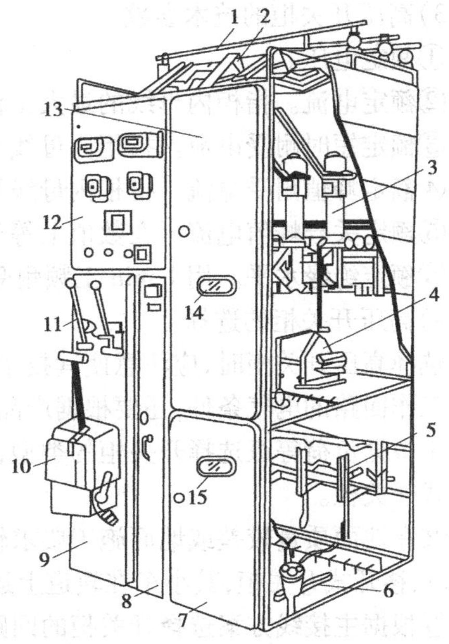

图4.20　GG-1A(F)-07S型高压开关柜
(断路器柜)
1—母线;2—母线隔离开关(QS1、GN8-10型);
3—少油断路器(QF、SN10-10型);
4—电流互感器(TA、LQJ-10型);
5—线路隔离开关(QS2、GN6-10型);
6—电缆头;7—下检修门;8—端子箱门;
9—操作板;10—断路器的手动操作机构
(CS2型);11—隔离开关的操动机构手柄;
12—仪表继电器屏;13—上检修门;
14,15—观察窗口

①移开式高压开关柜的“五防”闭锁。

只有当断路器或负荷开关处于分闸位置时,手车才可以抽出或插入。

只有当手车处于工作位置(一、二次回路都接通)或试验位置(一次回路断开、二次回路接通,供测试二次设备)时,断路器或负荷开关才能进行分、合操作,当手车处于试验/工作位置之间时,辅助触点断开,切断断路器的合闸回路,使其不能合闸。

只有当接地开关处于分闸位置时,手车才能进入工作位置,或从工作位置退回到试验/断开位置,从而防止带接地线误合断路器或负荷开关。

只有手车处于试验/断开位置时,才允许合上接地开关,防止带电误合接地开关。

接地开关处于分闸位置时,下门及后门无法打开,防止误入带电隔间。

②固定式高压开关柜的“五防”闭锁。除了与移开式高压开关柜的闭锁要求相同之外,应注意:

只有当断路器或负荷开关处于分闸位置时,才允许分、合隔离开关。

只有当断路器或负荷开关两侧的隔离开关都处于合闸位置或分闸位置时,才允许分、合断路器或负荷开关。

3)高压开关柜的技术参数

①额定电压。

②额定电流。指柜内母线的最大工作电流。

③额定短时耐受电流。指柜内母线及主回路的热稳定电流,热稳定持续时间通常为4 s。

④额定峰值耐受电流。指柜内母线及主回路的动稳定电流。

⑤额定关合峰值电流。在数值上等于动稳定电流。

⑥额定绝缘水平。用1 min工频耐受电压有效值和雷电冲击耐受电压峰值表示。

4)高压开关柜的选择

选择高压开关柜时,应注意使其技术参数(额定电压、额定电流、断流能力等)不小于其所在的工作回路的电气条件,还要根据产品使用环境选择高压开关柜的类型。

①根据负荷等级选择开关柜的类型,一般一、二级负荷选择移开式开关柜,三级负荷选择固定式开关柜。

②在地面质量较差或地面施工要求较高的场合,为了防止小车与地面的摩擦,可选用中置式(*Z*)、移开式开关柜,其小车在轨道上运行。

③根据主接线方案选择开关柜的回路方案号,然后选择柜内设备的型号。

④绝缘水平的选择。原则上电压等级越高,对开关柜的绝缘要求越高。

⑤合理配置柜内二次设备的直流电源,以避免一次回路的故障影响二次设备的直流电源,使二次设备失去效用而造成事故的扩大。

(2)充气柜

充气柜(C-GIS:柜式气体绝缘金属封闭开关设备)是将气体绝缘金属封闭开关设备(Gas Insulated Switchgear,GIS)技术与常规高压开关柜技术相结合而产生的高压成套设备,早期多采用圆筒式结构,将电气设备都放置在充有0.02~0.05 MPa的SF_6、N_2或SF_6/N_2混合绝缘气体的接地金属圆筒中,现已发展出与常规高压开关柜外形相似的充气柜。

充气柜由于采用SF_6等气体作为绝缘介质,其绝缘性能远高于采用空气绝缘的普通高压开关柜,因此可将体积做得很小。同时不易受外界恶劣环境的影响,可全工况运行。具有运行可靠,检修周期长等优点,但是价格较贵。

4.2.9 低压断路器

低压断路器是指工作在1 200 V以下的低压电路中,起控制和保护作用的断路器,它与高压断路器一样具有完善的灭弧装置,因此既可以带负荷通断短路或过负荷电流,又可以在欠压或失压情况下自动跳闸。

(1)低压断路器的结构

低压断路器由触头、灭弧装置、操作机构和脱扣器等部分组成,如图4.21所示。

1)触头系统

触头系统包括主触头和辅助触头。主触头用于实现对电路的分、合操作,应能可靠地分断极限短路电流。辅助触头供给信号装置反映断路器位置,或供给控制装置提供电路连锁用。

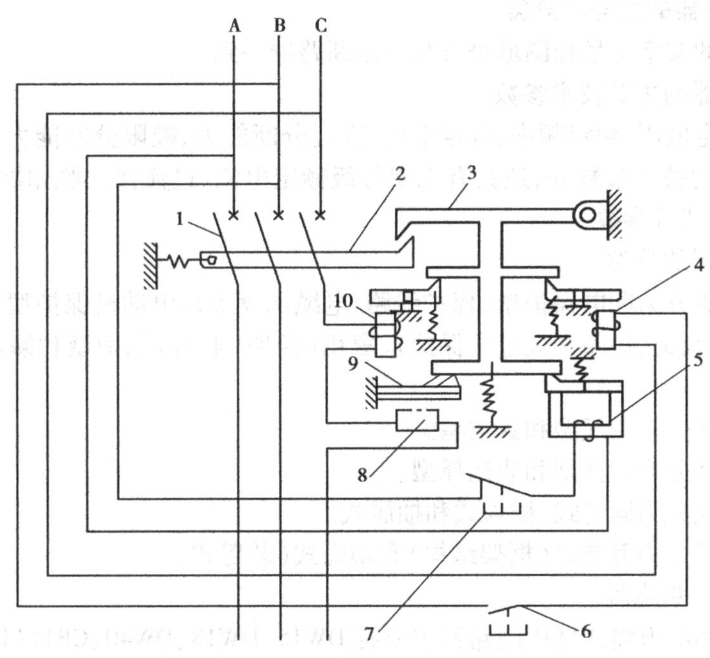

图 4.21 低压断路器原理结构接线示意图

1—主触头;2—跳钩;3—锁扣;4—分励脱扣器;5—失压脱扣器;
6、7—脱扣按钮;8—加热电阻丝;9—热脱扣器;10—过流脱扣器

2)灭弧装置

低压断路器一般采用金属栅片式灭弧装置,由使触头迅速分离的强力弹簧机构和灭弧室构成。

3)操作机构

操作机构由传动机构和实现传动机构与触头系统联系的自由脱扣机构组成。

4)脱扣器

低压断路器中的各种保护功能是由脱扣器实现的,脱扣器根据线路故障的情况,控制操作机构使断路器跳闸,脱扣器根据保护功能的不同可分为以下几种类型。

①热脱扣器。用于过载保护,由膨胀系数差异较大的双金属片构成,当线路或设备长时间过载引起发热时,双金属片因膨胀系统不同而发生弯曲,通过操作机构推动脱扣机构释放主触头使断路器跳闸。

②过流脱扣器。用于短路或过负荷保护,电磁式过流脱扣器由铁芯、油管、线圈等组成,在线路短路时,由于脱扣器铁芯受电磁力的作用上升,推动操作机构使断路器跳闸,具有短路瞬时动作特性,新型智能式过流脱扣器还具有延时动作特性。一般断路器还具有短路锁定(防跳)功能,用以防止故障未排除时的重合闸。

③分励脱扣器。用于远距离控制断路器跳闸。

④失压或欠压脱扣器。用以监控电压波动,当电网电压低于设定值(35% ~70%)时,电磁力不足以克服其反作用弹簧的拉力,而使传动机构推动自由脱扣器使断路器跳闸,为防止电压快速波动使断路器反复分、合,失压或欠压脱扣器还具有延时动作特性。

(2)低压断路器的型号和分类

低压断路器的文字符号和图形符号与高压断路器一致。

1)低压断路器的主要技术参数

除了具有额定电压、额定频率、额定电流、额定分断能力、极限分断能力、热稳定电流等与高压断路器相同的技术参数外,还具有壳架等级额定电流、过流保护脱扣器时间-电流特性曲线、极数和操作方式等参数。

2)低压断路器的分类

①按保护对象分为配电保护型(保护线路、电缆和设备)、电动机保护型(用于电动机的启动或停止,以及过负荷、短路和欠电压保护)、家用(照明、电器)保护型和漏电保护型(防止人身伤害)。

②按灭弧介质分为空气型和真空型。

③按保护特性分为选择型和非选择型。

④按安装方式分为固定式、插入式和抽屉式。

⑤按结构形式分为万能式(框架结构)和塑壳式(装置式)。

3)万能式低压断路器

目前我国使用的万能式低压断路器主要有 DW15、DW18、DW40、CB11(DW48)、DW914 系列,以及引进国外技术生产的 ME 系列、AH 系列、AE 系列等。万能式低压断路器的内部结构主要由机械操作和脱扣系统、触头及灭弧系统、过电流保护装置 3 大部分组成,图 4.22 为 DW10 型万能式断路器结构。万能式断路器操作方式有手柄操作、电动机操作、电磁操作等。其型号及表示含义如下:

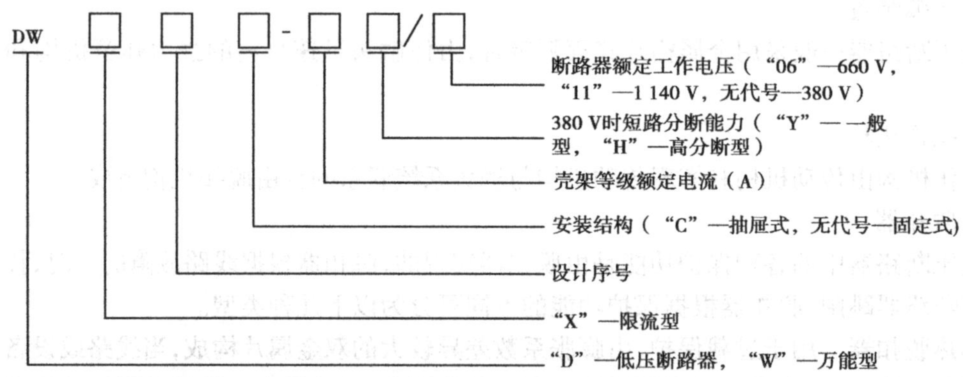

万能式低压断路器容量较大,可装设多种脱扣器,辅助接点的数量也多,不同的脱扣器组合可形成不同的保护特性,故可作为选择性或非选择性或具有反时限动作特性的电动机保护。它通过辅助接点可实现远方遥控和智能化控制。

4)塑壳式低压断路器

目前我国常用的塑壳式低压断路器主要有 DZ20、DZ15、DZX10 系列及引进国外技术生产的 H 系列、5060 系列、3VE 系列、TO 系列和 TG 系列。其型号及表示含义如下:

塑壳式低压断路器所有机构及导电部分都装在塑料壳内,在塑壳正中央有操作手柄,手柄有分闸、自由脱扣、分闸/再扣 3 个位置,在壳面中央有分合位置指示。手柄处于向上为合闸位置,此时断路器处于闭合状态;当断路器故障跳闸后,手柄处于中间称为自由脱扣位置;当操作断路器分闸时,手柄处于向下的分闸位置,如果断路器因故障使手柄置于自由脱扣位置时,需将手柄扳到分闸位置(这时称为再扣位置)时,断路器才能进行合闸操作。图4.23为DZ10型塑壳式断路器的结构。

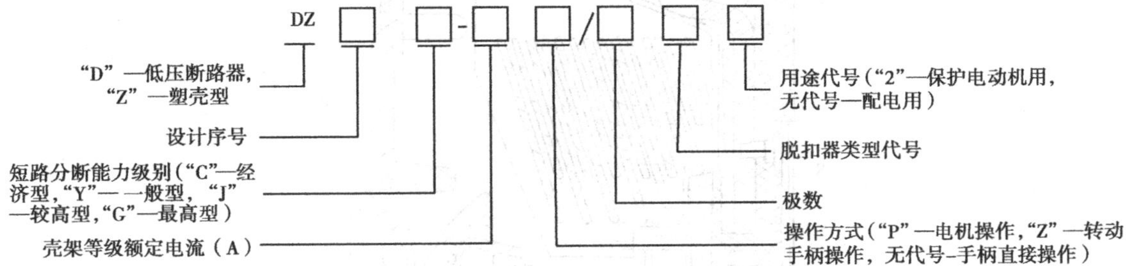

塑壳式低压断路器一般用于配电馈线控制和保护、小型配电变压器的低压侧出线总开关、动力配电终端控制和保护,以及住宅配电终端的控制和保护,也可用于各种生产机械的电源开关。

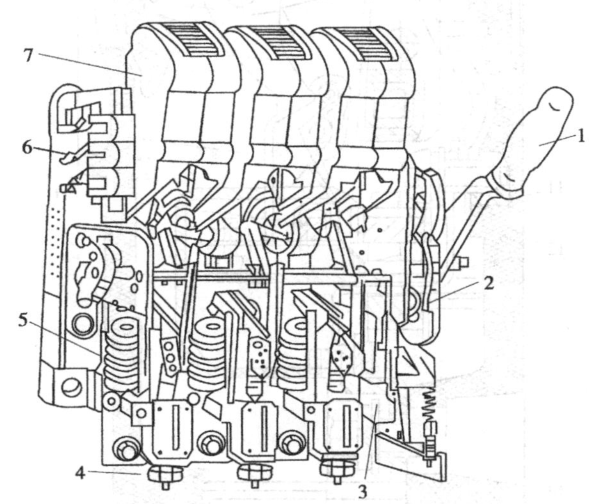

图4.22　DW10型万能式低压断路器

1—操作手柄;2—自由脱扣机构;3—失压脱扣器;4—过滤脱扣器电流调节螺母;
5—过电流脱扣器;6—辅助触点(联锁触点);7—灭弧

5)智能低压断路器

随着供配电系统自动化技术的发展,智能低压断路器逐渐得到推广应用。目前在我国使用的智能低压断路器型号主要有万能型的DW45、CB11等。

①智能低压断路器的组成。智能低压断路器的核心是智能脱扣器,由检测模块、微处理器、执行机构和外围功能模块组成。

a.检测模块。利用电压、电流互感器实时检测线路的电压和电流信号,然后利用A/D变换器将测量到的模拟信号转换成数字信号,上传给微处理器(MCU)。检测模块还具有温度监测、电源监测等功能。

b.微处理器(MCU)。对数字化后的电压、电流信号进行分析、处理、存储和判别,根据分析判别结果决定是否执行保护功能。

c.执行机构。当微处理器发出跳闸指令后,由执行机构推动脱扣件脱扣。

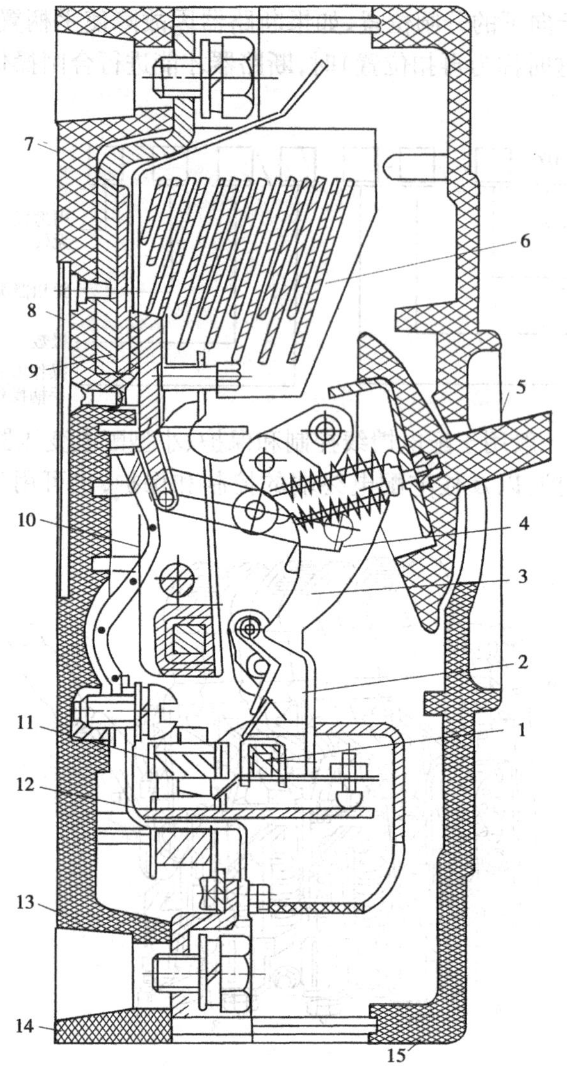

图 4.23　DZ10 型塑料外壳式低压断路器

1—牵引杆;2—锁扣;3—跳钩;4—连杆;5—操作手柄;6—灭弧室;

7—引入线扣接线端子;8—静触头;9—动触头;10—可挠连接条;

11—电磁脱扣器;12—热脱扣器;13—引发线和接线;14—底座;15—外壳

d. 外围功能模块。主要包括显示模块、键盘模块、通信模块、EEPROM(数据掉电保护)模块等。

②智能低压断路器的优点。

a. 完善的保护功能。智能断路器使用微处理器对测量信号进行分析后,通过对执行机构发送指令来实现对脱扣器的控制,并且可通过键盘或编码器很容易的整定动作电流、动作时限等各种保护参数,因此可以很方便地实现长延时、短延时、瞬时三段保护功能,以及过压、欠压、失压、断相、失流、逆相序、单相接地保护等功能。而且在上、下级线路保护的选择性整定上,智能断路器因其全范围调节的优点,比传统的断路器要方便和准确得多。

b. 强大的通信功能。智能化断路器可通过 RS- 485 串口、Modbus 现场总线等通信接口与主控计算机进行双向通信，有些智能断路器还具有 Internet 通信接口，可以实时上传数据和接收指令，具有遥测、遥控、遥调和遥信等“四遥”功能。

c. 可靠的记忆功能。智能化断路器可根据要求来设置存储三相电压、电流、有功和无功功率、电能、频率、失压、欠压时间和长短、断路器动作时间和次数等历史数据，并具有掉电保存功能。

d. 故障自诊断功能。智能断路器能够对自身的各组件进行监测，当出现故障时可发出警报并断开断路器。

e. 试验功能。可以在线模拟各种故障情况，调试各种保护参数的整定值。

(3)低压断路器的选择和校验

1)低压断路器选择的一般原则

①根据需要保护的对象选择低压断路器的型号(配电型、电动机保护型、家用型等)。额定电流在600 A以下，且短路电流不大时，可选用塑壳型断路器；额定电流较大，短路电流也较大时，应选用万能型断路器。

②低压断路器的额定电压应不低于其安装地点所在线路的额定电压。

③低压断路器的额定电流应不低于它所能安装的最大脱扣器的额定电流。

④低压断路器过电流脱扣器和热脱扣器的额定电流应不小于所在线路的计算电流，即

$$I_{N.OR} \geqslant I_c \text{或} I_{N.TR} \geqslant I_c \tag{4.33}$$

⑤低压断路器欠压脱扣器和分励脱扣器的额定电压应等于线路的额定电压。

⑥低压断路器的断流能力不应小于其安装地点的线路的最大三相短路电流，对万能型(DW)断路器，其分断时间在0.02 s以上时，应该有：

$$I_{OC} \geqslant I_K^{(3)} \tag{4.34}$$

式中　$I_K^{(3)}$——线路最大三相短路电流的有效值。

对塑壳型(DZ)断路器，其分断时间在0.02 s以下时，应该有：

$$I_{OC} \geqslant I_{sh}^{(3)} \tag{4.35}$$

式中　$I_{sh}^{(3)}$——线路最大三相短路冲击电流的有效值。

2)低压断路器过电流脱扣器的整定

低压断路器通常带有多种类型的脱扣器，需要分别进行选择和整定。在选择时先选择脱扣器的额定电流，再进行动作电流和动作时限的整定。其中过电流脱扣器的动作电流按其额定电流的整数倍整定。

①瞬时过电流脱扣器动作电流的整定。为防止因电动机启动等原因造成尖峰电流I_{PK}(持续时间为1~2 s的短时最大负荷电流)引起断路器误动作，瞬时过电流脱扣器的动作电流$I_{OP(0)}$应躲过线路的尖峰电流，即

$$I_{OP(0)} \geqslant K_{rel} I_{PK} \tag{4.36}$$

式中　K_{rel}——可靠系数。对动作时间在0.02 s以上的DW系列断路器可取1.35；对动作时间在0.02 s及以下的DZ系列断路器可取2~2.5。

②短延时过电流脱扣器动作电流和时间的整定。为防止尖峰电流引起的断路器误动，短延时过电流脱扣器的动作电流$I_{OP(s)}$应躲过线路的尖峰电流I_{PK}，即

$$I_{OP(s)} \geqslant K_{rel} I_{PK} \tag{4.37}$$

式中　K_{rel}——可靠系数，取1.2。

短延时过电流脱扣器的动作时间一般不超过 1 s,通常可整定为 0.2、0.4 及 0.6 s 三级,某些新型断路器的动作时限更低。

③长延时过电流脱扣器动作电流和时间的整定。长延时过电流脱扣器一般用于作过负荷保护,其动作时限大于尖峰电流的持续时间,因此其动作电流不需要躲过尖峰电流,只需躲过线路的计算电流,即

$$I_{OP(1)} \geqslant K_{rel} I_c \tag{4.38}$$

式中 K_{rel}——可靠系数,取 1.1。

长延时脱扣器动作时间应躲过线路允许过负荷的持续时间,一般大于 1 h,其动作特性通常为反时限,即过负荷电流越大,动作时间越短。

④上下级低压断路器选择性的配合。为防止发生越级跳闸,扩大事故范围,上、下级线路的断路器间应有良好的配合,即应具有选择性。若下级线路或设备发生故障,保护下级的断路器应跳闸,而保护上级线路的断路器不应跳闸,只有下级的断路器因自身故障不动作时,上级断路器才会动作,为满足选择性的要求,上、下级断路器的动作电流应满足:

$$I_{OP(1)} \geqslant 1.2\, I_{OP(2)} \tag{4.39}$$

在动作时间的选择上,上级断路器的动作时间应比下级断路器的动作时间大一级(0.2 s)。

⑤过电流脱扣器与被保护线路的配合。当线路过负荷或短路时,为防止绝缘导线或电缆因过热烧毁而使低压断路器的过电流脱扣器拒动的事故发生,要求过流脱扣器在绝缘导线或电缆过热前动作,因此,其动作电流应满足:

$$I_{OP} \leqslant K_{OL}\, I_{al} \tag{4.40}$$

式中 I_{al}——绝缘导线或电缆的允许载流量;

K_{OL}——绝缘导线或电缆的允许短时过负荷系数。对瞬时和短延时过电流脱扣器取 4.5;对长延时过电流脱扣器取 1;对保护有爆炸性气体区域内的线路,取 0.8。

如果所选择的过电流脱扣器动作电流不满足被保护线路的配合要求,可依据具体情况重新整定过电流脱扣器的动作电流,或适当加大绝缘导线或电缆的截面。

3)低压断路器热脱扣器的整定

热保护脱扣器用于作线路的过载保护,为防止线路的最大计算负荷电流引起断路器误动,其动作电流 $I_{OP.TR}$ 应大于线路的最大计算电流,即

$$I_{OP.TR} \geqslant K_{rel} I_c \tag{4.41}$$

式中 K_{rel}——可靠系数,通常取 1.1,但一般应通过实际测试进行调整。

4)低压断路器灵敏度的校验

为保证低压断路器在其保护区内的线路发生最小短路故障时不会发生拒动,还应满足保护对灵敏度的要求,保护灵敏度可按下式进行校验:

$$K_s = \frac{I_{k.min}}{I_{OP}} > 1.3 \tag{4.42}$$

式中 I_{OP}——低压断路器瞬时或短延时过电流脱扣器的动作电流;

K——保护最小灵敏度,一般取 1.3;

$I_{k.min}$——被保护线路末端在系统最小运行方式下的最小短路电流。对 TT、TN(中性点不接地)系统取单相短路电流或单相接地电流;对 IT(中性点不接地)系统取两相短路电流。

【例4.4】 一台三相电动机由380 V的三相四线线路供电。电动机的额定电流为80 A，启动电流为360 A，线路首端的最大三相短路电流为20 kA，线路末端的最小单相短路电流为8 kA。线路采用BX-500型穿塑料管明敷的导线（允许载流量为345 A，环境温度为25 ℃），试选择低压断路器用于瞬时过电流保护并校验保护的各项参数。

【解】 低压断路器用于电动机保护，选择DZ20型塑壳断路器，因为线路的最大三相短路电流为20 kA，线路计算电流为80 A，因此过电流脱扣器的额定电流选择为100 A，故初步选择DZ20J-200/100型断路器。

(1)瞬时脱扣器动作电流整定

①对DZ型断路器s可靠系数K_{rel}取2：

$$I_{OP(0)} \geqslant K_{rel} I_{PK} = 2 \times 360\ A = 720\ A$$

因此，选定8倍整定倍数的瞬时脱扣器，即$I_{OP(0)} = 8 \times 100\ A = 800\ A$，即可满足躲过尖峰电流的要求。

②与被保护线路配合：$I_{OP(0)} = 8 \times 100 = 800\ A < 4.5 I_{al} = 4.5 \times 345\ A = 1\ 552.5\ A$，满足要求。

(2)断流能力和灵敏度校验

①断流能力，DZ20J-200型断路器在380 V时为$I_{OC} = 35\ kA > 20\ kA$，满足要求。

②保护灵敏度：$K_s = \frac{I_{k.min}}{I_{OP}} = \frac{8 \times 10^3}{800} = 10 > 1.3$，满足灵敏度要求。

4.2.10 低压熔断器和低压负荷开关

低压熔断器主要用于1 200 V以下的线路或电气设备的短路和过负荷保护，其种类比较多，低压熔断器的型号及含义如下：

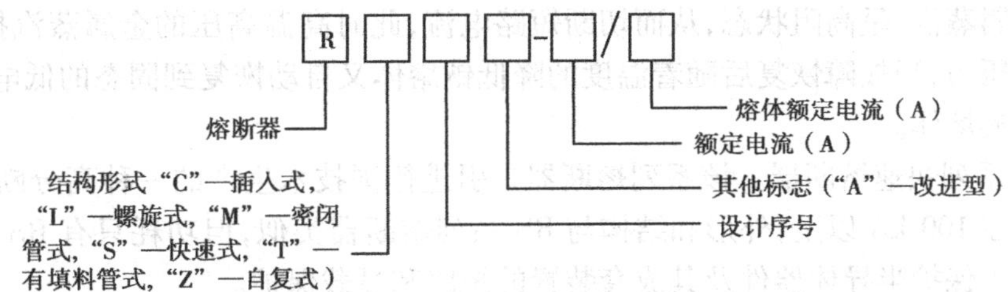

(1)低压熔断器

1)低压熔断器的分类

常用低压熔断器按结构形式可分为：

①RC1A系列瓷插入式。由底座、瓷盖、触点和熔丝组成。主要用于额定电流200 A及以下，额定电压380 V及以下的交流线路末端，作为电气设备的短路及过载保护。

②RL1系列螺管式熔断器。由底座、瓷帽、熔管组成。熔体装在熔管内，内装有石英砂，因此具有限流特性。当熔体熔断时，可通过瓷帽上的玻璃窗口观察到熔管一端明显的熔断指示(红色)，其结构如图4.24所示。这种熔断器在熔体熔断后，只要重新更换熔体就可再次使用，比较方便，广泛应用于500 V及以下的配电线路和电动机的短路与过载保护。

③RT系列有填料封闭管式熔断器。由瓷熔管、栅状铜熔体、触头、底座组成，其结构如图4.25所示。

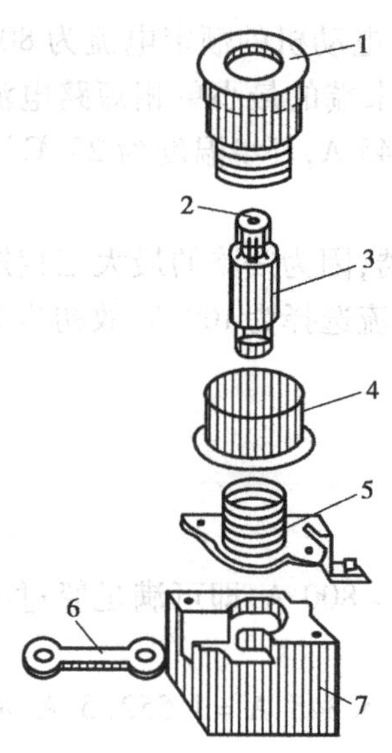

图 4.24　RL1 型螺管式熔断
1—瓷帽;2—熔断指示器;
3—熔体管;4—瓷套;5—上接
线端;6—下接线触头;7—底座

RT 系列熔断器的熔体为多根并联的栅状铜片,具有变截面小孔,上面焊有锡桥,以利用"冶金效应"降低铜片的熔点,其结构如图 4.25(a)所示。当短路电流通过熔体时,熔体将在变截面小孔处熔断成多个较短的段,从而将长电弧变成多个短弧,再通过瓷熔管内填充的石英砂的冷却与复合作用,使得电弧很快熄灭,因此该型熔断器属于限流型熔断器,其断流能力较强,广泛应用于保护性能要求较高的低压配电系统中。当熔体熔断后,同样可以观察到红色的熔断指示器,此时需及时更换整个熔管,因此不是很方便,也不够经济。

④RS 系列快速熔断器。熔体由采用变截面工艺的银片制成,同样利用"冶金效应"降低银片的熔点,绝缘管的石英砂和变截面银片具有较强的灭弧能力,因此也属于限流型熔断器,断流能力较大。该系列熔断器具有快速熔断特性,主要用于耐受过电流能力很差的半导体功率器件的短路和过载保护,其中 RS0 型主要用于额定电压 750 V 及以下,额定电流 480 A 及以下线路的半导体元件保护,RS3 型主要用于额定电压 1 000 V 及以下,额定电流 700 A 及以下线路的半导体元件保护。

⑤RZ1 型自复式熔断器。普通熔断器在熔体熔断后需要更换熔体甚至整个熔管才能再次使用,我国设计生产的 RZ1 型自复式熔断器能重复使用一定次数,较为方便和经济。该型熔断器的熔体由金属钠、钾等具有非线性电阻特性的材料制成,在短路电流高温作用下熔体熔化成高温的金属蒸汽,呈高阻状态,从而切断短路电流,此时高温高压的金属蒸汽推动活塞外移以降低管内压力,当故障恢复后随着温度的降低钠熔体又自动恢复到固态的低电阻状态供电,因而无须更换熔体。

⑥NGT 系列快速熔断器。该系列熔断器是引进德国技术生产的一种高分断能力熔断器,其断流能力在 100 kA 以上,外形和结构与 RS 系列熔断器类似,但功耗只有 RS 系列的 70%。现广泛应用于保护半导体器件及其成套装置的短路和过载保护。

2)低压熔断器的选择

根据前述各类低压熔断器的特点,结合安装环境要求选择低压熔断器的类型。低压熔断器和高压熔断器一样,不需要校验热稳定和动稳定性,但是在选择熔体的额定电流和额定电压时需要满足所在线路的电气条件,并且需要校验断流能力和与线路的配合,最后,上下级线路之间的熔断器还要考虑选择性问题(一般选择上级熔断器的熔断时间为下级熔断器的 3 倍,或者熔体额定电流为下级的 1.6～2 倍即可)。低压熔断器的选择计算同高压熔断器。

【例 4.5】　某电动机由一条 380 V 三相四线制线路供电。电动机的额定电流为 40 A,启动电流为 180 A,属于重载启动。线路最大三相短路电流为 18 kA,环境温度为 25 ℃。拟采用 BLV-500(3×10)型导线穿钢管敷设,导线的允许载流量 I_{al} 为 55 A。试选择进行短路保护的熔断器并校验熔断器的各项技术指标。

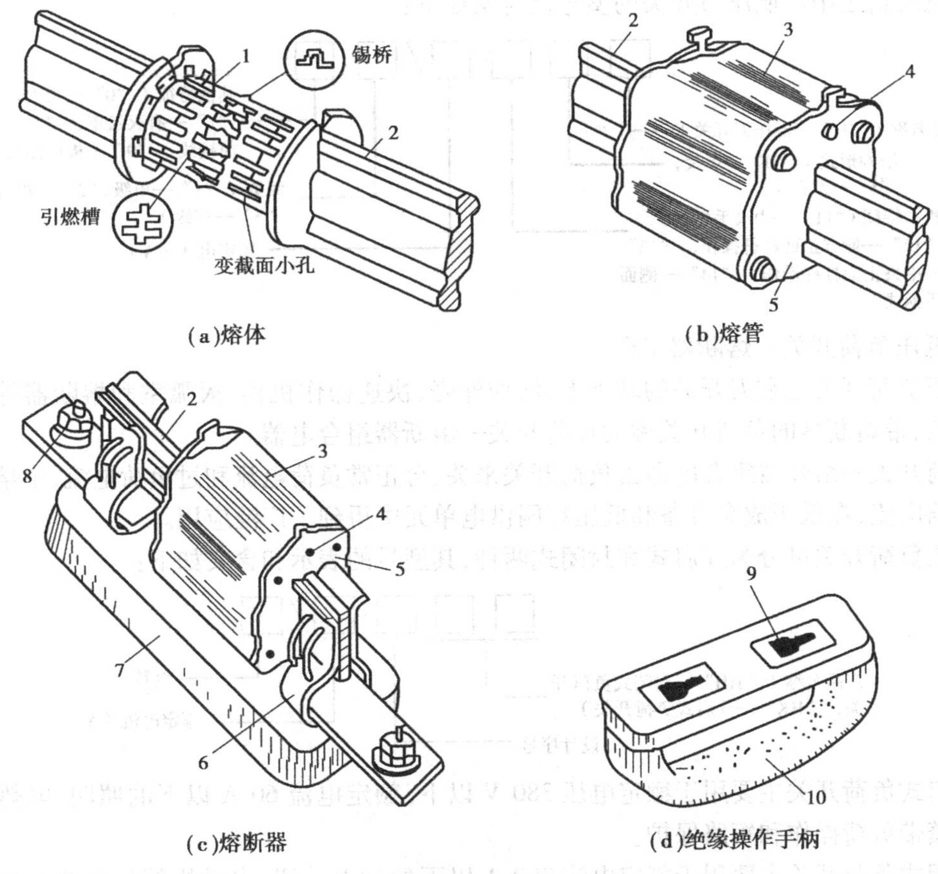

图4.25　RT型低压熔断器结构图

1—栅状铜熔体;2—触刀;3—瓷熔管;4—盖板;5—熔断指示器;6—弹性触座;

7—瓷质底座;8—接线端子;9—扣眼;10—绝缘拉手手柄

【解】　保护额定电流小于200 A的低压电动机,可选用RL1型低压熔断器。

(1)选择熔体的额定电流,需要满足大于线路的计算电流,即

$$I_{N.FE} \geqslant I_c = 40\ A$$

还需要躲过尖峰电流,因电动机属于重载启动,所以选计算系数$K=0.4$,即

$$I_{N.FE} \geqslant KI_{PK} = 0.4 \times 180\ A = 72\ A$$

可选择RL1-100/80型熔断器,其$I_{N.FE}=80$ A,$I_{N.FU}=100$ A,断流能力$I_{oc}=50$ kA。

(2)校验熔断器的各项保护功能指标

①断流能力:$I_{oc}=50$ kA>18 kA,满足要求。

②与线路配合:熔断器仅作短路保护,短时过负荷系数K_{oL}可取2.5,即

$$I_{N.FE} = 80\ A < 2.5\ I_{al} = 2.5 \times 55\ A = 137.5\ A$$

故满足配合要求。

(2)低压负荷开关

1)低压刀开关

不带灭弧罩的低压刀开关只能用于在无负荷情况下通断低压线路,主要用于隔离低压电源。带金属栅片灭弧罩的刀开关可通断一定的过负荷电流,作为不频繁地通断照明设备或小

型电动机线路之用。低压刀开关的型号及含义如下：

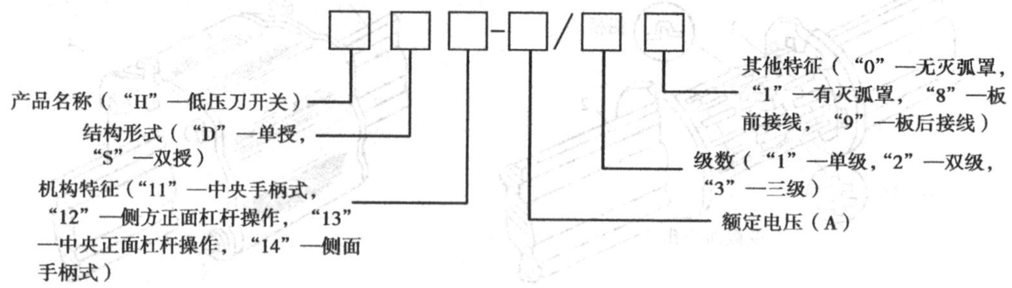

2）低压负荷开关—熔断器组合

低压负荷开关是在刀开关的基础上，增加外壳、快速操作机构、灭弧室和熔断器等辅助部件组成的，带熔断器的负荷开关称为负荷开关—熔断器组合电器。

负荷开关—熔断器组合电器由负荷开关来关、合正常负荷电流和过负荷电流，由熔断器来分断短路电流，在低压成套设备和低压环网供电单元中得到了广泛应用。

低压负荷开关可分为开启式和封闭式两种，其型号的表示和含义如下：

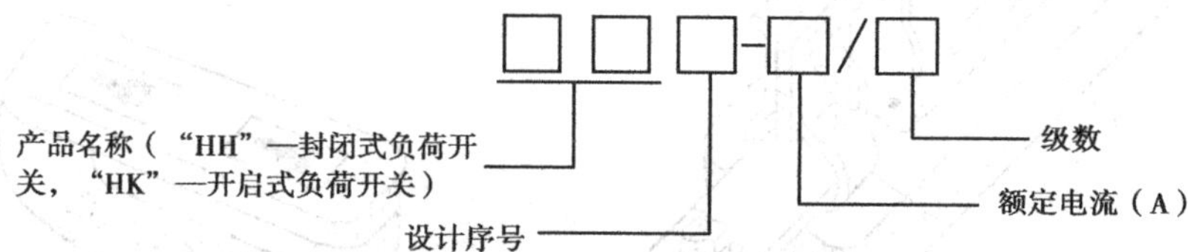

开启式负荷开关主要用于额定电压 380 V 以下，额定电流 60 A 以下的照明、电热等设备的不频繁带负荷操作和短路保护。

封闭式负荷开关主要用于额定电流 200 A 以下的配电装置、电动机等设备的不频繁带负荷操作和短路保护之用，具有机械连锁保护功能，其外门只有在开关处于分闸状态时才能打开。

3）低压负荷开关的选择

根据负荷开关所在线路的电气条件选择开关的型号，并按表 4.1 的要求进行各种校验外，对负荷开关—熔断器组合电器还应校验转移电流和交接电流，交接电流的概念在本章的“4.2.5节高压熔断器”部分已作介绍，此处主要介绍转移电流。

为防止三相线路中某一相熔断器熔断后造成线路的缺相运行，通常要求在负荷开关和熔断器之间设置联动装置，只要任意一相熔断器熔断，则负荷开关自动跳闸。这样一来，若短路电流过小，就可能出现其中一相熔断器熔断使负荷开关跳闸，而其余两相熔断器还未熔断的现象，这时短路电流变为由负荷开关开断，因负荷开关灭弧能力差，可能会导致事故发生，这种现象称为电流转移，使电流转移现象出现的三相短路电流为转移电流。

由转移电流的定义可知，若三相短路电流大于转移电流，则三相熔断器都会在负荷开关跳闸前全部熔断，短路电流都由熔断器开断。若三相短路电流小于转移电流，则最先熔断的熔断器对应相的短路电流由熔断器开断，其余两相由负荷开关开断。

因此，选择负荷开关—熔断器组合电器时，转移电流的校验应满足：

①熔断器的额定最小开断电流不应大于组合电器的转移电流，否则可能会出现电流转移现象。

②若熔断器的额定最小开断电流不满足校验条件，则负荷开关的额定断流能力应大于组合电器的转移电流，这样即使出现电流转移现象，负荷开关也可以可靠的灭弧。

4.2.11　低压成套设备

低压成套设备是指按一定的接线方案将多个低压一、二次设备（诸如变压器、低压断路器、低压隔离开关和负荷开关、低压熔断器、互感器、电容器、电抗器、母线、进出线套管、电缆终端、监测仪表等）组装在金属柜内，用于在低压供电系统从事电能的控制、保护、测量、转换和分配等任务的成套配电装置。低压开关柜广泛应用于生产、生活领域和公共场所，在我国大部分的电能都是由低压成套设备进行传输和分配的。

(1)低压成套设备的分类

低压成套设备按照负荷等级和重要性可以分为 3 级：

①一级配电设备。又称动力配电中心，俗称低压开关柜或低压配电屏。该级低压成套设备通常安装在变电所内，紧靠配电变压器的低压侧，主要用于把电能分配给下级配电设备。

②二级配电设备。又称动力配电柜。该级设备通常安装在工厂的生产车间等用电负荷中心，把上级配电设备传输来的电能对附近的电动机等用电设备进行分配，同时还应具有测量、控制和保护功能。

③三级配电设备。俗称配电箱，主要分散配置在各个生产、生活场所，对照明、小容量电动机等设备进行电能分配、控制和保护。

(2)低压开关柜(低压配电屏)

1)低压开关柜的型号及分类

我国新系列低压开关柜的型号及含义如下：

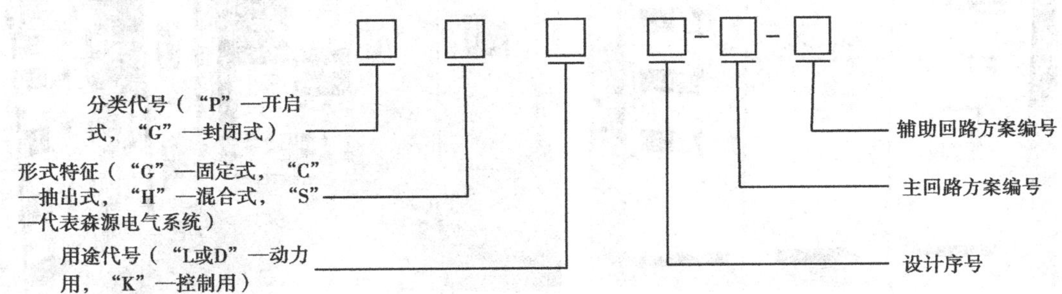

我国低压配电系统中目前使用的低压开关柜主要有 PGL、GGD、GCK、GHK 等型号，在选用时要根据它们各自的特点进行选择。

例如，GGD 型交流低压配电柜（见图 4.26）适用于发电厂、变电所、厂矿企业等电力用户的交流 50 Hz，额定电压 380 V，额定电流至 3 150 A 的配电系统中，作为动力，照明及配电设备的电能转换、分配、控制之用。

GGD 交流低压配电柜具有分断能力强，动热稳定性好，电气方案灵活、组合方便，系列性、实用性强，结构新颖、防护等级高等特点。可作为低压成套开关设备的更新换代产品使用。

GCS 抽出式低压开关柜（见图 4.27）采用以基本模数为单位的单元组合，可按用户任意要求增减单元数，减小了传统固定式结构给设计人员和用户带来的麻烦，同时缩短了设计、生产的周期。而且采用接地的金属隔板，将开关柜分成母线室、功能单元室、电缆室等功能不同的单元室，隔室之间也用接地的金属板隔离，互不干扰，能有效地防止故障的扩大，该型低压开关柜具有回路多、使用灵活、体积小、占地少的优点，广泛用于额定电压380 V及以下，额定电流4 000 A及以下的发、供电系统中的配电、电动机集中控制、无功功率补偿使用的低压成套配电装置。

图4.26 GGD型低压固定式开关柜
（桂越科技提供）

图4.27 GCS抽出式开关柜及低压成套GCS柜现场安装示意图
（桂越科技提供）

2）低压开关柜的主要技术参数

①额定电压和额定绝缘电压。额定电压表示开关柜所在线路的最高电压，低压开关柜主回路的额定电压有220、380和660 V 3个等级；额定绝缘电压是指在规定条件下，用来衡量开关柜及其不同电位部分的绝缘强度、电气间隙和爬电距离的标准电压值。

②额定频率。通常为50 Hz。

③额定电流。水平母线额定电流（即接收上级线路输送电能的母线的额定电流），分630 A、800 A、1 000 A、1 200 A、1 600 A、2 000 A、2 500 A、3 150 A、4 000 A、5 000 A等级。垂直母线额定电流（即向下级线路和设备馈电的母线额定电流），分400 A、630 A、800 A、1 000 A、

1 600 A、2 000 A 等级。

④额定短路开断电流。与低压开关柜中的开关设备的断流能力有关。

⑤母线动稳定电流和热稳定电流。又称母线额定峰值耐受电流(分 30 kA、63 kA、105 kA、176 kA、220 kA 等级)和额定短时耐受电流(分 15 kA、30 kA、50 kA、80 kA、100 kA 等级,热稳定时间 1 s),用于校验母线的动、热稳定性。

⑥防护等级。指防止外界异物进入柜内接触到带电部位,或防止水分进入柜内的能力。

3)低压开关柜的选择

选择低压开关柜时,应注意使其主要技术参数(额定电压、额定电流、断流能力等)不小于其安装的工作回路的电气条件,还要根据产品的特点选择低压开关柜的类型。

①根据主接线方案选择开关柜的回路方案号,然后选择柜内设备的型号。

②绝缘水平的选择。原则上电压等级越高,对开关柜的绝缘要求越高。

图4.28　KYN28-10 kV 户内移开式开关柜

图4.29　GCS 抽屉柜
(桂越科技提供)

如图4.28 所示是 KYN28 口-12 铠装移开式交流金属封闭开关设备,主要用于电力系统发电、输电、配电、电能转换和消耗中起通断、控制、保护和监测等作用,电压等级在 12 kV 的电器产品,主要包括高压断路器、接地开关、互感器等。KYN28 柜体由柜架和可抽出式手车两部分组成,各种手车均采用蜗杆摇动推进和退出,其操作轻便、灵活。整个手车体积小,检查和维修方便。手车在柜体内试验位置和工作位置都有到位装置,以保证机械连锁可靠。根据手车的用途不同,可分为转运车、PT 车、熔断器车、计量车、隔离车、下置 PT 车、下置避雷器车和接地车等。

如图4.29 所示是 CGS 型低压抽屉式开关柜,适用于发电厂、石油、化工、冶金、纺织、高层建筑等行业的配电系统。在大型发电厂、石化系统等自动化程度高,要求与计算机接口的场所,作为三相交流频率为 50(60)Hz、额定工作电压为 380 V(400)、(660),额定电流为 4 000 A 及以下的发、供电系统中的配电、电动机集中控制、无功功率补偿使用的低压成套配电装置。

(3)配电箱

动力和照明配电箱通常装设在各车间建筑内。动力配电箱主要用于动力设备配电,也可兼向照明设备配电,而照明配电箱主要用于照明配电。

标准的动力和照明配电箱的全型号的表示和含义如下:

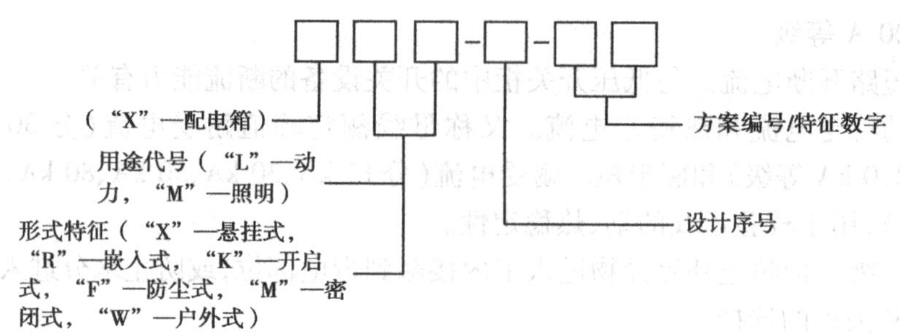

用户也可根据对供电的具体要求与空间位置定做非标准的动力和照明配电箱。

如图4.30所示是JP柜低压智能综合配电箱系户外落地或户外杆上安装，户外型、前后面布置。

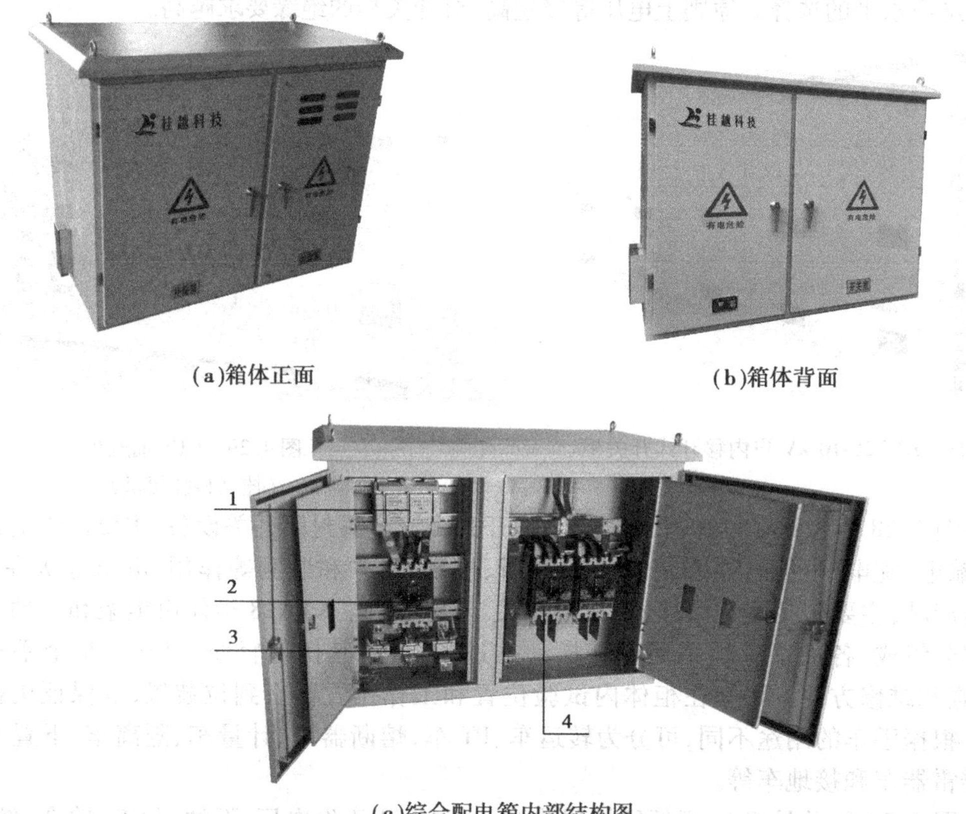

(a)箱体正面　(b)箱体背面

(c)综合配电箱内部结构图

图4.30　低压综合配电箱实物图
（桂越科技提供）
1—进线刀开关；2—进线总断路器；3—采样互感器；4—出线塑壳断路器

JP柜低压智能综合配电箱是一种集进线柜、计量柜、出线开关柜、无功电容补偿柜，本着安全、经济、合理、可靠的原则而设计的新型户外配电柜。适用于城网、农网改造、工矿企业、路灯照明、住宅小区等交流50 Hz、额定电压380 V的配电系统中，具有电能分配、控制、保护、无功补偿、电能计量等多功能的新型户外综合配电箱，同时可根据用户要求加入漏电保护功能。图4.31是JP柜低压智能综合配电箱应用的现场示意图。

图4.31　综合配电箱实地安装情况
（桂越科技提供）
1—隔离开关；2—跌落式熔断器；3—电力变压器；4—综合配电箱

4.3　变电所主接线设计及设备选择举例

4.3.1　供配电主接线设计的基本步骤

（1）分析原始资料

为了选择供配电系统的主接线方案，事先应掌握以下资料：

①电源的基本资料。包括供电的电源和备用电源的容量；供电线路的电压、规格型号、回路数、距离；系统在最小运行方式或最大运行方式下的短路容量数据等；向用户供电的发电厂的地理位置等。

②气象资料。包括年平均气温资料、雷电爆发情况、土壤性质和土壤电阻率、降水和风力资料等。

③用户资料。包括工厂、居民区的建筑分布情况；现有供配电系统的接线方式和容量；用户的负荷等级、最大负荷、年耗电量等资料。

（2）主变压器的选择

拟订出主变压器的选择方案，包括台数、容量、绕组、调压方式、冷却方式、损耗、运行方式等。

(3)拟订初步主接线方案

根据系统运行的要求,通过分析原始资料,为各个电压等级的系统初步拟订数个技术上可行的主接线方案,其中包括母线的连接方式及电压等级,出线回数等。各主接线方案都应满足供电可靠性的要求。

(4)确定最终的主接线方案

对拟订的各方案进行灵活性、经济性、技术可行性,以及今后的扩容和发展趋势等多方面进行综合比较,选出最佳的方案作为最终方案。

(5)短路电流计算

根据选定的主变压器和主接线方案,计算各种运行方式下的短路电流。

(6)选择主要的电气设备

根据短路电流计算的结果选择诸如断路器、隔离开关、负荷开关、电压和电流互感器、避雷器等设备。

(7)绘制电气主接线图

按工程要求,绘制电气主接线图图纸,图中应采用新国标规定的图形符号和文字代号,并将所有设备的型号、技术参数、母线及电缆截面、高低压成套设备的型号等标注在图上。

4.3.2 35/10 kV 变电所主接线设计及设备选择举例

某城镇现需建35/10 kV 总降压变电所一座,给附近的企业、居民、农业生产用电供电。试选择变电所的主接线方案,并选择主要电气设备。

(1)电源及用户的原始资料

1)进出线回路概况

该变电所35 kV 电源进线2 回,由一座220/35 kV 区域变电所的35 kV 出线供电,每回35 kV出线长20 km,采用 LGJ-150 型架空线路供电,导线间几何均距为1 m(电抗为0.373 Ω/km)。变电所10 kV 侧出线共8 回,全电缆出线。其中2 回供给地方工业企业(二级负荷),总负荷为4 800 kV·A;其他6 回出线作为城区独立变电所进线,总负荷为3 600 kV·A,其中二级负荷占20%,其余为三级负荷。

2)系统阻抗

可认为35 kV 侧电源为无穷大容量系统,系统出口短路容量近似为 S_K=320 MV·A。

3)气象和地理资料概况

该地区最热月平均温度为26 ℃,年平均气温15 ℃,绝对最高气温为39 ℃,土壤温度为19 ℃。该变电所位于镇郊荒地上,地势平坦、交通便利、无环境污染。

4)变电所主要负荷

该变电所主要用电设备包括通信设备、照明设备、操作电源设备、生活用电设备等,其负荷约为40 kV·A。

(2)变压器的选择

1)主变台数的选择

对于总降压变电所,为提高供电的可靠性,避免一台主变压器故障或检修时影响供电,需设置两台主变压器,为方便运行,两台主变压器的型号应相同。

2）主变容量的选择

①用户负荷情况。由原始资料可知，该变电所用户负荷等级为二、三级负荷，其中二级负荷为 $S_{cⅡ}=(4\ 800+3\ 600\times0.2)$ kV·A=5 520 kV·A，三级负荷为 $S_{cⅢ}=3\ 600\times0.8$ kV·A=2 880 kV·A，总负荷为 $S_c=(4\ 800+3\ 600)$ kV·A=8 400 kV·A。

②主变容量的选择。任意一台主变单独运行时，应满足总计算负荷70%的要求，即主变容量不小于8 400×0.7 kV·A=5 880 kV·A；同时任意一台主变单独运行时要满足全部二级负荷的要求，即主变容量不小于5 520 kV·A。因此，可选择两台容量均为6 300 kV·A的变压器。

3）主变型号的选择

①主变相数的选择。因变电所处于镇郊，运输方便，所以应选择三相变压器，以节约场地和资金，降低变压器的损耗和维护的难度。

②绕组和接线形式的选择。该变电所有两个电压等级，所以选用双绕组变压器，为满足并列运行的要求，连接方式必须和系统电压相位一致，35 kV侧采用Y连接，10 kV侧采用△连接。

③调压方式的选择。普通型变压器调压范围小，而且不能在运行时调压，为了保证供电质量，应选择有载调压变压器。

④冷却方式的选择。主变压器一般采用的冷却方式有：自然风冷却、强迫油循环风冷却、强迫油循环水冷却。因主变容量较小，应采用自冷方式，以节约成本。

综上所述，选择两台SZ9-6300/35节能型自冷式有载调压变压器，其主要技术参数为：额定电压35±3×2.5%/10.5 kV，额定容量6 300 kV·A，额定电流104/348 A，阻抗电压百分数为 $U_K\%=7.5$。

4）所用变压器的选择

变电所的所用电是变电所的重要负荷，在所用电设计时应综合考虑可靠性、经济性、灵活性以及变电所发展规划等方面的要求。

①所用变台数的确定。一般变电所装设一台所用变压器，对于装有两台以上主变压器的变电所中应装设两台容量相等的所用变压器，互为备用，因此，本变电所选用两台所用变压器，分别安装在10 kV母线侧。

②所用变容量的选择。应按变电所所用负荷进行选择，任意一台所用电压器单独运行时，都应满足变电所用电负荷的要求，因此选择两台容量为50 kV·A的所用变压器，其具体型号为SC9-50/10（10.5±5%/0.4/0.23 kV，阻抗电压4%），接线方式采用三相四线中性点直接接地系统，单母线接线。

（3）变电所主接线方案选择

由原始资料可知，改变电所用户负荷主要为二级负荷，还有部分三级负荷，变电所10 kV出线回路较多，变电所基本没有穿越功率。

对于35 kV及以下变电所，一般可不设置旁路母线，也不用双母线接线。该总降压变电所有两回电源进线时，因此其主接线方案可采用：

①高、低压侧均为单母线不分段接线。

②高压侧单母线不分段、低压侧单母线分段接线。

③高压侧内桥式接线、低压侧单母线分段接线。

④高、低压侧均为单母线分段接线。

要选出最好的主接线方案，需对以上 4 种主接线方案进行灵活性、经济性、技术可行性等方面的综合分析比较。为简便起见，根据变电所主要负荷为二、三级负荷、出线回路不是很多，电源线路较长等情况，选择可靠性、经济性都较高的高压侧内桥式接线、低压侧单母线分段的接线方案，其主接线如图 4.34 所示。

(4)短路电流计算

1)系统短路电抗标幺值计算

该变电所系统接线图如图 4.32 所示。

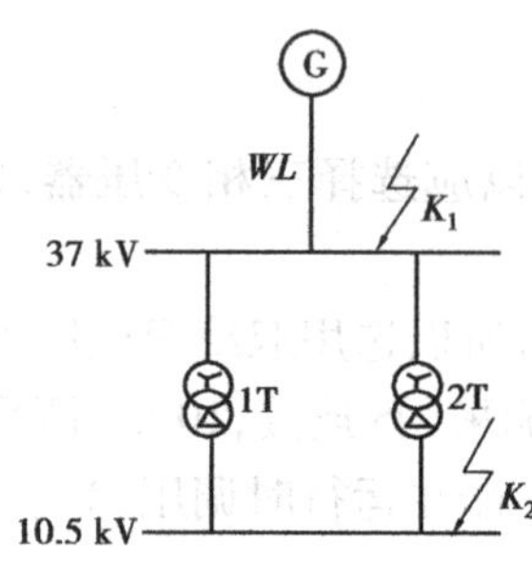

图 4.32　35 kV 总降压变电所系统接线图

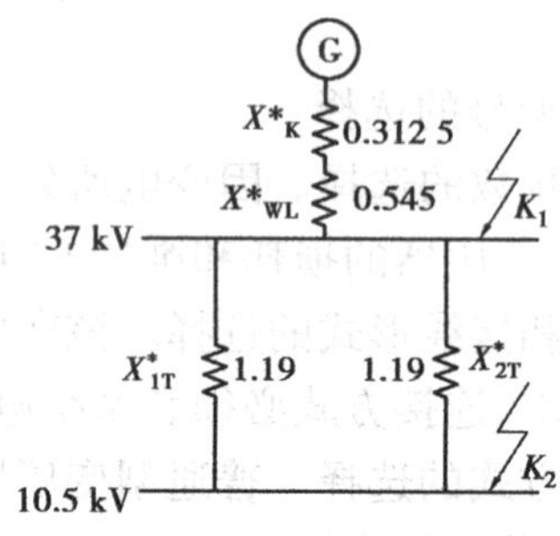

图 4.33　35 kV 总降压变电所正序电抗图

取基准容量 $S_d = 100$ MV · A，基准电压 $U_d = U_{av}$。

①系统电抗标幺值 $X_K^* = \dfrac{S_d}{S_K} = \dfrac{100}{320} = 0.312\ 5$

②线路电抗标幺值 $X_{WL}^* = X_o l \dfrac{S_d}{U_{d1}^2} = 0.373 \times 20 \times \dfrac{100}{37^2} = 0.545$

③变压器电抗标幺值 $X_{1T}^* = X_{2T}^* = \dfrac{U_K\%}{100} \times \dfrac{S_d}{S_N} = \dfrac{7.5}{100} \times \dfrac{100}{6.3} = 1.19$

则系统正序电抗图如图 4.33 所示。

2)K_1 点短路电流计算

①K_1 点短路时的阻抗标幺值 $X_{K_1}^* = X_K^* + X_{WL}^* = 0.312\ 5 + 0.545 = 0.857\ 5$

②K_1 点所在电压等级的基准电流 $I_{d1} = \dfrac{S_d}{\sqrt{3} U_{d1}} = \dfrac{100}{\sqrt{3} \times 37}$ kA $= 1.56$ kA

③计算 K_1 点短路电流各量

三相短路电流周期分量标幺值 $I_{K_1}^{(3)*} = \dfrac{1}{X_{K_1}^*} = \dfrac{1}{0.857\ 5} = 1.166$

三相短路电流周期分量有效值 $I_{K_1}^{(3)} = I_{d1} I_{K_1}^{(3)*} = 1.56 \times 1.166$ kA $= 1.741$ kA

三相短路冲击电流有效值 $I_{sh.K_1}^{(3)} = 1.52 \times I_{K_1}^{(3)} = 1.52 \times 1.741$ kA $= 2.646$ kA

三相短路冲击电流值 $i_{sh.K_1}^{(3)} = 2.55 \times I_{K_1}^{(3)} = 2.55 \times 1.741$ kA $= 4.44$ kA

三相短路容量 $S_{K_1}^{(3)} = \dfrac{S_d}{X_{K_1}^*} = \dfrac{100}{0.857\ 5}$ MV · A $= 116.62$ MV · A

3)分列运行时，K_2 点短路电流计算

①K_2 点短路时的阻抗标幺值 $X_{K_{2-1}}^* = X_K^* + X_{WL}^* + X_{1T}^* = 0.312\ 5 + 0.545 + 1.19 = 2.047\ 5$

②K_2 点所在电压等级的基准电流 $I_{d2}=\dfrac{S_d}{\sqrt{3}U_{d1}}=\dfrac{100}{\sqrt{3}\times10.5}$ kA $=5.5$ kA

③计算 K_2 点短路电流各量

三相短路电流周期分量标幺值 $I_{K_{2-1}}^{(3)*}=\dfrac{1}{X_{K_{2-1}}^{*}}=\dfrac{1}{2.0475}=0.4884$

三相短路电流周期分量有效值 $I_{K_{2-1}}^{(3)}=I_{d2}I_{K_1}^{(3)*}=5.5\times0.4884$ kA $=2.686$ kA

三相短路冲击电流有效值 $I_{sh.K_{2-1}}^{(3)}=1.52\times I_{K_{2-1}}^{(3)}=1.52\times2.686$ kA $=4.083$ kA

三相短路冲击电流值 $i_{sh.K_{2-1}}^{(3)}=2.55\times I_{K_{2-1}}^{(3)}=2.55\times2.686$ kA $=6.849$ kA

三相短路容量 $S_{K_{2-1}}^{(3)}=\dfrac{S_d}{X_{K_{2-1}}^{*}}=\dfrac{100}{2.0475}$ MV·A $=48.84$ MV·A

4)并列运行时,K_2 点短路电流计算

①K_2 点短路时的阻抗标幺值 $X_{K_{2-2}}^{*}=X_{K}^{*}+X_{WL}^{*}+X_{1T}^{*}=0.3125+0.545+\dfrac{1.19}{2}=1.4525$

②K_2 点所在电压等级的基准电流 $I_{d2}=\dfrac{S_d}{\sqrt{3}U_{d1}}=\dfrac{100}{\sqrt{3}\times10.5}$ kA $=5.5$ kA

③计算 K_2 点短路电流各量

三相短路电流周期分量标幺值 $I_{K_{2-2}}^{(3)*}=\dfrac{1}{X_{K_{2-2}}^{*}}=\dfrac{1}{1.4525}=0.6885$

三相短路电流周期分量有效值 $I_{K_{2-2}}^{(3)}=I_{d2}I_{K_1}^{(3)*}=5.5\times0.6885$ kA $=3.787$ kA

三相短路冲击电流有效值 $I_{sh.K_{2-2}}^{(3)}=1.52\times I_{K_{2-2}}^{(3)}=1.52\times3.787$ kA $=5.756$ kA

三相短路冲击电流值 $i_{sh.K_{2-2}}^{(3)}=2.55\times I_{K_{2-2}}^{(3)}=2.55\times3.787$ kA $=9.657$ kA

三相短路容量 $S_{K_{2-2}}^{(3)}=\dfrac{S_d}{X_{K_{2-2}}^{*}}=\dfrac{100}{1.4525}$ MV·A $=68.85$ MV·A。短路电流计算结果见表4.5。

表4.5　35/10 kV 变电所三相短路电流计算值

短路类型	短路点	短路电流周期分量		短路冲击电流		短路容量 S/(MV·A)
		有效值	稳态值	有效值	冲击值	
		$I_K^{(3)}$/kA	$I_\infty^{(3)}$/kA	$I_{sh}^{(3)}$/kA	$i_{sh}^{(3)}$/kA	
三相	K_1	1.741	1.741	2.646	4.44	116.62
三相	K_{2-1}(分列)	2.686	2.686	4.083	6.849	48.84
三相	K_{2-2}(并列)	3.787	3.787	5.756	9.657	68.85

(5)主要电气设备的选择

1)35 kV 侧电气设备的选择

①35 kV 断路器的选择。由图4.34可知,35 kV 侧的断路器有 QF_1、QF_2 和桥联断路器 QF_3 共3台,为了减小断路器检修频率,可选择 SF_6 断路器。两台变压器同时运行时,35 kV 线路的额定电流为:

$$I_{1N}=\frac{S_N}{\sqrt{3}U_N}=\frac{2\times 6\ 300}{\sqrt{3}\times 35}\ A=208\ A$$

故选择 LW8-35/1600 型户外 SF_6 断路器，其额定电压为 35 kV，额定电流为 1 600 A，满足所在线路额定电压和额定电流的要求，其余校验结果见表 4.6。

表 4.6 LW8-35/1600 型断路器校验结果

校验项目	LW8-35/1600		选择要求	安装地点条件		结论
	项目	数据		项目	数据	
开断电流/kA	$I_{OC.N}$	20	≥	$I_{K_1}^{(3)}$	1.741	合格
额定关合电流/kA	i_{max}	50	≥	$i_{sh.K_1}^{(3)}$	4.44	合格
动稳定校验/kA	i_{max}	50	≥	$i_{sh.K_1}^{(3)}$	4.44	合格
热稳定校验/(kA·4s^{-1})	I_t	20	≥	$I_{K_1}^{(3)}$	1.741	合格

故所选 LW8-35/1600 型断路器满足要求。

②35 kV 隔离开关的选择。35 kV 侧的断路器为图 4.34 中的 QS_1 ~ QS_8 共 8 台。选择 GW4-35(DW)/630 型单接地隔离开关，GW4-35(DW)隔离开关的额定电压为 35 kV，额定电流为 630 A，满足所在线路条件的要求，其余校验结果见表 4.7。

表 4.7 GW4-35/630 型隔离开关校验结果

校验项目	GW4-35/630		选择要求	安装地点条件		结论
	项目	数据		项目	数据	
动稳定校验/kA	i_{max}	50	≥	$i_{sh.K_1}^{(3)}$	4.44	合格
热稳定校验/(kA·4s^{-1})	I_t	20	≥	$I_{K_1}^{(3)}$	1.741	合格

故所选 GW4-35(DW)/630 型隔离开关满足要求。

③35 kV 电流互感器的选择。35 kV 侧的电流互感器为图 4.34 中的 TA_1 ~ TA_3 共 3×3 = 9 台。选择 LZZB7-35 型环氧树脂浇注全封闭支柱式电流互感器。电流变比选择为 300/5 A，级次组合选择为 10P15/10P15/10P15/0.5，分别用于线路保护、测量和计量。其额定电压为 35 kV，满足所在线路条件的要求，其余校验结果见表 4.8。

表 4.8 LZZB7-35 型电流互感器校验结果

校验项目	LZZB7-35 300/5		选择要求	安装地点条件		结论
	项目	数据		项目	数据	
动稳定校验/kA	i_{max}	78	≥	$i_{sh.K_1}^{(3)}$	4.44	合格
短时热电流校验/(kA·s^{-1})	I_t	31.5	≥	$I_{K_1}^{(3)}$	1.741	合格

故所选 LZZB7-35 型电流互感器满足要求。

④35 kV 电压互感器的选择。35 kV 侧的电压互感器为图 4.34 中的 TV_1 ~ TV_2 共 2×3 = 6 台。选择 TYD35/$\sqrt{3}$-0.02HF 型电容式电压互感器，其额定相电压为 35/$\sqrt{3}$ kV，额定电容

0.02 μF,精度等级选择 0.2/0.5/3P,一、二次电压变比选择为 $35/\sqrt{3}:0.1/\sqrt{3}:0.1/\sqrt{3}:/0.1$ kV,所选电压互感器满足要求。电压互感器不需要校验动稳定性和热稳定性。

⑤35 kV 高压熔断器的选择。35 kV 侧的高压熔断器为图 4.34 中保护电压互感器的 FU_1、FU_2。选择 RW10-35/0.5 户外型 35 kV 电压互感器专用保护熔断器,其额定电压为 35 kV,额定电流为 0.5 A,额定断流容量为 2 000 MV·A,大于 K_1 点的三相短路容量,因此所选高压熔断器满足要求。

⑥35 kV 避雷器的选择。35 kV 侧的避雷器为图 4.34 中的 F_1 和 F_2。选择高性能的氧化锌避雷器。35 kV 系统的最高电压 $U_m = 40.5$ kV,相对的最高电压为 $40.5/\sqrt{3}$ kV = 23.4 kV。

额定电压的选择。根据表 4.4 选择避雷器的额定电压为 $1.25 \times U_m = 50.625$ kV,取避雷器的额定电压为 51 kV。

标称放电电流的选择。35 kV 氧化锌避雷器的标称放电电流选 5 kA。

雷电冲击电流残压的选择。35 kV 变压器的额定雷电冲击耐受电压峰值为 185 kV,取雷电过电压配合系数为 1.4,则避雷器的雷电冲击电流残压不得超过 185/1.4 kV = 132.1 kV,可取 130 kV。

根据上述要求,选择 35 kV 氧化锌避雷器的型号为 Y5WZ-51/130。

2)10 kV 侧电气设备的选择

变压器 10 kV 出线上的额定电流为:

$$I_{2N} = \frac{S_N}{\sqrt{3}U_N} = \frac{6\ 300}{\sqrt{3} \times 10.5} \text{ A} = 346 \text{ A}$$

因为变电站 10 kV 出线采用全电缆出线。为节约场地和简化操作,10 kV 配电装置全部采用 XGN2-10 型箱型固定式金属封闭高压开关柜。开关柜额定电压为 10 kV,额定电流为 2 000 A,额定开断电流为 40 kA,额定热稳定电流为 40 kA/4s,额定动稳定电流为 100 kA,防护等级为 IP2X 级,技术参数满足所在线路要求。

高压开关柜的用途和数量如下(注意:高压开关柜的主回路方案很多,而且还可根据需要,向制造厂家订作非标准的开关柜,下列高压开关柜的编号为编者自定,并不对应标准开关柜的主接线方案):

①主变压器 10 kV 出线柜 2 只,型号为 XGN2-10-01。柜内主要电气设备为:

ZN28-10/1250 型真空断路器 1 台(如图 4.34 中的 QF_4)。其额定电压为 10 kV,额定电流为 1 250 A,满足所在线路的电气条件,其校验结果见表 4.9。

表 4.9　ZN28-10/1250 型断路器校验结果

校验项目	ZN28-10/1250		选择要求	安装地点条件		结论
	项目	数据		项目	数据	
开断电流/kA	$I_{OC.N}$	20	≥	$I_{K_2-2}^{(3)}$	3.787	合格
额定关合电流/kA	i_{max}	50	≥	$i_{sh.K_2-2}^{(3)}$	9.657	合格
动稳定校验/kA	i_{max}	50	≥	$i_{sh.K_2-2}^{(3)}$	9.657	合格
热稳定校验/(kA·3s^{-1})	I_t	20	≥	$I_{K_2-2}^{(3)}$	3.787	合格

因此,所选 ZN28-12/1250 型真空断路器满足要求。

GN30-10D/630-20 型旋转式隔离开关 1 只(如图 4.34 中的 QS_9)。其额定电压为 10 kV,额定电流为 630 A,满足所在线路的电气条件,其额定热稳定电流为 20 kA/4s,额定动稳定电流为 50 kA,满足热稳定和动稳定性要求。

LZZBJ12-12 型电流互感器 3 只(如图 4.34 中的 TA_4)。其额定电压为 12 kV,满足所在线路的电气条件。电流变比选择 600/5 A,级次组合选择 0.2/10P15 和 0.5/10P15。其余校验结果见表 4.10。

表 4.10 LZZBJ12-12 型电流互感器校验结果

校验项目	LZZBJ12-12 600/5		选择要求	安装地点条件		结论
	项目	数据		项目	数据	
动稳定校验/kA	i_{max}	180	≥	$i^{(3)}_{sh.K_{2-2}}$	9.657	合格
热稳定校验/(kA·s^{-1})	I_t	80	≥	$I^{(3)}_{K_{2-2}}$	3.787	合格

故所选 LZZBJ12-12 型电流互感器满足要求。

Y5WZ-17/45 型氧化锌避雷器 1 只(如图 4.34 中的 F_3)。避雷器额定电压为 17 kV,大于系统最高运行电压 $1.38 \times U_m = 1.38 \times 12$ kV = 16.6 kV;标称放电电流选择 5 kA;雷电冲击电流残压为 45 kV,小于 75/1.4 kV = 53.6 kV。因此所选避雷器满足要求。

②分段开关柜 1 只,型号为 XGN2-10-02。柜内主要电气设备为:

ZN28-10/1250 型真空断路器 1 台(如图 4.34 中的 QF_L)。

GN30-10D/630-20 型旋转式隔离开关 1 只(如图 4.34 中的 QS_{10})。

LZZBJ12-12 型电流互感器 2 只(如图 4.34 中的 TA_6)。电流变比选择 600/5 A,级次组合选择 0.2/10P15。

③分段隔离柜 1 只,型号为 XGN2-10-03。柜内主要电气设备为:

GN30-10D/630-20 型旋转式隔离开关 1 只(如图 4.34 中的 QS_{11})。

④10 kV 母线 PT 柜 2 只,型号为 XGN2-10-04。柜内主要电气设备为:

GN30-10D/400-12.5 型旋转式隔离开关 1 只(如图 4.34 中的 QS_{16})。其额定热稳定电流为 12.5 kA/4s,额定动稳定电流为 31.5 kA,满足要求。

JDZXF10-12B 型电压互感器 3 只(如图 4.34 中的 TV_3)。选择电压变比为 $10/\sqrt{3}$: $0.1/\sqrt{3}$: $0.1/\sqrt{3}$: /0.1/3 kV,精度等级选择 0.2/0.5/6P 级。

RN2-10/0.5 型电压互感器保护用熔断器 3 只(如图 4.34 中的 FU_4)。其额定电压为 10 kV,额定电流为 0.5 A,额定断流容量为 2 000 MV·A,大于 K_1 点的三相短路容量,满足要求。

Y5WZ-17/45 型氧化锌避雷器 1 只(如图 4.34 中的 F_6)。

⑤所用变压器柜 2 只。型号为 XGN2-10-05。柜内主要电气设备为:

SC9-50/10 所用变压器 1 台(如图 4.34 中的 3T)。采用 D,yn11 接线,一、二次电压比为 10.5 ±5%/0.4/0.23 kV,阻抗电压 4%,额定容量 50 kV·A,大于变电所的所用负荷,因此所选择的所用变压器满足要求。

XRNT-10/6.3 型全范围保护用熔断器 1 只(如图 4.34 中的 FU_3)。其额定电压为 10 kV,

额定电流为6.3 A，额定断流容量为2 000 MV·A，满足保护所用变压器的要求。

GN30-10D/400-12.5型旋转式隔离开关1只（如图4.34中的QS_{13}）。

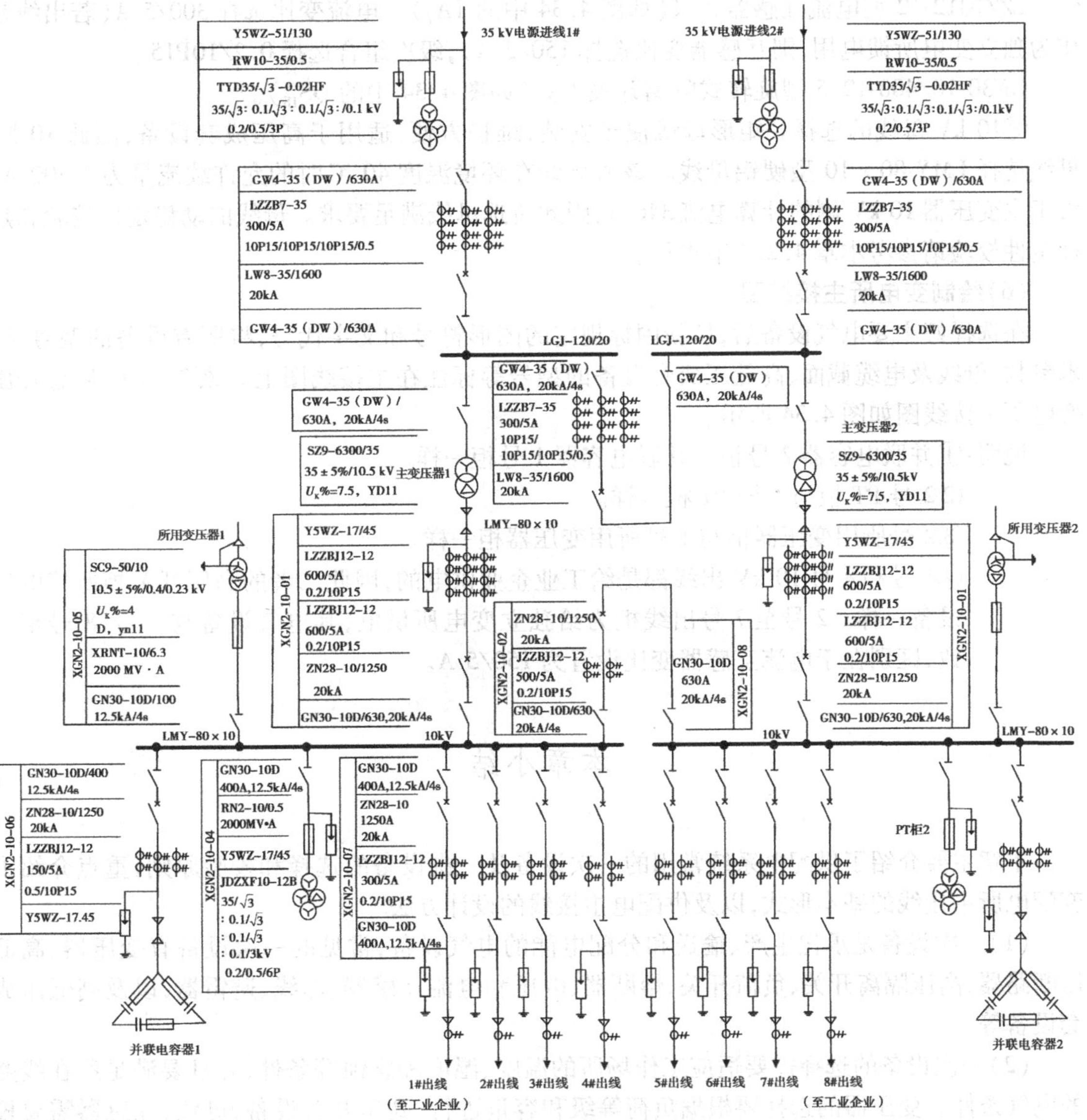

图4.34　35/10 kV总降压变电所主接线图

⑥并联电容器出线柜2只。型号为XGN2-10-06。柜内主要电气设备为：

GN30-10D/400-12.5型旋转式隔离开关1只（如图4.34中的QS_{17}）。

ZN28-10/1250型真空断路器1台（如图4.34中的QF_6）。

LZZBJ12-12型电流互感器3只（如图4.34中的TA_8）。电流变比选择150/5 A，级次组合选择0.5/10P15。

Y5WZ-17/45型氧化锌避雷器1只（如图4.34中的F_8）。

⑦10 kV出线柜8只。型号为XGN2-10-07。柜内主要电气设备为：

GN30-10D/400-12.5 型旋转式隔离开关 1 只(如图 4.34 中的 QS_{15})。

ZN28-10/1250 型真空断路器 1 台(如图 4.34 中的 QF_7)。

LZZBJ12-12 型电流互感器 2 只(如图 4.34 中的 TA_7)。电流变比选择 300/5 A(若出线是作为独立变电所馈电用,则互感器变比选择 150/5 A),级次组合选择 0.2/10P15。

GN30-10/400-12.5 型旋转式隔离开关 1 只(如图 4.34 中的 QS_{18})。

⑧10 kV 母线的选择。矩形母线便于安装,维护方便,适用于高压成套设备,因此 10 kV 母线选择 LMY-80×10 型硬铝母线。该型母线在环境温度 40 ℃时的允许载流量为 1 200 A,大于主变压器 10 kV 侧的计算电流 346 A,因此所选母线满足要求。母线的动稳定性校验和热稳定性校验请参考本章 4.2.7 节进行。

(6)绘制变电所主接线图

在选择好主要电气设备后,按新国标规定的图形符号和文字代号,将所有设备的型号、技术参数、母线及电缆截面、高低压成套设备的型号等标注在主接线图上。该 35/10 kV 总降压变电所主接线图如图 4.34 所示。

说明:①并联电容器 2 号柜与并联电容器 1 号柜一样。

②2 号 PT 柜与 1 号 PT 柜一样。

③2 号所用变压器柜与 1 号所用变压器柜一样。

④1 号和 8 号 10 kV 出线都是给工业企业供电的,因此二者的高压开关柜所接电气设备一样。2 号至 7 号出线柜为给独立变电所供电,其电气设备与 1 号、8 号柜一致,区别在于电流互感器变比设置为 150/5 A。

本章小结

本章主要介绍了供配电系统常用的一次设备及一次设备的选择和校验原则,重点介绍了变配电所主接线的基本形式,以及供配电主接线的设计方法。

(1)一次设备是承担生产、输送和分配电能的电气设备,常见的一次设备有变压器、高低压断路器、高压隔离开关、负荷开关、熔断器、电压和电流互感器、母线、避雷器,以及高低压成套设备等。

(2)一次设备的选择需要适应工作场所的温度、湿度和腐蚀等条件,并且要满足所在线路的电气条件。变压器的选择要根据负荷等级和容量进行;高压开关设备、母线、互感器需要校验断流能力、热稳定性和动稳定性;互感器还需要校验准确度等级;避雷器需要校验持续运行电压和雷电冲击电流残压等。

(3)电气主接线设计的基本要求是可靠、安全、经济和灵活。变配电所常见的主接线形式有线路—变压器组合、单母线、单母线分段、双母线、桥式接线等,若要求在检修出线断路器时不能停电,还可以设置旁路母线。在选择变配电所主接线方案时,要综合考虑负荷性质、电源进线回路、主变压器台数等情况。

(4)电气主接线的设计步骤是分析原始资料,确定主变压器的台数、容量和型号,然后定出变电所主接线方案,再计算短路电流,根据短路电流的计算结果选择主要电气设备的型号和数量,最后画出主接线图。

思考与练习

4.1　供配电一次设备有哪些？

4.2　供配电一次设备的选择有哪些原则？

4.3　如何选择变压器容量和台数？

4.4　SF_6 高压断路器和真空断路器各有哪些优点？适用于哪些场合？

4.5　某 35 kV 线路的计算电流为 300 A，最大三相短路电流为 11 kA，三相短路冲击电流为 26 kA，试选择该线路的断路器和隔离开关，并校验动稳定性和热稳定性（短路假想时间为 1.2 s）。

4.6　高压熔断器的分类有哪些？各适用于哪些场合？“限流式”熔断器与“非限流式”熔断器有何区别？

4.7　在熔断器的选择中，为什么熔体的额定电流要与被保护的线路相配合？

4.8　在低压线路中，前后级熔断器如何进行选择性配合？

4.9　氧化锌避雷器比传统的避雷器有哪些优点？其主要技术参数有哪些？

4.10　某 220 kV 变电所电源进线测额定电压为 220 kV，最高电压为 252 kV，额定雷电冲击耐受电压峰值为 850 kV，试选择 220 kV 过电压保护氧化锌避雷器的型号。

4.11　高压开关柜的分类有哪些？各有什么特点？

4.12　高压开关柜的“五防”原则指的是什么？

4.13　在低压断路器的选择中，为什么过流脱扣器的动作电流要与被保护的线路相配合？

4.14　一条 380 V 三相四线制线路供电给一台电动机，电动机的额定电流为 60 A，启动电流为 320 A，启动时间为 3 ~ 8 s，线路首端三相短路电流为 16 kA，线路末端三相短路电流为 8 kA，使用截面为 10 mm^2 的 BLV 型导线穿钢管铺设。拟采用 RT0 型熔断器进行过电流保护，环境温度为 25 ℃。试选择 RT0 型熔断器及熔体的额定电流，并校验熔断器的各项技术指标。

4.15　某 380 V 线路上的计算电流为 220 A，线路尖峰电流为 360 A，三相断流冲击电流为 25 kA，试选择 DW16 型低压断路器进行瞬时过电流保护，并校验保护的各项参数。

4.16　断路器和隔离开关倒闸操作的原则是什么？母线倒闸操作的原则有哪些？

第 5 章

电力线路

内容提要:本章介绍电力线路的接线方式,导线和电缆选择的一般原则,按发热条件、电压损失及经济电流密度选择导线和电缆截面,电力线路的结构和敷设,描述了供配电主接线的基本要求、基本形式、供配电所主接线方案选择等。

5.1 电力线路的接线方式

5.1.1 高压供配电线路的基本接线方式

高压供配电线路的基本接线方式有放射式、树干式和环形 3 种。

(1)放射式接线

如图 5.1 所示为高压放射式接线图。这种供电方式是自源头放射形分散,从每条线路向一个用户直接供电,中间不接任何其他负荷,各用户之间也没有任何电气联系。此方式的特点是供电可靠性高,任意一回路线路故障时均不影响其他回路供电,且操作灵活方便,便于装设自动装置;但高压开关设备较多,每路高压开关和断路器须装设一个高压开关柜,故屏箱多,线路多,有色金属耗量大。该方式适用于容量大、稳定性好、重要的负荷接线。

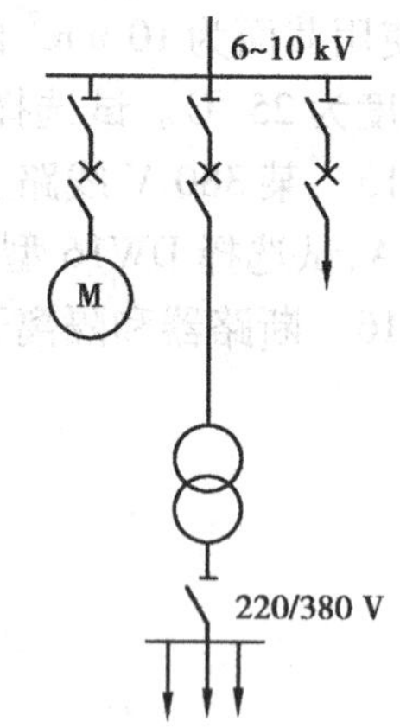

图 5.1 高压放射式接线图

(2)树干式接线

如图 5.2 所示为高压树干式接线图。这种方式是经公共的干线分散引至各用户。其特点与放射式正相反,电源端出线回路数较放射式少,采用的开关设备较少,节省有色金属,节约一次投资;但其供电可靠性较差,配电干线检修或发生故障时会使所有用户停电,扩大了停电范围。要提高供电可靠性,可采用两端供电或双干线供电接线方式。

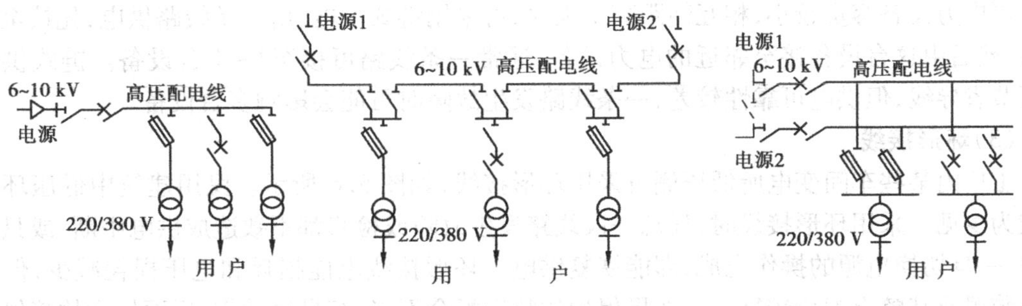

图5.2　高压树干式接线图

(3)**环形接线**

如图5.3所示为高压环形接线图。环形是电源引入用户后又从用户引出,各用户的电源线彼此串接,闭合成环网。它实际上是两端供电的树干式接线。这种接线运行灵活,供电可靠性高。由于运行时继电保护整定较复杂,同时也为避免环形线路上发生故障时影响整个电网,因此大多数环形线路采用开环运行方式,即环形线路中有一处开关是断开的。在现代化城市配电网中这种接线应用较广。

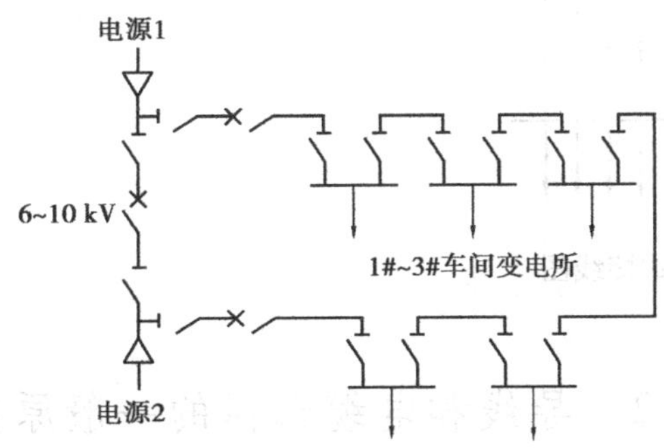

图5.3　高压环形接线图

5.1.2　低压供配电线路的基本接线方式

通常低压供配电线路是指从6~10 kV变电所的低压侧或市电的低压进线装置,到民用建筑内部低压设备的电力线路,电压一般为380 V/220 V。低压供配电线路常有以下几种形式。

(1)**放射式**

如图5.4所示为低压放射式接线图。在这种方式中,配电线发生故障时互不影响,供电可靠性较高,配电设备集中,检修比较方便,但采用的开关电器比较多,有色金属消耗较大。

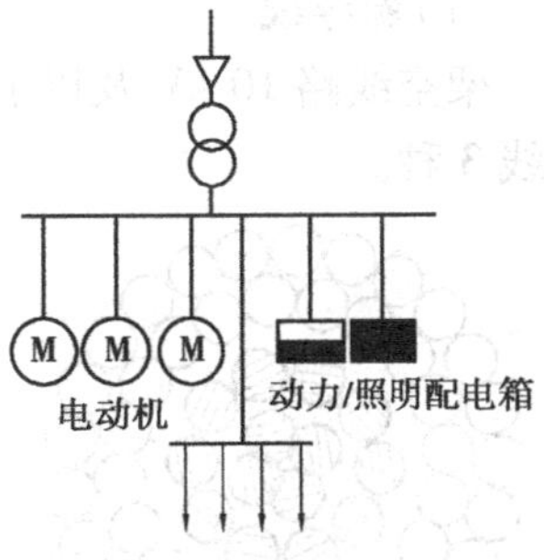

图5.4　低压放射式接线图

(2)**树干式**

如图5.5所示为低压树干式接线图,由变压器引出少数干线,直接向各分支回路的配电箱供电。这种接线结构简单,比起放射式接线,采用的开关电器设备及有色金属消耗较少,系统灵活性好,但一旦干线发生故障时影响范围大,因而可靠性较差。一般用于设备容量小,负荷分布比较均匀,且对供电可靠性无特殊要求的三级负荷。建筑工地现场往往采用树干式配电。

当电力设备容量较小,相互间距离不大时,可采用链式配电,由一条线路供电,先接至一台设备,然后由这台设备接至邻近的电力设备,通常一条线路可接至3~4台设备。链式供电系统可节省导线,但供电可靠性较差,一条线路发生故障时可能会影响多台设备。

(3)**环形接线**

工厂内某些车间变电所低压侧可采用环形接线,如图5.6所示。民用建筑中低压环形接线较为少见。采用环形接线时,任意一段线路发生故障或检修都不致造成供电中断,或只短时停电,一旦切换电源的操作完成,即能恢复供电。环形接线电能损耗和电压损耗减少,但是其保护装置及其整定配合较复杂。如果保护的整定配合不当,容易误动作,反而扩大故障停电范围。低压环形接线通常也采用开环运行方式。

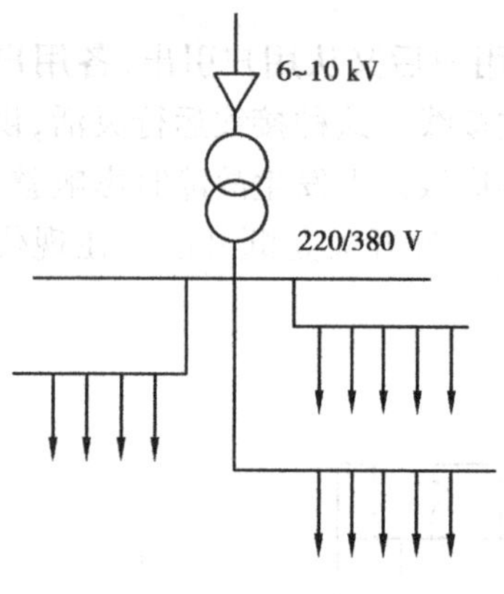

图5.5 低压树干式接线图

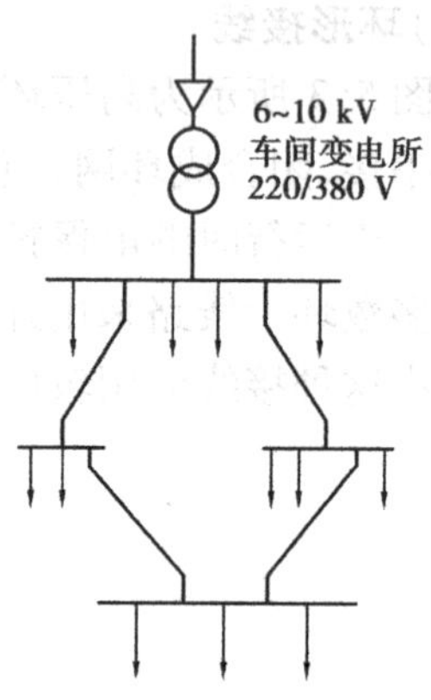

图5.6 环形接线

5.2 导线和电缆选择的一般原则

5.2.1 导线和电缆型号的选择原则

(1)**裸导线**

架空线路10 kV及以上电压等级一般采用裸导线,常用的型号有铝绞线、钢芯铝绞线、铜绞线3种。

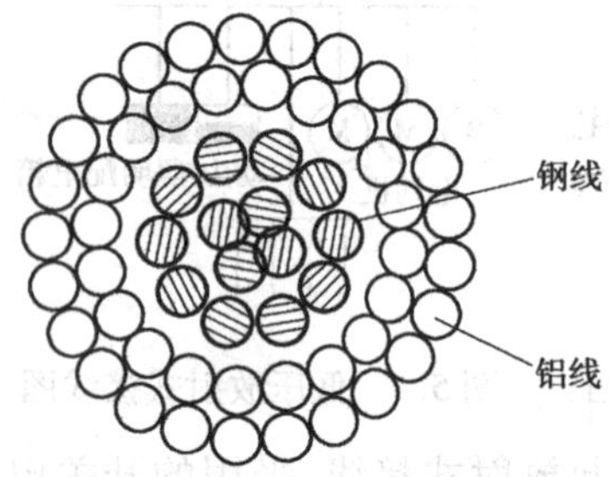

图5.7 钢芯铝绞线图

1)铝绞线

铝绞线(LJ)导电性能较好,质量轻,对风雨作用的抵抗力较强,但对化学腐蚀作用的抵抗力较差,多用于10 kV的线路。其受力不大,杆距不超过100~125 m。

2)钢芯铝绞线

钢芯铝绞线(LGJ)简称钢芯铝线,如图5.7所示,其线芯为钢线,用以增强机械强度,弥补铝绞线机械强度差的缺点,其外围为铝线,导电性较好。交流电具有集肤效应,因此,导体电流实际只从铝线经过,这样确定钢芯铝绞线的截面时,只需考虑铝线部分的面积。钢芯铝绞线在机械强度要求较高的场合和35 kV及以上的架空线路上多被采用。

3)铜绞线

铜绞线(TJ)导电性能好,机械强度好,对风雨和化学腐蚀作用的抵抗力都较强,但价格较高,是否选用应根据实际需要而定。

选择裸导线的环境温度应符合以下两点要求。户外取决于最热月平均最高温。最热月平均最高温为最热月每日最高温度的月平均值,取多年平均值。户内取决于该处通风设计温度。选择屋内裸导线的环境温度时,若该处无通风设计温度资料,可取最热月平均最高温度加50 ℃。

(2)**母线**

母线是裸金属的导电型材,是用来汇集和分配电能的导体,又称汇流排。由于它最常用的形状为矩形,即排状,也称为母排。母线包括以下3种类型。

1)矩形母线

矩形母线具有集肤效应系数小、散热条件好、安装简单、连接方便等优点,一般工作电流不大于2 000 A,主要有铜母线(TMY)、铝母线(LMY)及少量使用的钢母线(GMY)3类(最近出现复铜铝母线)。

随着片数的增加,集肤效应系数显著增大,附加损耗显著增大,故载流量不随片数的增长而成倍增长。

2)槽形母线

槽形母线与同截面矩形母线相比,槽形母线电流分布均匀、机械强度高、散热条件好、载流能力大、安装方便。

3)管形母线

管形母线作为空心导体,集肤效应系数小。户外使用可减少占地,简明构架,清晰布置。但导体和设备的连接复杂,户外易产生微风振动。

(3)**绝缘电线**

在低压照明电路及部分动力电路中广泛使用绝缘电线。绝缘电线按线芯材料分为铜芯和铝芯。按绝缘材料分有以下3种类型。

1)橡皮绝缘线

橡皮绝缘线的耐温变化性能好,为室内敷设优选。常用型号为BX(BLX)、BBX(BBLX)、BXF(BLXF)、BXR等(中间有L的线芯为铝芯,没有则为铜芯)。

2)塑料绝缘线

塑料绝缘线的绝缘性能好,价格低,耐油和抗酸、碱腐蚀,相对橡皮绝缘线可节省橡胶和棉纱。其缺点是对气候适应性差,低温变硬发脆,高温、日晒又易于老化。在无隔热的高温环境、日晒及严寒地应选择特殊型塑料电线。在有消防要求时选择阻燃(ZR)、耐火(NH)型产品。常用的型号是BV(BLV)、BVV(BLVV)、BVR等。

3)氯丁橡皮绝缘线

氯丁橡皮绝缘线的耐油性能好,不易霉,不易燃,适应气候性能好,光老化过程缓慢,老化时间为普通橡皮绝缘线的两倍,适宜在户外敷设。但其绝缘层机械强度差,不宜穿管敷设。

(4)**电缆**

电缆是一种特殊导线,线芯是几根或单根绞绕的绝缘导线,外面绕包有绝缘层和保护层。

电缆线芯的断面形状有圆形、半圆形、扇形、空心形和同心形圆筒等。线芯采用扇形,可减小电缆外径。电缆可分单芯、双芯、三芯、四芯、五芯等多种。绝缘层用于承受电压,起线芯之间或线芯和大地之间的绝缘作用。绝缘层所用的材料很多,如橡胶、聚氯乙烯、聚乙烯、交联聚乙烯、棉、麻、纸、矿物油等。保护层又分内护层和外护层。内护层用来直接保护绝缘层,而外护层用来防止内护层免受机械损伤和腐蚀。外护层通常为钢丝或钢带构成的钢铠,并在铅包与钢带铠装之间用浸沥青的麻被作衬垫隔开,以防止铅皮被钢带扎破,铠装的外面再用麻被浸渍沥青作保护层,以防锈蚀。没有外保护层的电缆用在无机械损伤和化学腐蚀的地方。

电缆的类型很多。电力电缆按其线芯材质可分为铜芯和铝芯两大类。按其采用的绝缘介质可分为油浸纸绝缘和塑料绝缘两大类。塑料绝缘电缆又有聚氯乙烯绝缘及护套电缆和交联聚乙烯绝缘聚氯乙烯护套电缆两种。油浸纸绝缘电缆具有耐压强度高、耐热性能好和使用寿命较长等优点,但它工作时其中的浸渍油会流动,不适用于两端安装高度差大的场所。塑料绝缘电缆具有结构较简单、制造成本较低、敷设方便、不受高度差限制及耐酸碱腐蚀等优点,特别是交联聚乙烯绝缘电缆,其电气性能更优异,因此,应用越来越广泛。如图 5.8 所示分别为油浸纸绝缘电力电缆和交联聚乙烯绝缘电力电缆的结构图。

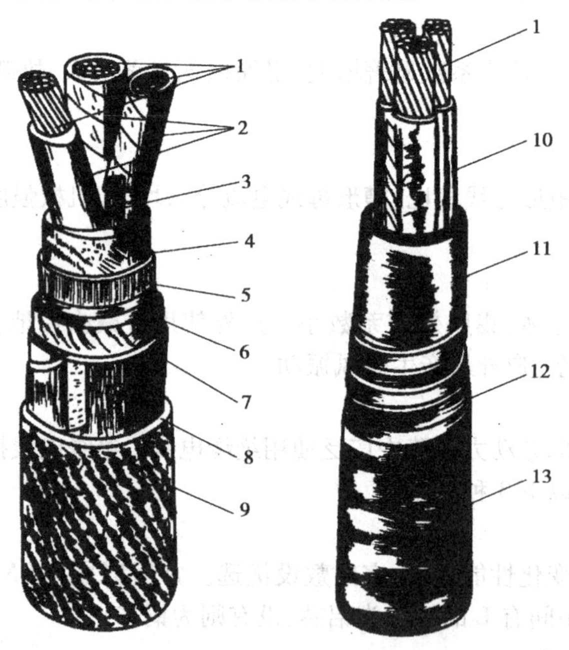

(a)油浸纸绝缘电力电缆　(b)交联聚乙烯绝缘电力电缆

图 5.8　油浸纸绝缘电力电缆和交联聚乙烯绝缘电力电缆结构图

1—缆芯(铜芯或铝芯);2—油浸纸绝缘层;3—填料(麻筋);4—油浸纸绕包绝缘;5—铅包;6—涂沥青的纸带(内护层);7—浸沥青的麻被(内护层);8—钢铠(外护层);9—麻被(外护层);10—交联聚乙烯绝缘层;11—聚氯乙烯护套(内护层);12—钢铠或铝铠(外护层);13—聚氯乙烯外套(外护层)

5.2.2　导线和电缆截面的选择原则

为保障供配电线路安全、可靠、优质、经济的运行,其导线和电缆的截面选择应满足以下条件。

(1)按发热条件选择

导线和电缆通过正常最大负荷电流(即线路计算电流)时,为防止导线或电缆过热引起绝缘损坏或老化,其发热温度不应超过正常运行时的最高允许温度,即通过导线或电缆的最大负荷电流不应大于其热允许载流量。

(2)按允许电压损失条件选择

导线和电缆通过正常最大负荷电流(即线路计算电流)时,为保证供电质量,线路上产生的电压损失不应超过正常运行时允许的电压损失,即要求按允许电压损失条件选择线缆截面。

(3)按经济电流选择

导线截面影响线路投资和电能损耗,为了节省投资,要求导线截面小些;为了降低电能损耗,要求导线截面大些。综合考虑,确定一个比较合理的导线截面,称为经济截面,与其对应的电流密度称为经济电流密度。经济电流密度是指使线路的经济费用总支出最小的电流密度。以经济截面作为选择线缆截面上限的做法,即按经济电流选择线缆截面。35 kV 及以上线路和 35 kV 以下但电流很大的线路,其导线和电缆截面宜采用经济电流密度选择。

(4)按机械强度选择

导线在正常运行时,由于受其自身质量和风、雨、雪、冰等外部作用力的影响,以及在安装过程中也要受到拉伸的作用力,为保证在安装和运行过程中,导线不致折断而中断正常供电和发生其他事故,导线的截面不得小于其最小允许截面。

5.3 按发热条件选择导线和电缆截面

5.3.1 三相系统相线截面的选择

导线和电缆在通过正常最大负荷电流(即线路计算电流)时产生的发热温度,不应超过其正常运行时的最高允许温度,即

$$I_{30} \leqslant I_{al}$$

5.3.2 中性线和保护线截面的选择

(1)中性线(N 线)截面积的选择

①一般三相四线制的中性线截面积 A_0,应不小于相线截面积 A_ϕ 的 50 %。

②由三相四线制线路分支的两相三相线路和单相线路,由于其中性线电流与相线电流相等,因此,其中性线截面积 A_0 应与相线截面积 A_ϕ 相同。

(2)保护线(PE 线)截面积的选择

①当 $A_\phi \leqslant 16\ mm^2$ 时。

②当 $16\ mm^2 \leqslant A_\phi \leqslant 35\ mm^2$ 时。

③当 $A_\phi > 35\ mm^2$ 时。

(3)保护中性线(PEN 线)截面的选择

保护中性线兼有保护线和中性线的双重功能,因此其截面选择应同时满足上述保护线和中性线的要求,取其中最大值。

5.4 按允许电压损失选择导线和电缆截面

5.4.1 线路电压损失的计算

由于线路有阻抗,因此负荷电流通过线路时有一定的电压损失。电压损失越大,则用电设备端子上的电压降低就越大,当电压降低超过允许值时将严重影响电气设备的正常运行。所以按规范要求,线路的电压损失不能超过规定值,如高压配电线路的电压损失,一般不超过线路额定电压的5%;从变压器低压侧母线到用电设备受电端的低压配电线路的电压损失,一般不超过用电设备额定电压的5%;对视觉要求较高的照明电路,则为2%~3%。如果线路电压损失超过了允许值,应适当加大导线截面。

1)集中负荷的线路电压损失计算

如图5.9(a)所示为带有两个集中负荷的三相线路。线路中的负荷电流都用小写 i 表示,各线段电流都用大写 I 表示。各线段的长度及每相的电阻和电抗分别用小写 l、r 和 x 表示;各负荷点至线路首端的线路长度及每相的电阻和电抗分别用大写 L、R 和 X 表示。以线路末端的相电压作参考绘制线路的电压电流相量图,如图5.9 (b)所示。

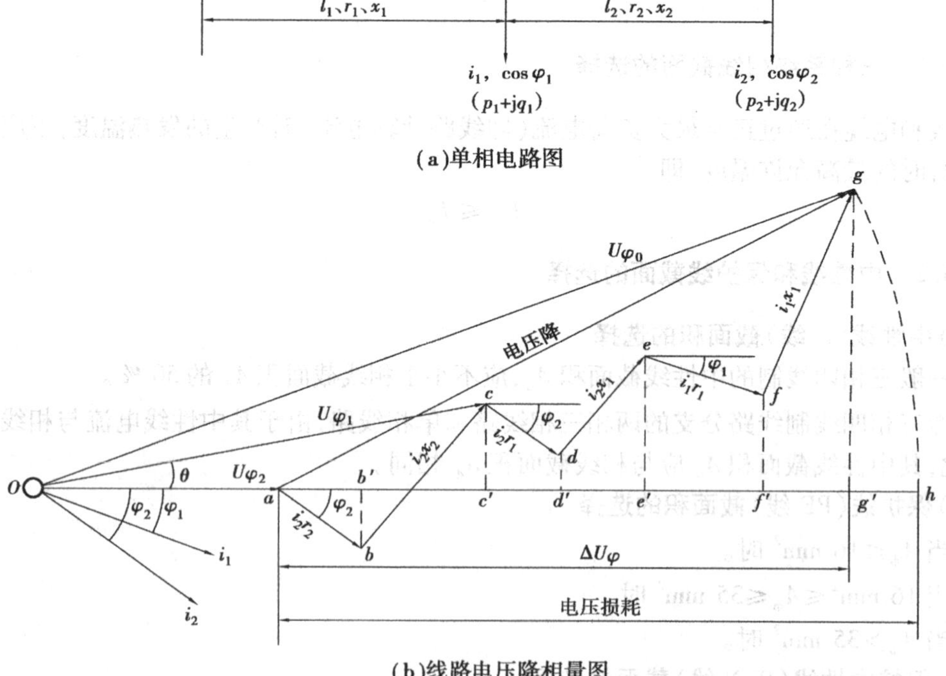

图5.9 带有两个集中负荷的三相线路

$$\Delta U_{\varphi} = \overline{ab'} + \overline{b'c'} + \overline{c'd'} + \overline{d'e'} + \overline{e'f'} + \overline{f'g'}$$
$$= i_2 r_2 \cos\varphi_2 + i_2 x_2 \sin\varphi_2 + i_2 r_1 \cos\varphi_2 + i_2 x_1 \sin\varphi_2 + i_1 r_1 \cos\varphi_1 + i_1 x_1 \sin\varphi_1$$
$$= i_2 (r_2 + r_1)\cos\varphi_2 + i_2 (x_2 + x_1)\sin\varphi_2 + i_1 r_1 \cos\varphi_1 + i_1 x_1 \sin\varphi_1$$
$$= i_2 R_2 \cos\varphi_2 + i_2 X_2 \sin\varphi_2 + i_1 R_1 \cos\varphi_1 + i_1 X_1 \sin\varphi_1$$

将上式中的相电压损耗ΔU_{φ}换算成线电压损耗ΔU,即得到线路电压损失的计算公式为:

$$\Delta U = \sqrt{3}\sum (iR\cos\varphi + iX\sin\varphi)$$

如果用各线段的负荷电流来计算,则公式为:

$$\Delta U = \sqrt{3}\sum (Ir\cos\varphi + Ix\sin\varphi)$$

对于可忽略感抗或负荷的线路,称为无感线路,则电压损失的计算公式为:

$$\Delta U = \sqrt{3}\sum (iR) = \sqrt{3}\sum (Ir) = \frac{\sum pR}{U_N} = \frac{\sum Pr}{U_N}$$

对于全线导线型号一致且不计感抗或负荷的线路,称为均一无感线路,电压损失公式为:

$$\Delta U = \frac{\sum (pL)}{\gamma A U_N} = \frac{\sum (Pl)}{\gamma A U_N} = \frac{\sum M}{\gamma A U_N}$$

线路电压损失的百分值为:

$$\Delta U\% = \frac{\Delta U}{U_N} \times 100\%$$

均一无感线路电压损失的百分值为:

$$\Delta U\% = \frac{\sum M}{\gamma A U_N} \times 100\% = \frac{\sum M}{CA}$$

2)负荷均匀分布线路的电压损失计算

如图5.10所示,设单位长度线路上的负荷电流为i_0,则微小线段dl的负荷电流为i_0dl。

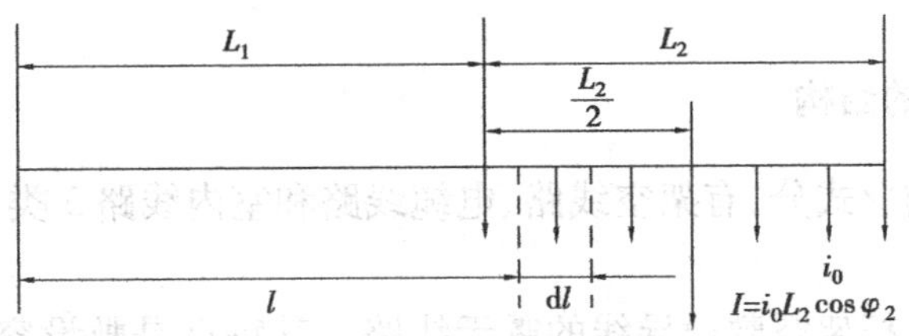

图5.10　负荷均匀分布的线路

设线路长度为l,单位长度上的电阻为R_0,单位长度上的电抗为X_0,则负荷电流流过线路的电压损失为:

$$\mathrm{d}(\Delta U) = \sqrt{3}\, i_0 \mathrm{d}l (R_0 \cos\varphi_2 + X_0 \sin\varphi_2)$$

整个线路由分布负荷产生的电压损失为:

$$\Delta U = \int_{L_1}^{L_1+L_2} \mathrm{d}(\Delta U) = \sqrt{3}\, i_0 L_2 (R_0 \cos\varphi_2 + X_0 \sin\varphi_2)\left(L_1 + \frac{L_2}{2}\right)$$

带有均匀分布负荷的线路,在计算电压损失时,可将分布负荷集中于分布线段的中点,按集中负荷来计算。

5.4.2 选择导线和电缆截面

按允许电压损失选择导线多用于低压照明线路。

$$A = \frac{\sum M}{C\Delta U_{al}\%}$$

5.5 按经济电流密度选择导线和电缆截面

导线截面的大小直接影响线路的投资和年运行费用,因此从经济方面考虑,导线应选择一个比较合理的截面,这要考虑两个方面:一方面选择截面越大,电能损耗就越小,但线路投资、有色金属消耗量及维修管理费用就越高;另一方面选择截面越小,线路投资、有色金属消耗量及维修管理费用越低,但电能损耗越大。

从全面的经济效益考虑,既要使线路的年运行费用接近于最小,又要适当考虑有色金属节约的导线截面,称为经济截面,用A_{ec}表示。线路的年运行费包括线路的年折旧费(即线路投资除以折旧年限之值)、维修费、管理费和电能损耗费。与经济截面对应的导线电流密度称为经济电流密度,以j_{ec}表示。

按经济电流密度计算截面的公式为:

$$A_{ec} = \frac{I_{30}}{j_{ec}}$$

5.6 电力线路的结构和敷设

5.6.1 电力线路的结构

供配电线路按结构形式分,有架空线路、电缆线路和室内线路3类。

(1)**架空线路**

架空线路是利用电杆架空敷设导线的露天线路。其特点是敷设容易,成本低,投资少,维修方便,易于发现和排除故障,故在室外线路中应用广泛。但架空线路受大气影响,易受雷击和污秽空气危害,并且架设时还要占用一定的地面位置,有碍交通和观瞻,受到一定限制,安全可靠性较差。现代化工厂及大中城市已逐渐减少架空线路,改用电缆线路。

架空线路由导线、电杆、横担、绝缘子和线路金具等主要元件组成,如图5.11所示。为了防雷,有的架空线路上还在电杆顶端架设避雷线(又称架空地线)。为了加强电杆的稳固性,有的电杆还安装有拉线或扳桩。

导线是线路的主体,承担着输送电能的工作。导线架设在电杆上面,要经受自重和各种外力的作用,并要承受大气中各种有害物质的侵蚀。因此导线必须具有良好的导电性,同时要具有一定的机械强度和耐腐蚀性,而且要尽可能质轻和价廉。

电杆是支撑导线的支柱,是架空线路的重要组成部分。对电杆的要求,主要是要有足够的机械强度,同时尽可能地经久耐用、价廉、便于搬运和安装。电杆按其采用的材料分,有木杆、水泥杆和铁塔3种。木杆现已淘汰,现在一般以水泥杆应用最为普遍,因为采用水泥杆可节约大量木材和钢材,而且经久耐用,维护简单,也比较经济。铁塔在要求高机械强度和支持度时使用。

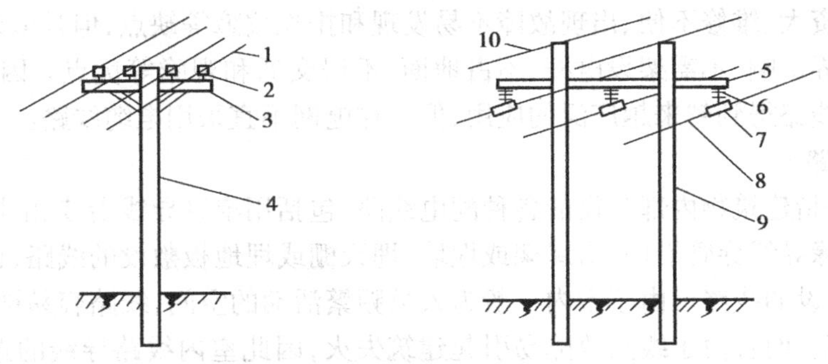

图5.11　导线在架空线路

1—低压导线;2—低压针式绝缘子;3—低压横担;4—低压电杆;5—高压横担;6—高压悬式绝缘子串;7—线头;8—高压导线;9—高压电杆;10—避雷线

电杆按其在架空线路中的地位和功能分,有直线杆、分段杆、转角杆、终端杆、跨越杆和分支杆等形式。如图5.12所示为上述杆型在低压架空线路中应用的示意图。

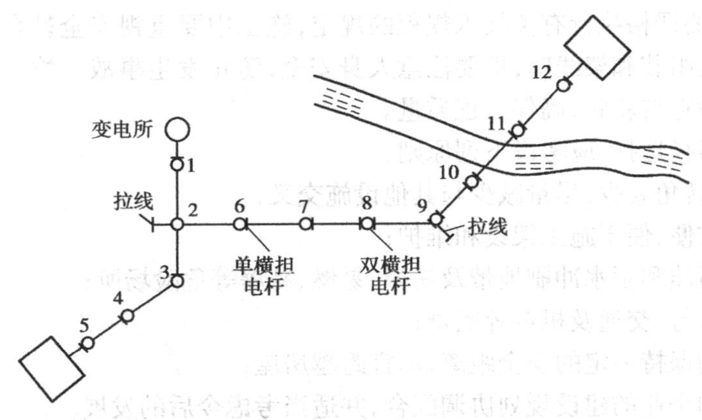

图5.12　杆型在低压架空线路中应用的示意图

横担安装在电杆的上部,用来安装绝缘子以架设导线。常用的横担有木横担、铁横担和瓷横担,现在普遍采用铁横担和瓷横担。瓷横担用于高压架空线路,兼有绝缘子和横担的双重功能,能节约大量木材和钢材,减少线路造价。同时其表面便于雨水冲洗,可减少线路维修。瓷横担结构简单,安装方便,但它比较脆,安装和使用中必须注意。

拉线的作用是平衡电杆各方面的作用力,并抵抗风压以防电杆倾倒,例如,终端杆、转角杆、分段杆等往往都安装有拉线。

绝缘子又称瓷瓶。线路绝缘子用来将导线固定在电杆上,并使导线与电杆绝缘。因此,对绝缘子既要求具有一定的电气绝缘强度,又要求具有足够的机械强度。线路绝缘子按电压分低压绝缘子和高压绝缘子两大类。

线路金具是用来连接导线、安装横担和绝缘子、固定和紧固拉线等的金属附件,包括安装针式绝缘子的直脚和弯脚,安装蝴蝶式绝缘子的穿芯螺钉,将横担或拉线固定在电杆上的U

形抱箍,调节拉线松紧的花篮螺钉以及悬式绝缘子串的挂环、挂板、线夹等。

(2)电缆线路

电缆线路是利用电力电缆敷设的线路,一般敷设于地下,大多数直接埋设于土壤中,也有的敷设于地下的电缆沟道中,还有采用电缆桥架明敷或架空敷设。电缆线路与架空线路相比,具有成本高、投资大、维修不便、出现故障不易发现和排除故障等缺点,但是电缆线路具有运行可靠、不易受外界影响、不需架设电杆、不占地面、不碍交通和观瞻等优点。因此,在现代城市和企业中,电缆线路得到越来越广泛的应用,但农村电网不宜采用电缆线路。

(3)室内线路

室内线路是指建筑物内部敷设的各种配电线路,包括用绝缘导线沿墙、沿屋架或沿天棚明敷的线路,用绝缘导线穿管沿墙、沿屋架或埋墙、埋天棚或埋地板敷设的线路,也包括用裸导线或电缆在室内敷设的线路。由于室内一般为人员频繁活动的空间,线路容易被人员触及,因此安全要求特别高。而且由于线路故障易引起建筑失火,因此室内线路导线的选择和敷设要特别注意其安全可靠性。

5.6.2 电力线路的敷设

(1)架空线路的敷设

敷设架空线路,要认真调查研究,综合考虑各方面因素,合理安排,多方比较,做到安全适用,经济合理。还要严格执行有关技术规程的规定,施工中要重视安全教育,采取有效的安全措施,特别在立杆、组装和架线时,更要注意人身安全,防止发生事故。竣工后,要按照规定的程序和要求进行检查与验收,确保工程质量。

架空线路的路径选择,应考虑下列原则:

①路径要短,转角要少,尽量减少与其他设施交叉;

②交通运输方便,便于施工架设和维护;

③尽量避开河洼和雨水冲刷地带及易撞、易燃、易爆等危险场所;

④不应引起人行、交通及机耕等困难;

⑤应与建筑物保持一定的安全距离,不宜跨越房屋;

⑥应与城镇和企业的建设规划协调配合,并适当考虑今后的发展。

导线在电杆上的排列方式有很多种。三相四线制低压架空线路的导线一般采用水平排列,由于中性线电位在三相对称时为零,其截面积也很小,机械强度较差,因此中性线一般架设在靠近电杆的位置。三相三线制架空线路的导线可三角形排列,也可水平排列。多回路导线在同一电杆架设时可混合排列,也可垂直排列。电压不同的线路同杆架设时,电压高的线路应架设在上面,电压低的线路应架设在下面。

架空线路的档距(又称跨距)是指同一条线路两相邻电杆之间的水平距离。厂区架空线路的档距,低压为25 ~40 m,高压(10 kV 及以下)为35 ~50 m。

导线的弧垂(又称弛度)是指架空线路一个档距内导线最低点与两端电杆上导线固定点间的垂直距离。弧垂是由于导线自重及其他荷重所形成的。弧垂不宜过大,也不宜过小。过大则在导线摆动时容易引起相间短路,而且可造成导线对地或对其他物体的安全距离不够;过小则使导线内应力增大,天冷时会使导线收缩崩断。

(2)电缆的敷设

1)直接埋地敷设

直接埋地敷设是电缆线路常用的敷设方式。先挖好壕沟,然后把电缆埋在里面,再在周围填以沙土,上加保护板,再回填土,如图5.13所示。其施工简单,散热效果好,投资少,但检修不便,易受机械损伤和土壤中酸性物质的腐蚀。如果土壤有腐蚀性,须经过处理后再敷设。直接埋地敷设适用于电缆数量少、敷设途径较长的场合。敷设根数应少于8根,为避免地面的重物伤害,直埋深度室外不得小于0.7 m。

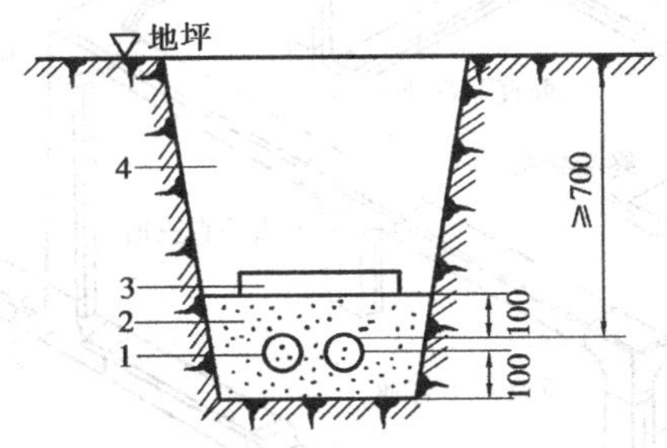

图5.13　电缆在直接埋地敷设

1—电缆;2—砂;3—保护板;4—压实填土

2)电缆沟敷设

电缆沟敷设是电缆线路的又一种常用方式。将电缆敷设在电缆沟的电缆支架上。电缆沟由砖砌成或混凝土浇筑而成,上加盖板,内侧有电缆架,如图5.14所示。其投资稍高,但检修方便、占地面积少,在变配电所中应用十分广泛。

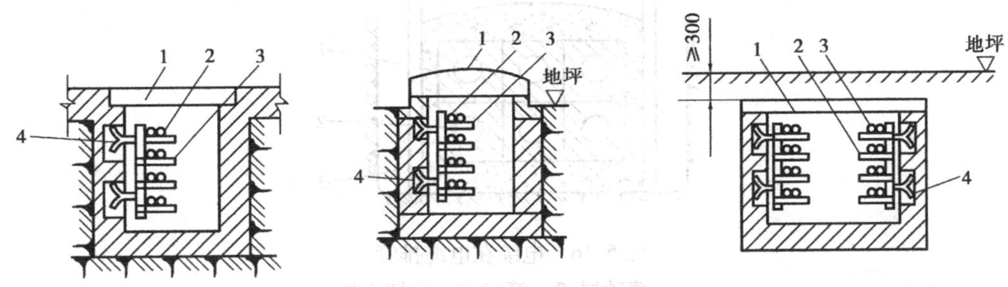

图5.14　电缆在电缆沟敷设

1—混凝土盖板;2—电缆支架;3—电缆;4—燕尾螺栓

敷设中的注意事项如下:室内电缆沟的盖板应与室内地坪相平,室外电缆沟的沟口宜高出地面50 mm,以减少地面排水进入沟内。当影响地面排水或交通时,可采用具有覆盖层的电缆沟,此时盖板顶部一般低于地面300 mm;电缆沟一般采用钢筋混凝土盖板,当在室内且需要经常开启盖板时可采用花纹钢;应采取防水措施;底部还应做不小于0.5%的纵向排水坡度,并设集水井。电缆在多层支架上敷设时,电力电缆应放在控制电缆上层,但1 kV以下的电力电缆和1 kV以上的电力电缆分别敷设于两侧支架上。电缆在沟内敷设时,支架长度不宜大于350 mm。

3)电缆桥架

线缆敷设在电缆桥架内适用于电缆及绝缘导线。电缆桥架装置是由支架、盖板、支臂和线槽等组成,如图5.15所示。电缆沟敷设时存在积水、积灰、易损坏电缆等多种弊病,桥架敷设克服了这些缺点,改善了运行条件,且具有占空间小、投资少、建设周期短、便于采用全塑电缆和工厂系列化生产等优点,因此日渐被广泛应用。桥架型号、品种繁多,按结构分为梯级式、托盘式、槽式和组合式;按跨度分为一般跨距和大跨距;按材质分为钢材表面涂漆、喷漆、烤漆、镀锌及热浸锌、环氧玻璃钢及铝材质。

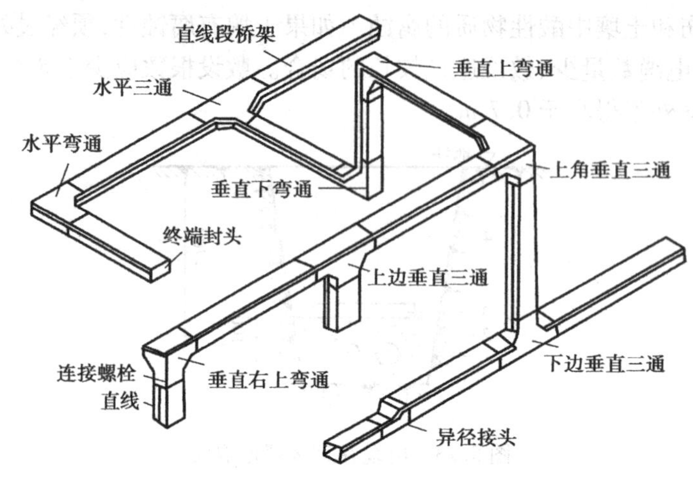

图 5.15　电缆在电缆桥架

4)电缆排管

当电缆数量不多(一般不超过 12 根),而道路交叉多,路径拥挤,又不能直埋或电缆沟较深时,可采用电缆排管方式。排管可用石棉水泥管或混凝土管。其结构如图 5.16 所示。

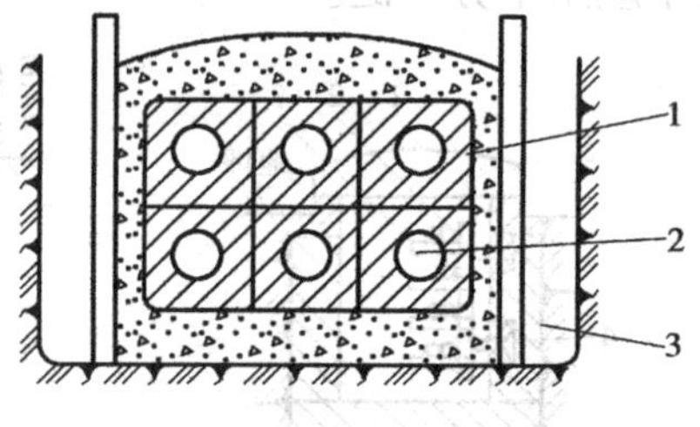

图 5.16　电缆在电缆排管

1—填砂层;2—管材;3—回填土层

5)电缆隧道

电缆数量多到以电缆沟不能敷设时,就使用电缆隧道,如图 5.17 所示。

(3)**绝缘导线的敷设**

绝缘导线按其芯线材质分,有铜芯和铝芯两种。重要线路(如办公楼、实验室、图书馆和住宅建筑等)的配电线路以及高温、振动场所和对铝有腐蚀的场所线路,均应采用铜芯绝缘导线。其他情况下可采用铝芯绝缘导线。

绝缘导线按其绝缘材料分,有橡皮绝缘和塑料绝缘两种。塑料绝缘导线的绝缘性能好,耐油和抗酸碱腐蚀,价格较低,且可节约大量橡胶和棉纱,因此,在室内明敷和穿管暗敷中应优先采用塑料绝缘导线。但塑料绝缘导线在高温时绝缘易软化、老化;低温时绝缘又要变硬发脆,因此在高温场所及室外不宜选用,而应选用橡皮绝缘导线。

绝缘导线的敷设方式分明敷和暗敷两种。明敷时,导线应横平竖直,排列整齐,尽可能沿建筑物平顶、横梁、墙角等隐蔽处敷设。暗敷时应尽量沿最短的路径敷线，但要避开可能挖掘或凿洞的地方。

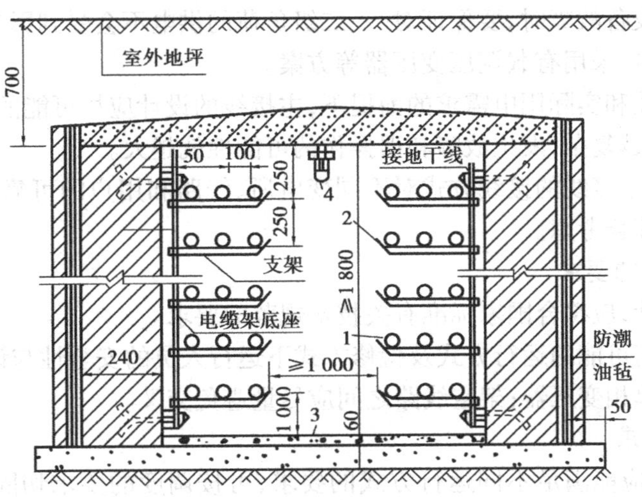

图5.17　电缆在电缆隧道

绝缘导线明敷和暗敷各有优缺点。从安全和美观上来说，暗敷优于明敷。但从便于检修和经济来说，则明敷较好。暗敷通常是在建筑物基建时采用预埋管线的办法，或者在装修时掏槽埋设的办法。对于旧房中配电线路的改建，如拟将明敷改为暗敷，应不得损伤建筑的结构强度。

(4)裸导线的敷设

封闭式母线水平敷设时，至地面距离不应小于2.2 m。垂直敷设时，距地面1.8 m以下部分应采取防机械损伤措施，但敷设在电气专用房间内（如配电室、电机室、电气竖井等场所）的除外。

5.7　供配电主接线

供配电主接线又称一次接线，是指将母线、变压器、开关设备、互感器、避雷器、无功补偿装置等一次设备按要求有序地连接起来，以完成电能的输送与分配的电路，主接线表示了一次设备之间的连接关系以及变电所与电力系统之间的关系，但不表示电力设备和变电所在电力系统中的实际地理位置。主接线图中通常用单线图表示三相线路，在接线图中还应将电力设备及其规格和型号标注出来。

供配电主接线的方式，应根据其在电力系统中的地位和作用确定，只有根据可靠性、安全性、经济性和灵活性的原则确定主接线的方案后，才能合理地选择供配电系统的电气设备。

5.7.1　供配电主接线的基本要求

(1)供电可靠性的要求

主接线的设计方案，应尽量避免因设备或线路故障造成电力系统的崩溃或非同步运行，同时要保证电力系统运行的稳定性，避免电压波动等现象。

①要保证断路器检修时，不影响供电。

②母线或电气设备故障时，应尽可能地减少停电线路的数目和停电时间。

③母线或电气设备故障时，要保证对一、二级负荷的供电不会受到影响。具体设计时可采用两个独立电源供电，采用有载调压变压器等方案。

④在满足可靠性和实际用电需求的前提下，主接线的设计应尽可能的简单，因为线路上的电气设备越多、接线越复杂，发生故障和误操作的可能性就越大。

需要注意的是，主接线的接线方式对不同变电所、线路和用户的可靠性影响不是相同的，在实际设计时需要综合考虑。

(2)供电安全性的要求

①主接线的设计，应符合国家标准有关技术规范的要求。

②应保证在任何可能的运行方式及检修方式下运行人员的安全性与设备的安全性。具体设计时应尽量选用单相变压器；架空线路之间应尽量避免交叉。

(3)灵活性的要求

主接线的设计，应能满足不同运行方式的要求，可按调度的要求切除或投入线路和变压器，同时应尽量方便人员对线路或设备进行操作和检修。还要考虑经济的发展和电网的远景规划，设计方案应为供配电系统在未来 5 ~ 10 年内的发展留下扩建的余地。

(4)经济性的要求

在满足安全、可靠、灵活性的前提下，主接线的设计应尽量简单，以节约有色金属和设备的投资。

①变电所初期建设时，在满足供电负荷要求的前提下，应合理选择变压器的台数和容量，以节约初期投资和运行费用。

②在主接线的设计方案中，应为配电装置的合理布置创造条件，以减少占地面积。

5.7.2 供配电主接线的基本形式

母线是一次系统中用于汇集、分配和传送电能的载体，母线将同一电压等级的发电机、进出线回路、变压器和各种电气设备进行连接。因此，供配电主接线方式分为有母线和无母线两大类。

有母线分类包括单母线接线和双母线接线两种。单母线又分为单母线不分段、单母线分段、单母线带旁路母线、单母线分段带旁路母线等方式；双母线又分为双母线不分段、双母线带旁路母线分段接线。无母线方式分线路-变压器组、桥式接线、多角形接线等，桥式接线又分为内桥式接线和外桥式接线。

(1)线路-变压器组接线

线路-变压器组接线方式将发电机组直接与变压器相连，如图 5.18 所示。

此种接线方式最为简单，节省用电设备，运行费用低，但是当进行检修或任意设备发生故障时，都会导致全部停电，因此只适用于容量较小的三级负荷。

根据变压器高压侧具体情况的不同，高压侧可装设不同的开关设备：

①图 5.18(a)中因发电机出口不设母线，输出电能均能通过变压器送至电网，因此，不会存在发电机空载运行的情况，所以可以不用装设出口断路器，只装设隔离开关 QS_1 即可对发电机运行进行调试。

②当变压器容量小于1 250 kV·A,且高压侧短路容量不超过高压熔断器的断流容量时,可采用负荷开关-熔断器组合,如图5.18(b)所示。

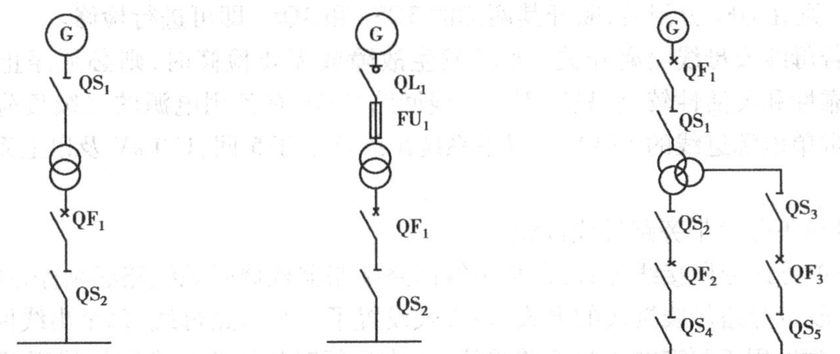

图5.18 线路-变压器组接线

③图5.18(c)中为了对变压器高、中绕组在联合运行情况下进行发电机的投、切操作,应在高压侧装设隔离开关和断路器。

(2)单母线接线

单母线接线方式只有一条母线,所有的电源进线回路和出线回路都通过一只隔离开关和和一只断路器并列挂接在该母线上。各回路中的断路器用来对该回路进行短路保护和投切控制,隔离开关用于在检修时保证停运设备或线路与带电部分可靠分离,在投切设备或线路时,必须严格遵循断路器和隔离开关倒闸操作的原则。

1)单母线不分段接线

单母线不分段接线方式一般有1~2路电源进线,而有多处出线,其接线方式如图5.19所示。

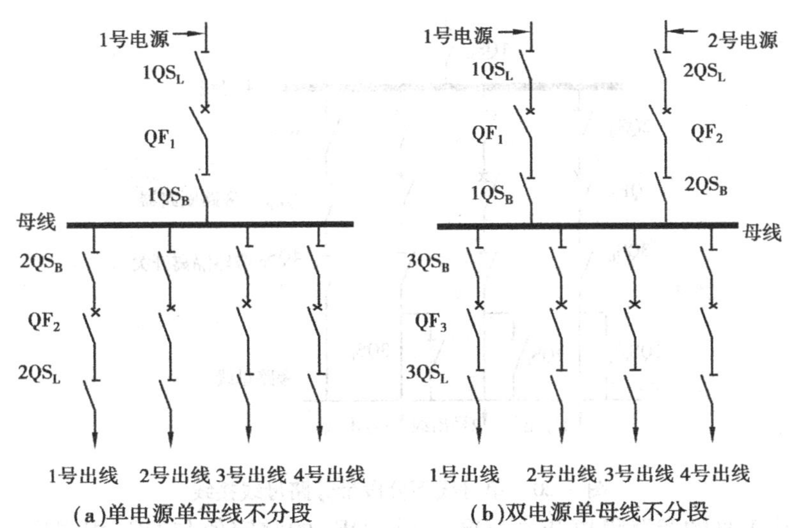

图5.19 单母线不分段接线

此种接线方式比较简单,设备少,操作方便,若某路出线发生故障或需要检修,则只需断开该路出线对应的断路器和线路隔离开关（QS_L）即可，例如，图 5.19（b）中的出线回路 1 号发生短路故障，则 QF_3 自动跳闸把故障线路断开，而不影响电源进线和其他出线回路的作用，若需要检修 QF_3，则在 QF_3 分闸后，断开其两侧的 $3QS_L$ 和 $3QS_B$ 即可进行检修。

但是，若母线或母线隔离开关（QS_B）发生故障或需要检修时，则必须停止整个系统的供电，运行可靠性和灵活性较差，只适用于出线回路较少，有备用电源的二级负荷或小容量的三级负荷，通常单电源进线的35 kV 及以下系统出线不多于5 回，110 kV 及以上系统出线不多于2 回。

2）单母线不分段带旁路母线接线

为解决单母线分段接线方式，在某出线回路断路器检修时该线路必须停运的缺点，可采用单母线不分段带旁路母线接线的方式，该方式设置了一个旁路母线，每个出线回路安装一个旁路隔离开关 QS_P 用于隔离或连接旁路母线（正常运行时将线路与旁路母线断开），所用出线回路共用一个旁路断路器 QF_P，其结构如图 5.20 所示。

当某一出线的断路器检修时，该出线可通过倒闸操作从旁路母线上取得电能而能继续运行。例如，若需要检修图 5.20 出线 1 号的断路器 QF_2，其具体操作如下：

①检查旁路母线。闭合 QF_P 两头的隔离开关 $3QS_B$ 和 $4QS_P$ 后，将 QF_P 合闸，给旁路母线充电，若 QF_P 没有自动跳闸，则说明旁路母线完好，再断开 QF_P。

需要说明的是，对母线进行操作必须遵守母线倒闸操作原则：在给母线充电前，应先将该母线的电压互感器投入运行，以使继电保护装置能够从电压互感器得到母线状态，从而控制断路器工作。而给母线断电前，应先将母线上的负荷全部转移后，再停运其电压互感器，这样，在负荷转移完成前，继电保护装置都能对母线状态进行正常监控。

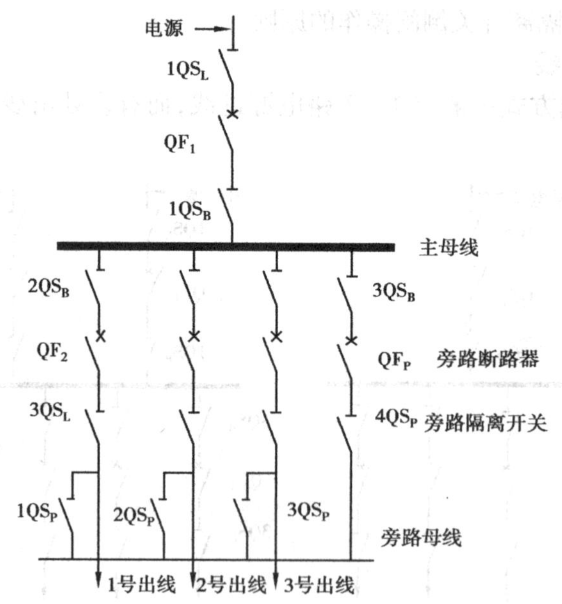

图 5.20　单母线不分段带旁路母线接线

②闭合出线 1 号的旁路隔离开关 $1QS_P$，确认 QF_P 的整定值与 QF_2 相同后，闭合 QF_P 两头的隔离开关 $3QS_B$ 和 $3QS_L$，再闭合旁路断路器 QF_P，让旁路母线从主母线得电，使得出线 1 号同时从主母线和旁路母线得电。

③断开 QF_2，再断开其两头的隔离开关 $2QS_B$ 和 $2QS_L$，则可安全检修 QF_2。此时出线1号经 $1QS_P$、旁路母线、$4QS_P$、QF_P、$4QS_P$ 从主母线获取电能。

此种接线方式运行较为灵活，当出线回路断路器检修时不需要停电，适用于出线回路较多，给重要负荷供电的变电所采用。但是，当主母线或主母线隔离开关故障和检修时，仍需要全部停电。近年来，随着检修周期较长的 SF_6 断路器的广泛应用，为检修出线回路断路器而设置的旁路母线重要性逐渐降低，使用率已逐渐减少。

3）单母线分段不带旁路母线接线

为改善不分段接线方式在母线故障引起全部设备停运的缺陷，若采用多个电源供电，可利用分段断路器 QF_D 将母线适当分为多段，如图5.21所示。过去有时也用隔离开关分段，但因倒闸操作步骤烦琐，已不再采用。

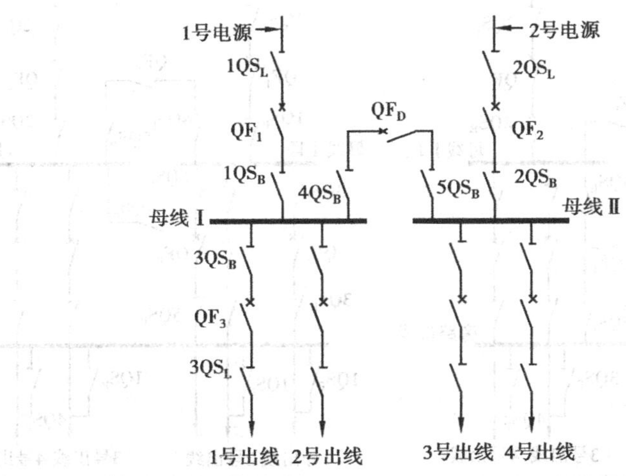

图5.21 单母线分段不带旁路母线接线

此种接线方式的分段数目取决于电源数目，一般分为2~3段比较合适。应尽量将电源、出线回路与负荷均衡分配于各段母线上。

单母线分段带旁路接线方式可采取分段单独运行和并列运行方式。

①分段单独运行。此方式在正常运行时，分段断路器 QF_D 断开，各段母线互不影响，相当于单母线不分段接线的运行状态，各段母线的电气系统互不影响。当任意一段母线发生故障或检修时，仅停止对该段母线所带负荷的供电。当任意一路电源线路故障或检修时，则可经倒闸操作用另一电源恢复该段母线的供电。例如，在图5.21中，若电源线路1号故障，而电源2号的容量能支持所有出现回路的负荷，则可先闭合 QF_D 两端的隔离开关 $5QS_B$ 和 $4QS_B$，再闭合 QF_D，则母线Ⅰ段可从电源2号取得电能。

②并列运行。此方式在正常运行时，分段断路器 QF_D 及其两端的隔离开关均处于合闸状态，母线Ⅰ和母线Ⅱ都从两个电源取电。若某一路电源检修，则断开该回路的断路器和隔离开关即可，此时母线Ⅰ和母线Ⅱ都从另一电源取电（前提是该电源容量够大），所有出线回路都不会停电。若某一段母线故障或检修时，则分段断路器 QF_D 跳闸，保证了正常母线段的运行不受影响。例如，在图5.21中，若需检修母线隔离开关 $1QS_B$，则将 QF_D 分闸，再将 QF_1 分闸，此时母线Ⅱ由电源2号供电，其上挂接的出线回路不受影响。

单母线分段接线方式供电可靠性高，运行灵活，操作简单，但是需要多投资一套断路器和隔离开关设备,而且在某一母线故障或检修时,仍有部分出线回路停电。通常适用于安装2台主变压器,给一、二级负荷供电的6~220 kV变电所,一般10 kV及以下出线回路不超过8回,35 kV出线回路不宜超过6回,110 kV及以上出线回路不宜超过4回。

4)单母线分段带旁路母线接线

单母线分段带旁路接线方式如图5.22所示。此种接线方式中,分段断路器 QF_D 兼作旁路断路器 QF_P。正常运行时 $4QS_B$、$5QS_B$ 和 QF_D 合闸,系统处于单母线分段并列运行方式,而 $5QS_P$、$6QS_P$ 和 QS_D 分闸,使得旁路母线不带电。此种运行方式可以在任一条出线回路断路器检修时不停止对该回路的供电。例如,若需要检修图5.22(a)中的出线回路1号的断路器 QF_2,采取的具体操作步骤如下:

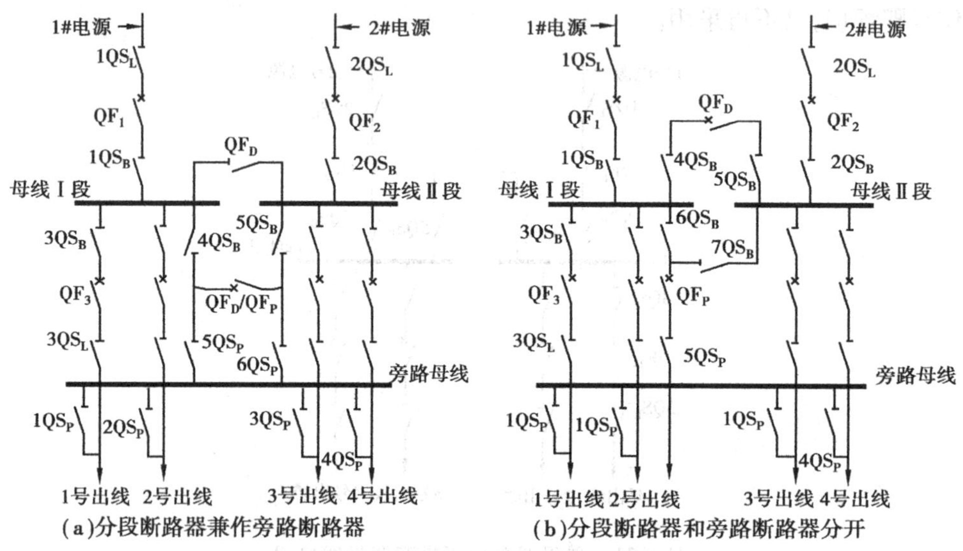

(a)分段断路器兼作旁路断路器　(b)分段断路器和旁路断路器分开

图5.22　单母线分段带旁路母线接线

①检查旁路母线。闭合 QS_D,然后先后断开 QF_D、$4QS_B$,再闭合 $5QS_P$,最后合上 QF_P,若 QF_P 没有自动跳闸,则说明旁路母线完好,断开 QF_P。

②闭合出线1号的旁路隔离开关 $1QS_P$,再闭合旁路断路器 QF_P,让旁路母线从母线Ⅱ得电,使得出线1号从旁路母线和母线Ⅱ同时得电。

③断开 QF_3,再断开其两头的隔离开关 $3QS_L$ 和 $3QS_B$,即可对 QF_3 安全进行检修。此时出线1号经 $1QS_P$、旁路母线、$5QS_P$、QF_P、$5QS_B$ 挂接于母线Ⅱ上正常运行,即在检修 QF_3 的过程中出线1号的负荷没有中断供电。

若在步骤①中,断开的是 $5QS_B$,闭合的是 $6QS_P$,则经上述操作后,出线1号经 $1QS_P$、旁路母线、$6QS_P$、$4QS_B$ 挂接于母线Ⅰ上正常运行。

图5.22(a)中的接线方式,只需用一只断路器即可实现旁路和分段功能,但是在线路较多、线路断路器检修较烦琐时,可采用如图5.22(b)中分段断路器 QF_D 和旁路断路器 QF_P 分开的方式,这样需多装设一只断路器,但是运行较为灵活,其操作步骤如下:

①先后闭合 $6QS_B$、$5QS_B$ 和 QF_P,若 QF_P 没有自动跳闸,则旁路母线完好,断开 QF_P。

②闭合出线1号的旁路隔离开关 $1QS_P$,再闭合旁路断路器 QF_P,让旁路母线从母线Ⅰ得电,使得出线1号从旁路母线和母线Ⅰ同时得电。

③断开 QF_3，再断开其两头的隔离开关 $3QS_L$ 和 $3QS_B$，即可对 QF_3 安全进行检修。此时出线1号经 $1QS_P$、旁路母线、$5QS_P$、QF_P、$5QS_B$ 挂接于母线Ⅰ上正常运行。若在步骤①中闭合的是 $7QS_B$，则出线1号从母线Ⅱ得电。

单母线分段带旁路母线的接线方式的可靠性比单母线分段接线方式更高，运行更为灵活，适用于出线回路不多，给一、二级负荷供电的35～110 kV变电所。

(3) **双母线接线**

双母线接线方式有两条母线，分别为正常运行时使用的主母线和备用的副母线，主、副母线之间通过倒闸操作，可以在主母线检修或故障时，由副母线承担所有的供电任务。

主、副母线间通过母线联络断路器 QF_L 相连，当 QF_L 及其两端的隔离开关处于分闸状态时，正常时所有负荷回路都接在主母线上，主母线故障或检修时，通过倒母线操作将所有负荷回路都连接在副母线上，此种方式为单母线单独运行方式；若正常运行时，QF_L 及其两端的隔离开关处于合闸状态，则所有电源与负荷平均分配在两条母线上，为双母线并列运行方式。值得注意的是，对双母线进行倒母线操作，必须严格遵守母线倒闸操作的原则，除注意电压互感器的投入和停运顺序外，还应遵循以下原则：

①给副母线充电，应使用母联断路器 QF_L 向副母线充电。母联断路器充当副母线的保护，必要时可将 QF_L 的保护整定时间调整至零，这样，如果副母线存在故障，母联断路器会自动跳闸，防止扩大事故。

②给副母线充电后，应先检查两组母线电压相等，确认母联断路器已合好后，取下其控制保险，然后再进行母线隔离开关操作。

③只有在所有负荷线路都转移之后，母联断路器电流表为零，才允许断开母联断路器。在倒母线过程中，最好将母联断路器的操作电源断开，这样就不会出现母联断路器误跳闸。

1) 双母线不分段接线

双母线不分段接线方式如图5.23所示，其优点在于检修任意母线时不会中断供电，检修任意回路的母线隔离开关时只需对该回路断电。

①检修母线。以图5.23为例，若正常时按主母线工作，副母线作为备用的单母线方式运行，则 $11QS_B$ 及 $21QS_B$ 合闸，$12QS_B$ 及 $22QS_B$ 处于分闸状态。当主母线检修时，可通过以下步骤将所有出线回路挂接到副母线上。

a. 副母线检查。先闭合 QF_L 两端的隔离开关 $4QS_B$ 和 $5QS_B$，再闭合 QF_L，若 QF_L 没有自动跳闸，说明副母线正常，此时主、副母线都同时从两个电源得电。

b. 闭合 $12QS_B$ 和 $22QS_B$（此时主、副母线等电位，因此可直接闭合隔离开关），再断开 $11QS_B$ 和 $12QS_B$。

c. 将所有出线回路挂接到副母线上。以出线1号为例，先闭合 $32QS_B$，再断开 $31QS_B$。按此步骤将其他所有出线都挂接到副母线上。

d. 断开 QF_L，再断开其两端的隔离开关 $4QS_B$ 和 $5QS_B$，则主母线完全失电，可对其进行检修。此时所有电源和负荷回路都挂接在副母线上按单母线方式运行。

②检修母线隔离开关。以图5.23为例，若正常运行时，QF_L 及其两端的隔离开关都合闸，$11QS_B$ 和 $22QS_B$ 合闸，$12QS_B$ 和 $21QS_B$ 分闸，系统处于双母线并列运行方式，如果要检修主母线隔离开关 $11QS_B$，可通过以下步骤进行：

a. 将所有出线回路挂接到副母线上。以出线1号为例，先闭合 $32QS_B$，再断开 $31QS_B$。按此步骤将其他所有出线都挂接到副母线上。

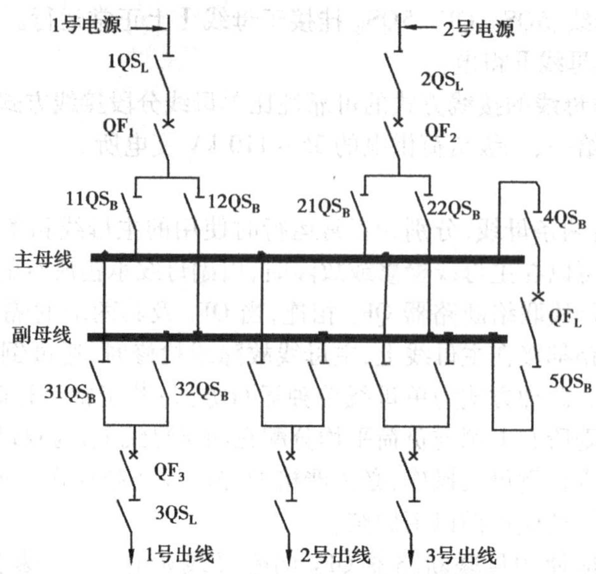

图 5.23　双母线不分段接线

b. 断开 QF_1，再依次断开 QF_L 及其两端的隔离开关，则主母线完全失电，且 $11QS_B$ 与电源隔离，可对其进行检修。此时所有负荷回路和电源 2 号回路都挂接在副母线上，按单母线方式运行。

双母线不分段接线方式可靠性高，运行灵活，扩建方便；但需要大量的母线隔离开关，投资较大，进行倒母线操作时步骤较为烦琐，容易造成误操作，而且在检修任一条回路的断路器时，该回路仍需要停电（虽然可用母联断路器替代线路断路器工作，但仍要短时停电）。主要适用于 6 ~ 10 kV 短路容量大，有出线电抗器的系统，35 kV 出线回路超过 8 回的系统，以及 110 ~ 220 kV 出线回路超过 4 回的系统。

2）双母线带旁路母线接线

为了克服双母线接线在检修线路的断路器时造成该线路停电的缺点，可采用双母线带旁路母线接线方式，如图 5.24 所示。正常工作时，旁路断路器 QF_P 及其两端的隔离开关 $6QS_B$、$7QS_B$ 和 $4QS_P$ 都断开，旁路母线不带电。所有电源和出线回路都连接在主、副母线上。

当任意一条线路的断路器检修时，只需给旁路母线充电，然后将该线路挂接在旁路母线上即可，不需要让该线路停电。以图 5.24 中的出线 1 号为例，若原系统处于主母线投运，副母线备用的单母线运行方式，则当 QF_3 检修时，可按以下步骤操作：

①旁路母线检查。检验 QF_P 与 QF_3 的保护整定值相同后，依次闭合 $6QS_B$、$4QS_P$ 和 QF_P，向旁路母线充电，若 QF_P 没有自动跳闸，则说明旁路母线完好，断开 QF_P。

②闭合出线 1 号的旁路隔离开关 $1QS_P$，然后闭合 QF_P，让旁路母线从主母线得电，使得出线 1 号从旁路母线和主母线同时得电。

③依次断开 QF、$1QS_P$ 和 $31QS_B$，即可对 QF_3 安全进行检修。此时出线 1 号经 $1QS_P$、旁路母线、$4QS_P$、QF_P、$6QS_B$ 挂接于主母线正常运行，即在检修 QF_3 的过程中出线 1 号的负荷没有中断供电。

需要强调的是，若 QF_3 检修时，系统处于主母线备用，副母线投运的状态，则步骤①应闭

合 $7QS_B$ 而不是 $6QS_B$，即旁路断路器接入的母线应与被代替线路断路器接入的母线一致（保持双母线的正常运行方式固定不变，被带线路原来在哪组母线运行，旁路断路器就应接到哪组母线上）。

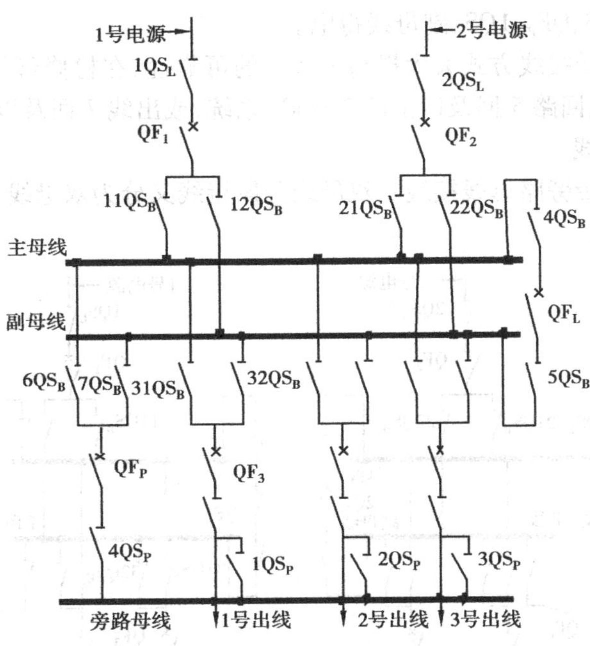

图 5.24　双母线带旁路母线接线

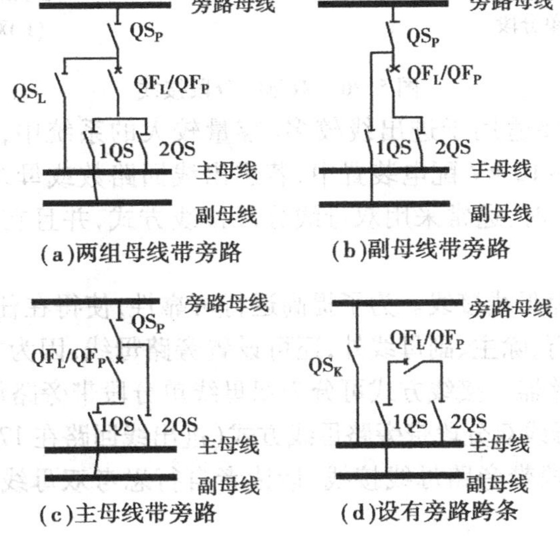

图 5.25　母联断路器兼旁联断路器

通常情况下，为了节省断路器，在出线回路较少(220 kV 5 回以下，110 kV 6 回时，可用母联断路器 QF_L 兼任旁路断路器 QF_P，常用的接线方式有多种，如图 5.25 所示。

图 5.25(a)中，若 QS_P 断开，则 QF_L 充当母联断路器，主、副母线间通过 1QS、QF_L、QS_L 联络。若 QS_L 断开，QS_P 闭合，主、副母线都可经 QF_P 和 QS_P 给旁路母线充电。

图 5.25(b)中，若 QS_P 断开，则 QF_L 充当母联断路器，当检修线路断路器时，断开 1QS，旁

路母线经 QS_P、QF_P、2QS 挂接在副母线上。

图 5.25(c)与图 5.25(b)刚好相反,旁路母线只能经 QS_P、QF_P、1QS 挂接在主母线上。

图 5.25(d)中,跨条隔离开关 QS_K 断开时,QF_L 充当母联断路器,当 QS_K 合闸后,旁路母线经 QS_K、主母线、2QS、QF_P、1QS、副母线得电。

双母线带旁路母线接线方式大大提高了系统的可靠性,在检修母线或线路断路器时都不用停电,一般用于出线回路 5 回及以上的 220 kV 系统,或出线 7 回及以上的 110 kV 系统。

3)双母线分段接线

①双母线分段不带旁路母线接线。双母线分段接线又分为双母线单分段和双母线双分段形式,如图 5.26 所示。

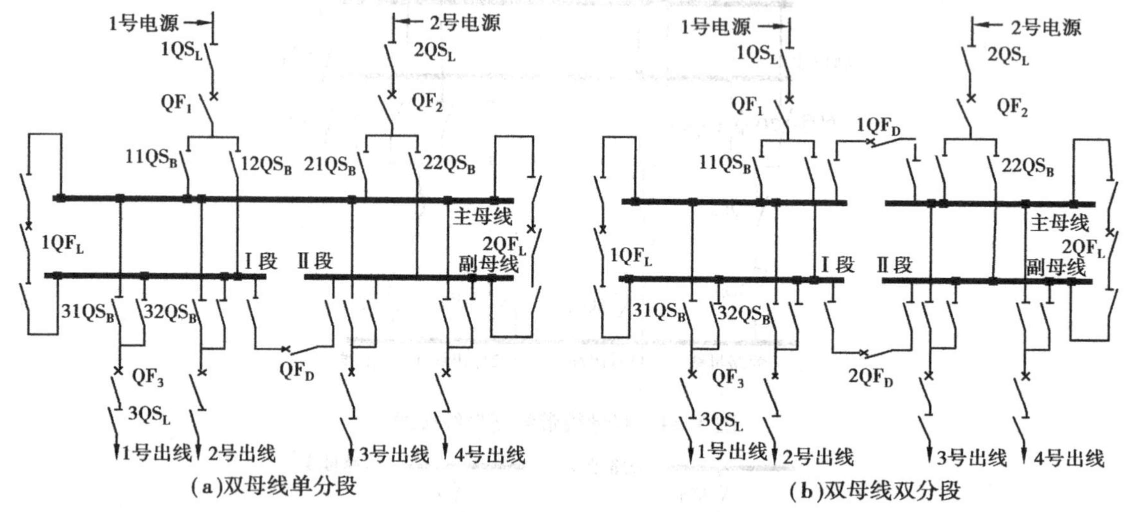

图 5.26　双母线分段接线

双母线分段接线主要适用于进出线较多、容量较大的系统中,例如,进出线为 10 ~ 14 回的 220 kV 系统;在 6 ~ 10 kV 配电装置中,若进出线回路数或母线上电源回路较多,且输送的功率、短路电流较大时,通常采用双母线分段接线方式,并且在分段断路器处串联母线电抗器。

②双母线分段带旁路母线接线。为了提高运行可靠性,使得在任意一条线路断路器检修时继续保持该线路的运行,除主、副母线外,还可设置旁路母线,因为主母线采用分段方式,所以通常设置两个旁路断路器。接线方式可分为双母线单分段带旁路母线方式(进出线回路在 12 ~ 16 回时采用)和双母线双分段带旁路母线方式(进出线回路在 17 回及以上时采用),如图 5.27 所示为双母线单分段带旁路母线接线,请读者自行思考双母线双分段带旁路母线接线方式。

双母线分段带旁路母线接线的优点在于:运行调度灵活,检修时操作方便,当一组母线停电时,回路不需要切换,任意一台断路器检修,各回路仍按原接线方式运行,不需切换。缺点在于设备投资大,倒闸操作烦琐。该接线方式通常适用于与 220 kV 电力网相连接的大型发电厂或 500 kV 的枢纽变电所。近年来,随着 SF_6 断路器和气体绝缘金属封闭开关设备(GIS)的广泛应用,旁路母线的使用频率逐渐减少。

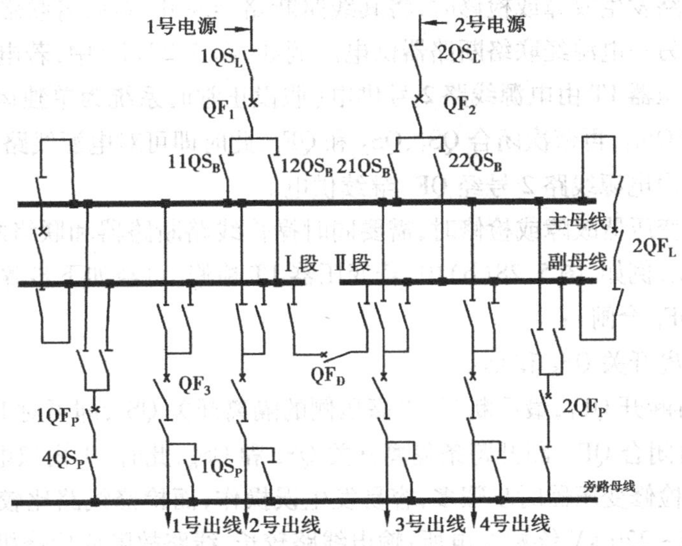

图5.27 双母线单分段带旁路母线接线

(4)桥式接线

桥式接线属于无母线接线方式,仅适用于只有两条电源进线和两台变压器的系统,所谓桥式接线是指在两路电源进线之间跨接一个联络断路器 QF_L,犹如一座桥。根据 QF_L 的位置不同,桥式接线又分为全桥式、内桥式和外桥式3种,分别如图5.28(a)、(b)、(c)所示。

1)全桥式接线

全桥又称双断路器桥,与单母线分段接线方式比较类似,运行灵活,在线路、变压器故障或检修时都可以方便操作,适用于线路、变压器操作频繁,有穿越功率的中间变电所。但是全桥式接线需要多装设两个断路器,投资较大,因此较为少见。

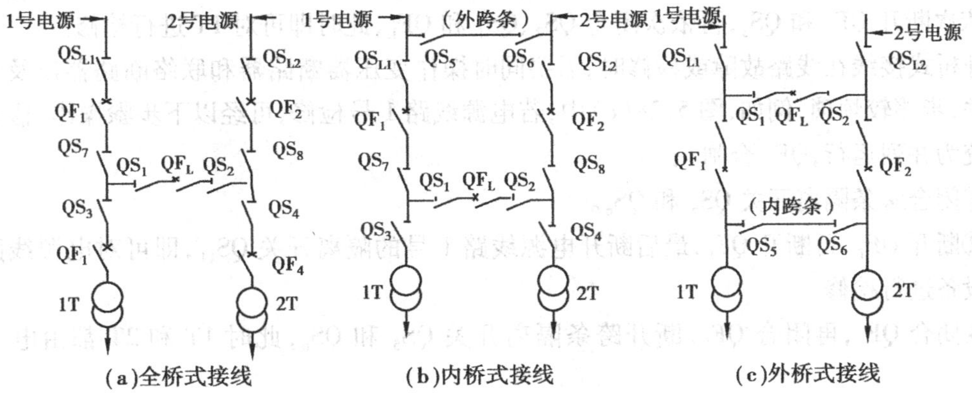

(a)全桥式接线　(b)内桥式接线　(c)外桥式接线

图5.28 桥式接线

2)内桥式接线

内桥式接线将联络断路器 QF_L 跨接在线路断路器的内侧,即线路断路器与变压器之间。为了在线路或变压器检修时不影响其他回路,可以考虑设置外跨条,正常运行时跨条断开。

当任意一条线路发生故障或检修时，将其线路断路器断开，然后将联络断路器 QF_L 闭合，则该线路变压器由另一电源经联络断路器供电。例如，图 5.28(b) 中，若电源线路 1 号检修，可经如下步骤将变压器 1T 由电源线路 2 号供电（假设正常时系统为单独运行，QF_L 断开）：依次断开 QF_1、QS_7 和 QS_{L1}，再依次闭合 QS_1、QS_2 和 QF_L，此时即可对电源线路 1 号上的设备进行检修，而变压器 1T 由电源线路 2 号经 QF_L 继续供电。

内桥式接线在变压器故障或检修时，需要同时操作线路断路器和联络断路器以及相应隔离开关，步骤较烦琐，例如，图 5.28(b) 中，若变压器 1T 检修，可经如下步骤操作（假设正常时系统为并列运行，QF_L 合闸）：

①闭合跨条隔离开关 QS_5 和 QS_6。

②断开 QF_L，再断开 QF_1，最后断开 1T 高压侧的隔离开关 QS_3，即可对 1T 进行检修。

③闭合 QF_1，再闭合 QF_L，断开跨条隔离开关 QS_5 和 QS_6，此时 2T 由双电源供电。

因内桥式接线检修变压器时步骤多，容易发生误操作，而检修线路比较方便，因此适用于满足以下条件的 35 ~ 220 kV 终端变电所：输电线路较长，线路故障或检修机会多；变压器负荷平稳，不需要频繁操作；没有穿越功率（即由电源进线经中间变电站，又转送到其他变电站的功率）。因为采用内桥式接线时，穿越功率会通过全部 3 台断路器，任意一台断路器检修都会影响整个系统的正常运行。

3）外桥式接线

外桥式接线将联络断路器 QF_L 跨接在线路断路器的外侧，即线路断路器与电源之间。外桥式接线可设置内跨条，以提高运行灵活性，正常工作时跨条断开。

当任意一台变压器发生故障或检修时，将其变压器断路器断开，然后将联络断路器 QF_L 闭合，则该线路变压器由另一电源经联络断路器供电。例如，图 5.28(c) 中，若电源线路 1 号检修，可经如下步骤将变压器 1T 由电源线路 2 号供电（假设正常时系统为单独运行，QF_L 断开）：依次断开 QF_1 和 QS_3，再依次闭合 QS_2、QS_1 和 QF_L，此时即可对 1T 进行检修。

外桥式接线在线路故障或检修时，需要同时操作变压器断路器和联络断路器以及相应隔离开关，步骤较烦琐，例如，图 5.28(c) 中，若电源线路 1 号检修，可经以下步骤操作（假设正常时系统为并列运行，QF_L 合闸）：

①闭合跨条隔离开关 QS_5 和 QS_6。

②断开 QF_L，再断开 QF_1，最后断开电源线路 1 号的隔离开关 QS_{L1}，即可对电源线路 1 号上的设备进行检修。

③闭合 QF_1，再闭合 QF_L，断开跨条隔离开关 QS_5 和 QS_6，此时 1T 和 2T 都由电源 2 号供电。

因外桥式接线检修线路时步骤多，容易发生误操作，而检修变压器比较方便，因此适用于满足以下条件的 35 ~ 220 kV 中间变电所：输电线路较短，线路故障或检修机会少；变压器采取经济运行，需要频繁切换；有较大的穿越功率。

总体而言，桥式接线使用断路器少，而且不设母线，因此投资少，也能易于发展为单母线分段接线方式；但其可靠性较差，运行方式也不够灵活，一般适用于 35 ~ 220 kV，双回路供电、有两台变压器的变电所。

5.7.3 供配电所主接线的方案选择

变配电所是供配电系统的枢纽,起接受电能、变换电压等级、分配电能的作用,在供配电系统中占有非常重要的地位。变电所根据规模和电压等级的不同分为总降压变电所和车间变电所;车间变电所又根据有无总降压变电所或高压配电所分为非独立车间变电所和独立车间变电所;配电所根据配电电压等级的高低分为高压配电所和低压配电所。

变配电所主接线方案的选择是供配电系统设计的重要内容,它直接关系到系统运行的可靠性、安全性、经济性与灵活性,并且对电气设备的选择、配电装置布置、继电保护和控制方式的拟订都有较大的影响。因此,变配电所主接线的设计必须根据电力系统、发电厂或变电站的具体情况,通过全面分析与技术经济比较,选择最合理的主接线方案。

(1)总降压变电所主接线方案

大中型企业的总降压变电所通常采用35~110 kV电源进线,将电压降至6~10 kV后分配给车间变电所,其主变压器台数通常为2台及以上。35~110 kV变电所高压侧宜采用断路器较少或不用断路器的接线方式。以35/10 kV变电所为例,其主接线的选择可采用:

①当只设一台主变,负荷为容量不大的三级负荷,出线回路为5回及以下时,可采用变压器高压侧线路-变压器组、低压侧单母线分段接线,如图5.29所示。

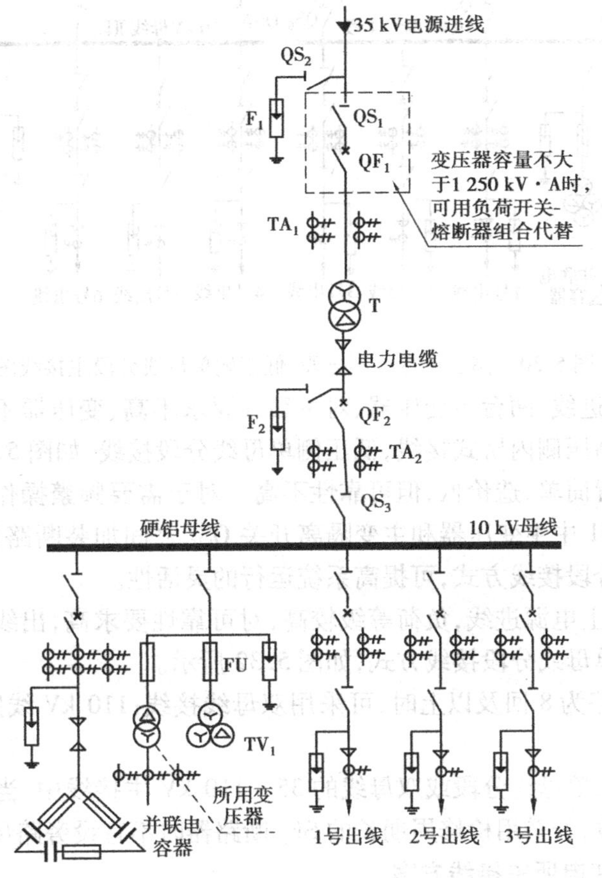

图5.29 高压侧线路-变压器组、低压侧单母线主接线图

②单电源进线、主变台数为 2 台、部分负荷为二级负荷，出线回路不超过 6 回时，可采用变压器高压侧单母线不分段、低压侧单母线分段接线，如图 5.30 所示。

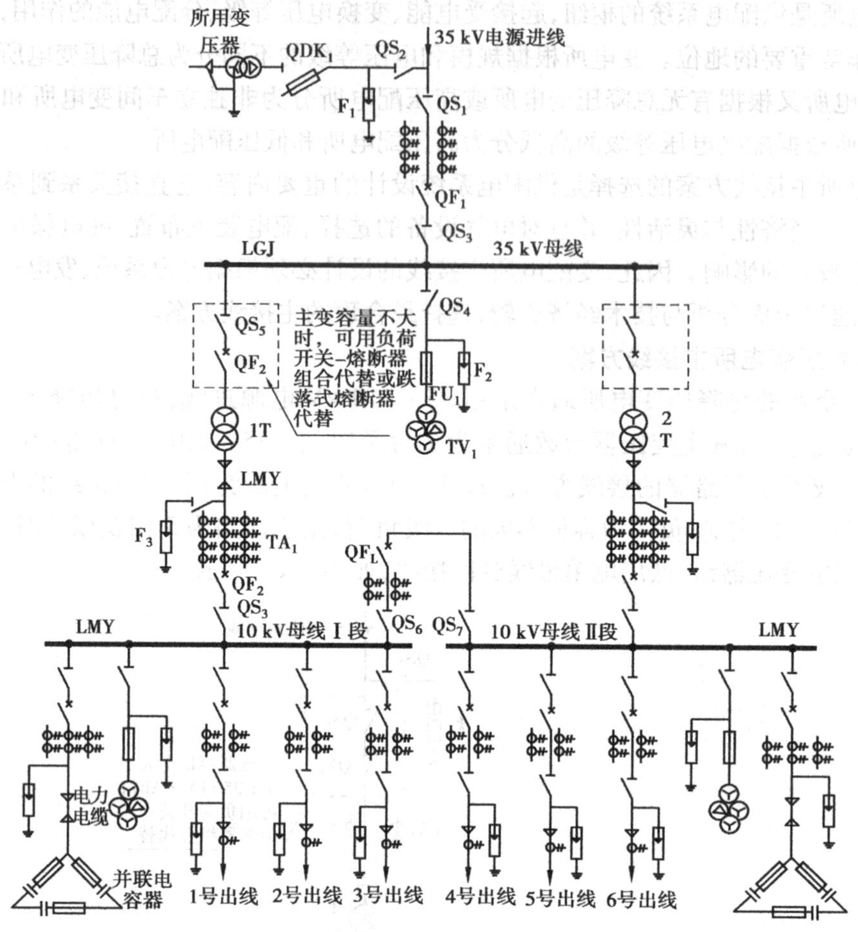

图 5.30　高压单母线不分段、低压侧单母线分段主接线图

③当有两回电源进线、两台主变压器、对可靠性要求不高、变压器不经常切换且变电所不需要扩建时，可采用高压侧内桥式接线，低压侧单母线分段接线，如图 5.31 所示。这种接线方式使用断路器少、布置简单、造价低，但可靠性不高。对于需要频繁操作线路和变压器的总降压变电所，可在图 5.31 中主变压器和主变隔离开关 QS_6 之间加装断路器，变成高压侧全桥式接线，低压侧单母线分段接线方式，可提高系统运行的灵活性。

④当有两回及以上电源进线，负荷等级较高，对可靠性要求高，出线回路为 4 ~ 12 回时可采用高、低压侧都为单母线分段接线方式，如图 5.32 所示。

⑤35 ~ 63 kV 线路为 8 回及以上时，可采用双母线接线；110 kV 线路为 6 回及以上时，宜采用双母线接线。

⑥在采用单母线、单母线分段或双母线的 35 ~ 110 kV 主接线中，当不允许停电检修断路器时，可设置旁路母线；若采用检修周期长的 SF_6 断路器时不宜设旁路母线。

（2）非独立车间变电所主接线方案

车间变电所是将 6 ~ 10 kV 的配电电压降为 380/220 V 的低压用电，再提供给用电设备的

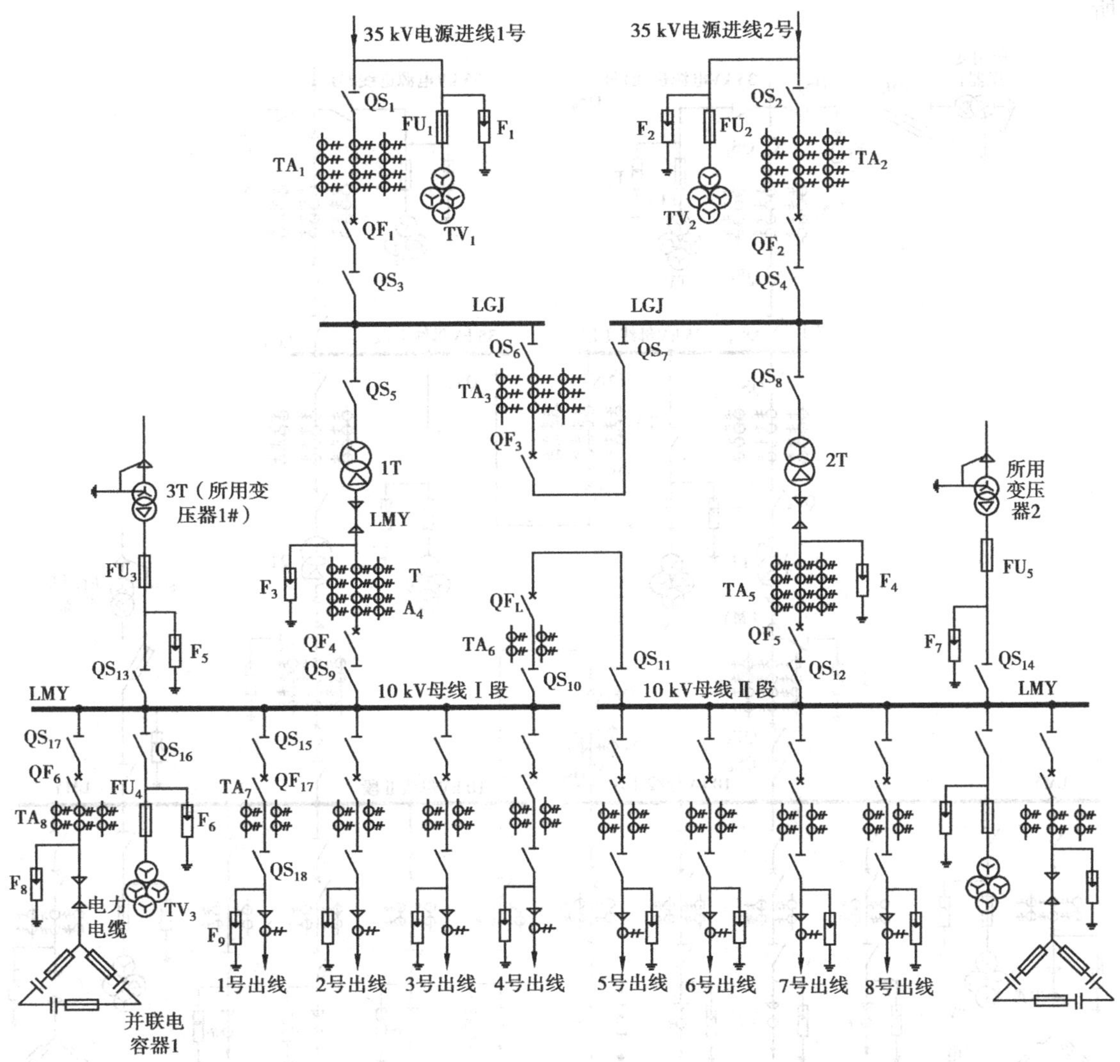

图 5.31 高压侧内桥式拉线、
低压侧单母线分段主接线图

终端变电所。非独立车间变电所是指其电源进线由总降压变电所或高压配电所的出线引入的车间变电所。因为非独立车间变电所高压侧的开关电器、保护装置和测量仪表一般都安装在总降压变电所或高压配电所的高压配电室内，因此，其电源进线处可不装设高压开关，或只简单地装设高压隔离开关、熔断器（室外则装设跌落式熔断器），以 10/0.4 kV 非独立车间变电所为例，其主接线的选择可采用：

①对三级负荷供电的非独立车间变电所，可采用高压侧线路-变压器组，低压侧单母线不分段接线方式，高压侧可不装设高压开关，或只装设简单的隔离开关，为提高操作灵活性，也可装设负荷开关-熔断器组合。从图 5.33 中可知，当电源进线采用电力电缆时，高压侧可不装避雷器，其结构如图 5.33 所示。

②若图 5.33 中的电源进线采用架空线路，则其高压侧必须装设避雷器，且高压侧的熔断器宜选择跌落式熔断器，也可选择负荷开关-熔断器组合或隔离开关-熔断器组合，如图 5.34

所示。

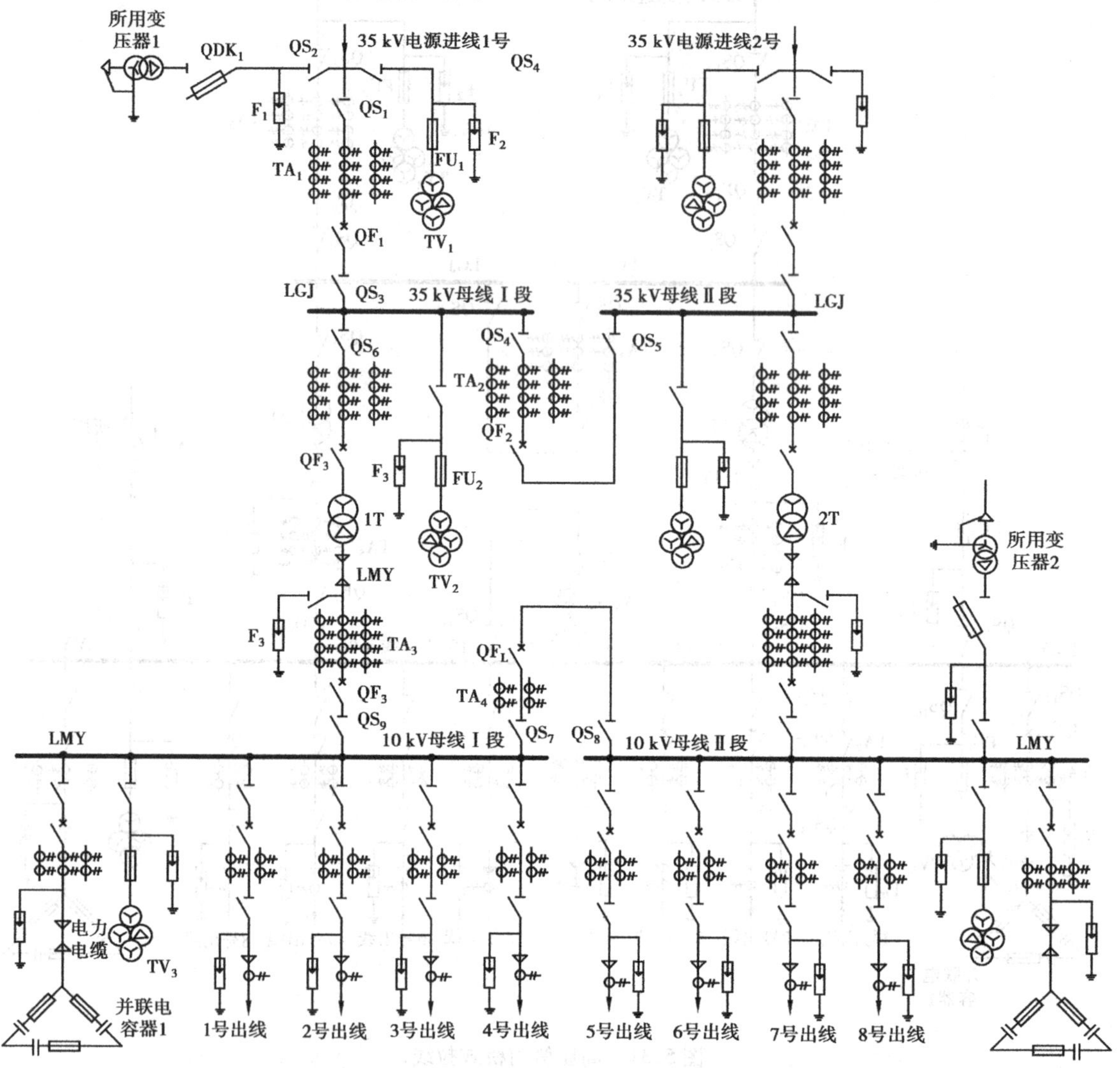

图5.32　高、低压侧均为单母线分段主接线图

③当有两回电源进线、两台主变压器时，可采用高压侧线路-变压器组，低压侧单母线分段接线方式，如图5.35所示。

(3)独立车间变电所主接线方案

当没有总降压变电所或高压配电所时，车间变电所的高压侧必须具备齐全的高压开关设备、保护装置和测量仪表等设备，此时的车间变电所可称为独立车间变电所，其主接线的选择可采用：

①单电源进线、一台容量为500 kV·A以下的主变压器、给三级负荷供电的独立车间变电所，可采用高压侧线路-变压器组，低压侧单母线不分段的接线方案，高压侧的开关设备可采用隔离开关-熔断器、跌落式熔断器，如果要提高操作的方便性，也可采用负荷开关-熔断器组合(可带负荷操作)，其结构如图5.36所示。当变压器容量较大时，为提高操作的可靠性和灵活性，可采用隔离开关-断路器作为开关设备，如图5.37所示。

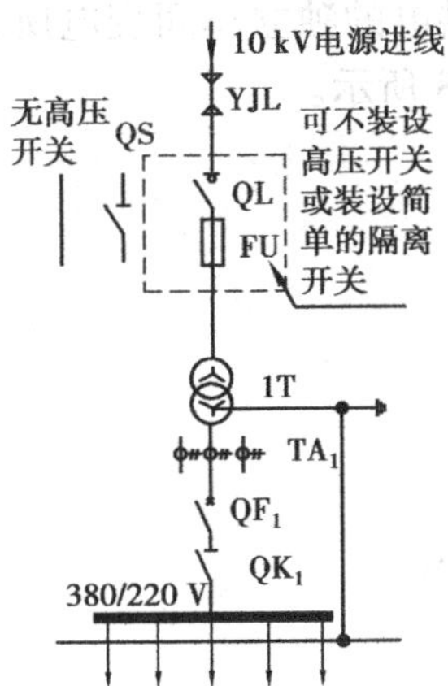

图 5.33　电缆进线、高压侧线路-变压器组、低压侧单母线不分段主接线图

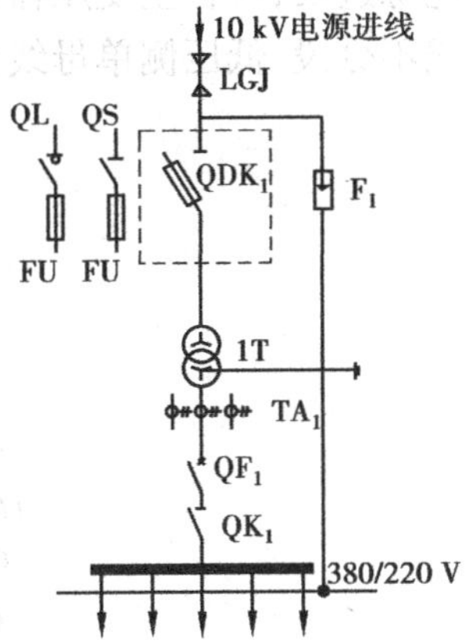

图 5.34　架空进线、高压侧线路-变压器组、低压侧单母线不分段主接线图

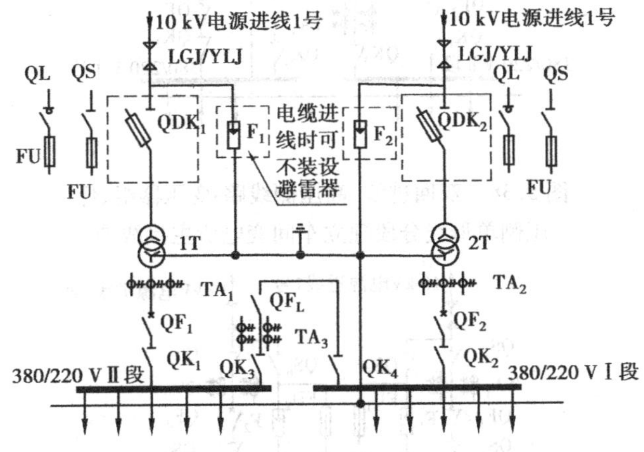

图 5.35　双回进线、高压侧线路-变压器组、低压侧单母线分段主接线图

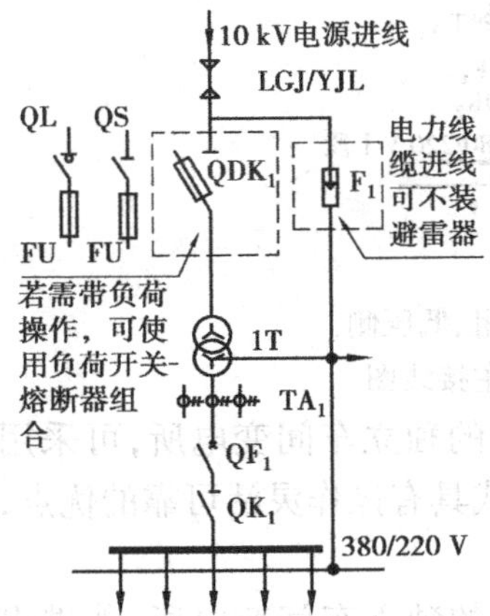

图 5.36　高压侧采用跌落式熔断器成负荷开关-熔断器组合的独立车间变电所主接线图

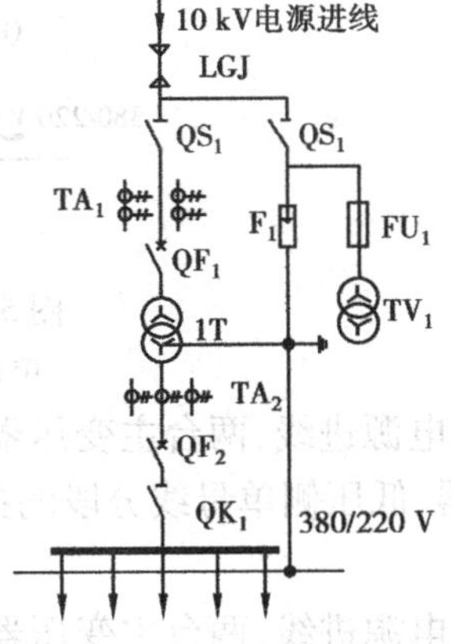

图 5.37　架空进线、高压侧线路-变压器组、低压侧单母线不分段接线

②单电源进线，一台主变压器，给三级和部分二级负荷供电的独立车间变电所，可采用高压侧单母线不分段、低压侧单母线分段的接线方式，如图5.38所示。

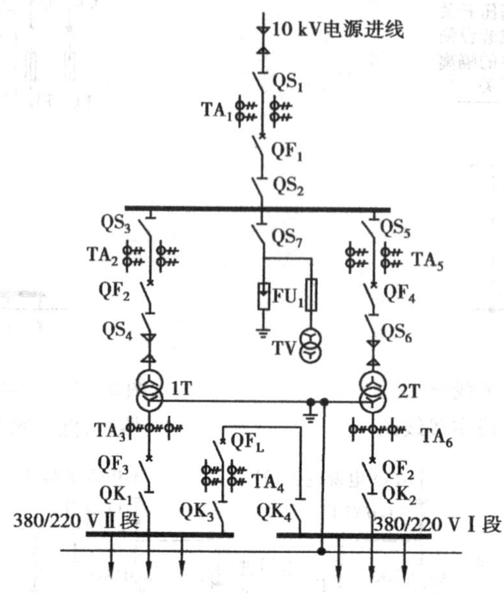

图5.38　双回进线、高压侧线路-变压器组、低压侧单母线分段独立车间变电所主接线图

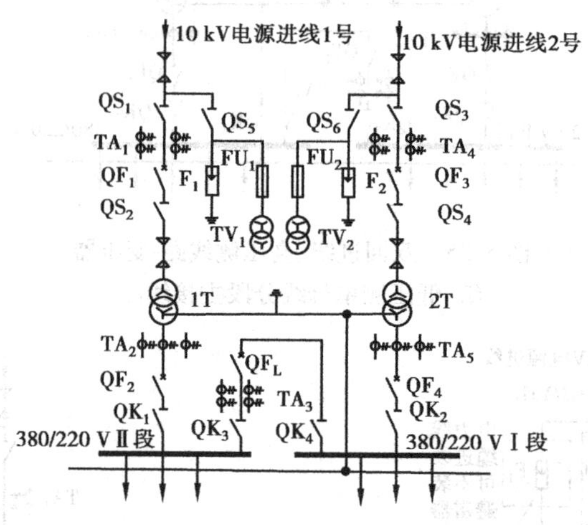

图5.39　高压侧线路-变压器组、低压侧单母线分段独立车间变电所主接线图

③双电源进线，两台主变压器，给一、二级负荷供电的独立车间变电所，可采用高压侧线路-变压器、低压侧单母线分段的接线方式，这种接线方式具有操作灵活可靠的优点，如图5.39所示。

④双电源进线，两台主变压器，给一、二级负荷供电的独立车间变电所，若进出线回路较多，可采用高低压侧都为单母线分段的接线方式，如图5.40所示。

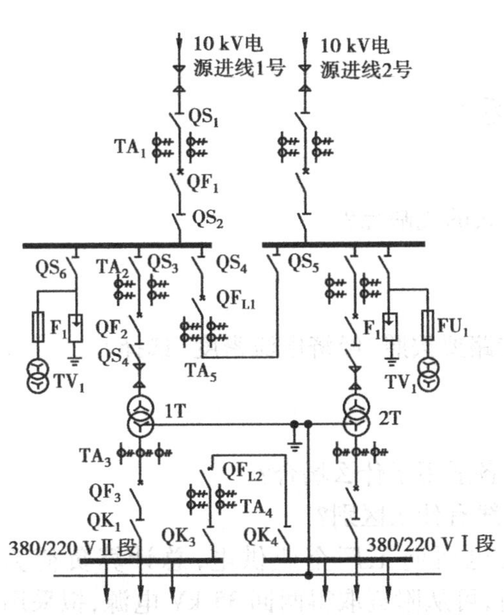

图5.40 双回进线、高低压侧都为单母线分段独立车间变电所主接线图

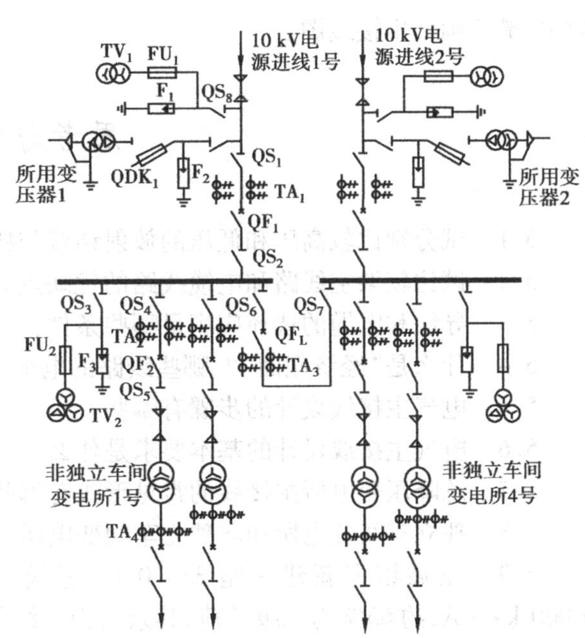

图5.41 双回进线、单母线分段高压配电所主接线图

(4)**高压配电所主接线方案**

高压配电所的任务是从电力系统接受高压电能,并向各车间变电所及高压用电设备进行配电。高压配电所在进出线回路较多、负荷等级较高时,通常采用单母线分段接线方案;高压配电所在可靠性要求比较高的情况下,其出线的高压开关宜采用隔离开关-断路器组合,如图5.41所示为10 kV双回路进线高压配电所的主接线。

本章小结

(1)掌握配电网接线3种方式各自的特点和选用范围,以及高、低压使用的接线结构及最常用形式。

(2)线路线材的种类及型号选择,其中用得最多的是电缆。

(3)几种敷设方式,宜用相应配图来理解。

(4)线缆截面的选择共有4个条件,对于不同的线路,选择的方法和校验方法各不相同。在掌握相关公式的基础上,就每种方法的实例掌握其应用,再以实例来熟悉全面的应用。

(5)电气主接线设计的基本要求是可靠、安全、经济和灵活。变配电所常见的主接线形式有线路-变压器组合、单母线、单母线分段、双母线、桥式接线等,若要求在检修出线断路器时不能停电,还可设置旁路母线。在选择变配电所主接线方案时,要综合考虑负荷性质、电源进线回路、主变压器台数等情况。

(6)电气主接线的设计步骤是分析原始资料,确定主变压器的台数、容量和型号,然后定出变电所主接线方案,再计算短路电流,根据短路电流的计算结果选择主要电气设备的型号和数量,最后画出主接线图。

思考与练习

5.1　试分别比较高压和低压的放射结线与树干式的优缺点?

5.2　试比较架空线路和电缆线路的优缺点。

5.3　导线和电缆的选择应满足哪些条件?

5.4　什么是“经济截面”?哪些线路的电缆和线路要按照“经济电流密度”选择?

5.5　电气主接线设计的步骤有哪些?

5.6　电气主接线设计的基本要求是什么?

5.7　总降压变电所主接线的常见形式有哪些?各适用于什么场合?

5.8　独立车间变电所和非独立车间变电所主接线有什么区别?

5.9　某城镇需新建一座35/10 kV总降压变电所向工厂企业供电,总计算负荷为9 000 kV·A,约65%为二级负荷,其余的为三级负荷,可从附近取得两回35 kV电源,拟采用两台变压器,变电所主接线采用高压侧单母线不分段、低压侧单母线分段接线。假定变压器采用并联运行方式,试确定两台变压器的型号和容量,并选择变电所主要电气设备,画出主接线方案草图。

第 6 章 供配电系统二次接线

内容提要:首先介绍供配电系统二次接线的基本概念及二次接线图的绘制、二次回路的操作电源,其次描述断路器控制回路和信号回路以及电气测量仪表;最后介绍供配电系统常用的自动装置、变电站的防雷与接地保护。

6.1 二次接线概述

6.1.1 二次接线的基本概念

二次设备是指对一次设备的工作状态进行监视、测量、控制和保护的辅助电气设备。二次设备包括测量仪器、控制与信号设备、继电保护装置以及自动和远动装置、操作电源、控制电缆、熔断器等。根据测量、控制、保护和信号显示的要求,表示二次设备相关的电路,称为二次回路或二次接线,也称二次系统。二次接线包括控制系统、信号系统、监测系统及继电保护和自动化系统等。

二次接线是变电站电气接线的重要组成部分,其基本任务是:反映一次设备的工作状态,控制一次设备,在一次设备发生故障时,能使故障部分迅速退出工作,以保持电力系统处于最好的运行状态。

6.1.2 二次接线的分类

二次接线按照电源性质分,有直流回路和交流回路。直流回路是由直流电源供电的控制、保护和信号回路;交流回路又分为交流电流回路和交流电压回路。交流电流回路由电流互感器供电;交流电压回路由电压互感器或所用变压器供电,构成测量、控制、保护、监视及信号等回路。

二次接线按照用途分,有断路器控制回路、信号回路、测量回路、继电保护回路和自动装置回路等。如图 6.1 所示为供配电系统的二次回路功能示意图。

在图 6.1 中,断路器控制回路的主要功能是对断路器进行通、断操作,当线路发生短路故障时,相应继电保护动作,接通断路器控制回路中的跳闸回路,使断路器跳闸,启动信号回路发出声响和灯光信号;操作电源向断路器控制回路、继电保护装置、信号回路、监测系统等二次回路提供所需的电源。电压互感器、电流互感器还向监测、电能计量回路提供电流和电压参数。

二次接线在用户供配电系统中虽然是一次电路的辅助系统,但它对一次电路的安全、可靠、优质、经济地运行有着十分重要的作用,因此必须予以充分的重视。

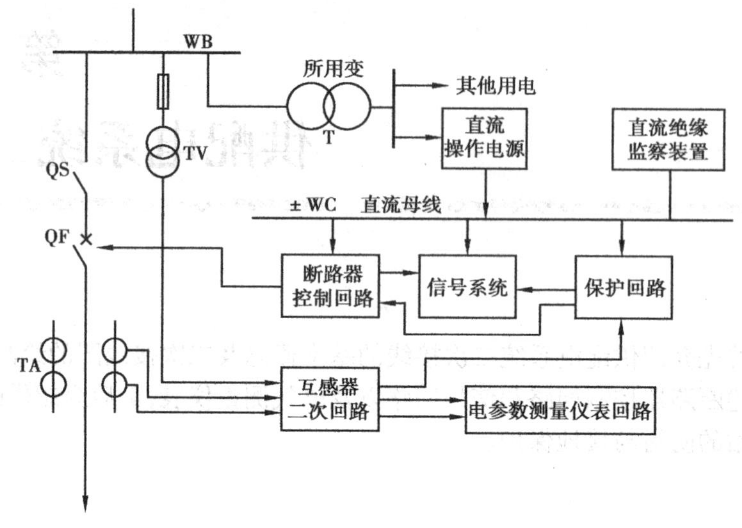

图 6.1　供配电系统的二次回路功能示意图

6.2　二次接线图

二次接线图是以国家规定的标准图形符号和文字符号,表示二次设备的相互连接关系。它是二次设备安装接线、试验查线以及运行维护的重要工具。二次接线图一般分为原理接线图、展开接线图和安装接线图 3 种。对于继电保护电路,通常 3 种形式的二次接线图都有;对于控制和测量回路一般只需展开接线图和安装接线图。

6.2.1　原理接线图

原理接线图是用来表示继电保护、测量仪表和自动装置中各元件的电气联系及工作原理的电气回路图。原理接线图将二次接线和一次接线中的相关部分画在一起,电气元件以整体形式表示,能表明二次设备的构成、数量及电气连接情况,图形直观、形象,便于设计构思和记忆。

图 6.2 为 10 kV 线路保护原理接线图,图 6.2(a)为原理接线图,图中每个元器件以整体形式绘出,它对整个装置的构成有一个明确的概念,便于掌握其相互关系和工作原理。其优点是较为直观;缺点是当元器件较多时电路的交叉多,交、直流回路,控制与信号回路均混合在一起,清晰度差。

原理接线图可用来分析工作原理,但对于复杂线路,看图较困难,因此,广泛应用展开接线图。

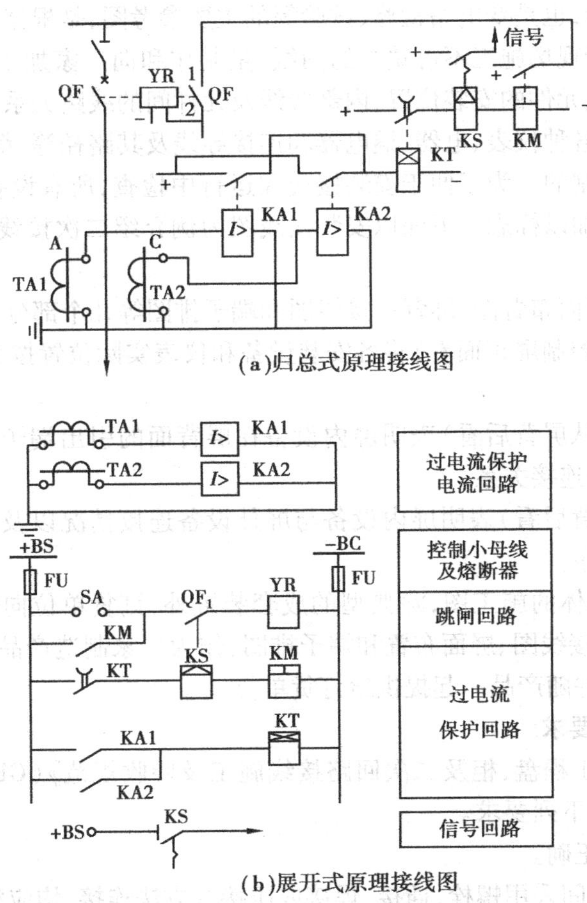

(a)归总式原理接线图

(b)展开式原理接线图

图6.2 10 kV线路保护原理接线图

6.2.2 展开接线图

展开接线图分成交流电流回路、交流电压回路、直流控制操作回路和信号回路等几个主要组成部分。每一部分分行排列，交流回路按A、B、C的相序排列，控制回路按继电器的动作顺序由上往下分别排列，各回路右侧通常有文字说明。图中各元件和回路按统一规定的图形、文字符号绘制。较简单图形可省略回路标号。属于同一个设备或元件的电流线圈、电压线圈、控制触点应分别画在不同的回路里。为了避免混淆，对同一设备的不同线圈和触点应用相同的文字标号，但各支路需要标上不同的数字回路标号。

二次接线图中所有开关电器和继电器触点都是按照开关断开时的位置和继电器线圈中无电流时的状态绘制。由图6.2(b)可知，展开图接线清晰，回路次序明显，便于了解整套装置的动作程序和工作原理，易于阅读，对于复杂线路的工作原理的分析更为方便。目前工程中主要采用这种图形，是运行和安装中一种常用的图纸，又是绘制安装接线图的依据。

6.2.3 安装接线图

根据电气施工安装的要求，用来表示二次设备的具体位置和布线方式的图形，称为二次回路的安装接线图。安装接线图是制造厂生产加工变电站的控制屏、继电保护屏和现场安装施工接线所用的主要图纸，也是变电站检修、试验等的主要参考图，是根据展开接线图绘制的。

安装接线图是进行现场施工不可缺少的图纸，是制作和向厂家加工订货的依据。它反映的是二次回路中各电气元件的安装位置、内部接线及元件间的线路关系。

在安装接线图中，各种仪表、电器、继电器和连接导线及其路径等，都是按照它们的实际图形、位置和连接关系绘制的。为了便于安装接线和运行中检查，所有设备的端子和导线，电缆的走向均用符号、标号加以标志。下面以安装接线图为例介绍二次接线基本要求及二次接线图的绘制方法。

安装接线图包括屏面布置图、屏背面接线图和端子排图等几个部分。

①屏面布置图(从控制屏正面看)将各安装设备和仪表实际位置按比例画出，它是屏背面接线图的依据。

②屏背面接线图(从屏背后看)表明屏内设备在屏背面的引出端子之间的连线情况以及引出端子与端子排间的连接关系。

③端子排图(从屏背后看)表明屏内设备与屏外设备连接情况以及屏上需要装设的端子类型、数目以及排列顺序。

安装接线图是最具体的施工图，除典型的成套装置外，订货单位向制造厂家订购控制屏(台)时，必须提供展开接线图、屏面布置和端子排图，作为厂家制造产品的依据。一般屏背面接线图由制造厂绘制，并随产品一起提供给订货单位。

(1)二次接线基本要求

按《电气装置安装工程盘、柜及二次回路接线施工及验收规范》(GB 50171—1992)规定，二次回路的接线应符合下列要求。

①按图施工，接线正确。

②导线与电气元件间采用螺栓、插接、焊接或压接等方法连接，均应牢固可靠。

③盘、柜内的导线不应有接头，导线芯线应无损伤。

④电缆芯线和所配导线的端部均应标明其回路编号，编号应正确，字迹清晰且不易褪色。

⑤配线应整齐、清晰、美观，导线绝缘良好，无损伤。

⑥每个接线端子的每侧接线宜为1根，不得超过2根；对于插接式端子，不同截面的两根导线不得接在同一端子上；对于螺栓连接端子，当接两根导线时，中间应加平垫片。

⑦二次回路接地应设专用螺栓。

⑧盘、柜内的二次回路配线：电流回路应采用电压不低于500 V的铜芯绝缘导线，其截面不应小于2.5 mm^2；其他回路截面不应小于1.5 mm^2；对于电子元件回路、弱电回路采用锡焊连接时，在满足载流量和电压降及有足够机械强度的情况下，可采用不小于0.5 mm^2 截面的绝缘导线。

(2)二次回路的编号

为了在安装接线、检查故障等接线、查线过程中，不至于混淆，需对二次回路进行编号。

①二次回路常采用回路编号法和相对编号法。

②回路编号法：按“等电位”原则标注，在电气回路中相同电位的回路采用同一编号。如跳闸回路7、分闸回路37，电流回路A411等。这一编号方法便于读图时了解回路的作用，在原理图中运用最多。

③相对编号法：按接线对侧的设备名称编号，如TWJ-1为位置继电器的1脚，I3-7为第一

安装单元第三个元件的7脚。这种编号法便于查找该连线的趋向，用于安装图中。

④数字编号的分配见表6.1，二次回路的编号原则见表6.2。

表6.1　数字编号的分配

回路类别	标号范围	备注
控制与保护	1～399	
信号	700～799	
电流	400～599	母差300～399前加文字
电压	600～799	前面加文字
遥信	800～899	

表6.2　二次回路的编号原则

类别 \ 相别	A相	B相	C相	中性	零	开口三角
文字符号	A	B	C	N	L	X
角注标号	a	b	c	n	l	x

(3)安装接线图的绘制

安装接线图一般应表示出各个项目(指元件、器件、部件、组件和成套设备等)的相对位置、项目代号、端子号、导线号、导线类型和导线截面等内容。

1)二次设备的表示方法

由于二次设备是从属于某一次设备或电路的，而一次设备或电路又从属于某一成套装置，因此为避免混淆，所有二次设备都必须按《工业系统、装置与设备以及工业产品——结构原则与参照代号》(GB/T 5094.2—2003)标明其项目种类代号。

2)接线端子的表示方法

屏(柜)外的导线或设备与屏上二次设备相连时，必须经过端子排。端子排是由专门的接线端子板组合而成。

接线端子板分为普通端子、连接端子、试验端子和终端端子等形式。普通端子板用来连接由屏外引至屏上或由屏上引至盘外的导线；连接端子板有横向连接片，可与邻近端子板相连，用来连接有分支的二次回路导线；试验端子板用来在不断开二次回路的情况下，对仪表、继电器进行试验；终端端子板用来固定或分隔不同安装项目的端子排。

3)连接导线的表示方法

接线图中端子之间的连接导线有下列两种表示方法。

①连续线是指表示两端子之间的连接导线的线条是连续的，用连续线表示的连接导线需要全线画出，连线多时显得过于复杂。

②中断线是指表示两端子之间的连接导线的线条是中断的，如图6.3所示。在线条中断处必须标明导线的去向，即在接线端子出线处标明对方端子的代号，这种标号方法称为“相对标号法”。此法简明清晰，对安装接线和维护检修都很方便。

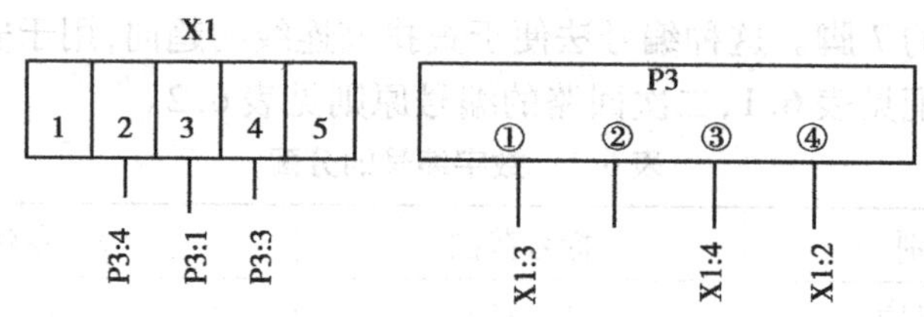

图 6.3 连接导线的相对标号表示法

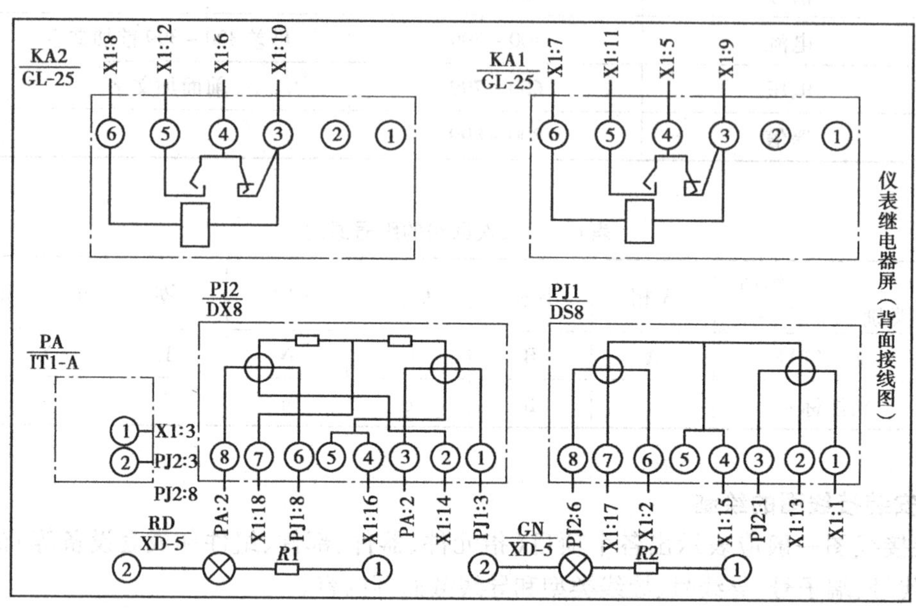

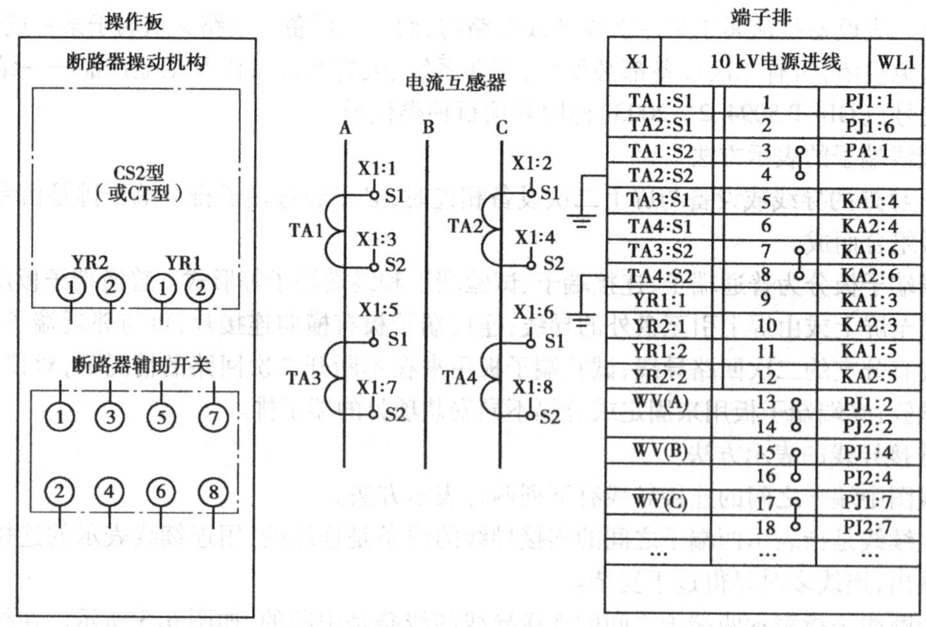

X1	10 kV电源进线	WL1
TA1:S1	1	PJ1:1
TA2:S1	2	PJ1:6
TA1:S2	3	PA:1
TA2:S2	4	
TA3:S1	5	KA1:4
TA4:S1	6	KA2:4
TA3:S2	7	KA1:6
TA4:S2	8	KA2:6
YR1:1	9	KA1:3
YR2:1	10	KA2:3
YR1:2	11	KA1:5
YR2:2	12	KA2:5
WV(A)	13	PJ1:2
	14	PJ2:2
WV(B)	15	PJ1:4
	16	PJ2:4
WV(C)	17	PJ1:7
	18	PJ2:7
…	…	…

图 6.4 高压线路测量及保护安装接线图

4）二次接线的安装图举例

在用户供配电系统10 kV线路的二次接线比较简单，往往将控制、信号、保护和测量设备与一次接线装在同一台高压开关柜上，测量和继电保护装置根据实际需要设计。

图6.4是高压线路测量及保护安装接线图。为了阅读方便，另给出该高压线路二次回路的展开式原理接线图，如图6.5所示，供对照参考。

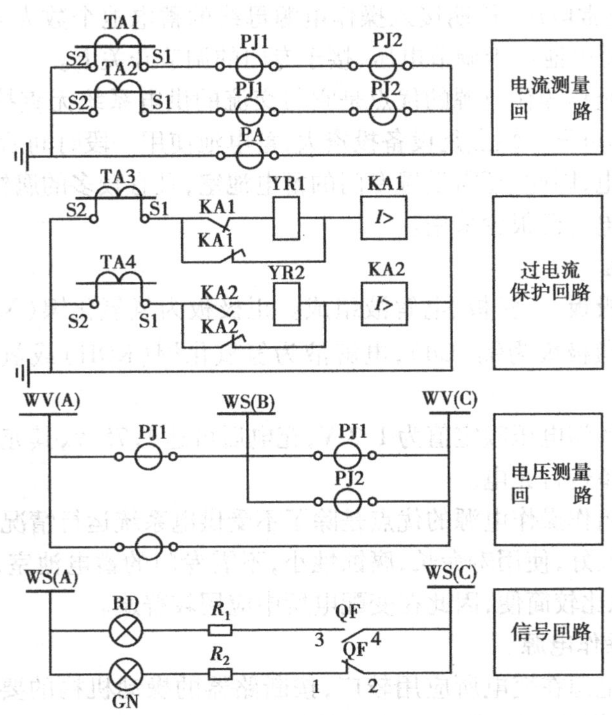

图6.5　高压线路测量及保护原理接线展开图

6.3　变电所二次回路的操作电源

二次回路的操作电源是指控制、信号、监测及继电保护和自动装置等二次回路系统所需的电源。对操作电源的要求，首先必须安全可靠，不应受供电系统运行情况的影响，保持不间断供电；其次容量要足够大，应能满足供电系统正常运行和事故处理所需的容量。

二次回路的操作电源分直流操作电源和交流操作电源两大类。直流操作电源，按供电电源的性质又可分为独立直流电源（蓄电池组）和交流整流电源（带电容的储能硅整流装置和复式整流装置）；交流操作电源又有由所用变压器供电和由仪用互感器供电之分。

6.3.1　直流操作电源

过去多采用铅酸蓄电池组，目前大多采用镉镍蓄电池组、带电容储能的硅整流装置或复式整流装置。

(1)**铅酸蓄电池组**

铅酸蓄电池由二氧化铅(PbO_2)的正极板、铅(Pb)的负极板和密度为1.2~1.3 g/cm^{3}的稀硫酸(H_2SO_4)电解液构成,容器多为玻璃。

铅酸蓄电池的额定端电压(单个)为2 V。充电后可达2.7 V,放电后可降到1.95 V。为获得220 V的操作电压,需要蓄电池的个数为$n=230/1.95\approx118$个。考虑到充电后端电压升高,为保证直流系统正常电压,长期接入操作电源母线的蓄电池个数为$n_1=230/2.7\approx86$个,而$n_2=n-n_1=32$个蓄电池用于调节电压,接于专门的调节开关上。

采用铅酸蓄电池组作操作电源的优点是它与交流的供电系统无直接关系,不受供电系统运行情况的影响,工作可靠。缺点是设备投资大,蓄电池使用一段时间后,电压下降,需用专门的充电装置来进行充电,因此,还需设置专门的蓄电池室,且有较多的腐蚀性,运行维护也相当麻烦。目前一般变配电所已很少采用。

(2)**镉镍蓄电池组**

镉镍蓄电池由正极板、负极板、电解液组成。正极板为氢氧化镍($Ni(OH)_3$)或三氧化二镍(Ni_2O_3)的活性物;负极板为镉(Cd);电解液为氢氧化钾(KOH)或氢氧化钠(NaOH)等碱溶液。

单个镉镍蓄电池的端电压额定值为1.2 V,充电后可达1.75 V,其充电可采用浮充电或强充电方式由硅整流设备进行充电。

采用镉镍蓄电池组作操作电源的优点是除了不受供电系统运行情况影响、工作可靠之外,还有它的大电流放电性好,使用寿命长,腐蚀性小,不需专门的蓄电池室,降低了投资,可安装于控制室,运行维护也比较简便,因此在变配电所中应用较普遍。

(3)**硅整流直流操作电源**

硅整流直流操作电源在变电所应用较广,按断路器的操动机构的要求有电容储能(电磁操动)和电动机储能(弹簧操动)等。本节只介绍硅整流电容储能直流操作电源。

如图6.6所示为带有两组不同容量电容储能的硅整流装置。

硅整流的电源来自所用变低压母线,一般设一路电源进线,但为了保证直流操作电源的可靠性,可采用两路电源和两台硅整流装置,其中一回路工作,另一回路备用,用接触器自动切换。在正常情况下两台硅整流器同时运行,硅整流器Ⅰ主要用做断路器合闸电源,并可向控制、保护、信号等回路供电;在硅整流器Ⅱ发生故障时还可通过逆止器件VD_3向控制母线供电,其容量较大。硅整流器Ⅱ仅向操作母线供电,容量较小。一般选用直流电压为220 V、20 A的成套整流装置。两组硅整流之间用电阻R和二极管VD_3隔开,VD_3起到逆止阀的作用,它只允许从合闸母线向控制母线供电而不能反向供电,以防在断路器合闸或合闸母线侧发生短路时,引起控制母线的电压严重降低,影响控制和保护回路供电的可靠性。电阻R用于限制在控制母线侧发生短路时流过硅整流器Ⅰ的电流,起保护VD_3的作用。在硅整流器Ⅰ和Ⅱ前,也可用整流变压器实现电压调节。整流电路一般采用三相桥式整流。

当电力系统发生故障380 V交流电源下降时,直流220 V母线电压也相应下降。此时利用并联在保护回路中的电容C_1和C_2的储能来动作继电保护装置,使断路器跳闸。正常情况下各断路器的直流控制系统中的信号灯及重合闸继电器由信号回路供电,使这些元器件不消耗电容器的储能。在保护回路装设逆止器件VD_4和VD_5的主要作用是在事故情况下,交流电源电压降低引起操作母线电压降低时,禁止向操作母线供电,而只向保护回路放电。

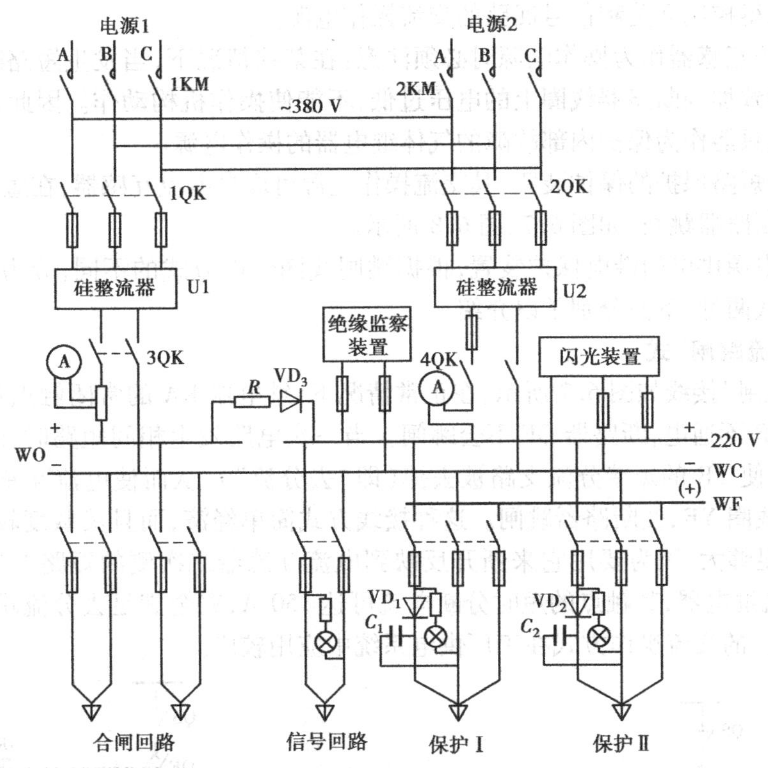

图6.6　带电容储能的硅整流装置

硅整流直流操作电源的优点是价格便宜,与铅酸蓄电池比较占地面积小,维护工作量小,体积小,不需充电装置。其缺点是电源独立性差、可靠性受交流电源影响,电容器有漏电问题,且易损坏,可靠性不如蓄电池。

为了提高整流操作电源供电的可靠性,一般至少应有两个独立的交流电源给整流器供电,其中之一最好是与本变电所没有直接联系的电源。

(4)**复式整流装置**

复式整流是指供直流操作电压的整流器电源有两个,即电压源和电流源。电压源由所用变压器或电压互感器供电,经铁磁谐振稳压器(当稳压要求较高时装设)和硅整流器供电给控制等二次回路;电流源由电流互感器供电,同样经铁磁谐振稳压器(当稳压要求较高时装设)和硅整流器供电给控制等二次回路。由于复式整流装置有电压源和电流源,因此,能保证供电系统在正常和事故情况下直流系统均能可靠的供电。

6.3.2　交流操作电源

交流操作电源比整流电源更简单,它不需设置直流回路,可采用直接动作式继电器,工作可靠,二次接线简单,便于维护。交流操作电源广泛用于用户中小型变电所中断路器采用手动操作和继电保护采用交流操作的场合。

交流操作电源可由两种途径获得:取自所用电变压器;当保护、控制、信号回路的容量不大时,可取自电流互感器、电压互感器的二次侧。

当交流操作电源取自电流、电压互感器时,通常在电压互感器二次侧安装100/220 V的隔离变压器,可取得控制回路和信号回路的交流操作电源。

在使用电压互感器作为操作电源时必须注意:在某些情况下,当发生短路时,母线上的电压显著下降,以致加到断路器线圈上的电压过低,不能使操作机构动作。因此,用电压互感器作为操作电源,只能作为保护内部故障的气体继电器的操作电源。

相反,对于短路保护的保护装置,其交流操作电源可取自电流互感器,在短路时,短路电流本身可用来使断路器跳闸,如图6.7、图6.8所示。

交流操作电源供电的继电保护装置,根据跳闸线圈供电方式的不同,分为“去分流跳闸”式和直接动作式两种,下面分别予以介绍:

(1)**“去分流跳闸”式**

“去分流跳闸”接线如图6.7所示,在正常情况下,继电器KA的常闭触点将跳闸线圈YR短接(分流),YR不通电,断路器QF不会跳闸。当一次电路发生相间短路时,继电器动作,其常闭触点断开,使YR的短接分流支路被去掉(即“去分流”),从而使电流互感器的二次电流完全流入跳闸线圈YR,使断路器跳闸。这种接线方式简单经济,而且灵敏度较高。但继电器触点的容量要足够大,因为要用它来断开反映到电流互感器二次侧的短路电流,现在生产的GL-15型过电流继电器,其触点的短时分断电流可达150 A,完全满足去分流跳闸的要求。这种“去分流跳闸”的交流操作方式在工厂供电系统中应用较广。

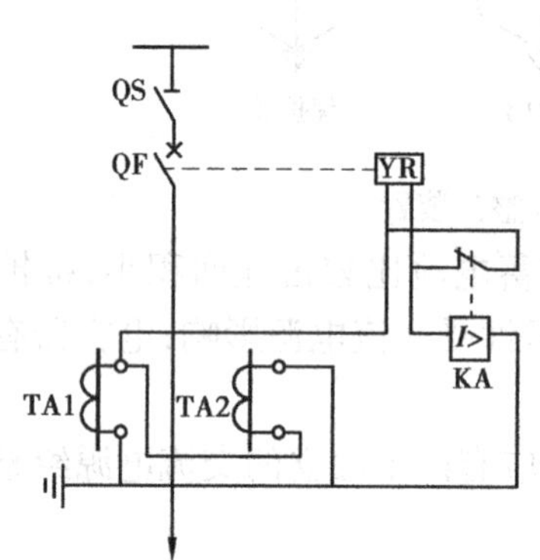

图6.7 “去分流跳闸”的操作方式

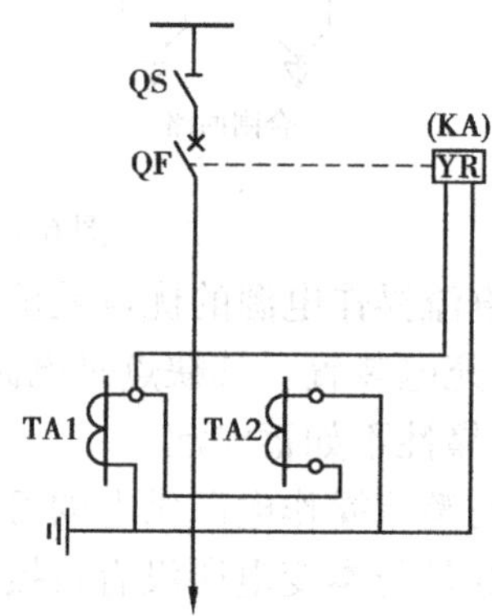

图6.8 直接动作式

(2)**直接动作式**

直接动作式如图6.8所示,利用高压断路器手动操作机构内的过电流脱扣器(跳闸线圈)YR作过电流继电器KA(直动式),接成两相一继电器式或两相两继电器式接线。在正常情况下,YR通过正常的二次电流,远小于YR的动作电流,不动作;而在一次电路发生相间短路时,短路电流反映到互感器的二次侧,流过YR,达到或超过YR的动作电流,从而使断路器跳闸。这种交流操作方式最为简单经济,但受脱扣器型号的限制,没有时限,且动作准确性差,保护灵敏度低,在实际工程中已很少应用。

在交流操作系统中,按各回路的功能,也设置了相应的操作电源母线,如控制母线、闪光小母线、事故信号和预告信号小母线等。各回路的电路结构与直流操作系统中相应回路的电路结构非常相似,原理也基本相同,差别在于交流操作系统均使用交流电气元件,直流操作系统均使用直流电气元件。

交流操作电源的优点是:接线简单,投资低廉,维修方便。缺点是:交流继电器性能没有直流继电器完善,不能构成复杂的保护。因此,交流操作电源在小型变配电所中应用较广,而对保护要求较高的中小型变配电所,采用直流操作电源。

6.3.3　所用变压器

变电所的用电一般应设置专门的变压器供电,简称所用变。变电所的用电主要有室外照明、室内照明、生活区用电、事故照明、操作电源用电等,上述用电一般都分别设置供电回路,如图6.9(a)所示。

为保证操作电源的用电可靠性,所用变一般都接在电源的进线处,如图6.9(b)所示,即使变电所母线或变压器发生故障时,所用变仍能取得电源。一般情况下,采用一台所用变即可,但对一些重要的变电所,设有两台互为备用的所用变。两台所用变接于二路电源的进线处,或其中一台所用变应接至电源进线处(进线断路器的外侧),另一台则应接至与本变电所无直接联系的备用电源上。在所用变低压侧可采用备用电源自动投入装置,以确保所用电的可靠性。值得注意的是,由于两台所用电变压器所接电源中相位的关系,有时是不能并联运行的。

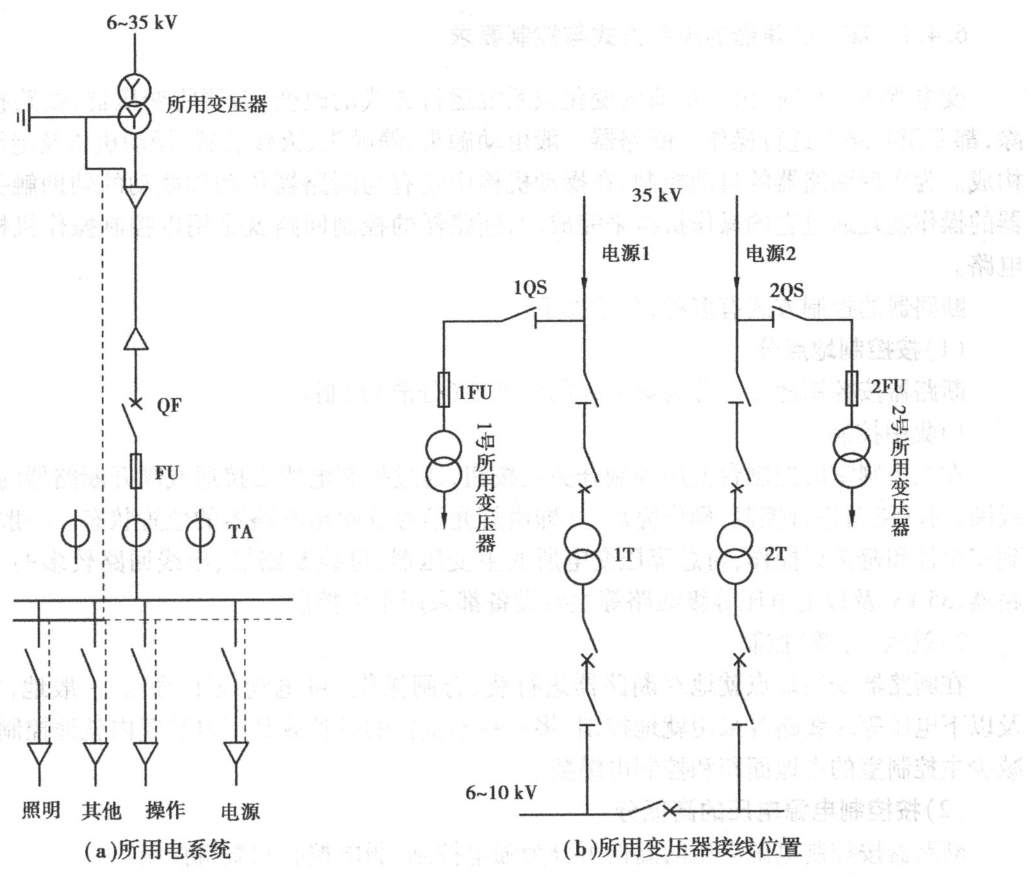

(a)所用电系统　　(b)所用变压器接线位置

图6.9　所用变压器接线示意图

6.4 高压断路器的控制与信号回路

6.4.1 高压断路器

高压断路器(文字符号为 QF,图形符号为—×⁄—)是一种专用于断开或接通电路的开关设备,它有完善的灭弧装置,因此,不仅能在正常时通断负荷电流,而且能在出现短路故障时在保护装置作用下切断短路电流。

高压断路器按其采用的灭弧介质来划分,主要有油断路器、六氟化硫(SF_6)断路器、真空断路器等。油断路器分为多油和少油两大类,多油断路器油量多一些,其油一方面作为灭弧介质,另一方面又作为绝缘介质;少油断路器油量较少,仅作为灭弧介质。多油断路器因油量多、体积大,断流容量小、运行维护比较困难,因而现已淘汰。其中少油断路器和真空断路器目前在供配电系统中应用较广。

6.4.2 高压断路器的控制方式与控制要求

变电所在运行时,由于负荷的变化或系统运行方式的改变,需要将变压器,线路投入和切除,都要用断路器进行操作。断路器一般由动触头、静触头、灭弧装置、操动机构及绝缘支座等构成。为实现断路器的自动控制,在操动机构中还有与断路器传动轴联动的辅助触头。断路器的操作就是通过它的操作机构来完成的,断路器的控制回路就是用以控制操作机构动作的电路。

断路器的控制方式有多种,分述如下:

(1)按控制地点分

断路器按控制地点可分为集中控制和就地(分散)控制。

1)集中控制

在主控制室的控制台上用控制开关或按钮,通过控制电缆去接通或断开断路器的跳、合闸线圈,对断路器进行控制,操作完后,立即由灯光信号反映出断路器的位置状态。一般地,考虑到安全性和避免误操作,对总降压变电所的主变压器、母线断路器、出线回路较多的 10 kV 断路器、35 kV 及以上电压等级线路等主要设备都采用集中控制。

2)就地(分散)控制

在断路器安装地点就地对断路器进行跳、合闸操作(可电动或手动)。一般地,对 10 kV 及以下电压等级线路等采用就地控制,将一些不重要的设备放到配电装置内就地控制,可大大减少主控制室的占地面积和控制电缆数。

(2)按控制电源电压的高低分

断路器按控制电源电压的高低可分为强电控制、弱电控制和微机控制。

1)强电控制

从发出操作命令的控制设备到断路器的操动机构,整个控制回路的工作电压均为直流 110 V 或直流 220 V。

2)弱电控制

控制台上发出操作信号是弱电(48 V),而经转换送到断路器操动机构的是强电(220 V)。

3)微机控制

在变电站综合自动化系统中,通过键盘或鼠标点击监控微机控制按钮,发出操作命令,激励断路器跳、合闸线圈。

(3)按控制电源的性质分

断路器按控制电源的性质可分为直流操作(DC operation)和交流操作(AC operation)。直流操作一般采用蓄电池组供电;交流操作一般是由电流互感器、电压互感器、所用变压器供电,其中交流操作包括整流操作。

(4)按对控制电路监视方式的不同分

断路器按照对控制电路监视方式的不同,有灯光监视控制及音响监视控制电路之分。由控制室集中控制及就地控制的断路器,一般多采用灯光监视控制电路,只在重要情况下才采用音响监视控制电路。

断路器的控制回路必须完整、可靠,因此应满足以下要求:

①断路器操作机构的合闸与跳闸线圈都是按短时通电来设计的,操作完成后,应迅速自动断开合闸或跳闸回路以免烧坏线圈。

②断路器既能在远方由控制开关进行手动合闸或跳闸,又能在自动装置或继电保护装置作用下自动合闸或跳闸。

③控制回路应具有反映断路器手动和自动跳、合闸位置的信号。一般采用灯光信号。

④应能监视控制回路操作电源及跳、合闸回路的完好性;应对二次回路短路或过负荷进行保护。

⑤具有防止断路器多次合、跳闸的“防跳”装置。

⑥对于采用气压、液压和弹簧操动机构的断路器,应有压力是否正常、弹簧是否拉紧到位的监视和闭锁回路。

控制回路的接线方式较多,按监视方式可分为灯光监视的控制回路与音响监视的控制回路。前者多用于小型变电所,而后者常用于大、中型变电所。

6.4.3 灯光监视的控制回路和信号回路

(1)控制回路的构成

断路器控制回路由控制开关、中间放大元件和操作机构 3 部分构成。

1)控制开关

控制开关是值班人员直接操作发出控制命令,以改变设备运行状态(断路器跳、合闸)的装置,又称为转换开关。

目前多采用带有操作手柄的控制开关,使断路器合闸或跳闸。如 LW_2-Z 型控制开关。

图 6.10 是变电站普遍应用的 LW_2-Z 型控制开关的结构图,其正面是一个操作手柄,装于屏前。LW_2-Z 型控制开关的手柄有两个固定位置和两个操作(过渡)位置。其固定位置:垂直位是预备合闸后;水平位是预备跳闸和跳闸后。其操作位置:合闸操作,由预备合闸(垂直位)右转 30°至合闸位,瞬间发出合闸脉冲,手放开后靠弹簧作用使手柄复位于垂直位(合闸后);跳闸操作,由预备跳闸(水平位)左转 30°至跳闸位,瞬时发出跳闸脉冲,手放开后靠弹簧作用

使手柄复位于水平位(跳闸后)。与手柄固定连接的轴上装有 5 ~ 8 节触点盒,用螺杆相连装于屏后。在每节方形触点盒的四角均匀固定着 4 个静触点,其外端与外电路相连,内端与固定于方轴上的动触点簧片相配合。由于簧片的形状及安装位置的不同,组成 14 种型号的触点盒,代号为 1、1a、2、4、5、6、6a、7、8、10、20、30、40、50,触点盒位置图表见表 6.3。动触点的形式有两种基本类型:一种是触点片固定在轴上,随轴一起转动;另一种是触点片与轴有一定角度的自由行程,当手柄转动角度在其自由行程内时,可保持在原来的位置上不动,自由行程有 45°、90°、135° 3 种。前 9 种类型的动触点是固定于方轴上随轴转动的;而 10、40、50 这 3 种类型的触点在轴上有 45°的自由行程;20 型有 90°的自由行程;30 型有 135°的自由行程。有自由行程的触点其断流能力较小,仅适用于信号回路。

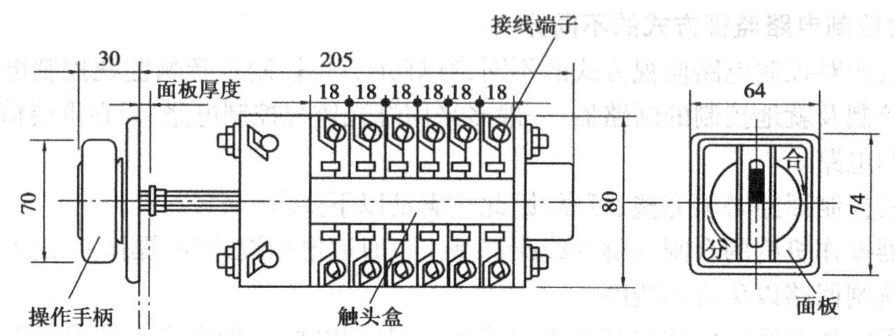

图 6.10 LW$_2$-Z 型控制开关的结构图

表 6.3 LW$_2$-Z 型触点盒位置图表

触点盒的形式 / 手柄位置		灯	1 1a	2	4	5	6	6a	7	8	10	20	30	40	50
	←														
	↑														
	↗														
	↑														
	←														
	↙														

表 6.4 为 LW$_2$-Z-1a、4、6a、40、20、20/F8 型开关型控制开关触点表,它有 6 种操作位置。其中,LW$_2$-Z 为开关型号;1a、4、6a、40、20、20 为开关上由手柄向后依次排列的触点盒的型号;“F”表示方形手柄面板(“O”表示圆形面板)。表 6.4 中,左列手柄的 6 种位置为屏前视图,而向右的各列触点位置状态则为从屏后视的情况,即当手柄顺时针方向转动时,触点盒中的可动触点为逆时针方向转动。“×”表示触点接通,“—”表示触点断开。

表 6.4　LW$_2$-Z 型控制开关触点表

在“跳闸后”位置的手柄(正面)的样式和触点盒(背面)接线图			1 2 4 3		5 6 8 7		9 10 12 11			13 14 16 15			17 18 20 19			21 22 24 23		
手柄和触点盒形式		F_8	1a		4		6a			40			20			20		
触点号		—	1—3	2—4	5—8	6—7	9—10	9—12	10—11	13—14	14—15	13—16	17—19	17—18	18—20	21—23	21—22	22—24
位置	跳闸后		—	×	—	—	—	—	×	—	×	—	—	—	×	—	—	×
	预备合闸		×	—	—	—	×	—	—	×	—	—	—	×	—	—	×	—
	合闸		—	—	×	—	—	×	—	—	—	×	×	—	—	×	—	—
	合闸后		×	—	—	—	×	—	—	—	—	×	×	—	—	×	—	—
	预备跳闸		—	×	—	—	—	—	×	×	—	—	—	×	—	—	×	—
	跳闸		—	—	—	×	—	—	×	—	×	—	—	—	×	—	—	×

在变电站的工程图中,控制开关的应用十分普遍,常将控制开关 SA 触点的通断情况用图形符号表示,如图 6.11 所示。图中,6 条垂直虚线表示控制开关手柄的 6 个不同的操作位置:C 为合闸,PC 为预备合闸,CD 为合闸后,T 为跳闸,PT 为预备跳闸,TD 为跳闸后;水平线表示端子引线,中间 1—3、2—4 等表示触点号,靠近水平线下方的黑点表示该对触点在此位置时是接通的,否则是断开的。实际工程图中,一般只将其有关部分画出。

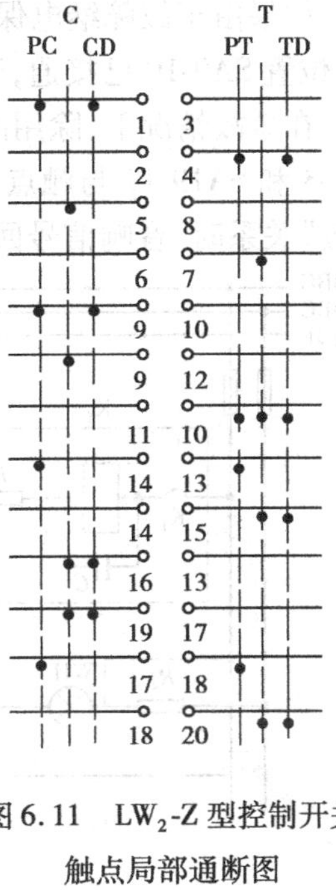

图 6.11　LW$_2$-Z 型控制开关触点局部通断图

2)中间放大器件

因断路器的合闸电流较大,而控制元件和控制回路所能通过的电流只有几安,二者之间需用中间放大器件进行转换,常采用直流接触器去接通合闸回路。

3)操作机构

高压断路器的操作机构有电磁式、弹簧式和液压式等,操作机构不同,其控制回路不尽相同,但基本接线相似。用户变电所的断路器常采用电磁式操作机构。

(2)控制回路和信号回路操作过程分析

下面以电磁式断路器为例,说明控制回路和信号回路的动作过程,如图 6.11 所示。

1)手动合闸

合闸前,断路器处于“跳闸后”状态,断路器的辅助触点 QF_2 闭合,控制开关 SA10-11 闭合,绿灯 GN 回路接通发亮。但由于电阻 R_1 的限流,不足以使合闸接触器 KO 动作。绿灯亮表示断路器处于“跳闸”位置,且控制电源和合闸回路完好。

当控制开关扳到“预备合闸”位置时,触点 SA9-10 接通,绿灯改接在闪光母线 BF 上,发出绿灯闪光,说明情况正常,可以合闸。当开关再旋转 45°至“合闸”位置时,触点 SA5-8 接通,合闸接触器 KO 动作,使合闸线圈 YO 通电,断路器合闸。合闸后,辅助触点 QF_2 断开,切断合闸回路,同时 QF_1 闭合。

当操作人员将手柄放开之后,在弹簧的作用之下,开关回到“合闸后”位置,触点 SA13-16 闭合,红灯 RD 电路接通,红灯亮表示断路器在合闸状态。

2)自动合闸

控制开关在“跳闸后”位置,若自动装置的中间继电器接点 KM 闭合,将使合闸接触器 KO 动作合闸。自动合闸后,信号回路经控制开关中 SA14-15,红灯 RD,辅助触点 QF_1,与闪光母线 BF 接通,RD 发出红色闪光,表示断路器是自动合闸的,只有当运行人员将手柄扳到“合闸后”位置,红灯才能发光。

3)手动跳闸

首先将开关扳到“预备跳闸”位置,SA13-14 接通,RD 发出红色闪光。再将手柄扳到“跳闸”位置,SA6-7 接通,断路器跳闸线圈 YR 通电,断路器跳闸。松手后,开关又自动弹回到“跳闸后”位置。跳闸完成后,辅助触点 QF_1 断开,红灯熄灭,QF_2 闭合,通过触点 SA10-11 使绿灯亮。

4)自动跳闸

如果由于故障继电保护装置动作,使继电保护触点 K 闭合,引起断路器跳闸。由于“合闸后”位置 SA9-10 已接通,于是绿灯发出闪光。

在事故情况下,除用闪光信号显示外,控制电路还备有音响信号,在图 6.12 中,开关触点 SA1-3 和 SA19-17 与触点 QF 串联,接在事故音响母线 BAS 上,断路器因事故跳闸而出现“不对应”关系时,音响信号回路的触点全部接通而发出音响,引起运行人员的注意。

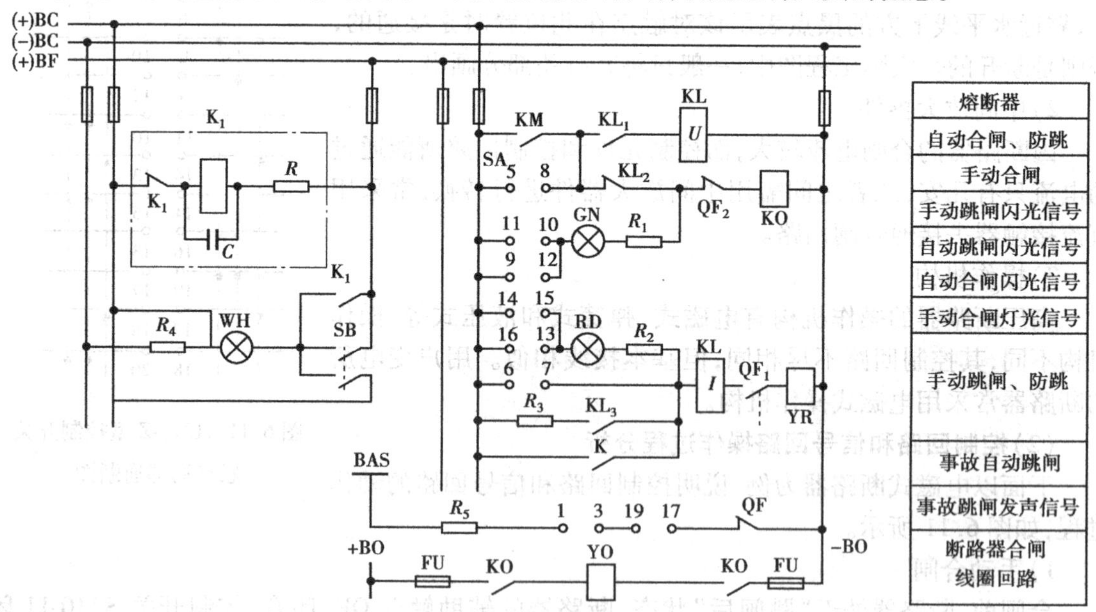

图 6.12 断路器的控制回路和信号回路

SA—控制开关;BC—小母线;BF—闪光母线;KL—防跳继电器;

KM—中间继电器;KO—合闸接触器;YO—合闸线圈;YR—跳闸线圈;

BAS—事故音响小母线;K—继电器保护触点;K_1—闪光继电器;SB—试验按钮

5)防跳装置

断路器的“跳跃”,是指运行人员手动合闸断路器于故障元件时,断路器又被继电保护动作于跳闸,由于控制开关位于“合闸”位置,则会引起断路器重新合闸。为了防止这一现象,断路器控制回路设有跳跃闭锁继电器 KL。KL 具有电流和电压两个线圈,电流线圈接在断路器跳闸线圈 YR 之前,电压线圈则经过其本身的常开触点 KL_1 与合闸接触器线圈 KO 并联。当继电保护装置动作,即触点 K 闭合使断路器跳闸线圈 YR 接通时,同时也接通了 KL 的电流线圈并使之启动,于是防跳继电器的常闭触点 KL_2 断开,将 KO 回路断开,避免了断路器再次合闸,同时常开触点 KL_1 闭合,通过 SA5-8 触点或自动装置触点 KM 使 KL 的电压线圈接通并自保持,从而防止了断路器的“跳跃”。触点 K-3 与继电器触点 K 并联,用来保护后者,使其不致断开超过其触点容量的跳闸线圈电流。

6)闪光电源装置

闪光电源装置由 DX-3 型闪光继电器 K_1,附加电阻 R 和电容 C 等组成,接线图如图 6.12 所示的左部。当断路器发生事故跳闸后,断路器处于跳闸状态,而控制开关仍保留在“合闸后”的位置,这种情况称为“不对应”关系。在此情况下,触点 SA9-10 与断路器辅助触点 QF_2 仍接通,电容器 C 开始充电,电压升高,待其升高到闪光继电器 K_1 的动作值时,闪光继电器 K_1 动作,从而断开通电回路,上述循环不断重复,闪光继电器 K_1 触点也不断开闭,闪光母线(+)BF 上便出现断续正电压使绿灯闪光。

控制开关在“预备合闸”位置、“预备跳闸”位置以及断路器自动合闸、自动跳闸时,也同样能启动闪光继电器,使相应的指示灯发出闪光。

SB 为试验按钮,按下时白信号灯 WH 亮,表示本装置电源正常。

6.5 变电所中央信号系统

在变电所运行的各种电气设备,随时都有可能发生不正常的工作状态。除了用仪表监视设备和系统的运行状态之外,还必须借助各种信号装置来反映设备发生的事故或非正常状态,并作为互相联络和传达信息及命令的手段,以便及时提醒运行人员。

信号装置的总体称为信号系统,通常由灯光信号装置和音响信号装置两部分组成,灯光信号装置反映事故或故障设备和故障性质,音响信号装置用以引起值班人员的注意。灯光信号通过装设在各控制屏上的信号灯和光字牌,表明各电气设备的运行情况。音响信号则通过蜂鸣器(电笛)或电铃发出声音,一般全所共用一套信号装置并设于中央控制室(主控制室)内,故称为中央信号装置。

6.5.1 中央信号系统的分类

(1)按动作性能分

信号装置按其性能分为重复动作和不重复动作两种。重复动作是指当出现事故(故障)时,发出灯光和音响信号;稍后紧接着又有新的故障发生时,信号装置应能再次(多次的)发出音响和灯光信号。不重复动作是指第一次故障尚未消除,又发生第二次故障时,不能发出音响信号(只能点亮光字牌)。

(2)按复归方式分

信号装置按复归方式分为中央复归和就地复归两种。中央复归是指在主控制台上用按钮开关将信号解除并恢复到原位。就地复归是指到设备安装地操作控制开关复归信号。

(3)按用途分

信号装置按用途可分为位置信号、事故信号和预告信号装置。

1)位置信号

位置信号是用来指示设备的运行状态的,如断路器的通、断状态,所以位置信号又称为状态信号。它可使在异地进行操作的人员了解该设备现行的位置状态,以避免误动作。对于断路器以红灯亮表示合闸位置,以绿灯亮表示跳闸位置。

2)事故信号

事故信号表示供电系统在运行中发生了某种事故而使继电保护动作,同时事故信号装置发出灯光和音响信号,蜂鸣器(电笛)发出声音,相应的光字牌变亮,显示文字告知事故的性质、类别及发生事故的设备。图6.13是由ZC-23型冲击继电器构成的中央复归且能重复动作的事故音响信号装置回路图。图中KU为冲击继电器,其中包括干簧继电器KR,中间继电器KM,脉冲变流器TA。

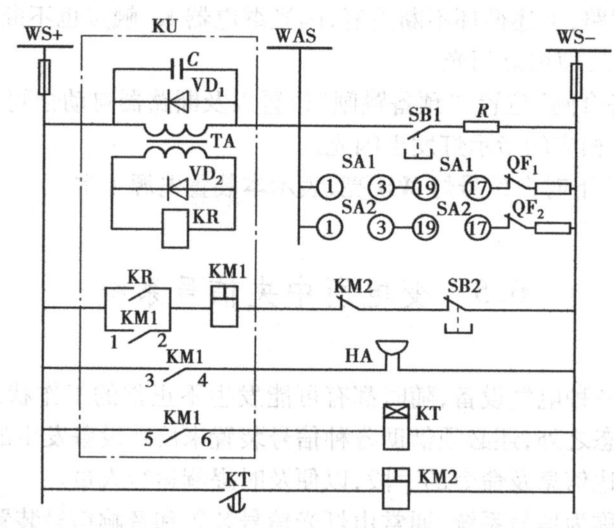

图6.13 重复动作的中央复归式事故音响信号回路

WS—信号小母线;WAS—事故音响信号小母线;SA—控制开关;

SB1—试验按钮;SB2—音响解除按钮;KU—冲击继电器;

KR—干簧继电器;KM—中间继电器;KT—时间继电器;TA—脉冲变流器

当某断路器(如QF_1)事故跳闸时,因其辅助触点与控制开关(SA1)不对应,而使事故音响信号小母线WAS与信号小母线WS_-通,从而使脉冲变流器TA的一次侧电流突增,其二次侧感应电动势使继电器KR动作。KR的常开触点闭合,使中间继电器KM1动作,其常开触点$KM1_{(1\text{-}2)}$闭合,使KM1自保持;其常开触点$KM1_{(3\text{-}4)}$闭合,使蜂鸣器(电笛)发出音响信号;同时$KM1_{(5\text{-}6)}$闭合,启动时间继电器KT,KT经整定的时限后,其触电闭合,接通中间继电器KM2,其常闭触点KM2断开,自动解除HA的音响信号。当另一台继电器(如QF_2)又自动跳闸时,同时会使蜂鸣器HA发出事故音响信号。

重复动作是利用控制开关与断路器辅助触点之间的不对应回路中的附加电阻来实现的。当断路器 QF_1 事故跳闸，蜂鸣器发出声响，若音响已被手动或自动解除，但 QF_1 的控制开关尚未转到与断路器的实际状态相对应的位置，若断路器 QF_2 又发生自动跳闸时，其 QF_2 断路器的不对应回路接通，与 QF_1 断路器的不对应回路并联，不对应回路中串有电阻引起脉冲变流器 TA 的一次侧电流突增，故在其二次侧感应一个电势，又使继电器 KR 动作，蜂鸣器 HA 又发出音响。

3）预告信号

预告信号是变电站中电气设备发生故障或出现不正常运行状态时发出的信号，与事故信号相比，属次紧急信号，且不会立即造成设备损坏或危及人身安全。为了区别于事故信号，预告音响信号采用电铃。预告信号可以帮助值班人员及时发现故障及隐患，以便及时采取措施加以处理，防止事故的发生和扩大。变电站中经常发生的预告信号有：

①变压器、电动机等电气设备过负荷；

②变压器油温过高、轻瓦斯保护动作及通风故障等；

③SF_6，气体绝缘设备的气压异常；

④直流系统绝缘损坏或严重降低；

⑤断路器控制回路及互感器二次绕组回路断线；

⑥小电流接地系统单相接地故障；

⑦继电保护和自动装置交、直流电源断线；

⑧信号继电器动作（掉牌）未复归；

⑨断路器三相位置或有载调压变压器三相分接头位置不一致；

⑩作用于信号继电器的继电保护和自动装置动作等。

变电站中的预告信号通常又分为瞬时预告信号和延时信号两种。变电站电气设备发生故障或不正常运行情况需要及时告知值班人员的信号应采用瞬时预告信号，如主变瓦斯信号、温度信号、二次回路熔断器熔断等。瞬时预告信号是由发生异常的设备的保护元件给出脉冲信号，经光字牌两只并联的信号灯，接通瞬时预告信号小母线发出灯光和音响信号。当某些供电系统发生短路故障时，可能伴随发出的预告信号，如过负荷、电压互感器二次断线等，应待延时发出，其延时时间应大于外部短路的最大切除时限。这样，在外部短路切除后，这些由系统短路所引起的信号就会自动消失而不发出警报，以免分散值班人员的注意力。

瞬时预告信号装置的接线和原理与事故信号相同，只要将蜂鸣器改为电铃即可。延时预告信号也只需在脉冲继电器动作后启动时间继电器，经过一定的延时后发出音响，其他电路与事故信号电路相同。具体电路图略。

6.5.2　中央信号系统的基本功能

信号系统担任重要的作用，必须具备以下功能。

①中央事故信号装置应保证在任一断路器事故跳闸后，能瞬时发出事故信号，同时位置指示灯闪光，并点亮相应光字牌。

②中央预告信号装置应保证在任一电路发生故障时，能按要求（瞬时或延时）准确发出音响、灯光信号和掉牌信号。

③中央信号装置在发出音响信号后，应能手动或自动复归（解除）音响，而灯光信号及其

他指示信号应保持到消除故障为止,以便帮助查找和分析事故。

④在继电保护及自动装置动作后,应能及时将信号继电器手动复归,并设“信号未复归”光字牌,发送光字牌信号。

⑤中央事故音响信号与预告音响信号应有区别。一般事故音响信号用电笛或蜂鸣器,预告音响信号用电铃。

⑥接线应简单、可靠,应能监视信号回路的完好性。

⑦应能对事故信号、预告信号及其光字牌是否完好进行试验。

6.6 电气测量仪表

电气测量仪表是指对电力装置回路的电气运行参数作经常测量、选择测量、记录用的仪表和作计费、技术经济分析考核管理用的计量仪表的总称。

在电力系统和供配电系统中,进行电气测量的目的有3个:

①计费测量,主要计量用电单位的用电量,如有功电度表、无功电度表。

②对供电系统中运行状态、技术经济分析所进行的测量,如电压、电流、有功功率、无功功率、有功电能、无功电能等。这些参数通常都需要定时记录。

③对交、直流系统的安全状况(如绝缘电阻、三相电压是否平衡等)进行监测。由于目的不同,对测量仪表的要求也不一样。计量仪表要求准确度要高,其他测量仪表的准确度要求要低一些。

电气测量仪表按用途分为常用测量仪表和电能计量仪表两种类型,常用测量仪表是对一次电路的电力运行参数作经常测量、选择测量和记录用的仪表;电能计量仪表是对一次电路进行供用电的技术经济分析考核和对电力用户用电量进行测量、计量的仪表,即各种电能表。

电气测量仪表,要保证其测量范围和准确度满足变配电设备运行监视和计量的要求,并力求外形美观,便于观测,经济耐用等。具体要求如下:

①准确度高,误差小,其数值应符合所属等级准确度的要求。

②仪表本身消耗的功率应越小越好。

③仪表应有足够的绝缘强度,耐压和短时过载能力,以保证安全运行。

④应有良好的读数装置。

⑤结构坚固,使用维护方便。

6.6.1 电气测量仪表的准确度等级

准确度是指仪表测量值与实际值的一致程度。按照国家标准《电气测量指示仪表通用技术条件》(GB 776—76),仪表准确度等级可分以下7级:0.1级、0.2级、0.5级、1.0级、1.5级、2.5级、5.0级。其中,1.5级及以下的大都为安装式配电盘表;0.1级、0.2级仪表用作校验标准表;0.5级和1.0级仪表供实验室和工作较准确的测量使用;1.5级至5.0级仪表用于一般测量。

电气测量仪表的准确度等级越高,仪表的测量误差就越小。电气测量仪表一般按其准确度等级来划分其测量性能,它们与测量误差的关系见表6.5。

表6.5 电气测量仪表的准确度等级与测量误差

准确度等级	0.1	0.2	0.5	1.0	1.5	2.5	5.0
测量误差/%	±0.1	±0.2	±0.5	±1.0	±1.5	±2.5	±5.0

①交流电流、电压表、功率表可选用1.5~2.5级;直流电路中电流、电压表可选用1.5级;频率表可选用0.5级。

②电度表及互感器准确度配置见表6.6。

③仪表的测量范围和电流互感器变流比的选择,宜满足当电力装置回路以额定值运行时,仪表的指示在标度尺的2/3处。对有可能过负荷的电力装置回路,仪表的测量范围,宜留有适当的过负荷裕度。对重载启动的电动机和运行中有可能出现短时冲击电流的电力装置回路,宜采用具有过负荷标度尺的电流表。对有可能双向运行的电力装置回路,应采用具有双向标度尺的仪表。

表6.6 常用仪表准确度配置

测量要求	互感器准确度	仪表准确度	配置说明
计费计量	0.2级	0.5级有功电度表 0.5级专用电能计量仪表	月平均电量在10 kW·h及以上
	0.5级	1.0级有功电度表 1.0级专用电能计量仪表 2.0级无功电度表	①月平均电量在10 kW·h以下 ②315 kV·A以上变压器高压侧计量
计费计量及一般计量	1.0级	2.0级有功电度表 3.0级无功电度表	①315 kV·A以下变压器低压侧计量点 ②75 kW及以上电动机电能计量 ③企业内部技术经济考核(不计费)
一般测量	1.0级	1.5级和0.5级测量仪表	—
	3.0级	2.5级测量仪表	非重要回路

6.6.2 变配电装置中测量仪表的配置

供电系统变配电装置中各部分仪表的配置要求如下:

①在用户的电源进线上,或经供电部门同意的电能计量点,必须装设计费的有功电能表和无功电能表。为了解负荷电流,进线上还应装设一只电流表。通常采用标准计量柜,计量柜内有计算专用电流、电压互感器。

②变配电所的每段母线上,必须装设4只电压表,其中1只测量线电压,另外3只测量相电压。在中性点不接地系统中,各段母线上还应装设绝缘监视装置。

③35/6~10 kV变压器应在高压侧或低压侧装设电流表、有功功率表、无功功率表、有功电度表和无功电度表各1只,6~10/0.4 kV的配电变压器,应在高压侧或低压侧装设1只电流表和1只有功电度表,如为单独经济核算的单位变压器,还应装设1只无功电度表。

④3~10 kV的配电线路,应装设电流表、有功和无功电能表各1只。如不是送往单独经济核算单位时,可不装无功电能表。当线路负荷大于5 000 kV·A及以上时,还应装设1只有功功率表。

⑤380 V 的电源进线或变压器低压侧,各相应装 1 只电流表。如果变压器高压侧未装电能表时,低压侧还应装设有功电能表 1 只。

⑥低压动力线路上,应装设 1 只电流表。低压照明线路及三相负荷不平衡率大于 15% 的线路上,或照明和动力混合供电的线路上,照明负荷占总负荷的 15% ~20% 以上时,应装设 3 只电流表分别测量三相电流。如需计量电能,应装设 1 只三相四线有功电能表。对负荷平衡的三相动力线路,可只装设 1 只单相有功电能表,实际电能按其计度的 3 倍计。低压动力线路上应装 1 只电流表。

⑦并联电力电容器组的总回路上,应装设 3 只电流表,分别测量三相电流,并装设 1 只无功电能表。

6.6.3 三相电路电能的测量

对于电路中电压、电流、有功功率及无功功率等电气参数的测量,已在相关的课程中讲述,这里主要对电能的测量作一简要介绍。

我们知道,负荷在一段时间内所消耗的电能 $W = \int_{t_1}^{t_2} P\mathrm{d}t = P(t_2 - t_1)$,即电能是这段时间内平均功率与时间的乘积。这表明电能可用功率和时间的乘积来计量,这是电能测量的基本公式,目前所用的电能测量仪器仪表都是应用这一原理实现的。如测量功率的有电动式功率表、电子乘法器以及微处理机等,相应的测量电能的方法有感应式电能表、电子式(微型计算机式)电能表等。

电能表按不同情况划分如下:按照所测不同电流种类可分为直流式和交流式。按照不同用途可分为单相感应式电能表、三相感应式电能表和特种电能表(包括标准电能表、最大需量表、电子电能表等);其中三相电能表又分为三相三线有功电能表、三相四线有功电能表和三相无功电能表。按照准确度等级可分再普通电能表(3.0、2.0、1.0 级)及标准电能表(0.5、0.2、0.1、0.05 级)。

电能表名称及型号由 4 部分组成,其含义如下:

第一部分:D—电能表。

第二部分:D—单相,S—三相三线,T—三相四线,X—无功,B—标准,Z—最大需量,J—直流。

第三部分:S—全电子式。

第四部分:设计序号(阿拉伯数字)。

例如 DD862 型单相电能表,DS862 型三相三线有功电能表,DB2 型标准电能表。

由于感应式电能表结构简单、工作可靠、维修方便、使用寿命长等一系列优点,至今仍广泛应用。单相电路电能的测量用单相感应式电能表,其接线较简单,这里主要介绍三相电路电能的测量。

(1)三相电路有功电能的测量

1)三相四线制电路有功电能的测量

三相四线有功电能表的接线如图 6.14(a)所示。在对称三相四线制电路中,可用一个单相电能表测量任何一相所消耗的有功电能,然后乘以 3 即得三相电路所消耗的有功电能。当三相负荷不对称时,就需用 3 个单相电能表分别测量出各相所消耗的有功电能,然后把它们加起来,这样很不方便。为此,一般采用三相四线有功电能表,其结构基本上与单相电能表相同,只是它由三相测量机构共同驱动同一转轴上的1～3个铝盘,这样,铝盘的转速与三相负荷的有功功率成正比,计数装置(计度器)的读数便可直接反映三相所消耗的有功电能。

2)三相三线制电路有功电能的测量

三相三线制电路所消耗的有功电能,可用两个单相电能表来测量,三相所消耗的有功电能等于两个单相电能表的读数之和,其原理和三相三线制电路有功功率测量的两表法相同。为方便起见,一般采用三相三线有功电能表,它由两组测量机构共同驱动同一转轴上的铝盘,计数装置(计度器)的读数可直接反映三相对称或不对称负荷所消耗的有功电能。其接线如图6.14(b)所示。

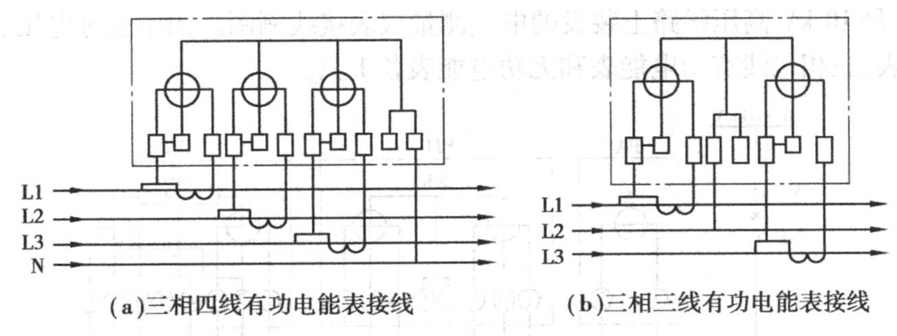

(a)三相四线有功电能表接线　(b)三相三线有功电能表接线

图6.14　三相有功电能表接线

(2)三相电路无功电能的测量

感应式无功电能表按照测量原理来区分,基本上可分为两大类:一类是完全按无功原理制成的无功电能表,也称为正弦电能表;另一类是按有功电能表原理,采用跨相电压或采用附加电阻,自耦移相变压器的办法,使之反映三相无功电能。

正弦电能表本身消耗功率大,制造较困难,目前已很少制造和使用了。在供电系统中,常用的三相无功电能表有两种结构,即带附加电流线圈的三相无功电能表和移相60°型三相无功电能表。无论三相负荷是否对称,只要三相电源电压对称均可正确计量。

1)带附加电流线圈的三相无功电能表

这种三相无功电能表由两组测量机构共同驱动同一转轴上的铝盘,它与三相三线有功电能表的区别在于,其电磁铁上除绕有主线圈外,还有附加电流线圈。两个附加电流线圈串联,然后串联到电路第二相断开处,附加线圈的接法与主线圈的极性相反,其接线如图6.15(a)所

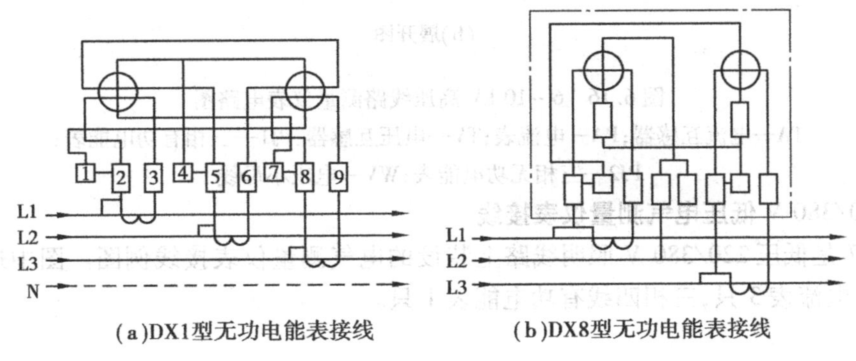

(a)DX1型无功电能表接线　(b)DX8型无功电能表接线

图6.15　三相无功电能表接线

示。这种接线可以测量三相三线或三相四线制电路的无功电能。DX1 型三相无功电能表就属于这种。

2)移相 60°型三相无功电能表

这种三相无功电能表也是由两组测量机构构成,其特点是在两组测量机构的电压线圈中串联电阻,使电压线圈中电流与电压的相位差为 60°,其接线如图 6.15(b)所示,这种接线可以测量三相三线制电路的无功电能。DX2 和 DX8 型三相无功电能表就属于这种。

6.6.4 电气测量仪表接线举例

(1)10 kV 高压电气测量仪表接线

图 6.16 是 10 kV 高压线路上装设的电气测量仪表接线例图。图中通过电压、电流互感器装设有电流表、三相三线有功电能表和无功电能表各 1 只。

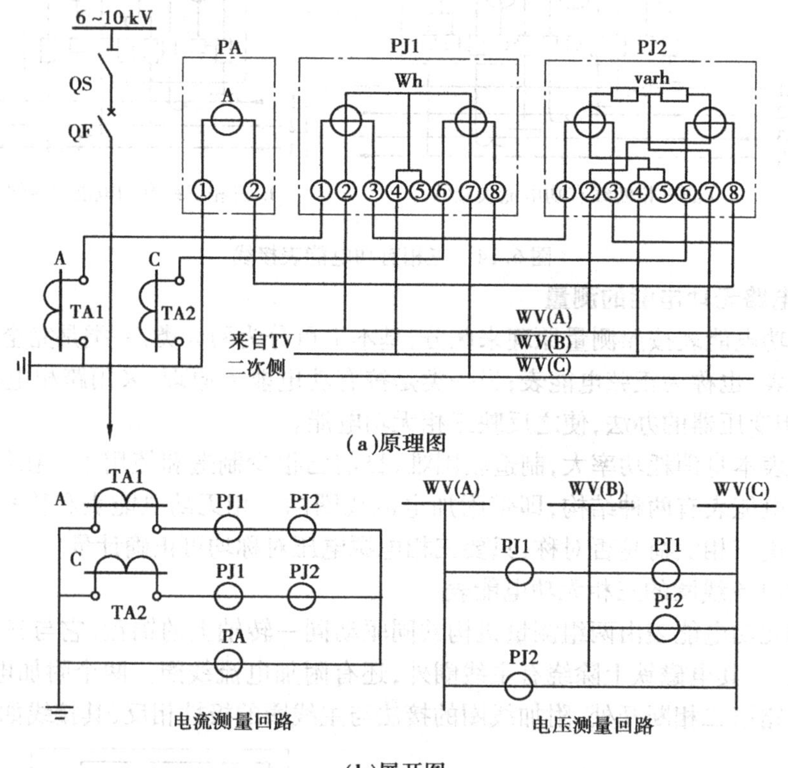

图 6.16 6~10 kV 高压线路测量仪表电路图

TA—电流互感器;PA—电流表;TV—电压互感器;PJ1—三相有功电能表;

PJ2—三相无功电能表;WV—电压小母线

(2)220/380 V 低压电气测量仪表接线

图 6.17 是低压 220/380 V 照明线路上装设的电气测量仪表接线例图。图中通过电流互感器装设有电流表 3 只,三相四线有功电能表 1 只。

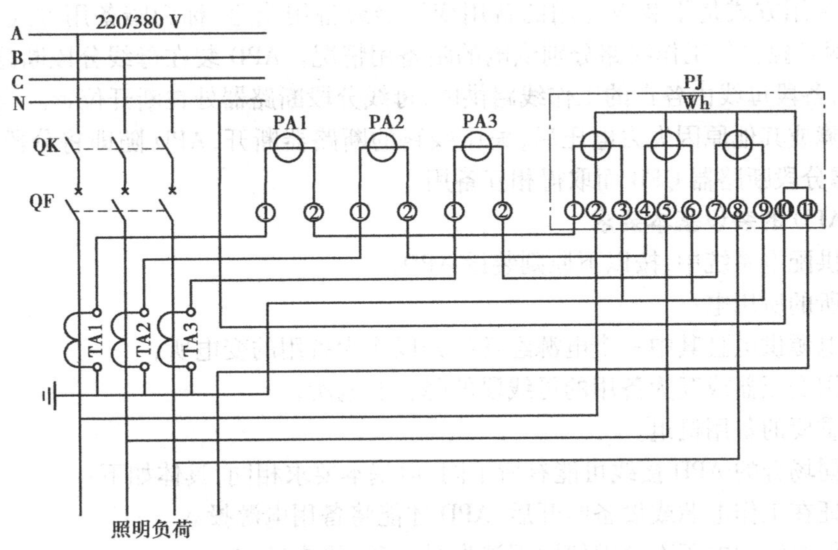

图6.17 220/380 V低压线路测量仪表电路图

TA—电流互感器;PA—电流表;PJ—三相四线有功电能表

6.7 供配电系统常用的自动装置

6.7.1 备用电源自动投入装置(APD)

在用户供配电系统中,为了提高供电的可靠性,保证不间断供电,通常设有两路及以上的电源进线,其中一路作为工作电源,一路作为备用电源。如果在作为备用电源的线路上装设备用电源自动投入装置(APD),则在工作电源因故障被断开后,能自动而迅速地将备用电源或备用设备投入工作,使用户不至于停电,从而大大提高供电的可靠性。

APD从其电源备用方式上可分成两大类,其中第一种备用方式是装设专用的备用变压器或备用线路,称为明备用方式。如图6.18(a)所示是有一条工作线路和一条备用线路的明备用情况,APD装在备用进线断路器上,正常运行时,备用线路断开,当工作线路因故障或其他原因失去电压后,工作线路断路器跳闸,APD随即将备用线路自动投入。

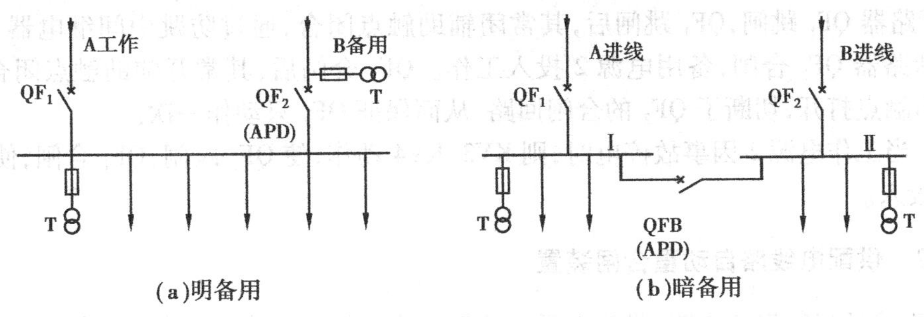

(a)明备用 (b)暗备用

图6.18 备用电源自动投入示意图

第二种备用方式是不装设专用的备用变压器或备用线路，称为暗备用方式。如图6.18(b)所示是两条独立的工作线路分别供电的暗备用情况。APD装在母线分段断路器QFB上，正常运行时，各段母线由各自的工作线路供电，母线分段断路器处在断开位置。当其中一条工作线路因故障或其他原因失去电压后，失压线路的断路器断开，APD随即将分段断路器QFB自动合上，靠分段断路器QFB而取得相互备用。

(1)对APD的装设基本要求

在用户供配电系统中，按以下原则装设APD：

①变电所的所用电；

②由双电源供电且其中一个电源经常断开以作为备用的变电所；

③有备用变压器或互为备用的母线段的降压变电所；

④某些重要的备用机组。

虽然不同场合的APD接线可能有所不同，但基本要求相同，具体如下：

①应保证在工作电源或设备断开后，APD才能将备用电源投入。

②当工作电源的电压不论因何原因消失时，APD均应动作。

③应保证APD只动作一次，这是为了避免将备用电源多次投入到永久性故障元件上。

④APD的动作时间应尽可能短，以减小负荷的停电时间。运行实践证明，APD装置的动作时间以1～1.5 s为宜，低电压场合可减小到0.5 s。

⑤工作电源正常停电操作及工作电源、备用电源同时失去电压时，APD不应动作，以防备用电源投入。

⑥电压互感器两侧熔断器熔断时，APD不应误动作。

⑦常用断路器因继电保护动作(负载侧故障)跳闸，APD不应动作。

(2)APD接线及动作原理

图6.19为高压双电源互为明备用的APD装置原理接线图。QF_1、QF_2为两路电源进线的断路器，其操作电源由两组电压互感器TV1、TV2供电，动作情况如下：

假定电源1为工作电源，电源2为备用电源，QF_1处于合闸状态，QF_2处于分闸状态。正常运行时，TV1、TV2均带电，低电压继电器KV1～KV4不动作，常闭触点打开，切断了APD启动回路的时间继电器KT1。用两只低电压继电器KV1、KV2及KV3、KV4其触点串联，可防止电压互感器因一相熔断器熔断而引起APD误动作。

当工作电源1因事故停电后，工作线路失压，则低电压继电器KV1、KV2动作，其常闭触点闭合，启动时间继电器KT1，经过整定时间t后，KT1动作，通过信号继电器KS1和跳闸线圈YR1，使断路器QF_1跳闸，QF_1跳闸后，其常闭辅助触点闭合，通过防跳中间继电器KM2常闭触点，使断路器QF_2合闸，备用电源2投入工作。QF_2合闸后，其常开辅助触点闭合，KM2启动，其常闭触点打开，切断了QF_2的合闸回路，从而保证QF_2只动作一次。

同样，当工作电源2因事故停电时，则KV3、KV4动作，使QF_2跳闸，QF_1合闸，使备用电源1又自动投入。

6.7.2 供配电线路自动重合闸装置

电力系统的运行经验表明，供配电系统的架空线路是发生故障最多的元件，且故障大多属于瞬时性故障，如雷电引起绝缘子表面闪络、线路对树枝放电、大风引起的碰线等，但短路故障后，如雷闪过后、鸟或树枝烧毁后，故障点的绝缘一般能自行恢复。当架空线路发生瞬时性故障时，则继电保护动作使断路器跳闸，如采用自动重合闸装置（ARD），使断路器自动重新合闸，即可迅速恢复供电。当然架空线路也可能发生永久性故障，如线路绝缘子击穿、断线等，在线路断路器跳闸后，由ARD将断路器自动重合，因故障仍然存在，则要再借助于继电保护将断路器跳开，断路器将不再重合。

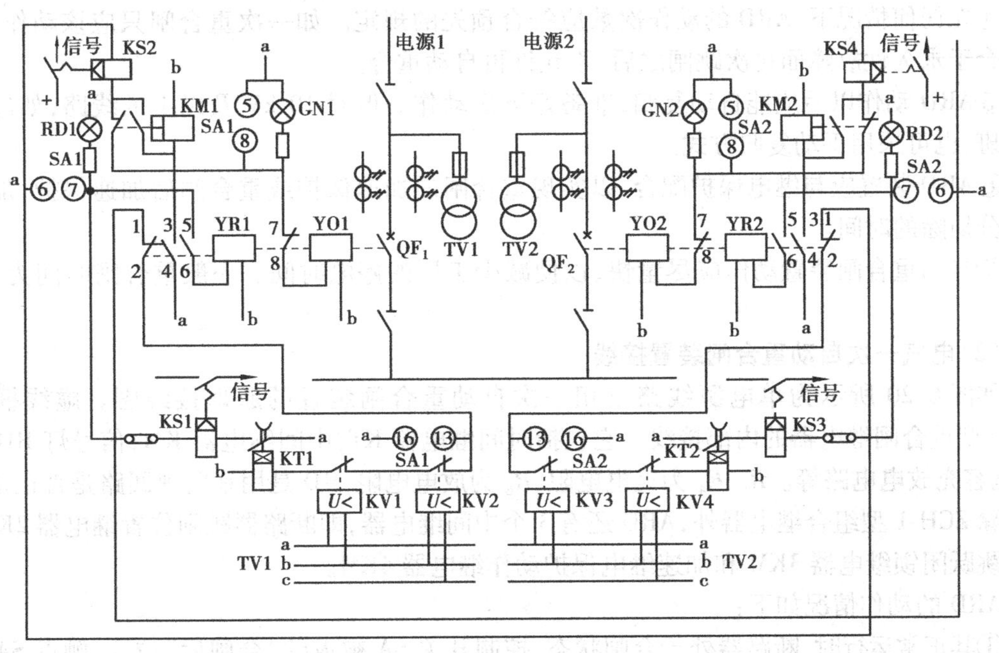

图6.19　高压双电源互为明备用的APD电路

TA—电压互感器；SA—控制开关；KV—电压继电器；KT—时间继电器；

KM—中间继电器；KS—信号继电器；YR—跳闸线圈；YO—合闸线圈

自动重合闸装置是当断路器跳闸后，能自动地将断路器重新合闸的装置。运行资料表明，重合闸成功率为60%～90%。自动重合闸装置主要用于架空线路，在电缆线路（电缆为架空线混合的线路除外）中一般不用ARD，因为电缆线路中的大部分跳闸多因电缆、电缆头或中间接头绝缘破坏所致，这些故障一般不是短暂的。

ARD本身所需设备少，投资不多，并可减少停电损失，提高供电的可靠性，因此，ARD在用户供电系统中广泛应用。按照规程规定，电压在1 kV及以上的架空线路和电缆与架空的混合线路，当线路上装设断路器时，一般均应装设ARD，对变压器和母线，必要时也可装设ARD。

（1）自动重合闸的分类

自动重合闸按其不同特性有不同的分类法。按动作原理分，有电气式和机械式；按作用于断路器的方式分，有三相ARD、单相ARD和综合ARD；按重合次数分，有一次重合式、二次重合式和三次重合式。用户供电系统采用的ARD，一般是三相电气一次ARD。因一次重合式ARD简单经济，而且能满足供电的可靠性要求。

自动重合闸装置应满足下列要求：

①用控制开关手动操作或通过遥控装置将断路器断开，或将断路器投于故障线路随即由继电保护装置动作将其断开时，ARD均不应动作。

②除上述情况外，当断路器因继电保护动作或其他原因而跳闸时，自动重合闸装置均应动作。

③为了能满足前两个要求，应优先采用由控制开关位置与断路器位置不对应的原则来启动重合闸。同时也允许由保护装置来启动，但此时必须采取措施来保证自动重合闸能可靠动作。

④在任何情况下，ARD 的动作次数应符合预先的规定。如一次重合闸只应该动作一次，当重合于永久性故障而再次跳闸之后，不允许再自动重合。

⑤ARD 动作以后应能自动复归，准备好下次动作。但对 10 kV 及以下的线路，如经常有人值班，也可采用手动复归方式。

⑥ARD 装置应与继电保护配合，以实现重合闸前加速保护或重合闸后加速保护，加速故障部分切除的时间。

⑦自动重合闸装置动作应尽量快，以便减少工厂的停电时间。一般重合闸时间为 0.7 s 左右。

(2)电气一次自动重合闸装置接线

如图 6.20 所示为单电源线路三相一次自动重合闸装置的原理接线图。虚线框内是 ZCH-1型重合闸继电器的内部接线。它包括时间继电器 KT，中间继电器 KM，信号灯 RD 及电阻、电容充放电电路等。R_3、R_4 为充电电阻，R_6 为放电电阻，RD 是用来监视回路是否正常。

除 ZCH-1 型组合继电器外，ARD 还有 3 个中间继电器，即断路器跳闸位置继电器 2KM，断路器跳跃闭锁继电器 3KM 和加速继电保护动作继电器 4KM。

ARD 的动作情况如下：

①其正常运行时，断路器处于合闸状态，控制开关 SA 被扳到“合闸后”位置，触点 SA21-23 接通，这时 ZCH-1 型继电器中的电容器 C 经 R_4 充电，ARD 装置处于准备工作状态，信号灯 RD 亮。

②当线路发生瞬时性故障时，控制开关 SA 位置不变，继电保护动作使断路器跳闸，跳闸线圈的电流同时流过跳跃闭锁继电器 3KM，使 3KM 启动。断路器跳闸后，其辅助触点 QF_2 打开，3KM 电流线圈失电，其触点又回到原来的位置。

断路器事故跳闸后，由于它的常闭辅助触点 QF_1 闭合，使断路器跳闸位置继电器 2KM 接通，但因 R_{10}限流，合闸接触器 KO 不动作，2KM 的常开触点 2KM1 闭合，启动 ZCH-1 中的时间继电器 KT，经过预先整定的时间(约 0.7 s)后延时触点 KT 闭合，使电容器 C 对中间继电器 KM 的电压线圈放电，KM 动作，其 4 对常开触点 KM1 ~ KM4 都闭合，接通了合闸接触器 KO 线圈和信号继电器的电流线圈 KS 的串联回路，使断路器第一次重合。

断路器重合后，其辅助触点 QF_1 断开，继电器 2KM、KM 及 KT 均返回，延时触点 KT1 断开后，电容器 C 又重新经 R_4 充电，经 15 ~ 25 s 后才能充满，以准备下一次动作。

③当线路发生永久性故障时，一次重合如不成功，继电保护装置第二次将断路器跳闸，此时虽然 KT 将再次启动，但因电容器 C 尚未充满电，不能使 KM 动作，因而保证了 ARD 只动作一次。

④用控制开关 SA 手动跳闸时，就将 SA 扳到“跳闸”位置，触点 SA6-7 接通，使跳闸回路通电，断路器跳闸。同时，触点 SA21-23 断开，切断了这种启动回路，避免了断路器重合。

⑤用控制开关 SA 手动合闸时，就将 SA 扳到“预备合闸”位置，情况正常后，可再扳到“合闸”位置。触点 SA5-8、SA21-23 接通，合闸接触器 KO 动作合闸，电容器 C 也开始充电。如果

线路上存在永久性故障，则断路器又很快地被继电保护回路跳开，电容器 C 来不及充电到使 KM 动作所必需的电压，故断路器不能重新合闸，满足对装置的基本要求。

加速继电器 4KM 接于 SA21-22 和 ZCH-1 的出口端子④上，当手动合闸把控制开关置于“预备合闸”位置时，SA21-22 便接通，保证手动合闸于永久性故障时断路器能迅速动作，无延时地断开故障部分。如果断路器是由于自动重合闸为永久性故障时，电源通过 SA21-23、KM4 和 ZCH-1 的出口端子④，也使加速继电器 4KM 能够无延时地动作，切除故障部分。

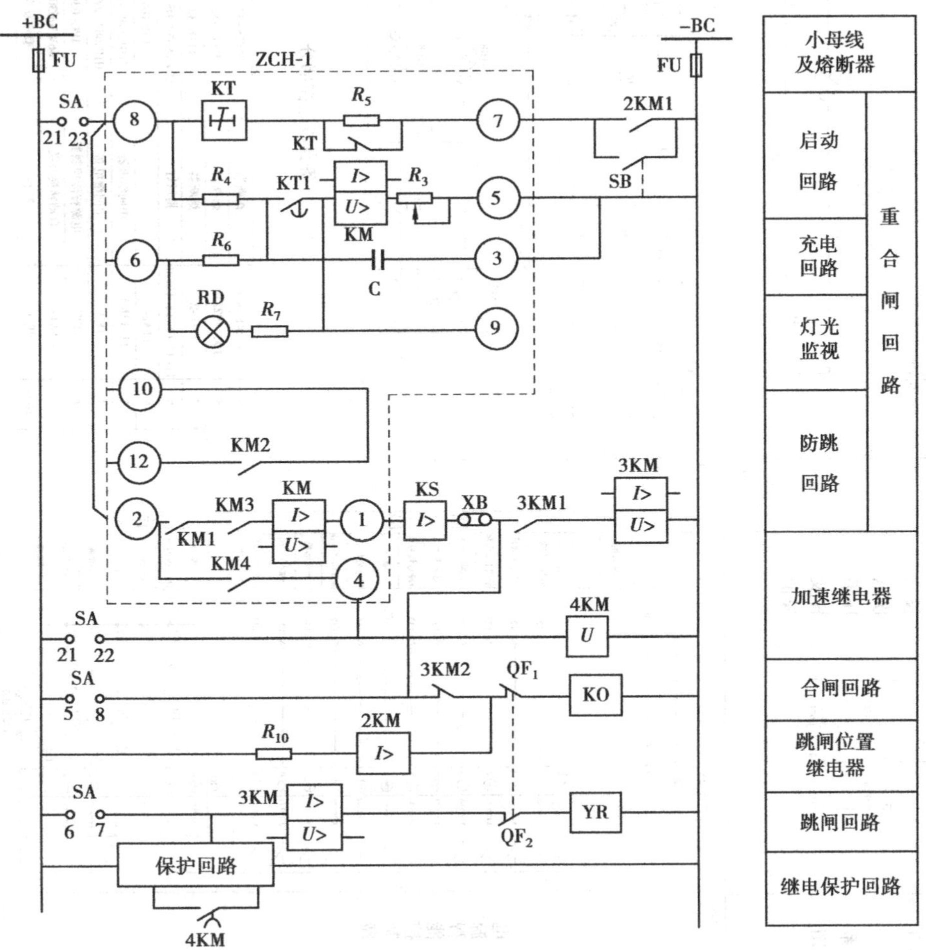

图6.20　单电源线路三相一次自动重合闸接线图

BC—控制小母线；SA—控制开关；ZCH-1—重合闸继电器；ZKM—跳闸位置继电器；

3KM—跳跃闭锁继电器；4KM—后加速继电器；KO—合闸接触器；YR—跳闸线圈

6.7.3　备自投双电源切换系统

备自投双电源切换系统在具备双电源的条件下，当一路电源停电时可通过备自投装置切换至另一路电源，尽快恢复负载供电。备自投双电源切换系统是为了提高供电可靠性而装设的自动装置，对提高多电源供电负荷的供电可靠性，保证重要负荷的连续供电有重要意义。防止意外断电造成大面积停电或重大损失。双电源切换系统如图6.21所示。

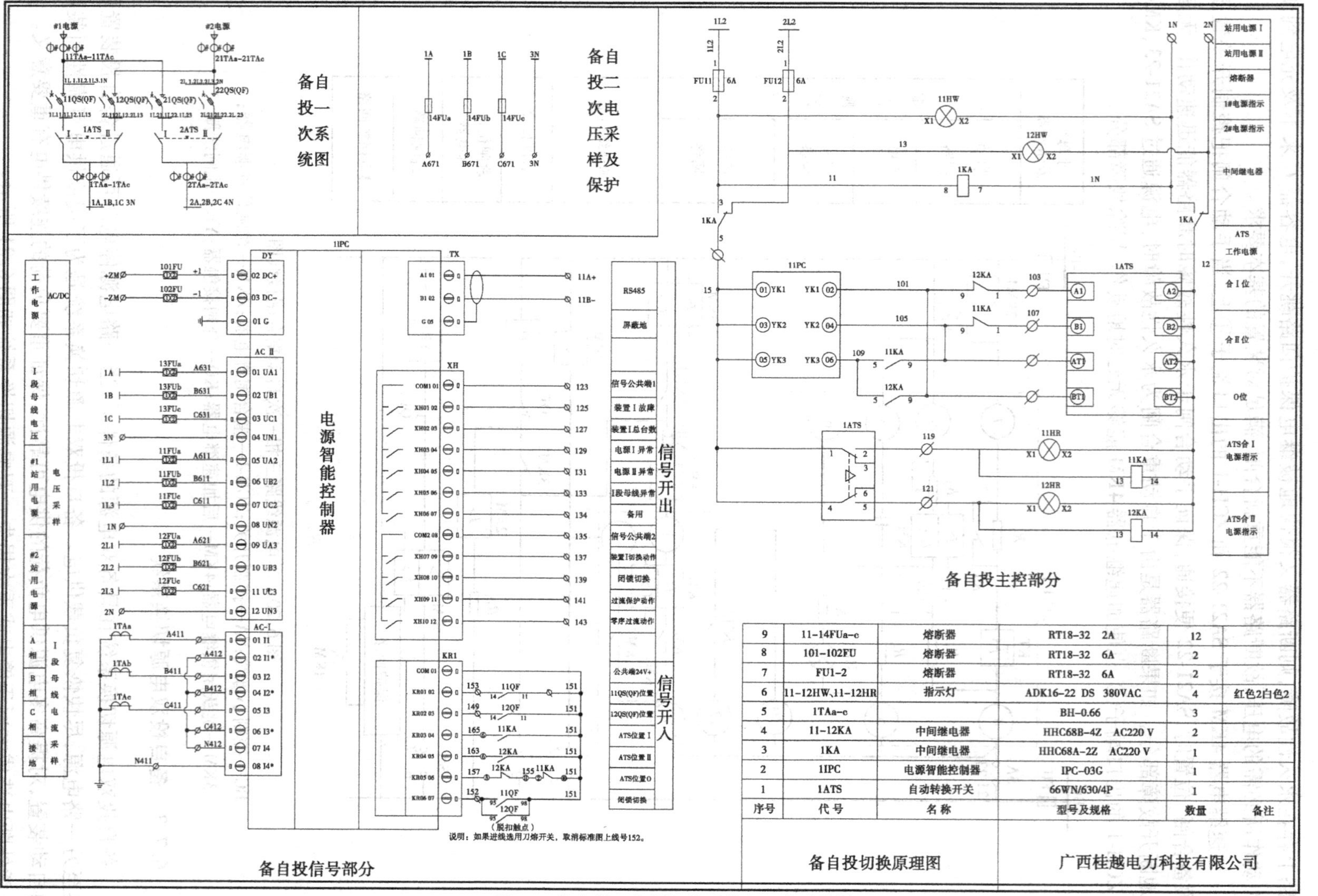

图6.21 备自投双电源切换系统一二次系统图

6.8　互感器

为了保证电力系统运行的经济性和可靠性,需要不断对线路上的电流和电压进行监控,但是运行线路中的电压和电流都很大,不能直接由二次电测仪表进行测量,因此,必须使用一种特殊的变压器将一次侧的高电压、大电流转换成标准的电压和电流后供给二次设备进行测量和继电保护用,这种特殊的变压器称为互感器。互感器的主要作用有:

①隔离一次回路与二次设备。既可避免一次线路的高电压、大电流损坏仪表、继电器等二次设备,又可防止二次设备的故障影响主电路,提高一、二次电路的安全性和可靠性。

②扩大二次仪表和保护继电器的使用范围。使用不同变比的互感器即可测量任意大的一次电压和电流。

③使二次仪表、继电器标准化。互感器二次侧为国家标准规定的额定电压和额定电流,利于标准化生产和使用。

互感器按其作用分,可分为电流互感器和电压互感器。

6.8.1　电流互感器

(1)工作原理

电流互感器的基本结构与变压器类似,一、二次绕组之间没有电气连接而通过电磁感应工作,其原理如图6.22所示。电流互感器一次绕组串接在一次电路中,匝数很少且绕组导体很粗,有的型号利用穿过其铁芯的一次电路作为一次绕组(相当于匝数为1),而二次绕组则与仪表、继电器等的电流线圈相串联,形成一个闭合回路,绕组匝数很多,导体较细,由于这些电流线圈的阻抗很小,电流互感器工作时二次回路接近于短路状态,因此,电流互感器工作时,一、二次回路的电压都很低,励磁电流 I_0 也很小。

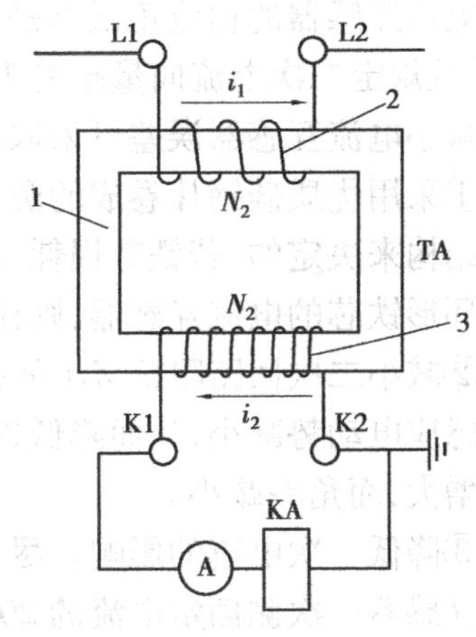

图6.22　电流互感器

1—铁芯;2—一次绕组;3—二次绕组

与变压器的一次电流主要由其二次电流决定不同的是,电流互感器由于一次绕组的阻抗很小,对一次负载电流的影响可以忽略,因此,电流互感器一次电流由被测量的一次回路决定而基本不受二次负荷的影响。

由磁动势平衡方程式 $\dot{I}_1N_1 - \dot{I}_2N_2 = \dot{I}_0N_1$,若忽略励磁电流,则电流互感器的一次电流 I_1 与其二次电流之间有如下关系,即

$$\dot{I}_1N_1 = \dot{I}_2N_2 \tag{6.1}$$

其中,N_1、N_2 为电流互感器一、二次绕组的匝数;电流互感器一、二次额定电流之比用额定电流比 K_i 表示为:

$$K_i = \frac{I_{1N}}{I_{2N}} \tag{6.2}$$

其中，I_{1N}和I_{2N}为电流互感器一、二次绕组的额定电流值，二次绕组的额定电流值通常为5 A，在具有综合自动化系统的变电站中为1 A，因此，K_i一般表示为100/5 A或150/5 A、100/1 A的形式。

(2)电流互感器的误差

在理想电流互感器中，励磁损耗电流为零，由式(6.2)可知，一次绕组和二次绕组在数值上的安匝倍数相等，并且一次电流和二次电流的相位相同，因此在测量时，将二次电流测量值乘以额定电流比K_i后作为一次电流值。在实际的电流互感器中，由于有励磁电流存在，所以，一次绕组和二次绕组的安匝数不相等，并且一次电流和二次电流的相位也不相同。因此，实际的电流互感器通常有变比误差和相位上的角度误差。

1)电流比误差(比差)$\Delta I\%$

$$\Delta I\% = \frac{K_1 I_2 - I_1}{I_1 \times 100\%}$$

式中　K_1——电流互感器的电流比(I_{1N}/I_{2N})；

I_2——二次电流实测值；

I_1——电流互感器的一次额定电流。

2)相位角误差(角差)δ

电流互感器的相位角误差是指二次电流向量旋转180°以后，与一次电流向量之间的夹角δ。并且规定二次电流向量超前于一次电流向量时，角差δ为正；反之为负。δ的单位为分。

减小电流互感器误差可采取以下几个措施：

①采用优质硅钢片卷成的圆环形铁芯。因为电流互感器的相位角误差主要是由铁芯的材料和结构来决定的，若铁芯损耗小，磁导率高，则相位角误差的绝对值就小；采用带形硅钢片卷成圆环形铁芯的电流互感器，则比方框形铁芯的电流互感器的相位误差小。

②减小二次回路阻抗Z_2(负载)。这是因为在二次电流不变的情况下，减小Z_2将使二次绕组感应电动势减小，从而降低铁芯损耗，使误差减小。若负载不变而功率因数降低，则会使比差增大，而角差减小。

③降低一次电流的影响。尽量使互感器的一次侧额定电压接近一次回路电流，一次电流值为互感器一次侧额定电流的20%～120%时，互感器工作在磁化曲线的线性部分。对于保护用互感器，需要校验其在短路时的准确度。

(3)电流互感器的型号和分类

电流互感器的文字符号为TA，图形符号：Φ⫽。

电流互感器的分类如下：

①按安装地点分为户内式和户外式，一般35 kV及以上的多采用户外式，10 kV及以下多采用户内式。

②按一次绕组的匝数分为单匝式(包括母线式、芯柱式、套管式)和多匝式(包括线圈式、线环式、串级式)。单匝式结构简单、价格便宜，但测量精度不高；多匝式精确度高，但当过电压或短路电流较大时，一次绕组可能受过电压。

③按用途分为测量用和保护用两类。测量用电流互感器有0.1、0.2、0.5、1、3、5共6种准

确度等级,以互感器在二次侧额定容量下的最大允许误差区分,例如,0.1级的电流互感器在二次侧额定容量下的测量误差不应超过±0.1%。保护用电流互感器有5P和10P两级,其电流误差分别为1%和3%,复合误差分别为5%和10%,各等级电流互感器的运行误差见表6.7。测量用电流互感器的铁芯在一次电路短路时应易于饱和,以限制二次电流的增长倍数以保护测量仪表;而继电保护用电流互感器的铁芯在一次电路短路时不应饱和,以使二次电流能与一次短路电流成比例地增长,以满足保护灵敏度的要求。

④按绝缘方式可分为油浸式、环氧树脂浇注式、干式、SF_6气体绝缘式、串级式、电容式等。

油浸式和串级式用变压器油作绝缘介质,多用于户外10~220 kV电流互感器。

干式用绝缘胶为绝缘介质,多用于低压户内电流互感器。

表6.7　各等级电流互感器的运行误差

I_1占I_N的百分数	误差									
	比差/%					角差/(″)				
	准确等级									
	0.2	0.5	1.0	3.0	10.0	0.1	0.2	0.5	1.0	3(10)
100	±0.20	±0.50	±1.00	±3.0	±10.0	±5.0	±10.0	±40.0	80.0	—
50	±0.30	±0.65	±1.30	±3.0	±10.0	±6.5	±13.0	±45.0	90.0	—
20	±0.35	±0.75	±1.50	—	—	±8.0	±15.0	±50.0	±100	—
10	±0.50	±1.00	±2.00	—	—	±10.0	±20.0	±60.0	±120	—

SF_6气体绝缘式多用于220 kV以上的电压等级。

电容式用电容器作隔离,用于110 kV及以上电压等级。

环氧树脂浇注式以环氧树脂为绝缘介质,多用于户外3~35 kV电压等级。环氧树脂或不饱和树脂浇注绝缘的,比老式的油浸式和干式电流互感器性能好,安全可靠,新型电流互感器大都采用这种绝缘方式。

电流互感器的全型号表示和含义如下:

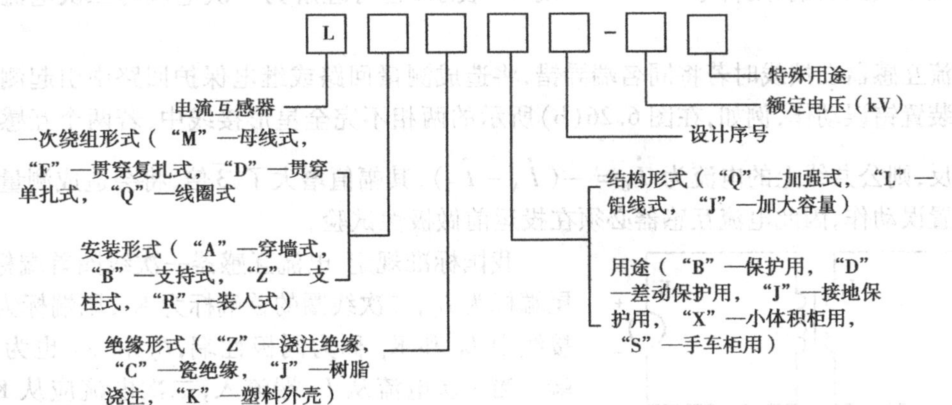

在电力线路中,为同时满足测量和继电保护控制的要求,并且节约投资,高压电流互感器通常带有多个相互之间没有磁联系的独立铁芯和二次绕组,共用一个一次绕组,这样可形成不

同准确度等级的两个电流互感器,分别完成测量和继电保护功能,例如,如图 6.23 所示的 LQZ-10 型电流互感器,就带有 2 个铁芯和 2 个二次绕组,准确度等级分别为 0.5 级和 3.0 级,用级次组合 0.5/3 表示。而如图 6.24 所示的 LMZJ1-0.5 型电流互感器,为母线式结构,利用穿过其铁芯的一次电路作为一次绕组(相当于一匝),结构简单、价格便宜,广泛用于 500 V 及以下的低压配电系统中的继电保护装置。

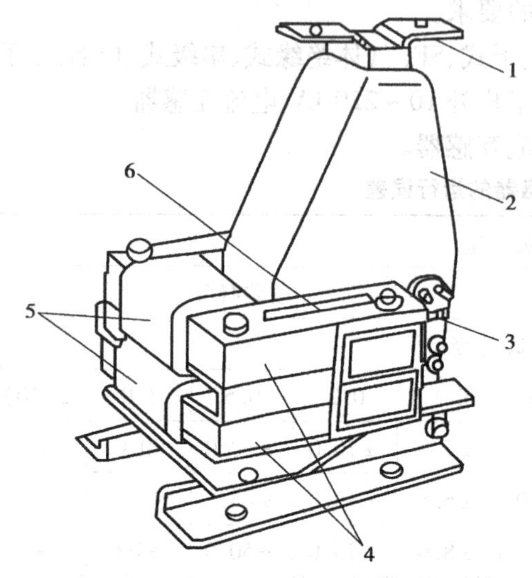

图 6.23　LQZ-10 型电流互感器外形结构

1—一次接线端子;2—一次绕组(树浇绕注);
3—二次接线端子;4—铁芯;5—二次绕组;
6—警告牌(上写有"二次侧不得开路"等字样)

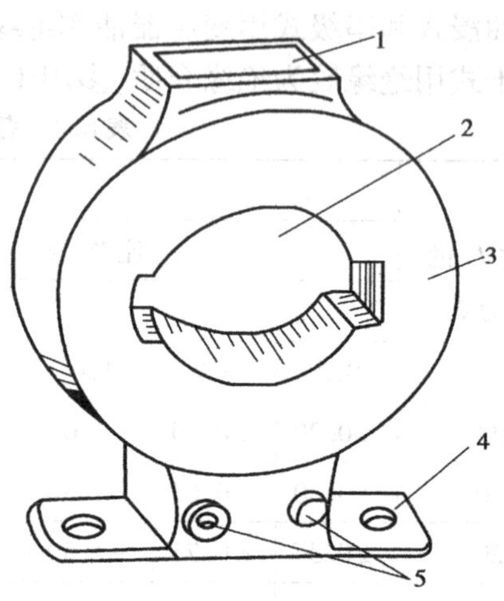

图 6.24　LMZJ1-0.5 型电流互感器外形结构

1—铭牌;2—一次母线穿孔;
3—铁芯、外绕二次绕组、树脂浇注;
4—安装板;5—二次接线端子

(4)电流互感器的极性

电流互感器在交流回路中使用,在交流回路中电流的方向随时间在改变。电流互感器的极性指的是某一时刻一次侧极性与二次侧某一端极性相同,即同时为正或同时为负,称此极性为同极性端或同名端,用符号" * "" - "或"."表示(也可理解为一次电流与二次电流的方向关系)。

电流互感器在接线时若将同名端弄错,将造成测量回路或继电保护回路中引起测量错误或保护装置错误动作,例如,在图 6.26(b)所示的两相不完全星形接线中,若两个互感器之一极性接反,则公共线上的电流为 $\dot{I}_B = -(\dot{I}_A - \dot{I}_C)$,其幅值增大了$\sqrt{3}$倍,将会造成测量误差或保护装置误动作,因此电流互感器必须在投运前做极性试验。

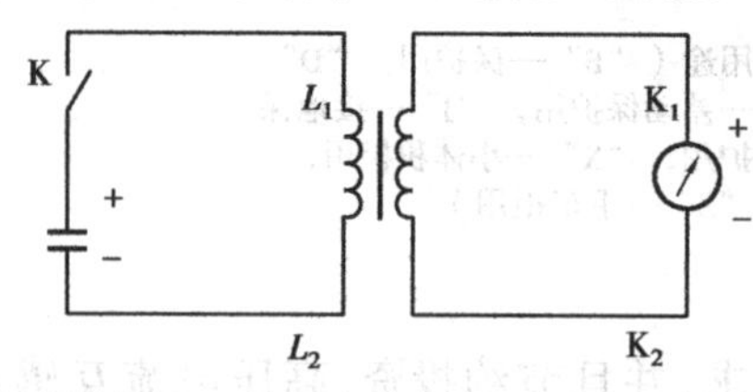

图 6.25　直流法测电流互感器极性

我国标准规定,电流互感器一次线圈首端标为 L_1,尾端标为 L_2;二次线圈的首端标为 K_1,尾端标为 K_2,在接线中 L_1 和 K_1 称为同极性端,L_2 和 K_2 也为同极性端。当一次电流从 L_1 端流入,二次电流应从 K_1 端流出,这样它们在铁芯中产生的磁通方向是相反的,此时电流互感器的极性标志称为减极性,如图 6.25 所示,反之，将 K_1 和 K_2 的标志调换一下就称为加极性。

电流互感器同极性端判别的较简单方法为直流法，如图6.25所示，将干电池正极接于互感器的一次线圈 L_1，负极接 L_2，互感器的二次侧 K_1 接毫安表正极，负极接 K_2，接好线后，将K合上后若毫安表指针正偏，拉开K后毫安表指针负偏，说明互感器接在电池正极上的端头与接在毫安表正端的端头为同极性，即 L_1、K_1 为减极性，如指针摆动与上述相反，则 L_1、K_1 为加极性。

(5)电流互感器的接线

电流互感器的接线通常有以下4种方式：

1)单相式接线

用一只电流互感器测量一相电流，通常用于三相负荷平衡系统，供测量电流或过负荷保护装置用，互感器通常接在B相，如图6.26(a)所示。

2)两相式不完全星形接线

如图6.26(b)所示，这种接线方式使用接在A、C相的两只电流互感器测量3个相电流，其中公共线(B相)上的电流值为 $\dot{I}_B=-(\dot{I}_A+\dot{I}_C)$，该方式适用于在6~10 kV中性点不接地的小电流接地系统中，保护线路的三相短路和两相短路。

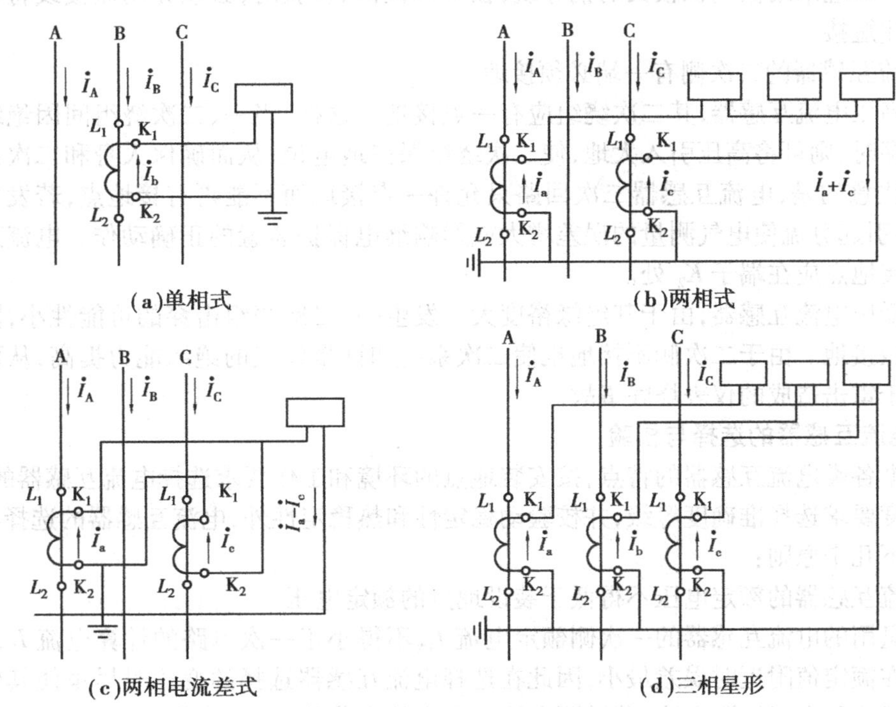

(a)单相式　(b)两相式

(c)两相电流差式　(d)三相星形

图6.26　电流互感器接线方式

3)两相电流差式接线

如图6.26(c)所示，也称为两相一继电器接线，继电器线圈上的电流为 $\dot{I}_A-\dot{I}_C$，其量值为相电流的 $\sqrt{3}$ 倍，该接线方式应用在6~10 kV中性点不接地的小电流接地系统中，保护线路的三相短路、两相短路，以及作小容量电动机、小容量变压器的保护用。

4)三相完全星形接线

如图 6.26(d)所示,该方式使用 3 只电流互感器测量三相电流,该方式广泛应用在大电流接地系统中,供三相短路、两相短路和单相接地短路保护及电能测量之用。

(6)电流互感器的使用注意事项

1)电流互感器在工作时其二次侧不得开路

电流互感器在正常工作时,其二次阻抗很小,接近于短路状态,二次电流和磁动势都很大,由磁动势平衡方程式 $\dot{I}_1N_1 - \dot{I}_2N_2 = \dot{I}_0N_1$ 可知,其一次电流磁动势绝大部分被二次磁动势所抵消,因此,励磁电流(即空载电流)I_0 很小,所以总的磁动势很小。

当二次侧开路时,二次电流和二次磁动势为零,则由磁动势平衡方程式 $\dot{I}_1N_1 - \dot{I}_2N_2 = \dot{I}_0N_1$ 得知 $\dot{I}_0 = \dot{I}_1$,即励磁电流突然增大,使电流互感器的铁芯骤然饱和,励磁磁动势也随之增大,使得互感器的感应电动势大大增加,其峰值甚至会高达上万伏,危及人身和设备安全,同时则铁芯由于磁通剧增而过热,并产生剩磁,绝缘有烧坏的可能,且使互感器误差增大。

2)电流互感器二次侧不能开路运行

由于电流互感器二次侧不能开路运行,因此其二次侧也不允许接熔断器或隔离开关等,且二次连线导线应采用截面积较大的铜导线,在进行检修、校验时,必须先用短接线将电流互感器的二次侧短接。

3)电流互感器的二次侧有一端必须接地

对于高压电流互感器,其二次绕组应有一点接地。这样,当一、二次绕组间因绝缘破坏而被高压击穿时,则可将高压引入大地,使二次绕组保持地电位,从而确保人身和二次设备的安全。应当注意的是,电流互感器二次回路只允许一点接地而不能再有接地点,若发生两点接地,则可能引起分流使电气测量的误差增大或影响继电保护装置的正确动作。电流互感器二次回路的接地点应在端子 K_2 处。

对于低压电流互感器,由于其绝缘裕度大。发生一、二次绕组击穿的可能性小,因此其二次绕组不做接地。由于二次侧不接地也使二次系统和计量仪表的绝缘能力提高,从而大大地减少了由于雷击造成的仪表烧毁事故。

(7)电流互感器的选择与校验

除根据各类电流互感器的特点,按安装地点的环境和工作要求选择电流互感器的类型,根据测量精度要求选择准确度等级,并校验动稳定性和热稳定性外,电流互感器的选择与校验还应遵循以下几个原则:

①电流互感器的额定电压不得低于装设地点的额定电压。

②计量用的电流互感器的一次侧额定电流 I_{1N} 不得小于一次电路的计算电流 I_C。电流互感器工作在额定值附近时误差最小,因此在选择电流互感器选择的变比时尽量使其额定一次电流应等于或稍大于被测电流,若被测电流的大小是变化的,则变化范围应在 10% ~120% 额定电流范围内,否则最好选用多抽头电流互感器,根据被测电流相应改变电流比。保护用的电流互感器可将变比选得比计量用电流互感器大些。

③准确度的校验。如前所述,电流互感器的准确度等级是指在二次侧额定负荷条件下得到的,电流互感器铭牌中规定的准确度等级均有相对应的容量(伏安数或负载阻抗),互感器二次负荷小于其准确度等级所限定的额定二次负荷时,其准确度才得到保证,校验公式为:

$$S_2 \leqslant S_{2N} \tag{6.3}$$

电流互感器的二次负荷S_2由二次回路的阻抗$|Z_2|$决定，而$|Z_2|$应包括二次回路中所有串联的仪表、继电器电流线圈的阻抗$\left|\sum Z_i\right|$连接导线的阻抗$|Z_{WL}|$和所有接头的接触电阻R_{tou}（通常取0.1 Ω）。由于$|Z_{WL}|$中的感抗远比其电阻小，因此可认为：

$$|Z_2| \approx \sum |Z_i| + |R_{WL}| + 0.1 \tag{6.4}$$

其中

$$R_{WL} = \frac{L_c}{\gamma S} \tag{6.5}$$

式中　L_c——导线的计算长度，单相式接线时取互感器到仪表的单向长度的两倍即$2l_1$，两相不完全星形接线时取$\sqrt{3}l_1$，三相星形接线时取l_1；

S——导线的截面积，mm^2；

γ——电导率，铜线$\gamma = 53\ m/(\Omega \cdot mm^2)$，铝线$\gamma = 32\ m/(\Omega \cdot mm^2)$。

综上所述，电流互感器的二次负荷S_2按下式计算为：

$$S_2 = I_{2N}^2 |Z_2| \approx I_{2N}^2\left(\sum |Z_i| + R_{WL} + 0.1\right) \tag{6.6}$$

或

$$S_2 \approx \sum S_i + I_{2N}^2 (R_{WL} + 0.1) \tag{6.7}$$

对于保护用电流互感器来说，通常采用10P精度级，其复合误差限值为10%。由磁动势平衡方程式$\dot{I}_1 N_1 - \dot{I}_2 N_2 = \dot{I}_0 N_1$可知，只有在励磁电流$\dot{I}_0$较小时才近似满足$I_2 = I_1/K_i$的线性关系，而保护用电流互感器一次侧有可能流过短路大电流，这时互感器铁芯将会饱和，使得I_2与I_1之间出现非线性误差，短路电流越大，则误差越大，如图6.27所示，这样就有可能使互感器的误差超过10%，造成继电保护装置因饱和误差拒动。

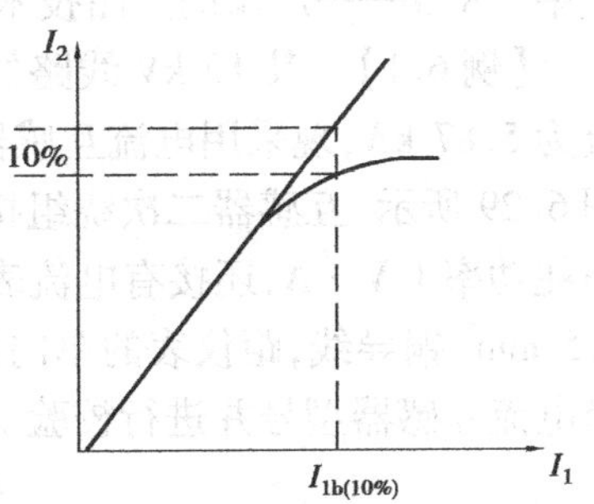

图6.27　电流互感器铁芯饱和特性

同时由式(6.6)可知，电流互感器的变比误差还与其二次负载阻抗有关。一次电流越大，则允许的二次阻抗越小；反之，一次电流越小，则允许的二次阻抗越大。为方便计算，互感器的生产厂家一般按出厂试验绘制一次侧电流对其额定电流的倍数$K_1(K_1 = I_1/I_{1N})$，其中I_1取一次侧的最大三相短路电流$I_{K.max}^{(3)}$与最大允许的二次负荷阻抗$Z_{2.al}$的关系曲线，简称10%误差曲线，如图6.28所示。

如果已知互感器的一次电流倍数K_1，就可以相应地在10%倍数曲线上查得对应的允许二次负荷阻抗$Z_{2.al}$。此时保护用电流互感器满足准确度校验公式为：

$$|Z_2| \leqslant |Z_{2.al}| \tag{6.8}$$

假如电流互感器不满足式(6.6)或式(6.8)的要求，则应改选较大变流比或具有较大的S_{2N}或$|Z_{2.al}|$的互感器，或者增大互感器与二次仪表接线的截面积。

④动稳定性校验：

$$K_{es} \times \sqrt{2} I_{1N} \geqslant i_{sh} \tag{6.9}$$

式中　K_{es}——厂家的产品技术参数中提供的动稳定电流倍数。

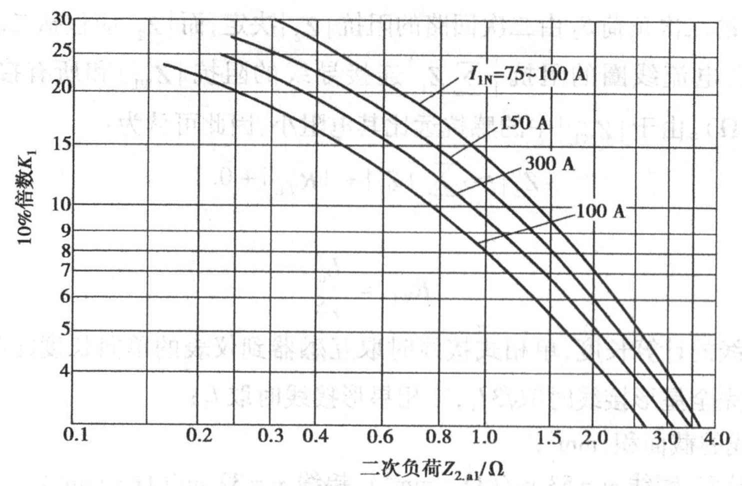

图 6.28　某型电流互感器的 10% 倍数曲线

⑤热稳定性校验：

$$K_t I_{1N} \geqslant I_{\infty}^{(3)} \sqrt{\frac{t_{ima}}{t}} \tag{6.10}$$

式中　K_t、t——厂家的产品技术参数中提供的热稳定电流倍数及热稳定时间。

【例 6.1】　某 10 kV 线路的计算电流为 245 A，最大三相短路电流为 2.3 kA，短路冲击电流为 5.87 kA，现采用电流互感器对其进行测量，互感器接线采用三相完全星形接线方式，如图 6.29 所示，互感器二次绕组接有三相有功电度表和三相无功电度表各 1 只，每一电流线圈消耗功率 1 V·A，还接有电流表 1 只，消耗功率 4 V·A，互感器二次回路采用 BLV-500 - 1 × 2.5 mm^2 铜导线，距仪表的单向长度为 2 m，t_{ima}为 1.1 s。若要求测量误差不超过 0.5%，请选择电流互感器型号并进行校验。

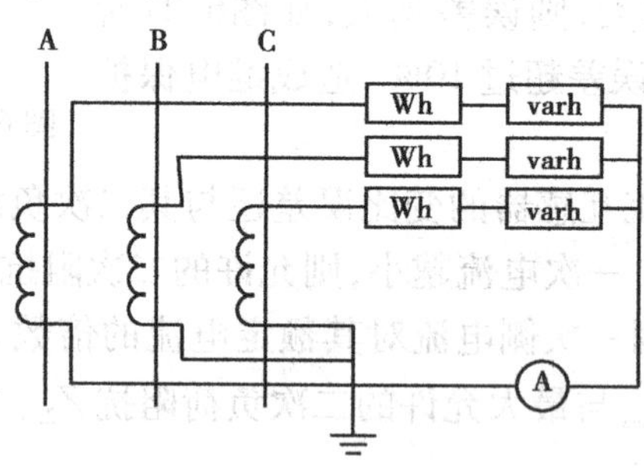

图 6.29　10 kV 线路短路示意图

【解】　根据线路电压等级为 10 kV，按电流互感器一次侧额定电压不小于线路计算电流的要求，选择 3 只变比为 315/5 A，准确度等级为 0.5 的 LQJ-10 型电流互感器，其技术参数为：$K_{es} = 160$，$K_t = 75$，$t = 1\,s$，$Z_{2N} = 0.4\ \Omega$。

（1）准确度校验

$$S_{2N} \approx I_{2N}^2 Z_{2N} = 5^2 \times 0.4\ V \cdot A = 10\ V \cdot A$$

$$\begin{aligned} S_2 &\approx \sum S_i + I_{2N}^2 (R_{WL} + 0.1) = \{(1 + 1 + 4) + 5^2[1 \times 2/(53 \times 25) + 0.1]\}\ V \cdot A \\ &= 8.5\ V \cdot A < S_{2N} \end{aligned}$$

故所选电流互感器满足准确度要求。

(2)动稳定校验

$$K_{es} \times \sqrt{2} I_{1N} = 160 \times 1.414 \times 0.315\ \text{kA} = 71.3\ \text{kA} > 5.87\ \text{kA}$$

故所选电流互感器满足动稳定要求。

(3)热稳定校验

$$K_t I_{1N} = 75 \times 0.315 = 23.6 > I_{\infty}^{(3)} \sqrt{\frac{t_{ima}}{t}} = 2.3 \times \sqrt{1.1}\ \text{kA}^2 \cdot \text{s} = 2.4\ \text{kA}^2 \cdot \text{s}$$

故所选电流互感器满足热稳定要求。因此所选 LQJ-10 315/5 A 电流互感器满足要求。

【例6.2】　某线路的计算电流为245 A,最大三相短路电流为2.4 kA,短路冲击电流为5.87 kA,现采用变比为300/5 A的某型号电流互感器作为线路的保护用互感器,该互感器的10%误差曲线如图6.28所示,已知互感器的二次负荷为1 Ω,试校验其准确度。

【解】　流过电流互感器的一次电流倍数 $K_1 = I_{K.max}^{(3)}/I_{1N} = 2.4/0.3 = 8$

根据 $K_1 = 8$, $I_{1N} = 300$ A,查图6.27可得,允许二次负荷为:

$$|Z_{2.al}| = 1.3\ \Omega > |Z_2| = 1\ \Omega$$

故所选电流互感器满足准确度要求。

6.8.2　电压互感器

(1)工作原理

如图6.30所示,电压互感器的工作原理、构造和接线方式相当于一个降压变压器,其一次绕组并联在一次线路上,匝数较多,二次绕组与二次回路中的仪表、继电器的电压线圈并联,匝数较少,由于这些电压线圈的阻抗很高,因此电压互感器运行时其二次绕组相当于空载状态。

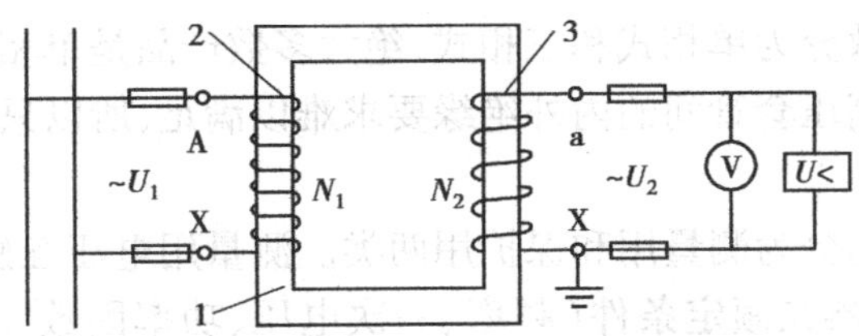

图6.30　电压互感器结构原理

1—铁芯;2—一次绕组;3—二次绕组

与电力变压器通常容量都在几十千伏安以上不同的是,电压互感器的特点是容量小,其二次负荷通常仅有几十或几百伏安,而且恒定。所以,电压互感器的一次侧可视为一个电压源,它基本上不受二次负荷的影响。二次电压在一定范围内也可认为不受二次负荷的影响,只与一次电压呈线性关系,用额定电压比 K_U 表示为:

$$K_U = \frac{U_{1N}}{U_{2N}} \approx \frac{N_1}{N_2} = K_N \tag{6.11}$$

式中　N_1、N_2——电压互感器一、二次绕组匝数;

U_{1N}、U_{2N}——电压互感器一、二次绕组的额定电压值。

我国规定三相电压互感器变比为一次、二次线电压之比,且二次绕组的额定线电压值为100 V,亦即二次绕组的额定相电压值为 $100/\sqrt{3}$ V,因此,K_U 一般表示为10 kV/100 V、

110 kV/100 V 等形式。

(2)电压互感器的误差

电压互感器的误差有两种:一种是电压误差,用 ΔU 表示;另一种是角误差,用 δ 表示。电压误差是指二次绕组电压的实测值乘以 U_2 额定电压比 K_U 的值 U_2K_U 与一次绕组电压的实测值 U_1 之差的百分比,简称比差,即

$$\Delta U\% = \frac{U_2K_U - U_1}{U_1 \times 100\%}$$

角误差是指电压互感器二次电压向量 U_2 旋转 180°后与一次电压向量 U_1 之间的夹角,简称角误差。

造成电压互感器误差的原因很多,主要有:

①电压互感器一次电压的显著波动,致使磁化电流发生变化而造成误差。

②电压互感器空载电流的增大,会使误差增大。

③电源频率的变化。

④互感器二次负荷较大或功率因数太低,即二次回路的阻抗(仪表、导线的阻抗)超过规定,均使误差增大。

为减少电压互感器误差可采取缩短磁路长度、增大铁芯面积、减小磁路间隙和采用高磁导率材料等方法来减小铁芯磁阻,以达到减小空载电流的目的。

(3)电压互感器的型号和分类

电压互感器的文字符号为 TV,图形符号为⚭。

①电压互感器按安装地点分为户内式和户外式。户外式多用于 35 kV 及以上电压等级,户内式多用于 10 kV 及以下电压等级。

②电压互感器按相数分为单相式和三相式,绝大多数产品是单相的,因为电压互感器容量小,器身体积不大,三相高压套管间的内外绝缘要求难以满足,所以只有 3 ~ 15 kV 的产品有时采用三相结构。

③电压互感器按用途分为测量用和保护用两类。测量用电压互感器有 0.1、0.2、0.5、1、3 共 5 个精度等级,以互感器在额定条件(频率、一次电压、功率因数、二次负荷等,可参阅相关技术手册)下的最大允许误差区分。如保护用电流互感器有 3P 和 6P 两级,其电压误差分别为 3% 和 6%。各等级电压互感器允许误差见表 6.8。

表 6.8 电压互感器允许误差表

准确度等级	最大误差	
	比差/%	角差/%
0.1	±0.1	±5
0.2	±0.2	±10
0.5	±0.5	±20
1.0	±1.0	±40
3.0	±3.0	标准未定

④电压互感器:按绝缘方式分为干式、浇注绝缘式、油浸式。油浸式又分为普通油浸式和串级绝缘油浸式。

a. 干式电压互感器:用普通绝缘材料浸渍绝缘漆作为绝缘,多用于6 kV及以下空气干燥场合,具有质量轻,直接利用空气冷却、防火防爆性好等优点。

b. 浇注绝缘式电压互感器:由环氧树脂或其他树脂混合材料浇注成型,多用在3～35 kV电压等级中。在10 kV树脂浇注绝缘的干式电压互感器中,有一种单瓷头的电压互感器,如JDZJ-10型,其一次绕组的一端由该瓷头引出,而另一端与二次端子一样不经瓷头引出。这个端子的绝缘水平较低,称为弱绝缘电压互感器。

c. 普通油浸式电压互感器:一般用于10 kV及以上的室内或室外的配电装置中。油浸式电压互感器的外壳为金属桶,铁芯和绕组均浸于金属桶内的绝缘油中。绕组的高、低压引出端用瓷绝缘子与金属桶外壳相绝缘。10 kV及以下的,安装在室内的电压互感器,一般没有储油柜;安装在室外的电压互感器,通常都有储油柜,以适应温度的变化。由于油浸式电压互感器具有体积大、质量重、所充的绝缘油在事故情况下易燃易爆等缺点,因此,近年来,10 kV及以下的电压等级中已开始为环氧树脂浇注绝缘的干式电压互感器所代替。

d. 串级绝缘油浸式电压互感器:当电压在110 kV及以上时,采用油浸式单相电压互感器是很不经济的。这主要是因为电压互感器的一、二次绕组和铁芯间的绝缘应能承受系统的相电压,这就需要大量的高级绝缘材料,而且在制造上也是相当困难的,因此,在实用上都是将电压互感器制成串级绝缘式。

串级绝缘式电压互感器的一次绕组是由串联在相与地之间的几个相同单元绕组构成的。一般110 kV有2个单元,220 kV有4个单元,所有的单元绕组流过的电流相同,并且与系统的相电压成正比,而与地连接的最后一个单元绕组具有一个二次绕组。当系统电压有变化时,二次绕组中的感应电势也发生相应的变化。这种串级绝缘油浸式电压互感器由于采用2或4个单元绕组,每个单元绕组平均承受一部分相电压,因此,其绝缘要求降低为原来的1/4或1/2。

电压互感器的全型号表示和含义如下:

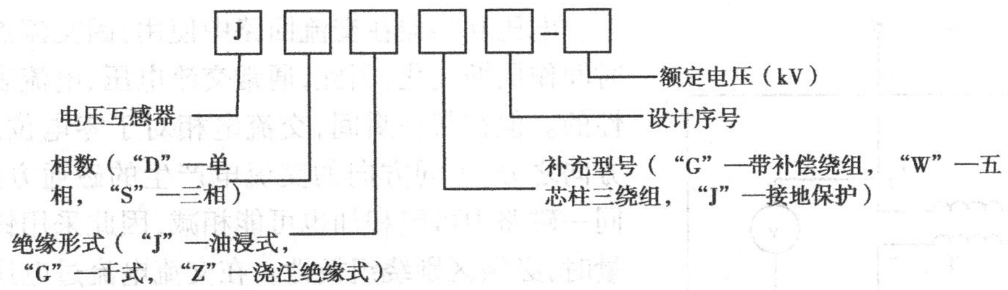

如图6.31和图6.32所示分别为JDZ-3、6、10型和JSW-10型电压互感器的外形结构。

为同时满足测量和单相接地故障继电保护控制的要求,可采用三相五芯柱式电压互感器,它每相有3个绕组,即1个一次绕组,2个二次绕组。其一次绕组采用星形中性点接地接法。二次绕组中的一个也采用星形中性点接地接法,称为基本绕组。基本绕组和一般互感器的二次绕组一样,接各种仪表和电压继电器等,用于测量线电压和相对地电压;另一个称为剩余电压绕组或零序绕组,接成开口三角形,用于监测三相零序电压,作绝缘监察用。

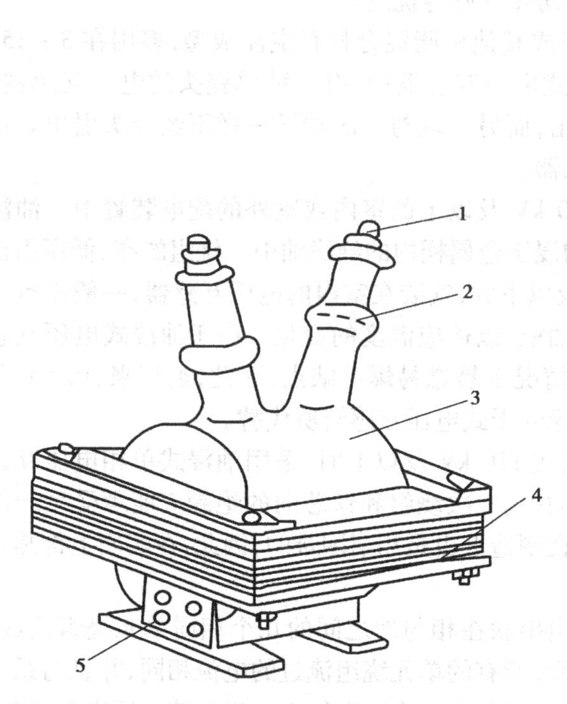

图 6.31 JDZ-3、6、10 型电压互感器外形结构
1——一次接线端子;2—高压绝缘套管;3——一、二次绕组,环氧树脂浇注;4—铁芯(壳式);5—二次接线端子

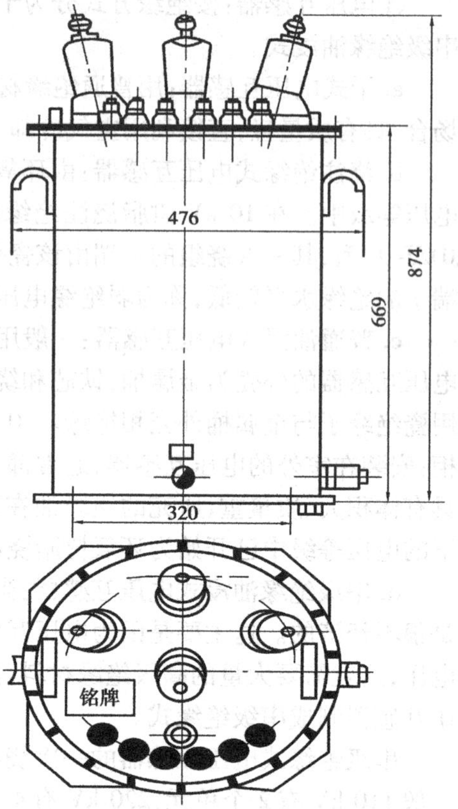

图 6.32 JSW-10 型电压互感器外形结构

(4)电压互感器的极性

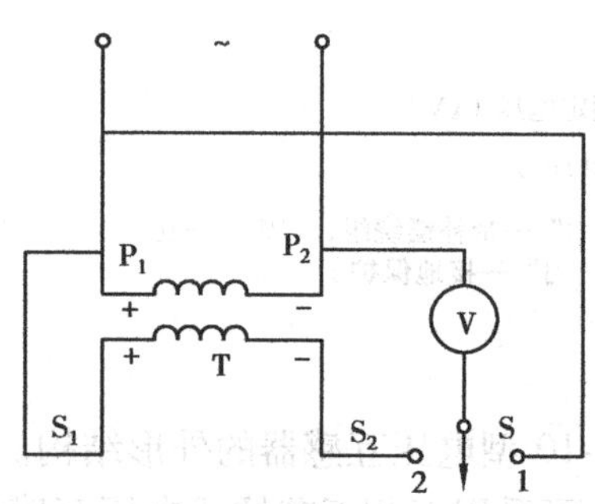

图 6.33 差接法测电压互感器极性

电压互感器在交流回路中使用,因交流点的方向随时间作周期变化,因此,通常交流电压、电流表是没有极性的。但在某一瞬间,交流电相对于零电位总有正、负方向之分,不同方向的交流电产生的磁通方向不同,在同一磁路中可能相加也可能相减,因此采用铁芯传输能量时,必须区别绕组极性。在交流电流过电压互感器的一次绕组时,同时达到高电位的两个端是同极性端,一般在外部端钮用字母标明极性,如图 6.30 所示,A 和 a 为同名端,X 和 x 为另一同名端。我国规定,极性相同者称为减极性,相反者称为加极性。电压互感器的极性试验的简单方法为差接法,其原理如图 6.33 所示,将电压互感器一次绕组接入交流电源,S 为一单极双投开关,当开关 S 投向“1”时,记录电压表测得的电源电压;投向“2”时,测得 P_2 与 S_2 之间的电压,若测得此时的电压值小于电源电压则为减极性,大于电源电压为加极性。

(5)电压互感器的接线

电压互感器按绕组数可分为双绕组、三绕组和多绕组。三绕组一般为三相五芯柱式，多绕组具有两个以上的二次绕组，可分别用于测量仪表、继电保护装置、二次设备供电等。

电压互感器的接线方式通常有以下5种类型：

1)单相式接线

单相式接线采用一个单相电压互感器测量线电压或相对地电压，如图6.34(a)所示为测量A、C相间的线电压，这种接法二次侧可接各种测量仪表。

2)两相式接线

两相式接线又称为V-V形接线或为不完全星形接线，采用两个单相电压互感器测量3个线电压，如图6.34(b)所示，其中$\dot{U}_{AC}=\dot{U}_{AB}+\dot{U}_{BC}$，这种接线方式通常用于10～35 kV的中性点不接地或中性点不直接接地系统，用于测量或继电保护装置。

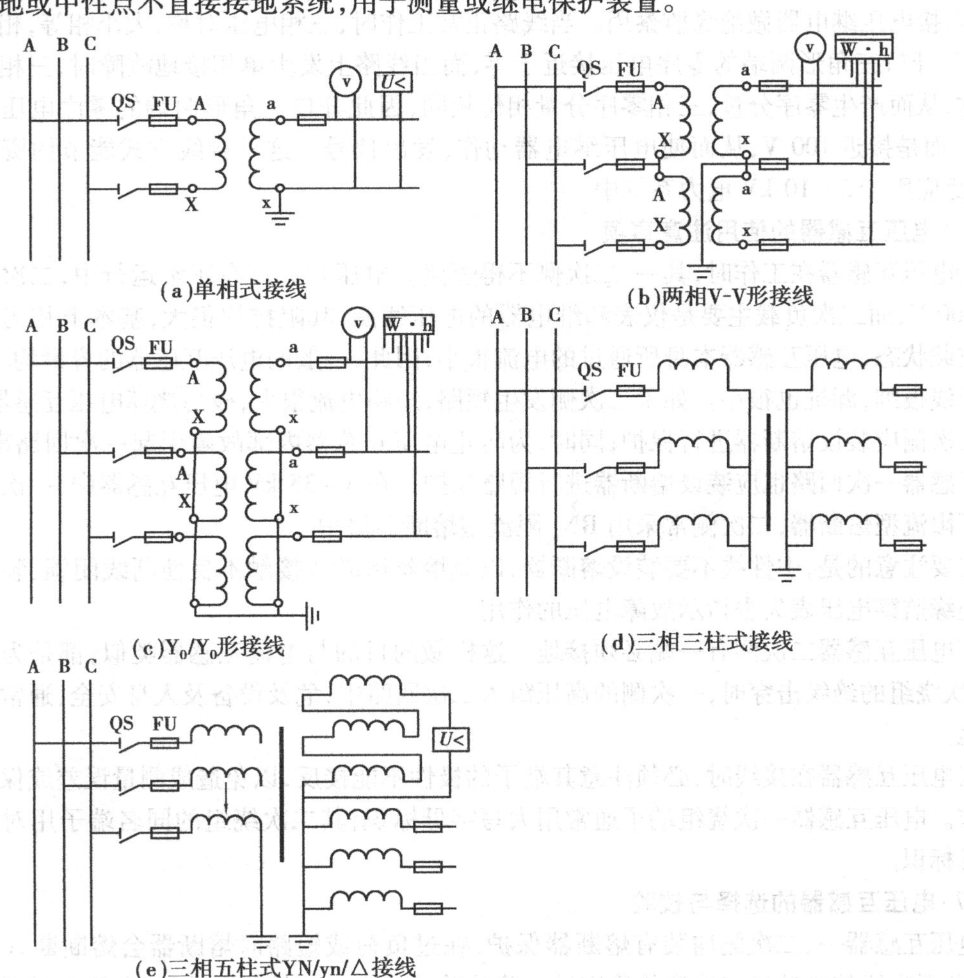

图6.34　电压互感器接线方式

3) Y_0/Y_0 形接线

Y_0/Y_0 形接线如图6.34(c)所示，采用3个一、二次绕组都接成星形中性点接地形式的单相电压互感器仪表和继电器测量3个线电压和相电压。在小电流接地系统中，以这种接线方式测量相电压的电压表应按线电压选择。

4）三相三柱式接线

三相三柱式接线如图 6.34(d)所示，用 3 台单相电压互感器接成 Y yn 联结，用来测量线电压，满足仪表和继电保护装置用，但不能测量相对地电压，这是因为一次侧中性点不接地，正常运行时，三相磁通对称，在相位上相差 120°，所以零序磁通很小，励磁电流很小。但当一次回路发生单相接地故障时，故障相对地电压降低，非故障相对地电压升高，三相磁通不平衡，从而零序磁通不为零，造成零序电流很大，有可能烧毁互感器。

5）三相五柱式电压互感器 YN/yn/△接法

三相五柱式电压互感器 YN/yn/△接法如图 6.34(e)所示，采用一个三相五柱式电压互感器，其中一次绕组接成星形中性点接地联结，基本二次绕组也接成星形中性点接地联结，以测量 3 个线电压和 3 个相电压供仪表和继电保护装置用；零序绕组接成开口三角形，用于测量零序电压，接电压继电器做绝缘监察用。当线路正常工作时，三相电压对称，大小相等，相位上相差 120°，开口三角形两端的零序电压接近于零，而当线路上发生单相接地故障时，三相电压不再对称，从而产生零序分量，三相零序分量相位相同，因此开口三角形两端的零序电压之和不再为 0，而是接近 100 V，从而使电压继电器动作，发出信号。这种接线方式能节约资金和场地，广泛应用于 3 ~ 10 kV 电力系统中。

(6)电压互感器的使用注意事项

①电压互感器在工作时，其一、二次侧不得短路。电压互感器在正常运行中，二次侧电压只有 100 V，而二次负载主要是仪表和继电器的电压线圈，其阻抗均很大，基本上相当于变压器的空载状态，电压互感器本身所通过的电流很小，因此，一般的电压互感器的容量均不大，绕组的导线很细，漏抗也很小。如果二次侧发生短路，短路电流很大，极易烧坏电压互感器，所以在其二次侧应装设熔断器进行保护；同时，为防止电压互感器内部故障引起一次回路事故，在电压互感器一次回路也应装设熔断器进行短路保护。在 3 ~ 35 kV 电压互感器中，一次侧常采用高压限流型熔断器，二次侧常采用 RN_2 限流型熔断器保护。

需要注意的是，中性线不要装设熔断器，以免熔丝熔断或接触不良使断线闭锁、装置失灵或使绝缘监察电压表失去指示故障电压的作用。

②电压互感器二次侧有一端必须接地。这样做的目的与电流互感器类似，都是为了防止一、二次绕组的绝缘击穿时，一次侧的高压窜入二次回路中，危及设备及人身安全，通常将公共端接地。

③电压互感器在接线时，必须注意其端子的极性不能接反，以免造成测量误差或保护装置误动作。电压互感器一次绕组端子通常用大写字母标识，其二次绕组的同名端子用对应的小写字母标识。

(7)电压互感器的选择与校验

电压互感器一、二次侧均装有熔断器保护，在过负荷或短路时熔断器会熔断断开测量回路，因此不需要校验动稳定性和热稳定性。除校验动稳定性和热稳定性外，电压互感器的选择与校验应遵循以下原则：

①根据各类电压互感器的特点，按安装地点的环境和工作要求选择互感器的类型。

②电压互感器的额定频率应与被测线路一致。

③电压互感器的额定一次电压不得小于被测线路的额定电压。电压互感器和电压测量仪

表在其额定值附近误差最小，因此，在选择电压互感器变比时应尽量使其一次侧额定电压等于或稍大于被测电压，若被测电压是变化的，则变化范围应在20% ~120%额定电压范围内，否则最好选用多变比电压。

④根据测量精度的要求选择准确度等级，并校验准确度。计量用的电压互感器精度应比所接的电压表或电度表的精度高0.2 ~0.5级。

如前所述，电压互感器的精确度等级是在额定二次负荷、额定功率因数等条件下得到的，其中二次负荷对电压互感器的精确度等级影响最大，因此，电压互感器在投运时应根据实际的二次负荷校验其准确度，校验公式为：

$$S_{2N} \geqslant S_2 \tag{6.12}$$

式中 S_{2N}、S_2——互感器二次侧额定容量和实际二次侧负荷。

其中

$$S_2 = \sqrt{\left(\sum P_u\right)^2 + \left(\sum Q_u\right)^2} \tag{6.13}$$

式中 $\sum P_u = \sum (S_u \cos \varphi_u)$、$\sum Q_u = \sum (S_u \sin \varphi_u)$——互感器二次侧所接的仪表、继电器电压线圈等消耗的总有功功率和无功功率。

【例6.3】 总降变电所10 kV母线上配置3只单相三绕组电压互感器，采用$Y_0/Y_0/\triangle$接法，其中Y_0接法的二次绕组作母线电压、各出线有功电能和无功电能测量用，△接法的二次绕组作母线绝缘监察用。电压互感器和测量仪表的接线如图6.35所示。该母线共有4路出线，每路出线上均装设三相有功电度表和三相无功电度表各1只，每个电压线圈消耗的功率为1.5 V·A；装设4只电压表，其中3只分别用于测量各相对地电压，1只用于测量B、C相间线电，电压线圈的负荷均为4.5 V·A。△侧电压继电器消耗功率为3 V·A。若选择3只JDZJ-10型电压互感器，试校验其二次负荷是否符合准确度要求（不考虑电压线圈的功率因数）。

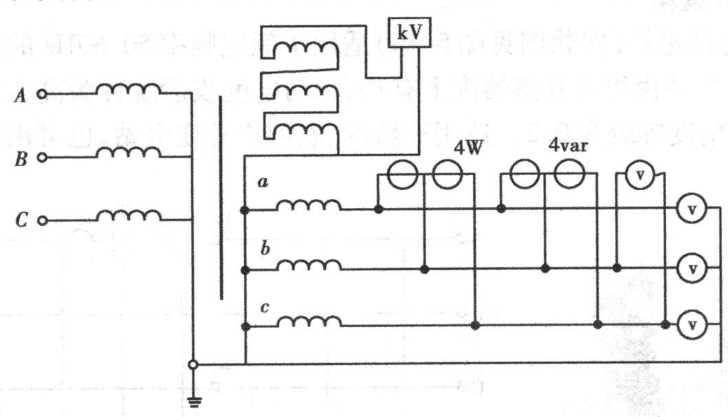

图6.35 【例6.3】电路

【解】 根据被测线路的电压等级选3只JDZJ-10型电压互感器，其电压比为：

$10\ \text{kV}/\sqrt{3} : 100\ \text{V}/\sqrt{3} : 100\ \text{V}/\sqrt{3}$，准确度为0.5级，二次绕组（单相）额定负荷为50 V·A。

除3只电压表接于相电压外，其余设备均接于AB线或BC线之间，明显地，B相的负荷最大。B相的负荷由以下3部分组成：

(1)接于AB、BC线电压之间的有功电度表、三相无功电度表和接于BC线电压之间的电压表折合到B相的负荷：

$$S_{B1} = 0.5(S_{AB} + S_{BC}) = 0.5[4 \times (1.5 + 1.5) + 4 \times (1.5 + 1.5) + 4.5]\ \text{V} \cdot \text{A}$$

$= 14.25\ V \cdot A$

(2)接于 B 相相电压的电压表的负荷：$S_{B2} = 4.5\ V \cdot A$

(3)开口三角形绕组侧的继电器折合到 B 相的负荷：$S_{B3} = 3/3 = 1\ V \cdot A$

因此 B 相的总二次负荷为 $S_B = S_{B1} + S_{B2} + S_{B3} = 19.75\ V \cdot A < S_{2N} = 50\ V \cdot A$。故所选电压互感器满足准确度要求。

6.8.3 组合互感器

(1)组合互感器的结构和工作原理

组合互感器是由多个电流互感器、电压互感器组合为一体安装在同一个外壳内的单相或三相互感器组，用于电力系统继电保护、电量监测和电能计量。通常 35 kV 及以下组合互感器一般由两组电压互感器和电流互感器按不完全星形接线接法对三相电路进行监控，或由三组电压互感器和电流互感器按星形接法构成。

组合互感器的工作原理和前述的电流、电压互感器相同，区别在于组合互感器的高压侧用高压套管，低压侧用低压套管引出接线端，高压侧出线接系统，低压侧出线接测量仪表或继电保护装置。

(2)组合互感器的特点

①组合互感器的箱体通常为环氧树脂浇注绝缘的全封闭结构，电压互感器和电流互感器整合在箱体内，具有体积小、外形美观的优点。

②组合互感器因事先已在箱体内按要求接好二次接线，低压侧可直接用于线路和电测仪表，使用安装方便。

③组合互感器把多台互感器装在一起，故障率较高。

(3)高压组合计量箱

JLS□高压组合计量箱（实物图见图 6.36）适用于额定频率 50、60Hz 的三相交流 35、10、6、3 kV 系统网络上。主要由组合互感器配上有功、无功电度表后统称为高压组合计量箱。电流精度为 0.2 S，电压精度等级为 0.2。适用于城网、农网户外变电站，也可用于工业企业各种变压器配电所等。

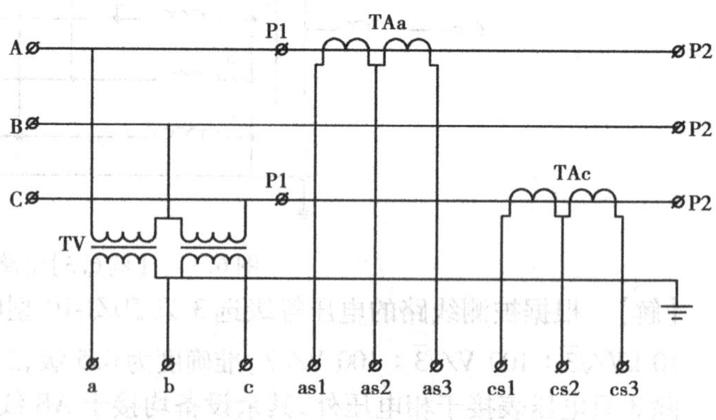

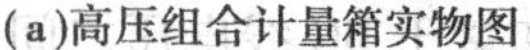

(a)高压组合计量箱实物图　　(b)高压组合计量箱内部接线原理图

图 6.36 JLS□高压组合计量箱

（桂越科技提供）

高压组合计量箱的结构特点如下：

①电压互感器由户内环氧树脂浇注结构，铁芯为外露式，用优质冷轧硅钢片叠装而成，在中心柱上装置一次及二次线圈。

②电流互感器为户内环氧树脂浇注结构，铁芯为封闭式，用优质冷轧取向硅钢片卷制而成的。

③两个电压互感器（PT）、两个或3个电流互感器（CT）通过组合装在一个封闭的铁箱内，形成一体。

④配有专用二次表计安装用箱体，内装有功电度表、无功电度表等表计量，直接高供高计，减少测量误差。

本章小结

本章介绍了供配电系统的二次接线图、操作电源、断路器控制回路信号系统、中央信号系统和电气仪表测量、变电所的防雷保护和接地保护措施。

（1）对一次设备的工作状态进行监视、测量、控制和保护的辅助电气设备称为二次设备。供配电系统的二次设备包括测量仪表、控制和信号装置、继电保护装置、远动装置、操作电源、控制电缆、熔断器等。二次回路包括电气设备的控制操作回路、测量回路、信号回路、保护回路等。

①二次回路接线图一般分为原理接线图、展开接线图和安装接线图3种。对于二次系统的布线与安装，应按国家标准及有关规定进行。

②二次回路操作电源分为直流操作电源和交流操作电源。直流操作电源又分为蓄电池、储能电容器和复式整流电源。交流操作电源有电压互感器、电流互感器和所用电变压器。

③断路器控制及信号系统是二次回路的重要部分，断路器的控制有手动控制、电动控制、继电保护控制和自动控制等方式，信号系统包括灯光监视系统、音响监视系统和闪光装置。

④断路器控制回路按照控制地点的不同，可分为就地控制电路及控制室集中控制电路两种类型。按照对控制电路监视方式的不同，有灯光监视控制及音响监视控制电路之分。中央信号装置按形式分为灯光信号和音响信号。接用途分为位置信号、预告信号和事故信号。

⑤电气测量仪表是监视供电系统运行状况、计量电能消耗必不可少的设备，在装设和使用过程中应严格按照国家的有关规定进行。电气测量的目的有3个：计费测量；对供电系中运行状态、技术经济分析所进行的测量；对交、直流系统的安全状况进行监测。

（2）在供配电系统中，为了提高供电的可靠性，常采用备用电源自动投入装置（APD）及线路自动重合闸装置（ARD）。

①对具有多路电源进线或多台变压器的变电所，常采用APD。当工作电源断电时，APD将备用电源自动投入，迅速恢复对用电设备供电，以提高电源供电的可靠性。

②架空线路故障大多数是瞬时性故障。线路故障时，在继电保护的作用下将断路器跳闸；当故障自行消失后，ARD将断路器自动重新合闸，从而提高了供电的可靠性。

（3）为了防止雷电过电压对变电所电气设备及线路产生危害，应采取防雷保护措施；为保证电气设备及人身安全，应采取必要的接地保护措施。

(4)互感器的主要作用有：

①隔离一次回路与二次设备。既可避免一次侧电路的高电压、大电流损坏仪表、继电器等二次设备，又可防止二次设备的故障影响主电路，提高一、二次电路的安全性和可靠性。

②扩大二次仪表和保护继电器使用范围。使用不同变比的互感器即可测量任意大的一次电压和电流。

③使二次仪表、继电器标准化。互感器二次侧为国家标准规定的额定电压和额定电流，利于标准化生产和使用。

思考与练习

6.1　变配所二次回路按功能分为哪几部分？各部分的作用是什么？

6.2　什么是二次接线图？二次接线图分为哪几种形式？各有何特点？

6.3　操作电源有哪几种？直流操作电源、交流操作电源各有哪几种？各有何特点？

6.4　断路器控制回路应满足哪些要求？何谓断路器事故跳闸信号回路的“不对应原理”？

6.5　断路器的控制开关有哪几个操作位置？简述断路器手动合闸、跳闸的操作过程。

6.6　什么是中央信号回路？事故音响信号和预告音响信号的声响有何区别？

6.7　电气测量的目的是什么？对仪表的配置有何要求？一般6～10 kV高压线路上装设哪些测量仪表？

6.8　什么是自动重合闸装置？对自动重合闸的基本要求是什么？

6.9　备用电源自动投入装置的作用是什么？有哪些要求？

6.10　电流互感器的使用注意事项有哪些？选择电流互感器需要校验哪些项目？

6.11　电压互感器为什么不需要校验动稳定性和热稳定性？

6.12　电压互感器的使用注意事项有哪些？

6.13　在【例6.1】中，若假设每只电压线圈的功率因数为0.9，其余参数不变，试选择电压互感器并校验其二次负荷是否满足准确度要求。

第7章 供电系统的继电保护

内容提要：本章简要介绍了继电保护的基本工作原理、常用的继电器，重点讲述工厂供电系统中常用的几种过电流保护以及电力变压器、电力电容器、高压电动机等几种主要电气设备保护的基本原理和整定方法。

7.1 继电保护概述

7.1.1 继电保护的基本工作原理

电力系统发生故障时，会引起电流的增加和电压的降低，以及电流与电压间相位的变化，因此电力系统中所应用的各种继电保护，大多数是利用故障时物理量与正常运行时物理量的差别来构成的。例如，反应电流增大时的过电流保护以及反应电压降低（或升高）时的低电压（或过电压）保护等。继电保护原理结构的方框图，如图7.1所示。它由测量部分、逻辑部分、执行部分3部分组成。测量部分：用来测量被保护设备输入的有关信号（电流、电压等），并和已给定的整定值进行比较判断是否应该启动；逻辑部分：根据测量部分各输出量的大小、性质及其组合或输出顺序，使保护装置按照一定的逻辑程序工作，并将信号传输给执行部分；执行部分：根据逻辑部分传输的信号，最后完成保护装置所负担的任务，给出跳闸或信号脉冲。

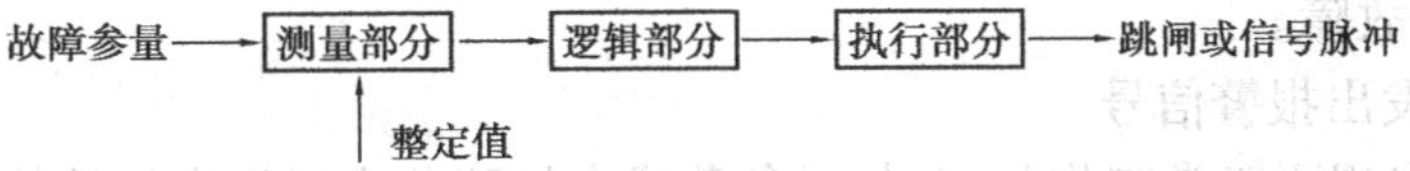

故障参量——测量部分——逻辑部分——执行部分——跳闸或信号脉冲

整定值（输入测量部分）

图7.1　继电保护原理结构方框图

图7.2为线路过电流保护基本原理示意图，用以说明继电保护的组成和基本原理。在图7.2中，电流继电器KA的线圈接于被保护线路电流互感器TA的二次回路，即保护的测量回路，它监视被保护线路的运行状态，测量线路中电流的大小。在正常运行情况下，当线路中通过最大负荷电流时，继电器不动作；当被保护线路K点发生短路时，线路上的电流突然增大，电流互感器TA二次侧的电流也按变比相应增大，当通过电流继电器KA的电流大于其整定值时，继电器立即动作，触点闭合，接通逻辑电路中时间继电器KT的线圈回路，时间继电器启动

并根据短路故障持续的时间，作出保护动作的逻辑判断，时间继电器 KT 动作，其延时触点闭合，接通执行回路中的信号继电器 KS 和断路器 QF 的跳闸线圈 YR 回路，使断路器跳闸、QS 隔离开关打开，切除短路故障。

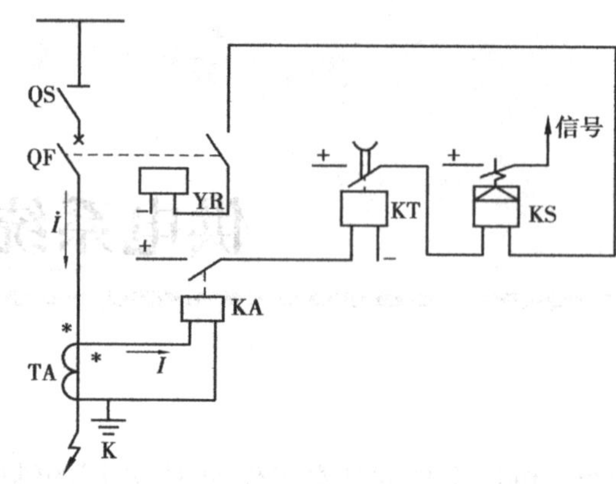

图 7.2　线路过电流保护原理示意图

7.1.2　继电保护装置的任务和基本要求

在供配电系统的运行过程中，往往由于电气设备的绝缘损坏、操作维护不当以及外力破坏等原因，造成系统故障或不正常的运行状态。在供配电系统中最常见的故障和不正常运行状态为断线、短路、接地及过载。为了保证供电系统的安全可靠运行，避免过载引起的过电流或短路产生的故障电流对系统的影响，在供电系统中需装设不同类型的保护装置。保护装置的作用是：在发生故障时自动检测出故障，迅速而有选择地将故障区域从供电系统中切除，以免系统设备继续遭到破坏。另一个作用是及时发现系统中不正常运行，如过载、欠电压等情况时，能发出报警信号，以便及时处理，保证安全可靠地供电。

继电保护装置是指能反映电力系统中电气设备发生的故障和不正常运行状态，并能动作于断路器跳闸或启动信号装置发出报警信号的一种自动装置。

(1)继电保护装置的任务

1)故障时跳闸

在供电系统出现短路故障时，继电保护装置能自动地、迅速地、有选择性地动作，是对应的断路器跳闸，切除故障部分，恢复其他无故障部分的正常运行，同时发出信号，以便提醒值班人员检查，及时消除故障。

2)异常状态发出报警信号

在供电系统出现不正常工作状态，如过负荷或有故障苗头时发出报警信号，提醒值班人员注意并及时处理，以免发展为故障。

(2)继电保护装置的基本要求

根据继电保护装置所担负的任务，它必须满足以下 4 个基本要求，即选择性、速动性、可靠性和灵敏性。

1)选择性

继电保护动作的选择性是指在供电系统发生故障时，只使电源一侧距离故障点最近的继电保护装置动作，通过开关电器将故障部分切除，而非故障部分仍然正常运行。图 7.3 就是继电保护装置动作选择性示意图。

当k-1点发生短路时，则继电保护装置动作只应使断路器QF_1跳闸，切除电动机M。而其他断路器都不跳闸；当k-3点发生短路时，则继电保护装置动作只应使断路器QF_3跳闸，切除故障线路。满足这一要求的动作称为"选择性动作"。如果QF_1或QF_3不动作，其他断路器跳闸，则称为"无选择性动作"。但是，在k-1点发生短路时，如果继电保护装置由于某种原因拒动或断路器QF_1本身拒动时，则上一级保护装置应尽快动作使断路器QF_3跳闸。虽然扩大了停电范围，但限制了故障的扩大，起着后备保护作用。保护装置在这种情况下动作使断路器QF_3跳闸，仍然称为保护的"选择性动作"。

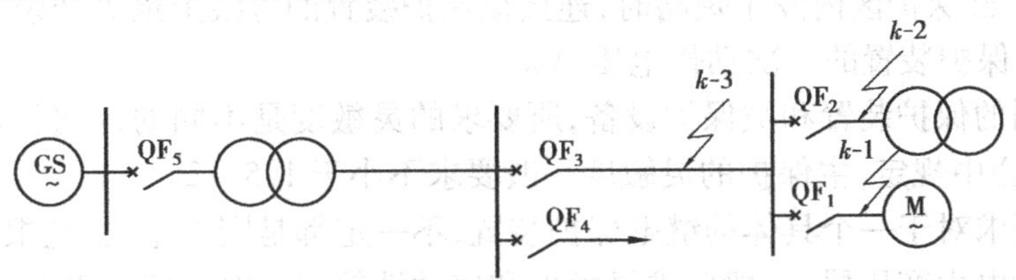

图7.3　继电保护装置动作选择性示意图

2)速动性

速动性就是快速切除故障部分。当系统内发生短路故障时，为了减轻短路故障电流对用电设备的损害程度，要求继电保护装置快速动作切除故障部分。快速切除故障部分还可防止故障范围扩大，加速系统电压的恢复过程，使电压降低的时间缩短，有利于电动机的自启动，提高电力系统运行的稳定性和可靠性。

应当指出的是，为了满足选择性，继电保护需要带一定时限，允许延时切除故障的时间一般为0.5～2 s。即速动性和选择性往往是有矛盾的，当两者发生矛盾时，一般应首先满足选择性而牺牲一点速动性。但应在满足选择性的前提下，尽量缩短切除故障部分的延时。对一个具体的保护装置来说，在无法兼顾选择性和速动性的情况下，为了快速切除故障部分以保护某些关键设备，或者为了尽快恢复系统的正常运行，有时甚至也只好牺牲选择性来保证速动性。

3)可靠性

可靠性是指继电保护装置在其所规定的保护范围内发生故障或不正常工作状态时，一定要准确动作，即在应该动作时，就动作(不能拒动)；而其他非故障设备的保护装置(即故障或不正常工作状态发生地点不属于其保护范围)则一定不应动作，即在不应该动作时，不能误动。供配电系统正常运行时，保护装置也不应该误动。继电保护装置的任何拒动或误动，都会降低电力系统的供电可靠性。保护装置的可靠程度与保护装置的元器件质量、接线方式以及安装、整定和运行维护等多种因素有关。为了提高保护装置动作的可靠性，应尽量采用高质量元器件，简化保护装置接线方式，提高安装和调试质量，以及加强运行维护等。

4)灵敏性

灵敏性是指保护装置在其保护范围内对故障和不正常运行状态的反应能力。所谓反应能力是用继电保护装置的灵敏系数(灵敏度)来衡量。如果保护装置对其保护区内极轻微的故障都能及时地反应动作，则说明保护装置的灵敏度高。继电保护装置的灵敏度一般是用被保护电气设备故障时，通过保护装置的故障参数(如短路电流)与保护装置整定的动作参数(如动作电流)来判断，这个比值称为灵敏系数，也称灵敏度，用S_P表示。

对于过电流保护装置，其灵敏系数 S_P 为：

$$S_P = \frac{I_{k.min}}{I_{op.1}} \tag{7.1}$$

式中 $I_{k.min}$——被保护区内最小运行方式下的最小短路电流；

$I_{op.1}$——保护装置的一次动作电流。

对于低电压保护，其灵敏系数 S_P 为：

$$S_P = \frac{U_{op.1}}{U_{k.min}} \tag{7.2}$$

式中 $U_{k.min}$——被保护区内发生短路时，连接该保护装置的母线上最大残余电压，V；

$U_{op.1}$——保护装置的一次动作电压，V。

对不同作用的保护装置和被保护设备，所要求的灵敏度是不同的，在《继电保护和自动装置设计技术规程》中规定，主保护的灵敏度一般要求不小于1.5～2。

以上4项要求对于一个具体的继电保护装置，不一定都是同等重要，应根据保护对象而有所侧重。例如对电力变压器，一般要求灵敏性和速动性较好。对一般的电力线路，灵敏度可略低一些，但对选择性要求较高。

继电保护装置除满足上面的基本要求外，还要求投资省，便于调试及维护，并尽可能满足电气设备运行的条件。

7.2 电流保护常用的继电器

供配电系统的继电保护装置由各种保护继电器构成。保护继电器的种类很多。继电器的结构原理划分有电磁式、感应式、数字式、微机式等继电器；按继电器反映的物理量划分有电流继电器、电压继电器、功率方向继电器、气体继电器等；按继电器反映的物理量变化划分有过量继电器和欠量继电器，如过电流继电器、欠电压继电器；按继电器在保护装置中的功能划分有启动继电器、时间继电器、信号继电器和中间继电器等。

供配电系统中常用的继电器主要是电磁式继电器和感应式继电器。在现代化的大用户中已经使用微机式继电器或微机保护。

7.2.1 电磁式继电器

(1)电磁式电流继电器

DL-11 型电磁式电流继电器的内部接线图和图形符号如图7.4所示，电流继电器的文字符号为KA。

使过电流继电器动作的最小电流称为继电器的动作电流，用 $I_{op.KA}$ 表示。

继电器动作后，逐渐减小流入继电器的电流到某一电流值时，Z形铁片因电磁力小于弹簧的反作用力而返回到起始位置，常开触头断开。使继电器返回到起始位置的最大电流，称为继电器的返回电流，用 $I_{re.KA}$ 表示。

继电器的返回电流与动作电流之比称为返回系数 K_{re}，即

$$K_{re} = \frac{I_{re.KA}}{I_{op.KA}} \tag{7.3}$$

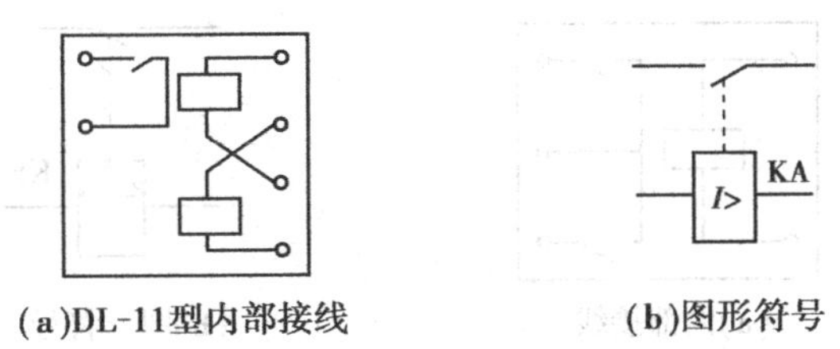

(a)DL-11型内部接线　　(b)图形符号

图 7.4　DL-11 电磁式电流继电器的内部接线和图形符号

显然,过电流继电器的返回系数小于 1,返回系数越大,继电器越灵敏,电磁式电流继电器的返回系数通常为 0.85。

调节电磁式电流继电器的动作电流的方法有两种:一种是改变调整杆的位置来改变弹簧的反作用力,进行平滑调节;另一种是改变继电器线圈的连接。当线圈由串联改为并联时,继电器的动作电流增大一倍。电磁式电流继电器的动作极为迅速,动作时间为百分之几秒,可认为是瞬时动作的继电器。

(2)**电磁式电压继电器**

DJ 型电磁式电压继电器的结构和工作原理与 DL 型电磁式电流继电器基本相同。不同之处仅是电压继电器的线圈为电压线圈,匝数多,导线细,与电压互感器的二次绕组并联。电压继电器文字符号用 KV 表示。

电磁式电压继电器有过电压继电器和欠电压继电器两种。过电压继电器返回系数小于 1,通常为 0.8;欠电压继电器返回系数大于 1,通常为 1.25。

(3)**电磁式时间继电器**

时间继电器用于继电保护装置中,使继电保护获得需要的延时,以满足选择性要求。它由电磁系统、传动系统、钟表机构、触头系统和时间调整系统等组成。

如图 7.5 所示是 DS-110 型、112 型时间继电器的内部接线和图形符号。时间继电器的文字符号为 KT。DS-110 型为直流时间继电器,DS-120 型为交流时间继电器,延时范围均为 0.1 ~9 s。

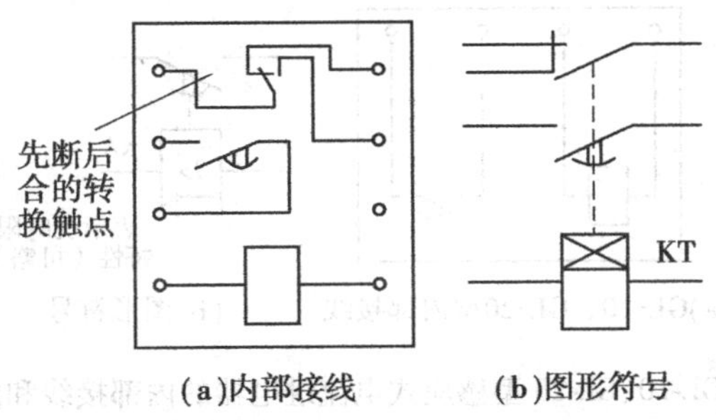

(a)内部接线　　(b)图形符号

图 7.5　DS 继电器的内部接线和图形符号

(4)**电磁式信号继电器**

电磁式信号继电器在继电保护装置中用于发出指示信号,表示保护动作,同时接通信号回路,发出灯光或音响信号。如图 7.6 所示是其内部接线和图形符号。信号继电器的文字符号为 KS。

DX-11 型信号继电器有电流型和电压型两种。电流型信号继电器串联接入二次电路,电压型信号继电器并联接入二次电路。

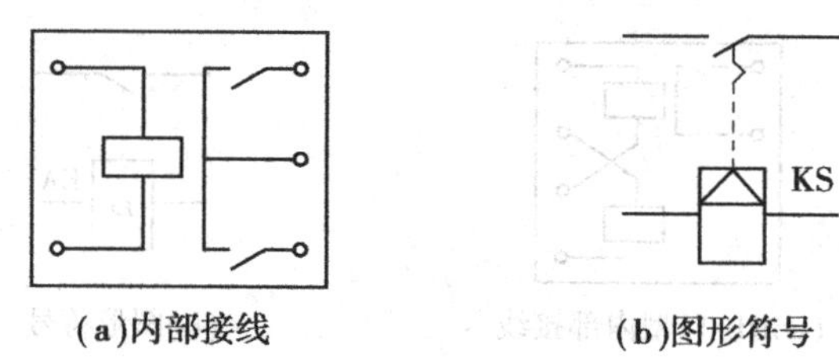

(a)内部接线　(b)图形符号

图 7.6　DX-11 型信号继电器的内部接线和图形符号

(5)电磁式中间继电器

电磁式中间继电器的触头容量较大,触头数量较多,在继电保护装置中用于弥补主继电器触头容量或触头数量的不足。其内部接线和图形符号如图 7.7 所示。中间继电器的文字符号为 KM。当中间继电器的线圈通电时,衔铁动作,带动触头系统使动触头与静触头闭合或断开。

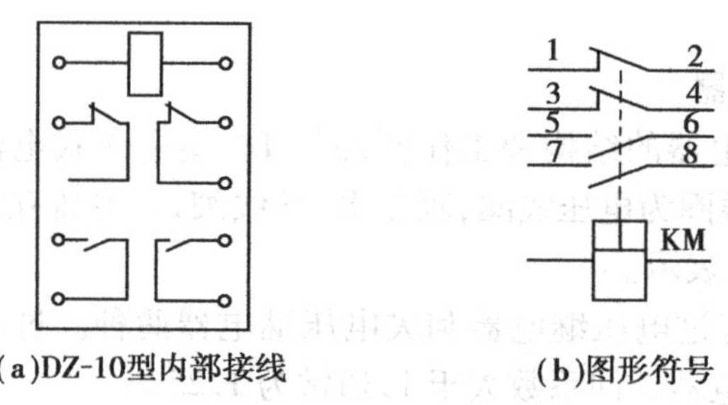

(a)DZ-10型内部接线　(b)图形符号

图 7.7　DZ-10 型中间继电器内部接线和图形符号

7.2.2　感应式电流继电器

GL-10、GL-20 型感应式电流继电器的内部接线和图形符号如图 7.8 所示。感应式电流继电器有两个系统,即感应系统和电磁系统。

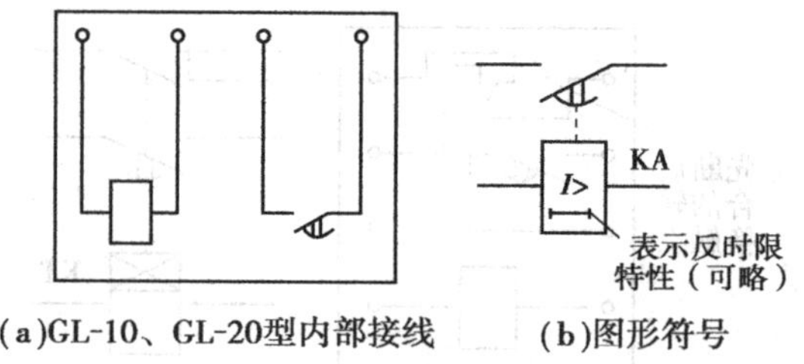

(a)GL-10、GL-20型内部接线　(b)图形符号

图 7.8　GL-10、GL-20 型感应式电流继电器的内部接线和图形符号

7.3　工厂高压线路的继电保护

7.3.1　线路的过电流保护

在供电系统中发生短路时,线路上的电流剧增。因此,必须设置过电流保护装置,对供电线路进行保护。为了具有选择性,过电流保护通常应有一定的时限。按动作的时限特性,过电

流保护装置分为定时限过电流保护和反时限过电流保护。

(1)定时限过电流电流保护

所谓定时限过电流保护就是保护装置的动作时限一定,且不随流过保护装置电流大小的变化而变化。定时限过电流保护装置一般采用直流操作电源,其原理接线如图7.9所示。定时限过电流保护装置通常由电流继电器、时间继电器以及信号继电器与中间继电器组成。在工厂供电系统中多采用两相式接线,图7.9(a)为集中表示的原理接线图,图7.9(b)为展开式原理接线图。从原理分析的角度来讲,展开图简明清晰,在二次回路中应用广泛。

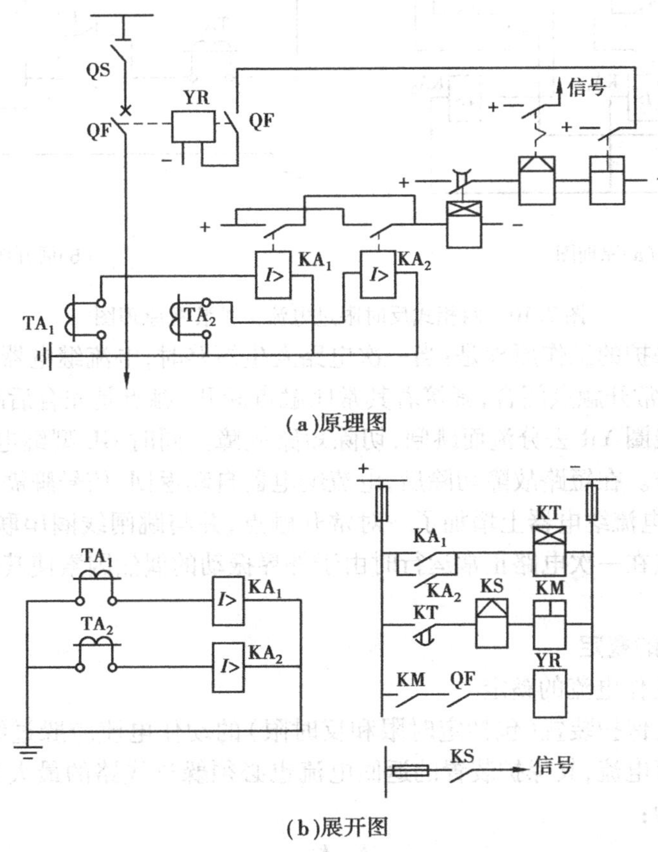

图7.9　两相式定时限过电流保护装置的原理接线图

定时限过电流保护的工作原理是:当一次电路发生短路时,电流继电器KA瞬时动作,闭合其接点,使时间继电器KT动作,KT经过整定的时限后,其延时触点闭合,使串联的信号继电器(电流型)KS和中间继电器KM动作,KS动作后,其指示牌掉下,同时接通信号回路,给出灯光信号和音响信号,向值班人员发出信号。KM动作后,接通跳闸线圈YR回路,使断路器QF跳闸,切除短路故障。在短路故障切除后,继电保护装置除KS外的其他所有继电器都自动返回起始状态,而KS需手动复位。

(2)反时限过电流保护

所谓反时限过电流保护就是保护装置动作的时限是变化的,且随流过保护装置电流大小的变化而成反时限的变化,即通过保护装置的故障电流越大,动作时间越短;故障电流越小,动作时间就长。工厂供电系统中广泛应用的反时限过电流保护是由GL型电流继电器组成的。

然而,由于现在生产的 GL-15、GL-16 等型电流继电器,其触点容量较大,短时分断电流能力可达 150 A,所以采用交流操作电源"去分流跳闸"的操作方式。反时限保护装置的原理接线如图 7.10 所示。

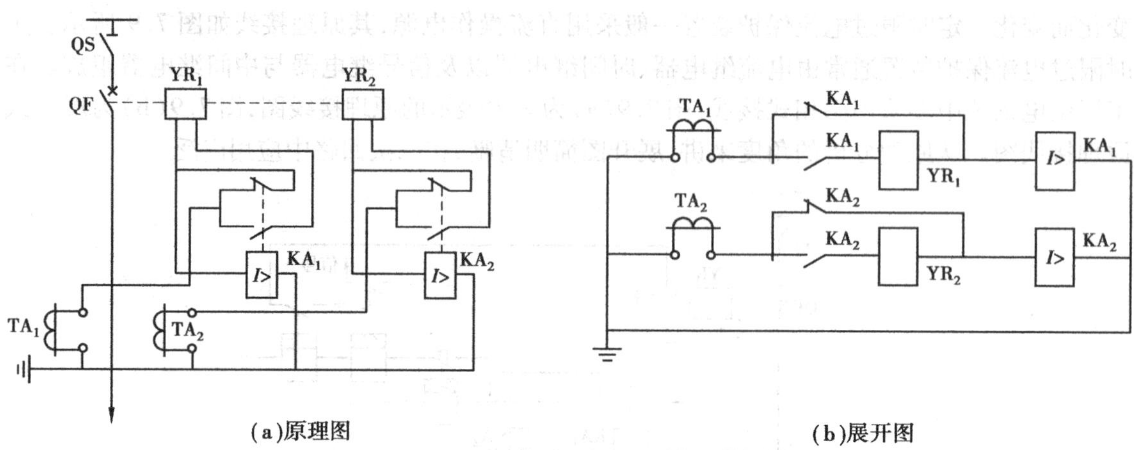

(a)原理图　　(b)展开图

图 7.10　两相式反时限过电流保护装置原理图

反时限过电流保护的工作原理是:当一次电路发生短路时,电流继电器 KA 经过一定延时后(反时限特性),其常开触点闭合,紧接着其常闭触点断开(触点是先合后断的转换触点),这时断路器因其跳闸线圈 YR 去分流而跳闸,切除短路故障。同时 GL 型继电器的信号牌掉下,指示保护装置已动作。在短路故障切除后,电流继电器自动返回,信号牌需手动复位。

在图 7.10 中的电流继电器上增加了一对常开触点,并与跳闸线圈串联,其目的是防止电流继电器的常闭触点在一次电路正常运行时由于外界振动的偶然因素使其断开而导致断路器误跳闸的事故。

(3)过电流保护的整定

1)过电流保护动作电流的整定

带时限的过电流保护装置(包括定时限和反时限)的动作电流应躲过线路正常运行时流经本线路的最大负荷电流,其保护装置的返回电流也必须躲过线路的最大负荷电流。动作电流的整定计算公式为:

$$I_{op} = \frac{K_{rel}K_W}{K_{re}K_i}I_{L.max} \tag{7.4}$$

式中 I_{op}——过电流继电器的动作电流;

K_{rel}——保护装置的可靠系数,对 DL 型继电器取 1.2,对 GL 型继电器取 1.3;

K_W——保护装置的接线系数,三相式、两相式接线取 1,两相差式接线取$\sqrt{3}$;

K_{re}——保护装置的返回系数,对 DL 型继电器取 0.85,对 GL 型继电器取 0.8;

K_i——电流互感器变比;

$I_{L.max}$——线路的最大负荷电流,可取为$(1.5\sim3)I_{30}$。

2)过电流保护动作时限的整定和配合

①定时限过电流保护动作时限的整定和配合。如图 7.11(b)所示,为了保证前后两级保护装置动作的选择性,应按"阶梯原则"进行整定,即在后一级保护装置的线路首端 k 点发生三相短路时,前一级保护的动作时间 t_1 应比后一级保护中的动作时间 t_2 要大一个时间差 Δt。

即 $t_1 = t_2 + \Delta t$ 中，Δt 一般为 0.5 s。

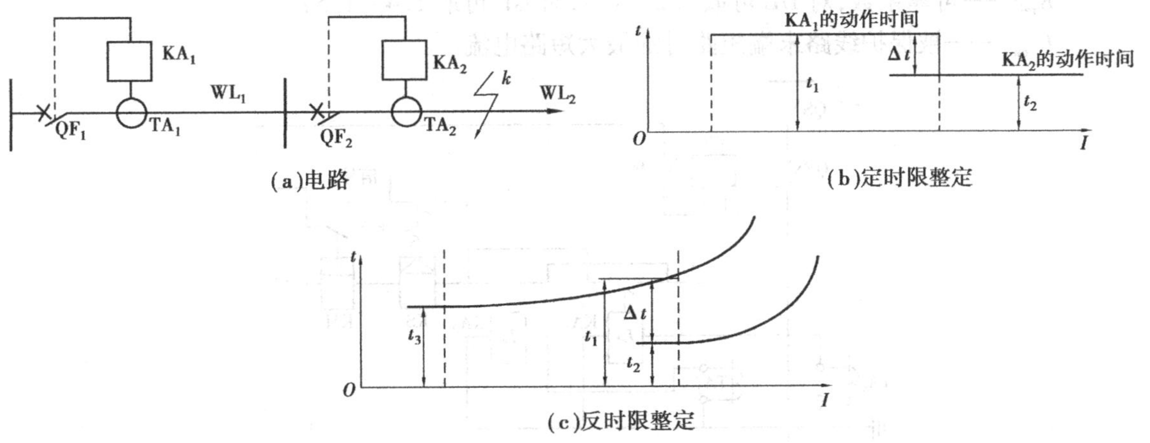

图7.11　过电流保护动作原理图

定时限过电流保护的动作时间，利用时间继电器来整定。一般来说，某一保护装置的时限应选择比它下一段各个保护装置中最长的一个时限大一个时间阶段 Δt。

②反时限过电流保护动作时限的整定和配合。如图7.11(c)所示，为了保证各保护装置动作的选择性，反时限过电流保护装置也按照阶梯形的原则来选择。但由于动作时限与通过保护装置的电流有关，因此，它的动作时限实际上指的是在某一短路电流下，或者说在某一动作电流倍数下的动作时限。从图7.11(c)中可知，前后级的配合点仍然在后一级保护装置的线路首端，k 点短路时，$t_1 = t_2 + \Delta t$，Δt 一般为 0.7 s。

由于GL型电流继电器的时限调节机构是按10倍动作电流的时间来标度的，因此，反时限过电流保护的动作时间，要根据前后两级保护的GL型继电器的动作曲线来整定。

$$I_{op} = \frac{K_{rel} K_W}{K_{re} K_i} I_{30} \tag{7.5}$$

由于 I_{op} 降低，有效地提高了保护灵敏度。

(4)电流速断保护

线路越靠近电源，过电流保护的动作时限超长，而短路电流越大，危害也越大，这是过电流保护的不足。GB 50062-1992 规定，当过电流保护动作时限超过 0.5 ~0.7 s 时，应装设电流速断保护。

电流速断保护实质上是一种瞬时动作或者说是一种不带时限的过电流保护，实际中电流速断保护常与过电流保护配合使用。对于采用DL系列电流继电器的速断保护，就相当于定时限过流保护中抽去时间继电器，如图7.12所示。对于采用GL系列电流继电器，则利用该继电器的电磁元件来实现电流速断保护。

线路中短路电流的大小决定于短路点与电源间阻抗的大小，短路点离电源越远短路电流就越小。为了保证前后两级瞬动的电流速断保护的选择性，电流速断保护的动作电流应按躲过它所保护线路的末端最大短路电流来整定。只有这样才能避免在后一级速断保护所保护的线路首端发生短路时前一级速断保护误动作的产生，从而保证其选择性，整定公式为：

$$I_{qb} = \frac{K_{rel} K_W}{K_i} I_{k.max} \tag{7.6}$$

式中 I_{qb}——速断电流;

K_{rel}——可靠系数,对 DL 可取 1.2～1.3,对 GL 可取 1.4～1.5;

$I_{k.max}$——被保护线路末端短路时的最大短路电流。

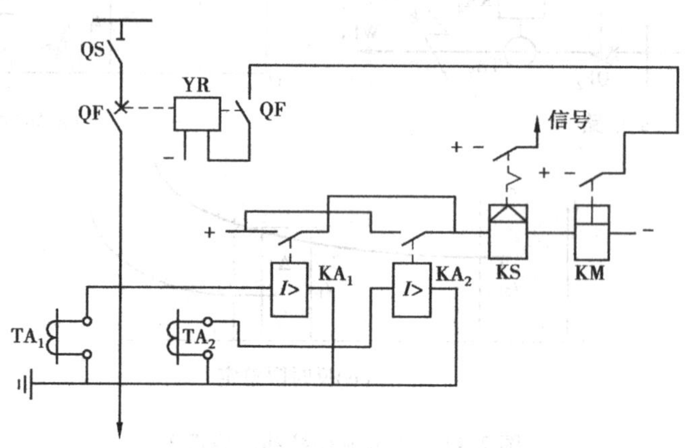

图 7.12 电流速断保护装置的原理接线图

电流速断保护的灵敏度按其安装处(即线路首端)在系统最小运行方式下的两相短路电流作为最小短路电流来校验,即

$$S_P = \frac{K_W I_{k.min}^{(2)}}{K_i I_{qb}} \geqslant 1.5 \sim 2 \tag{7.7}$$

7.3.2 单相接地保护

在中性点直接接地系统中,当发生单相接地故障时,将产生很大的短路电流,一般能使保护装置迅速动作,切除故障部分。

中性点不接地系统发生单相接地时,流经接地点的电流是电容电流,数值上很小,虽然相对地电压不对称,但线电压仍对称,系统仍可继续运行一段时间。如果其间消除接地故障,恢复正常运行,则可避免非接地相对地电压升高,击穿对地绝缘,引发两相接地短路,造成停电事故。线路可装设有选择性的单相接地保护装置或无选择性的绝缘监视装置,在发生单相接地时发出报警信号,以便运行人员及时发现和处理。

(1)单相接地保护的接线和工作原理

单相接地保护利用线路单相接地时的零序电流,较系统其他线路单相接地时的零序电流大的特点,实现有选择性的单相接地保护,又称零序电流保护。该保护一般用于变电所出线较多或不允许停电的系统中。当线路发生单相接地故障时,该线路的电流继电器动作,发出信号,以便及时处理。

对于架空线路,一般采用 3 只电流互感器构成零序电流互感器,如图 7.13(a)所示。三相的二次电流矢量相加后流入继电器。当三相对称运行以及三相或两相短路时,流入继电器的电流等于零,发生单相接地时,零序电流才流过继电器,故称为零序电流过滤器。当零序电流流过继电器时,继电器动作并发出信号。

对于电缆线路的单相接地保护一般采用零序电流互感器。零序电流互感器的一次侧即为电缆线路的三相,其铁芯套在电缆的外面,二次线圈绕在零序电流互感器的铁芯上,并与过电

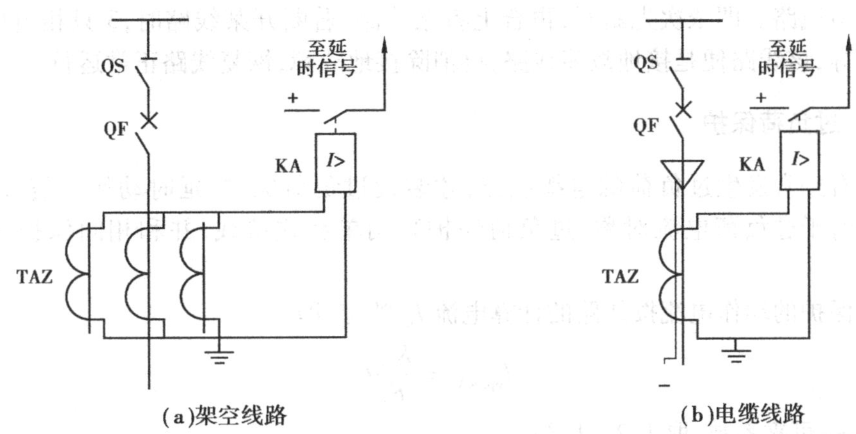

图7.13 单相接地保护原理图

流继电器相接,如图7.13(b)所示。在三相对称运行以及三相或两相短路时,二次侧三相电路电流矢量和为零,即没有零序电流,继电器不动作。当发生单相接地时,有零序电流通过,此时电流在二次侧感应电流,使继电器动作发出信号。注意,电缆线路在安装单相接地保护时,必须使电缆头与支架绝缘,并将电缆头的接地线穿过零序互感器后再接地,以保证接地保护可靠的动作。

(2)**绝缘监视装置**

当变电所出线回路较少或线路允许短时停电时,可采用无选择性的绝缘监视装置作为单相接地的保护装置。在工厂供电系统中常用三相五柱式电压互感器或3只三绕组单相电压互感器作中性点不接地系统的绝缘监视装置,其接线如图7.14所示。

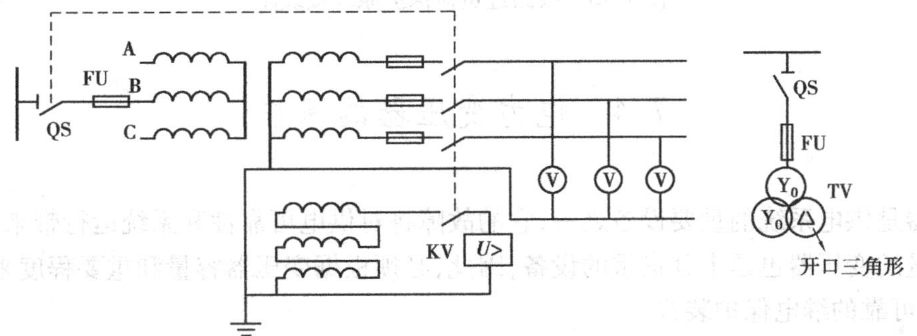

图7.14 绝缘监视装置原理接线图

系统正常运行时,三相电压对称,3只相电压表读数近似相等,开口三角形绕组两端电压近似为零,电压继电器不动作。

系统发生单相接地故障时,接地相对地电压近似为零,该相电压表读数近似为零,非故障相对地电压升高$\sqrt{3}$倍,非故障相的两只电压表读数升高,近似为线电压。同时,开口三角形绕组两端电压也升高,近似为100 V,电压继电器动作,发出单相接地信号,以便运行人员及时处理。

运行人员可根据接地信号和电压表读数,判断哪一段母线、哪一相发生单相接地,但不能判断哪一条线路发生单相接地,因此绝缘监视装置是无选择性的。只能采用依次拉合的方法,判断接地故障线路。即依次先断开,再合上各条线路,若断开某线路时,3 只相电压表读数恢复且近似相等,该线路便是接地故障线路,再消除接地故障,恢复线路正常运行。

7.3.3 过负荷保护

一般只有经常发生过负荷的电缆线路,才装设过负荷保护,延时动作于信号,原理如图7.15所示。由于过负荷电流对称,过负荷保护采用单相式接线,并和相间保护共用电流互感器。

过负荷保护的动作电流按线路的计算电流 I_C 整定,即

$$I_{op.KA} = \frac{K_{rel}}{K_i} I_C \tag{7.8}$$

式中 K_{rel}——可靠系数,取 1.2 ~ 1.3;

K_i——电流互感器变比。

动作时间一般整定为 10 ~ 15 s。

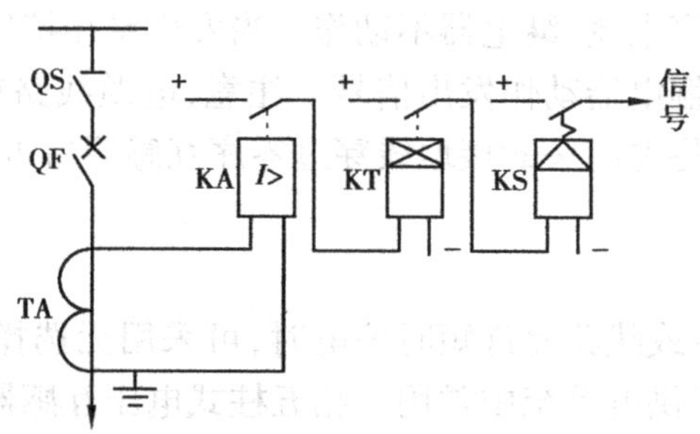

图 7.15 线路过负荷保护原理接线图

7.4 电力变压器的保护

变压器是供电系统的重要设备之一,它的故障将对供电可靠性和系统运行带来严重影响。同时大容量的变压器也是十分贵重的设备,因此,必须根据变压器容量和重要程度来装设性能良好、工作可靠的继电保护装置。

7.4.1 变压器故障类型及保护方式

变压器的故障可分为油箱内部和油箱外部故障两种。油箱内部故障包括绕组的相间短路、匝间短路、直接接地系统侧的绕组接地短路等。这些故障都是十分危险的,因为故障点的电弧不仅会烧坏绕组的绝缘和铁芯,而且还能引起绝缘物质的剧烈汽化,从而使油箱发生爆炸。油箱外部故障主要是套管和引出线上发生相间短路和接地短路。

变压器的不正常运行状态有过负荷,由外部相间短路引起的过电流,由于外部接地短路引起的过电流和中性点过电压,由于漏油等原因而引起的油面降低,绕组过电压或频率降低引起的过励磁等。

对于上述故障类型和不正常运行状态,根据《继电保护和安全自动装置技术规程》的规

定,变压器应装设以下保护:

①为反映油箱内部各种短路故障和油面降低,对于0.8 MV·A及以上的油浸变压器和户内0.4 MV·A以上的变压器应装设瓦斯保护。

②为反映变压器绕组和引出线的相间短路,以及中性点直接接地电网侧绕组和引出线的接地短路,应装设纵差保护或电流速断保护。对于6.3 MV·A及以上并列运行变压器和10 MV·A及以上单独运行变压器,以及6.3 MV·A及以上的厂用变压器,应装设纵差保护;对于10 MV·A以下变压器其过电流保护的时限大于0.5 s时,应装设电流速断保护;对于2 MV·A以上变压器,当电流速断保护的灵敏度不满足要求时,也应装设纵差动保护。

③为反映外部相间短路引起的过电流和作为瓦斯、纵差保护(或电流速断保护)的后备保护,应装设过电流保护。

④为反映直接接地系统外部接地短路,应装设零序电流保护。

⑤为反映过负荷应装设过负荷保护。

⑥为反映变压器过励磁应装设过励磁保护。

7.4.2 电力变压器瓦斯保护

瓦斯保护又称为气体继电保护,是保护油浸式变压器内部故障的一种基本保护装置,是变压器的主保护之一,是应对变压器内部故障的最有效、最灵敏的保护装置。

瓦斯保护的原理接线图如图7.16所示。

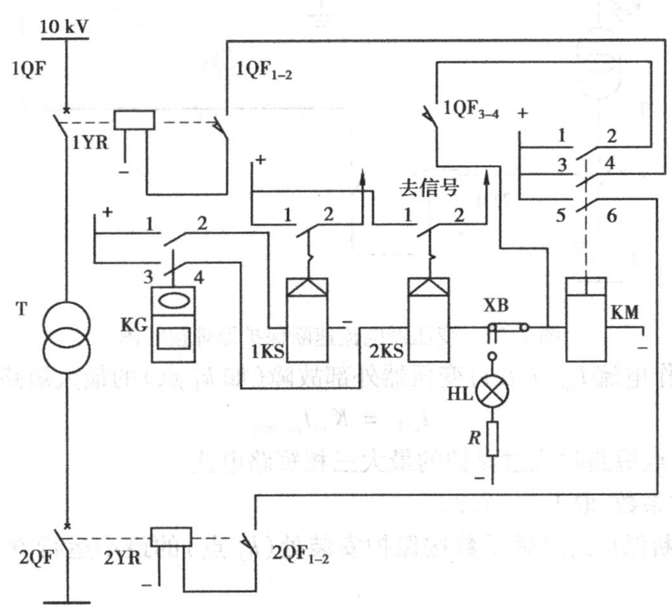

图7.16 瓦斯保护原理接线图

变压器瓦斯保护动作后,运行人员应立即对变压器进行检查,查明原因,可在气体继电器顶部打开放气阀,用干净的玻璃瓶收集蓄积的气体(注意:人体不得靠近带电部分),通过分析气体性质可判断出发生故障的原因和处理要求。

瓦斯保护只能反映变压器油箱内部的故障,而对变压器外部端子上的故障情况则无法反映。因此,除了设置瓦斯保护外,还需设置过流、速断或差动等保护。

灵敏度按变压器低压侧母线在系统最小运行方式下发生两相短路的高压侧穿越电流值来校验。如过电流保护灵敏度不能满足要求,可采用带低电压闭锁的过电流保护装置,这样既提高了灵敏度,在变压器过负荷时也不会误动作。

7.4.3 变压器的电流速断保护

对于小容量的变压器可以在电源侧装设电流速断保护,作为电源侧绕组、套管及引出线故障的主要保护,并用过电流保护作为变压器内部故障的后备保护。

图 7.17 为变压器电流速断保护的原理接线图,电流互感器装设于电源侧。电源侧为中性点直接接地系统时,保护采用完全星形接线方式,电源侧为中性点不接地或经消弧电抗器接地的系统时,则采用两项不完全星形接线。

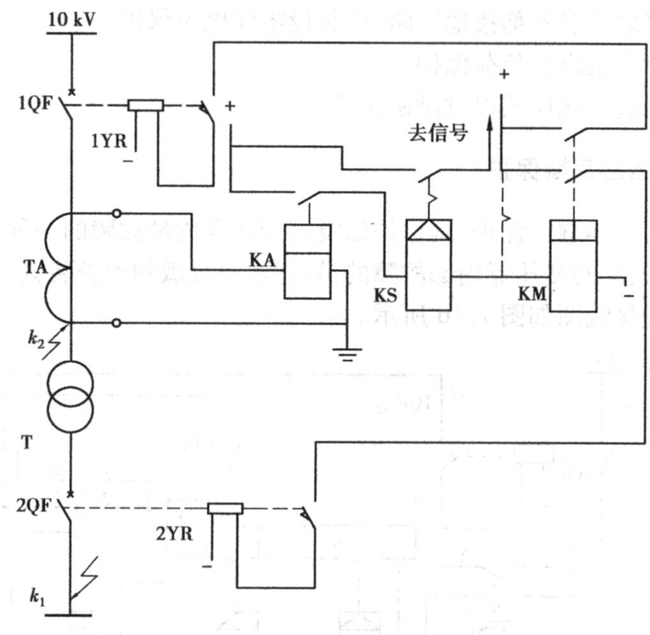

图 7.17 变压器电流速断保护原理接线图

速断保护的动作电流 I_{opT} 按躲过变压器外部故障(如 k_1 点)的最大短路电流整定,即

$$I_{opT} = K_{rel} I_{k_1.max} \tag{7.9}$$

式中 $I_{k_1.max}$——k_1 点短路时流过保护的最大三相短路电流;

K_{rel}——可靠系数,取 1.2 ~ 1.3。

变压器电流速断保护的灵敏系数按保护安装处(k_2 点)的最小运行方式下两相短路电流校验,即

$$K_{s.min} = \frac{I_{k_2.max}^{(2)}}{I_{opT}} > 2 \tag{7.10}$$

电流速断保护的优点是接线简单,动作迅速。但是电流速断保护的动作范围小,有死区,不能保护变压器的全部绕组。为了弥补死区得不到保护的缺点,速断保护使用时要配备带时限的过电流保护。

7.4.4　变压器的过负荷保护

变压器过负荷保护的组成、工作原理与线路过负荷保护的组成、工作原理完全相同。

变压器的过负荷在大多数情况下都是三相对称的，因此过负荷保护只需在一相上装一个电流继电器。过负荷时，电流继电器动作，再经过时间继电器给予一定延时，最后接通信号继电器发出报警信号。

过负荷保护的动作电流按躲过变压器额定一次电流 $I_{T.N1}$ 来整定，其计算公式为：

$$I_{op(OL)} = \frac{(1.2 \sim 1.5) I_{T.N1}}{K_i} \tag{7.11}$$

式　K_i——电流互感器的电流比，动作时间取 10 ~ 15 s。

7.4.5　电力变压器差动保护

变压器的差动保护，主要用来保护变压器内部以及引出线和绝缘套管的相间短路，并且也可用来保护变压器内的匝间短路，其保护区在变压器一、二次侧所装电流互感器之间。

图 7.18 为变压器差动保护的单相原理电路图。

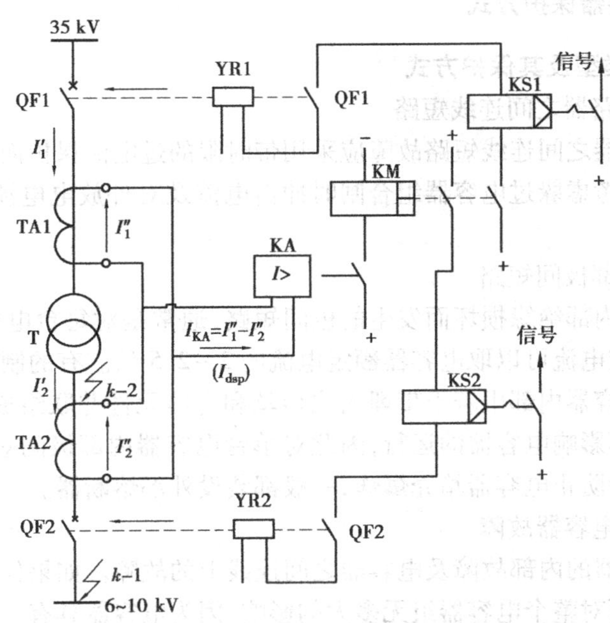

图 7.18　变压器差动保护的单相原理电路图

变压器差动保护的保护范围是变压器两侧电流互感器安装地点之间的区域。它可以保护变压器内部及两侧绝缘套管和引出线上的相间短路，保护反应灵敏，动作无限时。

变压器差动保护的动作电流 $I_{op(d)}$ 应满足以下 3 个条件：

①应躲过变压器差动保护区外短路时出现的最大不平衡电流，即

$$I_{op(d)} = K_{rel} I_{dsp.max} \tag{7.12}$$

式中　K_{rel}——可靠系数，可取 1.3。

②应躲过变压器励磁涌流，即

$$I_{op(d)} = K_{rel} I_{1N.T} \tag{7.13}$$

式中　$I_{1N.T}$——变压器额定一次电流；

K_{rel}——可靠系数，可取1.3～1.5。

③在电流互感器二次回路断线且变压器处于最大负荷时，差动保护不应误动，因此

$$I_{op(d)} = K_{rel} I_{L.max} \tag{7.14}$$

式中　$I_{L.max}$——最大负荷电流，取1.2～1.3；

K_{rel}——可靠系数，可取1.3。

7.5　电力电容器的保护

本节讨论的电力电容器主要是指用于改善电网功率因数的并联补偿电容器组。电力电容器的故障主要是短路、接地和容量变化。短路故障和接地故障的保护与一般电力元件一样考虑。容量的变化是指电容器内部元件断线造成容抗增加和元件内部短路造成的容抗减少。故障类型不同，采用的保护方式也不同。

7.5.1　电力电容器保护方式

(1)电容器故障类型及其保护方式

1)电容器组与断路器之间连线短路

电容器组与断路器之间连线短路故障应采用带时限的过电流保护而不宜采用电流速断保护。因为速断保护要考虑躲过电容器组合闸时冲击电流及对外放电电流的影响，其保护范围和效果不能充分利用。

2)单台电容器内部极间短路

对于单台电容器内部绝缘损坏而发生的极间短路，通常是对每台电容器分别装设专用的熔断器，其熔丝的额定电流可以取电容器额定电流的2～2.5倍。有的制造厂已将熔断器装在电容器壳内。单台电容器内部由若干带埋入式熔丝和电容元件并联组成。一个元件故障，由熔丝熔断自动切除，不影响电容器的运行，因此对单台电容器内部极间短路，理论上可以不安装外部熔断器，但是为防止电容器箱壳爆炸，一般都装设外部熔断器。

3)电容器组多台电容器故障

该故障包括电容器的内部故障及电容器之间连线上的故障。如果仅一台电容器故障由其专用的熔断器切除，而对整个电容器组无多大的影响，因为电容器具有一定的过载能力但是当多台电容器故障并切除后，就可能使留下来继续运行的电容器严重过载或过电压，这是不允许的。电容器之间连线上的故障同样会产生严重的后果。为此，需要考虑保护措施。

电容器组的继电保护方式随其接线方案的不同而异。但要尽量采用简单、可靠又灵敏的接线把故障检测出来。常用的保护方式有零序电压保护、电压差动保护、中性点不平衡电流或不平衡电压保护、横差保护等。

(2)电容器组的不正常运行及其保护方式

1)电容器组的过负荷

电容器过负荷是由系统过电压及高次谐波所引起的。根据国标规定，电容器允许在有效值为1.3倍额定电流下长期运行，对于具有最大正偏差的电容器，过电流允许达到1.43倍额定电

流。由于按照规定电容器组必须装设反映母线电压稳态升高的过电压保护，又由于大容量电容器组一般需要装设抑制高次谐波的串联电抗器，因而可以不装设过负荷保护。仅当系统高次谐波含量较高，或电容器组投运后经过实测在其回路中的电流超过允许值时，才装设过负荷保护。保护延时动作于信号。为了与电容器的过载特性相配合，宜采用反时限特性的继电器。

2）母线电压升高

电容器组只能允许在不大于1.1倍额定电压下长期运行，因此，当系统引起母线稳态电压升高时，为保护电容器组不致损坏，应装设母线过电压保护，且延时动作于信号或跳闸。

3）电容器组失压

当系统故障线路断开引起电容器组失去电源，而线路重合又使母线带电，电容器端子上残余电压又没有放电到0.1倍的额定电压时，可能使电容器组承受超过长期允许电压（1.1倍额定电压）的合闸过电压而使电容器组损坏，因此应装设失压保护。

7.5.2　电容器组与断路器之间连线短路故障时的电流保护

电容器组与断路器之间连线的短路故障应装设反映外部故障的过电流保护，图7.19为采用三相三继电器式接线的过电流保护原理接线图。

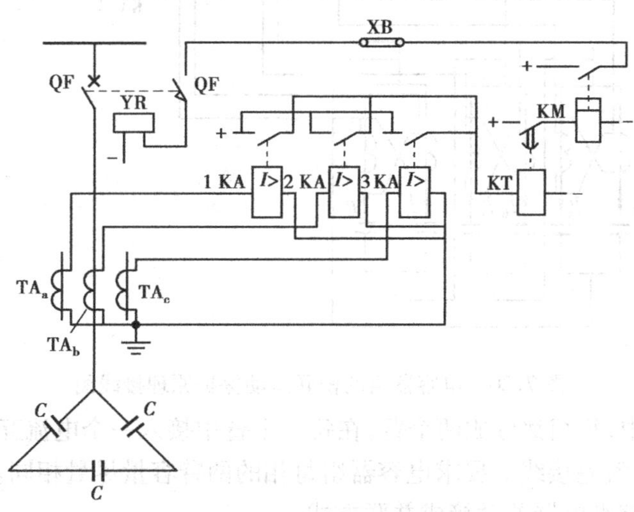

图7.19　电容器组采用三相三继电器式接线的过电流保护原理接线图

当电容器组与断路器之间连线发生短路故障时，故障电流使电流继电器动作，经过时间继电器延时后使KM动作并接通断路器跳闸线圈，使断路器跳闸。

过电流保护也可用作电容器内部故障的后备保护，但只有在一台电容器内部串联元件全部击穿而发展成相间故障时，才能动作。电流继电器的动作电流可按下式整定：

$$I_{op} = \frac{K_{rel}K_{con}}{K_{TA}}I_{NC} \tag{7.15}$$

式中　K_{rel}——可靠系数，动作时限在0.5 s以下时，由于要考虑电容器冲击电流的影响，取2～2.5，较长时限时可取1.3；

K_{con}——接线系数，完全星形接线为1，两相电流差接线为$\sqrt{3}$；

K_{TA}——电流互感器变比；

I_{NC}——电容器组的额定电流。

保护装置的灵敏系数可按下式进行校验：

$$K_{s.min} = \frac{I_{k.min}^{(2)}}{K_{TA} I_{op}} \tag{7.16}$$

式中 $I_{k.min}^{(2)}$——最小运行方式下，电容器首端两相短路电流。

7.5.3 电容器组的横联差动保护

双三角形连接电容器组的内部故障，常采用如图7.20所示的横联差动保护。

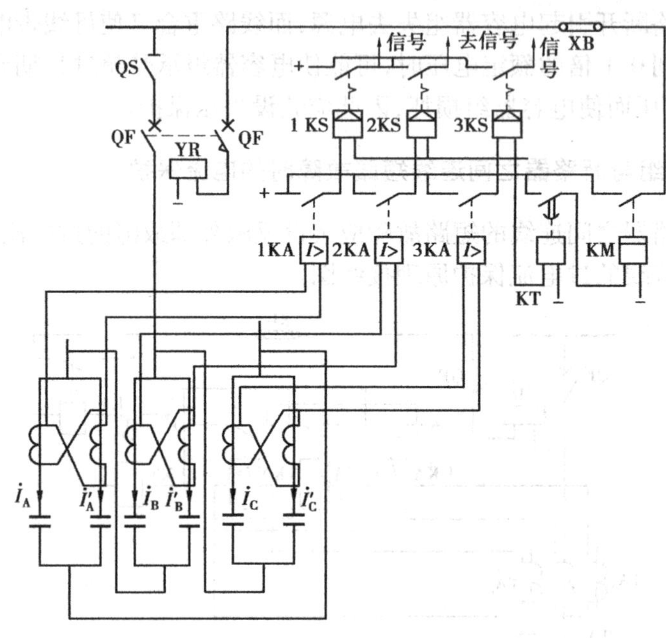

图7.20 电容器组的横联差动保护原理接线图

在A、B、C三相中，每相都分成两个臂，在每一个臂中接入一个电流互感器，同一相两臂电流互感器二次侧按电流差接线。要求电容器组每相的两臂容量尽量相同。各相差动保护是分相装设的，而三相电流继电器差动接成并联方式。

在正常运行方式下，同一相的两臂的电容量基本相等，流过的电流也相等，电流互感器的二次电流差为零，所以电流继电器都不会动作。如果在运行中任意一个臂的某一台电容器的内部发生故障，则该臂的电流增大或减小，则两臂的电流失去平衡，使互感器二次产生差流。当两臂的电流差值大于整定值时，电流继电器动作，经过延时后作用于跳闸，将电源断开。

电流继电器的动作值可按以下两个原则计算：

①为了防止误动作，电流继电器的整定值必须躲开正常运行时电流互感器二次回路中由于各臂的电容量的不一致而引起的最大不平衡电流，即

$$I_{op} = K_{rel} I_{und.max} \tag{7.17}$$

式中 K_{rel}——可靠系数，取2；

$I_{und.max}$——正常运行时二次回路最大不平衡电流。

②在某台电容器内部有50%~70%串联元件击穿时，保证装置有足够的灵敏系数，即

$$I_{op} = \frac{I_{umb}}{K_{s.min}} \tag{7.18}$$

式中　$K_{s.min}$——横差保护的灵敏系数，取 1.8 ；

$I_{und.max}$——一台电容器内部有 50% ~70% 串联元件击穿时，电流互感器二次回路中的不平衡电流。

为了躲开电容器投入合闸瞬间的充电电流，以免引起保护的误动作，在接线中采用了延时的时间继电器。

横差动保护的优点是原理简单、灵敏系数高，动作可靠、不受母线电压变化的影响，因而应用较广，其缺点是装置的电流互感器较多，接线较复杂。

7.6　高压电动机的保护

7.6.1　高压电动机故障类型

作为电气主设备，高压异步电动机是数量最多的一种，一个现代化的企业往往拥有几十台至几百台电动机。可以说，电动机及其保护的运行正常与否，直接关系到企业的运转与人民生活。电动机的主要故障是定子绕组的相间短路，其次是单相接地故障。

定子绕组的相间短路是电动机最严重的故障，它会引起时机本身的严重损坏，使供电网络的电压显著下降，破坏其他用电设备的正常工作。因此，对于容量为 2 000 kW 及其以上的电动机，或容量小于 2 000 kW 但有 6 个引出线的重要电动机，都应装设纵差保护。对一般高压电动机则应装设两相式电流速断保护，以便尽快地将故障电动机切除。

单相接地对电机的危害程度取决于供电网络中性点的接地方式。对于小接地电流系统中的高压电动机，当接地电容电流大于 5 ~10 A 时，若发生接地故障就会烧坏绕组和铁芯，因此应装设接地保护，当接地电流小于 10 A 时动作于信号，当接地电流大于 10 A 时动作于跳闸。

电动机的不正常状态，主要是过负荷运行。主要原因是：所带机械负荷过大；供电网络电压和频率过低而使转速下降；由于熔断器一相熔断造成两相运行；电动机启动或自启动时间过长等。较长时间的过负荷会使电动机温度超过它的允许值，这就加速了绕组绝缘的老化，甚至使电动机绕组烧毁。因此对于容易发生过负荷的电动机应装设过负荷保护，动作于信号，以便及时进行处理。

电动机电源电压因某种原因下降时，其转速下降，当电压恢复时，由于电动机自启动，将从系统中吸取很大的无功功率，造成电源电压不能恢复。为保护重要电动机的自启动，应装设低电压保护。

7.6.2　高压电动机的相间短路保护

(1)电流速断保护

电动机的电流速断保护通常用两相式接线，如图 7.21(a)所示。当灵敏度允许时，可采用两相电流差的接线方式，如图 7.21(b)所示。

对于不容易产生过负荷的电动机，接线中可以采用电磁型电流继电器；对于容易产生过负

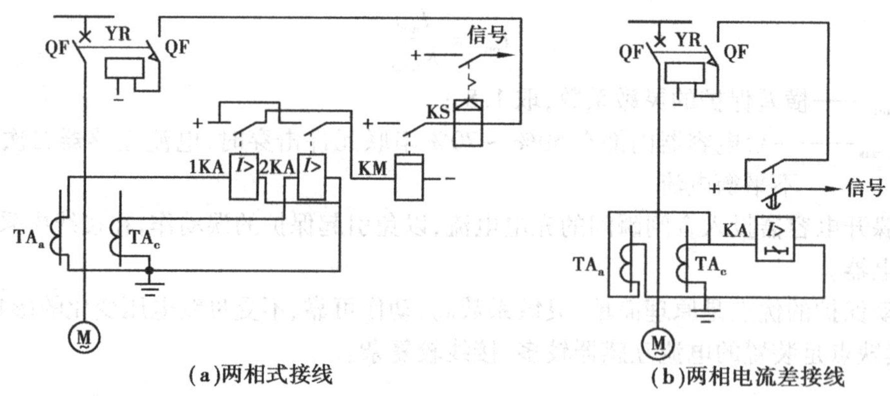

图 7.21 电动机的电流速断保护原理图

荷的电动机，则可采用感应型的电流继电器。其反时限部分用作过负荷保护，一般作用于信号；其速断部分用作相间短路保护，作用于跳闸。

电流速断的动作电流可按下式计算：

$$I_{op} = \frac{K_{rel}K_{con}}{K_{TA}}I_{ss} \tag{7.19}$$

式中 K_{rel}——可靠系数，对 DL 型和晶体管型继电器取 1.4 ~1.6，GL 型取 1.8 ~2；

K_{con}——接线系数，不完全星形接线为 1，两相电流差接线为$\sqrt{3}$；

K_{TA}——电流互感器变比；

I_{ss}——电动机启动电流。

保护装置的灵敏系数可按下式进行校验：

$$K_{s.min} = \frac{I_{k.min}^{(2)}}{K_{TA}I_{op}} \tag{7.20}$$

式中 $I_{k.min}^{(2)}$——最小运行方式下，电动机出口两相短路电流。

(2)纵差保护

在小接地电流系统中，电动机的纵差保护可采用由两个电流互感器和两个差动继电器的两相式接线，保护装置瞬时动作于断路器跳闸。保护原理接线如图 7.22 所示。

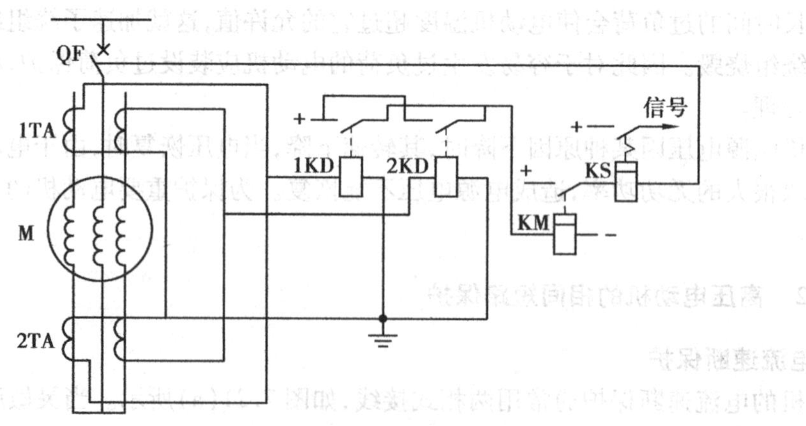

图 7.22 电动机纵差动保护原理接线图

保护装置的动作电流可以按照躲开电动机的额定电流来整定,即

$$I_{op} = \frac{K_{rel}}{K_{TA}} I_{NM} \tag{7.21}$$

式中　K_{rel}——可靠系数,当采用 BCH 型继电器时取 1.3,当采用 DL 型继电器时取 1.5 ~2;

K_{TA}——电流互感器变比;

I_{NM}——电动机额定电流。

保护装置的灵敏系数可按下式进行校验:

$$K_{s.min} = \frac{I_{k.min}^{(2)}}{K_{TA} I_{op}} \geqslant 2 \tag{7.22}$$

式中　$I_{k.min}^{(2)}$——最小运行方式下,电动机出口两相短路电流。

7.6.3　高压电动机的过负荷保护

作为过负荷保护,一般可采用一相一继电器式的接线。过负荷保护的动作电流按躲开电动机的额定电流整定,即

$$I_{op} = \frac{K_{rel} K_{con}}{K_{re} K_{TA}} I_{NM} \tag{7.23}$$

式中　K_{rel}——可靠系数,动作于信号时取 1.4 ~1.6,动作于跳闸时取 1.2 ~1.4;

K_{con}——接线系数;

K_{re}——继电器返回系数,取 0.85;

K_{TA}——电流互感器变比;

I_{NM}——电动机的额定电流。

过负荷保护动作时限的整定,应大于电动机的启动时间,一般取 10 ~15 s。对于启动困难的电动机,可按躲开实际的启动时间来整定。

本章小结

(1)供配电系统中常用的继电器主要是电磁式继电器和感应式继电器。其中,电磁式继电器主要有电流继电器、电压继电器、时间继电器、信号继电器、中间继电器是几种常用的电磁式继电器。

(2)选择性、速动性、可靠性和灵敏性是继电保护装置的 4 个基本要求。

(3)过电流保护装置分为定时限过电流保护和反时限过电流保护,当过电流保护动作时限超过 0.5 ~0.7 s 时,应装设电流速断保护。

(4)单相接地保护:利用线路单相接地时的零序电流较系统其他线路单相接地时的零序电流大的特点,实现有选择性的单相接地保护,因此又称零序电流保护。当变电所出线回路较少或线路允许短时停电时,可采用无选择性的绝缘监视装置作为单相接地的保护装置。

(5)变压器是供电系统的重要设备之一,变压器的继电保护主要包括过电流保护、速断保护、过负荷保护、瓦斯保护、差动保护等。

(6)工厂低压配电系统的保护装置主要是低压熔断器和低压断路器,它们的选择方法具

有相似性。

(7)并联补偿电容器组中电力电容器的保护主要有反应外部故障的过电流保护和反应内部故障的横联差动保护。

(8)高压电动机的保护主要有电动机的相间短路保护和过负荷保护,其中相间短路保护又包括电流速断保护以及纵差保护。

思考与练习

7.1 继电保护装置的任务和要求是什么?

7.2 电流保护的常用接线方式有哪几种?各有什么特点?

7.3 什么是过电流继电器的动作电流、返回电流和返回系数?

7.4 为什么有的配电线路只装过电流保护,不装速断保护?

7.5 电磁式电流继电器和感应式电流继电器的工作原理有何不同?如何调节其动作电流?

7.6 电磁式时间继电器、信号继电器和中间继电器的作用是什么?

7.7 电力线路的过电流保护装置的动作电流、动作时间如何整定?灵敏度应怎样校验?

7.8 过电流保护和速断保护各有何优缺点?

7.9 反时限过电流保护的动作时限如何整定?

7.10 试比较定时限过电流保护和反时限过电流保护。

7.11 电力线路的电流速断保护的动作电流如何整定?灵敏度应怎样检验?

7.12 试比较过电流保护和电流速断保护。

7.13 电力线路的单相接地保护如何实现?绝缘监视装置怎样发现接地故障?如何查出接地故障线路?

7.14 试述变压器瓦斯保护的工作原理。

7.15 高压电动机和电容器的继电保护如何配置和整定?

7.16 试整定如图7.23所示的供电网络各段的定时限过电流保护的动作时限,已知保护1和保护4的动作时限均为0.5 s。

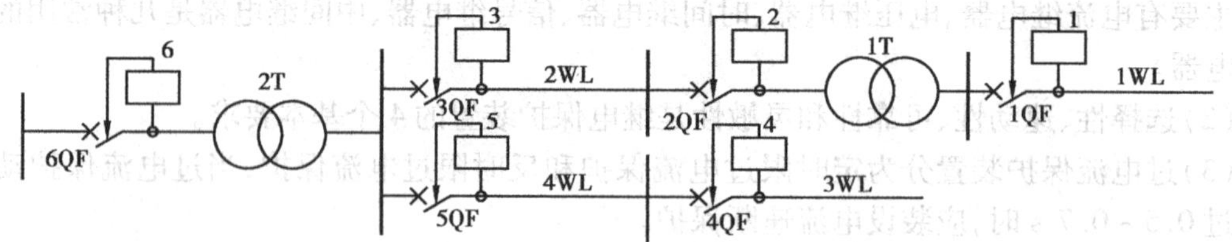

图7.23 题7.16图

7.17　试整定如图7.24所示的10 kV线路2WL定时限过电流和电流速断保护装置，并画出保护接线原理图和展开图。已知最大运行方式时 $I_{K_1.max}=4.22$ kA，$I_{K_2.max}=1.61$ kA，最小运行方式时 $I_{K_1.min}^{(3)}=3.56$ kA，$I_{K_1.min}^{(3)}=1.46$ kA，线路最大负荷电流为120 A(含自启动电流)，保护装置采用两相两继电器接线，电流互感器变比为200/5 A，下级保护动作时限为0.5 s。

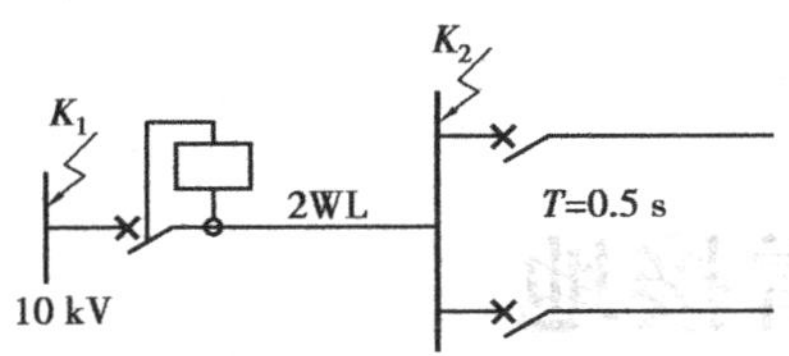

图7.24　题7.17图

7.18　某10 kV电力线路，采用两相两继电器接线的去分流跳闸原理的反时限过电流保护，电流互感器变比为150/5 A，线路最大负荷电流(含自启动电流)为85 A，线路末端三相短路电流 $I_{K_2}^{(3)}=1.2$ kA，试整定该装置GL-15型感应式过电流继电器的动作电流和速断电流倍数。

第 8 章

电气安全与防雷接地

内容提要:电力已经成为国民经济和人民生活的二次能源。在用电时,必须防止触电事故的发生,以保证人身、电气设备、供电系统三方面的安全。供配电系统进行正常运行,首先必须要保证其安全性,防雷和接地是电气安全的主要措施。掌握电气安全、防雷和接地的知识和理论非常重要。

8.1 电气安全及触电常识

随着科学技术的发展,电能已成为工农业生产和人民日常生活不可缺少的重要能源之一,电气设备的应用也日益广泛,如果没有安全用电知识,就很容易发生触电、火灾、爆炸等电气事故,以致影响生产,危及生命。因此,了解电气安全和触电常识及其掌握紧急情况下的急救措施是十分必要的。

电气安全包括供电系统的安全、用电设备的安全和人身安全3个方面。要保证安全用电必须采用相应的安全措施。电气工作人员应掌握必要的触电急救技术,一旦发生人身触电事故,便于现场急救。

8.1.1 电气安全措施

在供配电系统中,为防止各类触电事故,一切从事电气工作的人员除应牢固树立"安全第一"的思想,还必须依靠健全的组织措施和各种完善的技术措施。

①建立完整的安全管理机构。

②健全各项安全规程,并严格执行。

③严格遵循设计、安装规范。电气设备和线路的设计、安装,应严格遵循相关的国家标准,做到精心设计,按图施工,确保质量,绝不留下事故隐患。

④加强运行维护和检修试验工作。应定期测量在用电气设备的绝缘电阻及接地装置的接地电阻,确保处于合格状态;对安全用具、避雷器、保护电器,也应定期检查、测试,确保其性能良好、工作可靠。

⑤按规定正确使用电气安全用具。电气安全用具分绝缘安全用具和防护安全用具,绝缘

安全用具又分为基本安全用具和辅助安全用具两类。

⑥采用安全电压和符合安全要求的电器。为防止触电事故而采用的由特定电源供电的电压系列,称为安全电压。对于容易触电及有触电危险的场所,应按表8.1中的规定采用相应的安全电压。

⑦普及安全用电知识。

表8.1 安全电压

安全电压(交流有效值)/V		选用举例
额定值	空载上限值	
42	50	在有触电危险的场所使用的手持式电动工具等
36	43	在矿井、多导电粉尘等场所使用的行灯等
24	29	工作空间狭窄,操作者容易大面积接触带电体,如在锅炉、金属容器内
12	15	人体可能经常触及的带电设备
6	8	

说明:某些重负载的电气设备,对上表列出的额定值虽然符合规定,但空载时电压都很高,若超过空载上限值仍不能认为安全。

8.1.2 电气防火和防爆

当电气设备、线路处于短路、过载、接触不良、散热不良的不正常运行状态时,其发热量增加,温度升高,容易引起火灾。在有爆炸性混合物的场合,电火花、电弧还会引发爆炸。这类由于电气原因引起的火灾和爆炸在火灾和爆炸事故中占有很大的比重,给国家和人民的财产造成重大损失。因此,电气防火和防爆是安全管理工作的重要内容。

(1)电气火灾和爆炸产生的原因

①短路。当线路发生短路故障时,线路中的电流增大为额定电流的数倍甚至十几倍,使电气设备温度急剧上升,大大超过电气设备所能承受的范围。如果这时温度到达可燃物的引燃点,即会引起电气火灾。

②接触不良。电器连接部分常用焊接或螺栓连接,一旦松动,则连接部分电阻将会增加,造成接头过热,引起火灾。

③过负荷。由于线路设计没有考虑足够的裕度或者设备故障运行都可能会使电力系统过负荷运行,这时同样会导致电气设备的运行温度过高而引起电气火灾。

④散热不良。在气温较高时,有些电气设备在运行中的发热量较大,如变压器、电容器等。如散热不好也可能会发生火灾。

⑤电气设备工作环境周围有爆炸性混合物,当遇到电火花或电弧时就可能引起空间爆炸。

⑥充油设备的绝缘油在高温电弧作用下汽化分解,喷出大量油雾和可燃性气体,在电火花和电弧作用下也可能引起电气火灾和爆炸。

(2)防火防爆的措施

①选择适当的电气设备及保护装置,应根据具体环境、危险场所的区域等级选用相应的防

爆电气设备和配线方式,所选用的防爆电气设备的级别应不低于该爆炸场所内爆炸性混合物的级别。

②保持必要的防火间距及良好的通风。

③加强密封,减少和防止可燃易爆物质泄漏。对可燃易爆的电气设备、储存容器、管道接口及阀门应加强管理,防止可燃易爆物质泄漏,必要时应派人定时巡检。

④在容易发生爆炸危险场所的电气设备的金属外壳应可靠接地。

(3)电气火灾的特点

①着火的电气设备可能是带电的,如不注意可能引起触电事故,应尽快切断电源。

②有些电气设备(如油浸式变压器、油断路器)本身充有大量的油,可能发生喷油甚至爆炸事故,扩大火灾范围。

(4)电气失火的处理

电气失火后应首先切断电源,但有时为争取时间,来不及断电或因生产需要等原因不允许断电时,则需带电灭火,带电灭火必须注意以下几点。

①小范围带电灭火,可使用干砂覆盖。

②选择适当的灭火器。二氧化碳(CO_2)、四氯化碳(CCl_4)、二氟-氯-溴甲烷(CF_2ClBr,俗称"1211")或干粉灭火器的灭火剂均不导电,可用于带电灭火。二氧化碳(干冰)灭火器使用时要打开门窗离火区 2 ~3 m 喷射,勿使干冰沾着皮肤,以防冻伤。四氯化碳灭火器灭火要防止中毒,应打开门窗,因为四氯化碳与氧气在热作用下会起化学反应,生成有毒的光气($COCl_2$)和氯气(Cl_2)。不能使用一般的泡沫灭火器,因为其灭火剂(水溶液)具有一定的导电性,而且对电气设备具有腐蚀作用。

③专业灭火人员用水枪灭火时,宜采用喷雾水枪,这种水枪通过水柱的泄漏电流较小,带电灭火比较安全,用普通直流水枪灭火时,为防止泄漏电流流过人体,可将水枪喷嘴接地,也可让灭火人员戴绝缘手套、穿绝缘靴或穿均压服后进行灭火,同时还必须注意人体和带电体要保持一定距离,一般电压等级为 10 kV 及其以下时间距不应小于 3 m,电压等级为 220 kV 及其以上时间距不应小于 5 m。

④对电力变压器或油断路器等充油设备的灭火时,如果着火仅局限于设备外部,可直接用二氧化碳(CO_2)或干粉灭火器带电灭火。若火势较大时,应立即切断电源,并可用水灭火。当发生储油容器破裂,喷油燃烧时,除切断电源外,还应将油放到储油坑中,并用泡沫灭火器对储油坑中的燃油进行灭火。此时还必须注意防止燃油流入电缆沟中,电缆一旦被引燃,将会顺势蔓延,给灭火工作带来很大困难。

不同的电气火灾所用的灭火器材不同,如果运用不当,将会适得其反。因此,表 8.2 给出了各种不同种类灭火器材的适用范围。

表 8.2 不同种类灭火器的原理及使用范围

种 类	原理及适用范围
泡沫灭火器	将筒内酸性溶液与碱性溶液混合发生化学反应,喷射出泡沫覆盖在燃烧物的表面,隔绝空气,达到灭火的效果。适用于扑灭油脂类、石油产品及一般固体物质引起的初起火灾

续表

种　类	原理及适用范围
酸碱灭火器	利用两种药液混合后喷射出的水溶液扑灭火焰。适用于扑灭竹、木、棉、毛、草、纸等一般可燃物质的初起火灾。需要注意的是,这种灭火器不宜用于油类,忌水、忌酸物质的火灾
干粉灭火器	以高压二氧化碳气体作为动力,喷射干粉的灭火工具。适用于扑救石油及其产品,可燃气体和电气设备的初起火灾
二氧化碳灭火器	这种灭火器适用于扑救比较贵重的设备,档案资料,仪器仪表,600 V 以下的电器及油脂等火灾
"1211"灭火器	这种灭火器适用于扑救油类、精密仪器设备、仪表、电子仪器设备及文物、图书、档案等贵重物品的初起火灾,是一种轻便、高效的灭火器材

8.1.3　人体触电的类型、原因及危害

在生产和生活中,人们时常与电打交道,如果不注意安全,可能造成人身触电伤亡或电气设备损坏事故。

(1)人体触电事故类型

当人体接触带电体或人体与带电体之间产生闪络放电,并有一定电流通过人体,导致人体伤亡现象,称为触电。

按是否接触带电体分,可分为直接触电、跨步电压触电和间接触电。直接触电是人体不慎接触带电体或是过分靠近高压设备,跨步电压触电是人体站在发生接地故障的电气设备或线路附近20 m范围内,引起两脚之间产生的电位差,而间接触电是人体触及因绝缘损坏而带电的设备外壳或与之相连接的金属构架。

按电流对人体的伤害分,可分为电击和电伤。电击主要是电流对人体内部的生理作用,表现在人体的肌肉痉挛、呼吸中枢麻痹、心室颤动、呼吸停止等;电伤主要是电流对人体外部的物理作用,常见的形式有电灼伤、电烙印以及皮肤渗入熔化的金属物等。除上述分类之外,还有以人体触电方式分类,以伤害程度分类等。

(2)人体触电事故原因

人体触电的情况比较复杂,其原因是多方面的。首先是违反安全工作规程,如在全部停电和部分停电的电气设备上工作,未落实相应的技术措施和组织措施,导致误触带电部分。例如错误操作(带负荷分、合隔离开关等)以及使用工具及操作方法不正确等。

其次是运行维护工作不及时,如架空线路断线导致误触电;电气设备绝缘破损使带电体接触外壳或铁芯,从而导致误触电;再比如接地装置的接地线不合标准或接地电阻太大等导致误触电。

最后是设备安装不符合要求,主要表现在进行室内外配电装置的安装时,不遵守国家电力规程的有关规定,野蛮施工,偷工减料,采用假冒伪劣产品等,均是造成事故的原因。

(3)电流强度对人体的危害程度

触电时人体受害的程度与许多因素有关,如通过人体的电流强度、持续时间、电压高低、频率高低、电流通过人体的途径以及人体的健康状况等。诸多因素中最主要的因素是通过人体

电流强度数值的大小。当通过人体的电流越大,人体的生理反应越明显,致命的危险性就越大。按通过人体的电流对人体的影响,将电流大致分为以下3种。

1)感觉电流

引起人的感觉的最小电流称为感觉电流。实验表明,成年男性的平均感觉电流约为1.1 mA;成年女性的平均感觉电流约为0.7 mA。

2)摆脱电流

人触电后能够自主摆脱电源的最大电流称为摆脱电流。实验表明,成年男性的平均摆脱电流约为16 mA;成年女性的平均摆脱电流约为10 mA。

从安全角度考虑,男性最小摆脱电流为6 mA;女性最小摆脱电流为6 mA;儿童最小摆脱电流更小。

3)致命电流

在较短的时间内,危及生命的最小电流也就是说能够引起心室颤动的电流称为致命电流。引起心室颤动的电流与通过的时间有关。实验表明,当通过时间超过心脏搏动周期时,引起心室颤动的电流,一般是50 mA以上。当通过电流达数百毫安时,心脏会停止跳动,可能导致死亡。

人体触电时,若电压一定,则通过人体的电流由人体的电阻值决定。不同类型、不同条件下的人体电阻不尽相同。一般情况下,人体电阻可高达几十千欧,而在最恶劣的情况下(如出汗且有导电粉尘)可能降至1 000 Ω,而且人体电阻会随着作用于人体的电压升高而急剧下降,不同条件的人体电阻如图8.1所示。

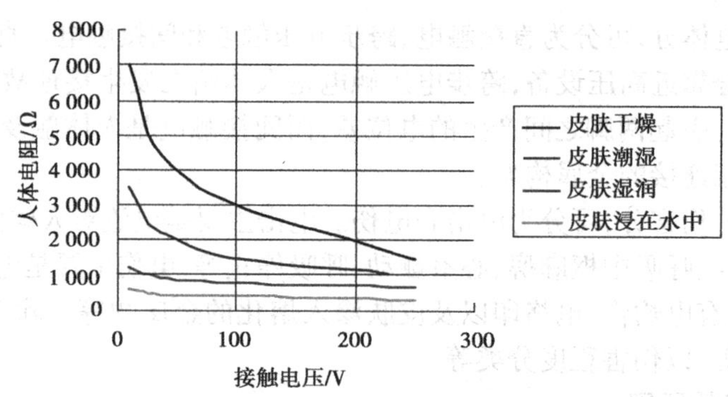

图8.1 触电危险性与电流频率关系曲线图

人体触电时能摆脱的最大电流称为安全电流,中国规定为30 mA(工频电流),且通过时间不超过1 s,即30 mAs。按安全电流值和人体电阻值,大致可求出其安全电压数值。其国家标准规定允许人体接触的安全电压,见表8.3。

表8.3 安全电压

安全电压(交流有效值)/V	选用举例	安全电压(交流有效值)/V	选用举例
65	干燥无粉尘的地面环境	12	对于特别潮湿或有蒸汽游离物等及其他危险环境

续表

安全电压(交流有效值)/V	选用举例	安全电压(交流有效值)/V	选用举例
42	在有触电危险场所使用手提电动工具	6	
36	矿井有较多导电粉尘时使用行灯等		

(4)**电源的频率对人体的危害**

不同的电源频率对人体的伤害是不同的,通过大量统计数据显示,50 ~ 60 Hz 的工频交流电对人体的伤害是最大的,并不是频率越高或者越低对人体的伤害就越大。具体试验结果如图 8.2 所示。

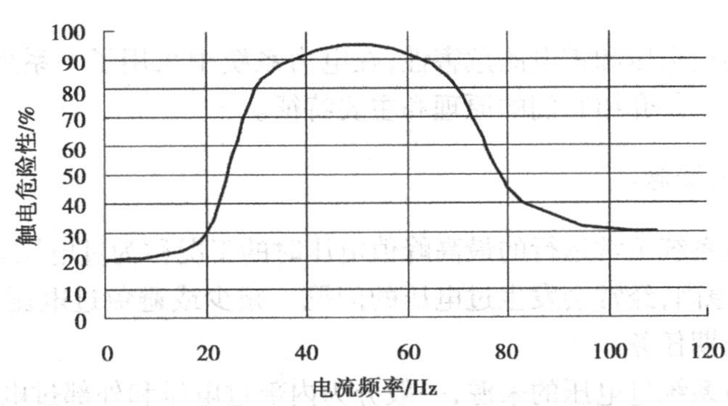

图 8.2　触电危险性与电流频率关系曲线图

8.1.4　触电救护

因某种原因,发生人员触电事故时,对触电人员的现场急救,是抢救过程的一个关键。如果能正确并及时地处理,就可能使因触电而假死的人获救;反之,则可能带来不可弥补的后果。因此,从事电气工作的人员必须熟悉和掌握触电急救技术。

(1)**脱离电源**

①如果电源开关就在附近,应迅速切断电源。

②如果电源开关不在附近,可用电工钳、干燥木柄的斧头、铁锹等利器切断电源线。

③如果导线搭落在触电者的身上或压在身下时,可用干燥的木棒、竹竿挑开导线,使其脱离电源。

④触电者的衣服如果是干燥的且无紧缠在身上,救护者可抓住其衣服,使触电者脱离电源,此时救护人最好脚踏干燥的木板等绝缘物,单手操作为宜。

⑤如果是高压触电,最好通知有关部门断电或设法投掷探导线,使线路短路从而切断电源,此时不要盲目地去救人。

(2)**急救处理**

触电者脱离电源后,应立即移至干燥通风的场所,通知医务人员到现场并做好送往医院的准备工作,同时根据不同的症状进行现场急救。

①如果触电者所受伤害不太严重,只是有些心悸、四肢发麻、全身无力,一度昏迷但未失去知觉,此时应使触电者静卧休息,并严密观察,直到医生到来或送往医院。

②如果触电者出现呼吸困难或心脏跳动不正常,应及时进行人工呼吸。如果心脏停止跳动,应立即进行人工呼吸和胸外心脏按压。如现场只有一个人,可将人工呼吸和胸外心脏按压交替进行。现场救护要不停地进行,不能中断,直到医生到来或送往医院。

8.2 过电压和防雷

随着电力系统的发展,由于过电压和雷击而引起的事故也日益增多。据有关资料统计,瑞士由于过电压和雷击而引起的事故占所有事故的51%,日本50%以上的电力系统故障是由于雷击输电线路引起的。在中国,遭到过电压和雷击引起断路器跳闸占整个电网跳闸总数的70% ~80%以上。

为了预防和抑制过电压和雷电的危害性,在电力系统中采用了一系列预防和过电压与防雷保护措施。在本节中将介绍它们的原理和主要特征。

8.2.1 过电压的概念

当峰值电压超过系统正常运行的最高峰值电压时的工况称为过电压。电力系统中因运行操作、雷击和故障等原因,经常会发生过电压的问题。减少或避免过电压;发生的事故是电力工作者面临的一项长期任务。

根据作用于电力系统过电压的来源,一般分为内部过电压和外部过电压两种,而内部过电压和外部过电压又可分为很多种过电压类型,具体细分为以下几类。

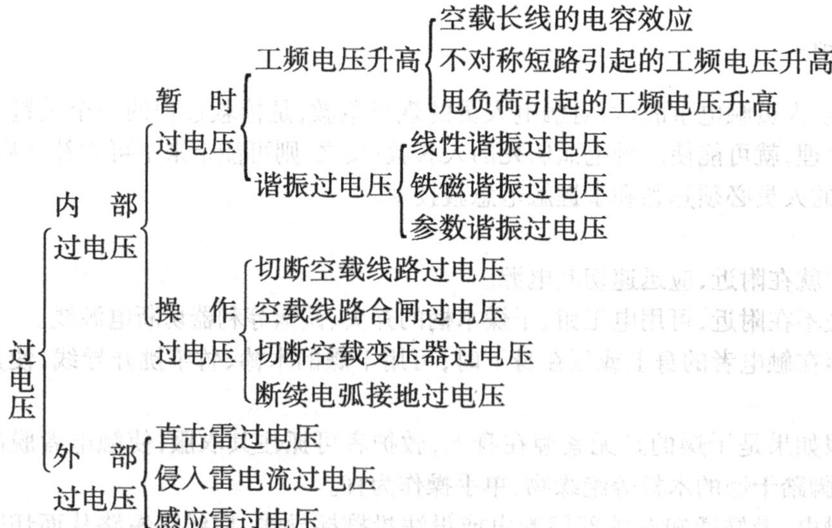

(1)内部过电压

内部过电压是由于电网中的开关操作(如分、合闸或自动重合闸动作)、事故(如接地、断线)或其他原因,引起电力系统的状态突然从一种稳态转变为另一种稳态的过渡过程中出现的过电压。这种过电压是由于系统内部原因而造成并且能量又来自电网本身,故称为内部过电压。内部过电压又可分为工频过电压、操作过电压和谐振过电压等。

(2)外部过电压

外部过电压又称为大气过电压或雷电过电压,这种过电压是由于雷击等原因造成,且能量又来自电网外部的冲击波影响,所以称外部过电压。外部过电压又分为直击雷过电压、侵入雷电流过电压和感应雷过电压3种类型。

8.2.2　雷电的形成、分类及危害

(1)雷电的形成

大气过电压主要是雷云放电形成的,雷云又是如何产生的?在雷雨季节里,太阳将地面一部分水蒸发成水蒸气,水汽上升至一定高度,就形成了云。一些云带上了正电荷或电荷,这就形成了雷云。雷云对地的电位是很高的,当带电的雷云临近地面时,由于静电感应,大地相应感出正电荷或负电荷,使大地与雷云之间形成了一个巨大的电容器。当雷云电荷聚集中心的电场达到足够强时(如达到25~30 kV/cm),雷云就击穿周围的空气形成导电通道,电荷沿这个导电通道向大地发展,称为雷电先导。地面电荷在雷云的感应下电荷也大量聚集在地面的突出物上(如高楼)形成了迎雷先导,当雷电先导和迎雷先导一旦接近,就会产生放电形成导电通道,雷电中大量密集的电荷迅速地通过这个导电通道与大地中的电荷中和,形成了极大的电流,并伴随着震耳的声响和耀眼的光亮,这就是电闪和雷鸣。图8.3、图8.4分别为雷云放电示意图及波形图。

(2)雷电的分类

雷电可分为直击雷、感应雷和雷电侵入波3大类。

①直击雷过电压:当雷电直接击中电气设备、线路或建筑物时,强大的雷电流通过其侵入大地,在被击物上产生较高的电位降,称直击雷过电压。

②感应雷过电压:当雷云在架空线路上方时,使架空线路感应出异性电荷。

③雷电侵入波:由于直击雷或感应雷而产生的高电压雷电波,沿架空线路或金属管道侵入变配电所或用户,称雷电侵入波。

(3)雷电的危害

雷电形成伴随着巨大的电流和极高的电压,在它的放电过程中伴随着静电感应效应、电磁感应效应、热效应、机械效应、冲击波效应和电动力效应等,可产生极大的破坏力。雷电可造成设备和设施损坏,引起大规模停电和造成人身事故,其破坏是综合性的,就其破坏的作用看,雷电的危害主要有以下几个方面。

1)雷电的热效应

雷电的热效应主要表现在当雷电流通过导体时发出大量的能量,为了能估计一次雷电发电的能量,可假设雷云与大地之间发生发电时的电压 U 为 10^7 V,总的放电电荷 Q 为 $20C$,则发电时释放的能量为 $A=QU=20\times10^7$ W·s,可见放电能量不是很大,但因它是在极短时间内放出的,因而所对应的功率是很大的,足以使金属熔化,烧断输电导线,摧毁用电设备。如果雷击中像变压器、油断路器等易燃易爆设备,甚至引起火灾和爆炸。

2)雷电的机械效应

载流导体位于磁场中会受到电动力的作用,这种力的作用可用毕奥-沙瓦定律计算。处于磁场中的导体 L,通过电流 i,根据毕奥-沙瓦定律可知,导体单位长度 dl 上所受的电动力

dF 为：

$$dF = iB \sin \alpha dl$$

式中　B——dl 处的磁感应强度；

α——dl 与 B 的夹角。

对上式沿导体 L 的全长积分，可得到导体 L 全长所受到的电动力为：

$$F = \int_0^L iB \sin \alpha dl$$

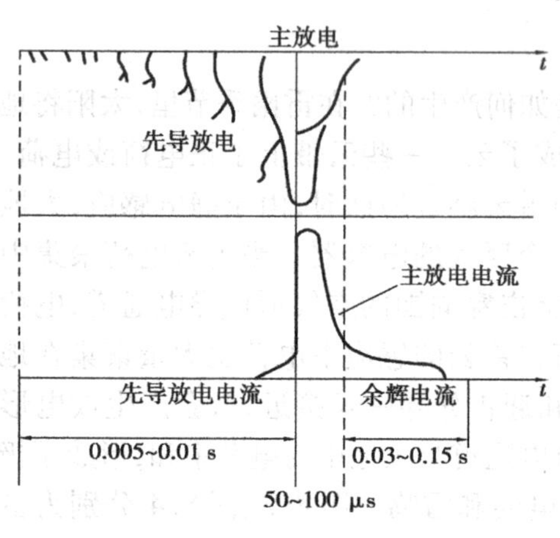

图 8.3　雷云放电示意图

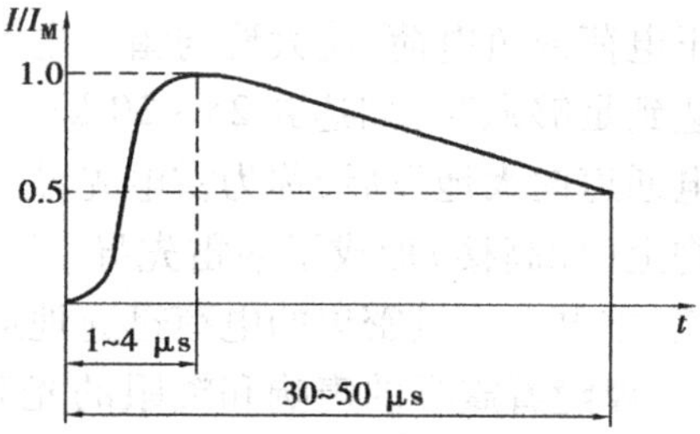

I/I_M
1.0
0.5
t
1~4 μs
30~50 μs

图 8.4　雷电流波形图

在正常状态下，由于流过导体的工作电流相对较小，相应的电动力也较小。而在雷击时，产生很大的磁感应强度和雷电流，由上式可知，这时电动力可达到很大的数值。雷电产生强大的电动力可击毁杆塔，破坏建筑物，人畜也不能幸免。

3）雷电的闪络放电

雷电产生的高电压会引起绝缘子烧坏，断路器跳闸，导致供电线路停电。

8.3　防雷设备以及防雷保护

雷害事故在现代电力系统的跳闸停电事故中占有很大比重，直接造成的经济损失不可估量，因此各国都积极开展了电力系统防雷保护领域的研究，对各种防雷装置的研制给予了大量的资金支持。

8.3.1　建筑物的防雷保护

（1）建筑物的防雷概述

建筑物按其防雷的要求，可分为以下 3 类。

第一类建筑物：凡存放爆炸性物品，或在正常情况下能形成爆炸性混合物，因电火花而爆炸的建筑物，会造成巨大破坏和人身伤亡的称为第一类建筑物。这类建筑物应装设独立避雷针（或消雷器）防止直击雷。为防感应过电压，建筑物内的各种设备以及金属物都应接到防雷电感应的接地装置上，并注意防雷电感应的接地装置要和电气设备的接地装置共用。为防止雷电波侵入,对非金属屋面应敷设避雷网并可靠接地。室内的一切金属设备和管道,均应良好接地并不得有开口环形,电源进线处也应装设避雷器并可靠接地,接地的冲击电阻应小于 10 Ω。

第二类建筑物:重要的或人员密集的大型建筑物。例如,国家重点文物保护的建筑物,国家级办公建筑物,大型会展中心或博物馆,国家级大型计算机中心和装有重要通信、电子设备的建筑物以及 19 层及其以上住宅建筑物和高度超过 50 m 的其他建筑物。这类建筑物的防雷措施基本与第一类相同,可采用装设避雷针和避雷带两种混合方式防直击雷。通过就近接至防雷电感应接地装置或电气设备的保护接地装置上以防止感应雷。防雷电波侵入的保护措施可将避雷器、电缆金属外皮、钢管等连在一起接地,其冲击接地电阻不应大于 10 Ω。

第三类建筑物:凡不属于第一、二类建筑物又需要作防雷保护的建筑。这类建筑物同样应有防直击雷、感应雷和防雷电波侵入的措施,在技术参数上没前两种建筑物类型要求那么高。

接闪器是用来接受直接雷击的金属物体。接闪器的金属杆称为避雷针,主要用于保护露天变配电设备及建筑物;接闪器的金属线称避雷线或架空地线,主要用于保护输电线路;接闪器的金属带、金属网称避雷带、避雷网,主要用于保护建筑物。它们都是利用其高出被保护物的突出地位,把雷电引向自身,然后通过引下线和接地装置把雷电流泄入大地,使被保护的线路、设备、建筑物免受雷击。

(2)防雷设备

1)避雷针

避雷针的功能实质是引雷作用。由于避雷针安装高度高于被保护物,因此,当雷电先导临近地面时,它能使雷电场畸变,改变雷电先导的通道方向,吸引到避雷针本身,然后经与避雷针相连的引下线和接地装置将雷电流泄放到大地中去。

避雷针能否对被保护物进行保护,被保护物是否在其有效的保护范围内是很重要的。避雷针的保护范围,以其能防护直击雷的空间来表示,按新颁国家标准采用"滚球法"来确定。

"滚球法"就是选择一个半径为 h_r(滚球半径)的滚球,沿需要防护直击雷的部分滚动,如果球体只触及接闪器或接闪器和地面,而不触及需要保护的部位时,则该部位就在这个接闪器的保护范围之内。滚球半径是按建筑物防雷类别确定的,见表 8.4。

表 8.4　各类防雷建筑物的滚球半径和避雷网络尺寸

建筑物防雷类别	滚球半径 h_r/m	避雷网格尺寸/m
第一类防雷建筑物	30	≤5×5 或≤6×4
第二类防雷建筑物	45	≤10×10 或≤12×8
第三类防雷建筑物	60	≤20×20 或≤24×16

①单支避雷针的保护范围,如图 8.5 所示按下列方法确定。

当避雷针高度为 h 时:距地面 h_r 处作一平行于地面的平行线;以避雷针的针尖为圆心,h_r 为半径,作弧线交平行线于 A、B 两点;以 A、B 为圆心,h_r 为半径作弧线,该弧线与针尖相交,并与地面相切。由此弧线起到地面为止的整个锥形空间,就是避雷针的保护范围。

避雷针在被保护物高度 h_x 的 xx'平面上的保护半径 r_x 按式(8.1)计算

$$r_x = \sqrt{h(2h_r - h)} - \sqrt{h_x(2h - h_x)} \tag{8.1}$$

式中　h_r——滚球半径，由表8.3确定。

当避雷针高度 $h>h_r$ 时，在避雷针上取高度 h_r 的一点代替避雷针的针尖作为圆心。余下做法与避雷针高度 $h \leqslant h_r$ 时相同。

【例8.1】某厂锅炉房烟囱高40 m，烟囱上安装一支高2 m的避雷针，锅炉房（属第三类防雷建筑物）尺寸如图8.6所示，试问此避雷针能否保护锅炉房。

【解】查表8.3得，滚球半径 $h_r=60$ m，而避雷针顶端高度 $h=40+2=42$ m，$h_x=8$，根据式(8.1)得避雷针保护半径为：

$$r_x = [\sqrt{42\times(2\times60-42)}-\sqrt{8\times(2\times60-8)}]\ \mathrm{m} = 27.3\ \mathrm{m}$$

锅炉房在 $h_x=8$ 高度上最远屋角距离避雷针的水平距离为：

$$r = \sqrt{(12-0.5+10)^2+10^2}\ \mathrm{m} = 23.7\ \mathrm{m} < r_x$$

由此可见，烟囱上的避雷针能保护锅炉房。

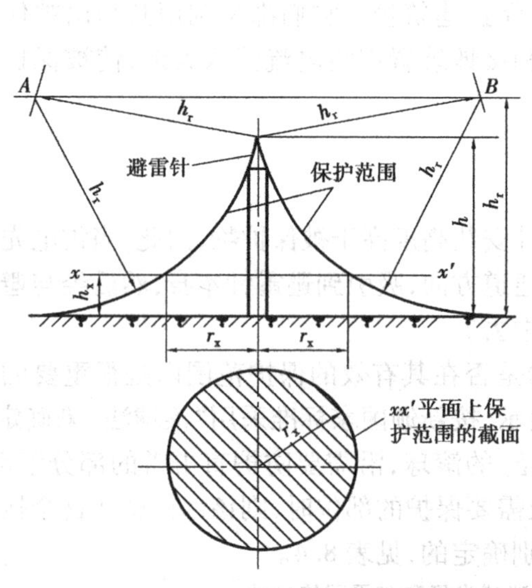

图8.5　单支避雷针的保护范围

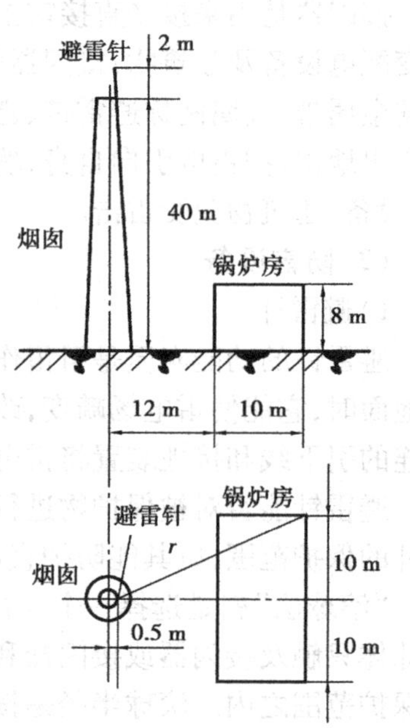

图8.6　【例8.1】避雷针的保护范围

②两支避雷针的保护范围，如图8.7所示。在避雷针高度 $h \leqslant h_r$ 的情况下，当每支避雷针的距离 $D \geqslant 2\sqrt{h(2h_r-h)}$ 时应各按单支避雷针保护范围计算；当 $D<2\sqrt{h(2h_r-h)}$ 时应按图8.7的方法确定。

a. 每支避雷针保护范围外侧同单支避雷针一样计算。

b. 两支避雷针之间 C、E 两点位于两针间的垂直平分线上。在地面每侧的最小保护宽度 b_0 为：

$$b_0 = \sqrt{2(2h-h)^2-\left(\frac{D}{2}\right)^2} \tag{8.2}$$

在 AOB 轴线上，距中心线任一距离 x 处，在保护范围上边线上的保护高度 h_x 为：

$$h_x = h_r - \sqrt{(h_r-h)^2+\left(\frac{D}{2}\right)^2-x^2} \tag{8.3}$$

该保护范围上边线是以中心线距地面 h_r 的一点 O' 为圆心，以 $\sqrt{(h_r-h)^2+\left(\frac{D}{2}\right)^2}$ 为半径所作的圆弧 AB。

c. 两针间 $AEBC$ 内的保护范围。ACO、BCO、BEO、AEO 部分的保护范围确定方法相同，以 ACO 保护范围为例，在任一保护高度 h_x 和 c 点所处的垂直平面上以 h_r 作为假想避雷针，按单支避雷针的方法逐点确定。如图8.7所示的1—1剖面图。

d. 确立 xx' 平面上保护范围。以单支避雷针的保护半径 r_x 为半径，以 A、B 为圆心作弧线与四边形 $AEBC$ 相交。同样以单支避雷针的 (r_o-r_x) 为半径，以 E、C 为圆心作弧线与上述弧线相接，如图8.7所示的粗虚线。

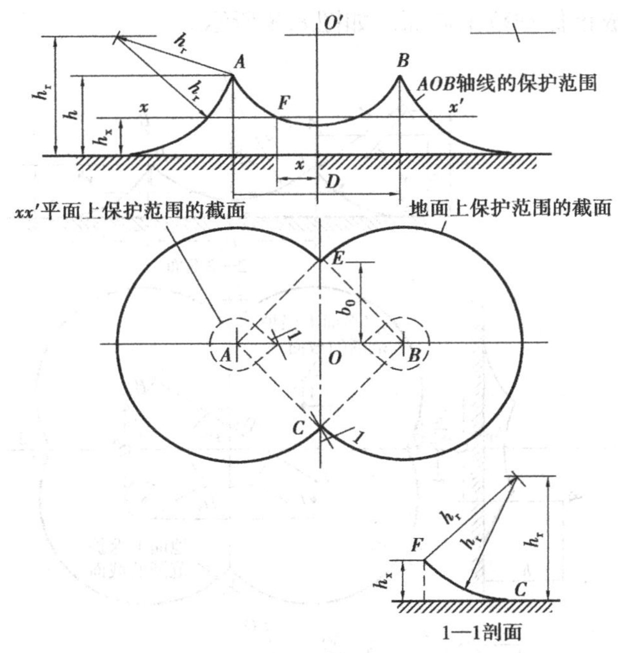

图8.7　两支等高避雷针的保护范围

两支不等高避雷针的保护范围的计算，在 h_1、h_2 分别小于或等于 h_r 的情况下，当 $D\geqslant\sqrt{h_1(2h_r-h_1)}+\sqrt{h_2(2h_r-h_2)}$ 时，避雷针的保护范围计算按单支避雷针保护范围所规定的方法确定。

③4支等高避雷针的保护范围。当矩形布置的4支等高避雷针的高度 $h\leqslant h_r$，$D_3\geqslant 2$ 时，其保护范围应按双支等高避雷针的方法确定；在 $h\leqslant h_r$，且 $D_3<2\sqrt{h(2h_r-h)}$ 时，应按图8.8所示的方法并按以下步骤确定保护范围。

a. 4支避雷针的外侧各按双支避雷针的方法确定。

b. B、E 避雷针连线上的保护范围（见图8.8的1—1剖面图），外侧部分按单支避雷针的方法确定。两针间的保护范围按以下方法确定：以 B、E 上两支避雷针针尖为圆心，h_r 为半径作弧线相交于 O 点，以 O 点为圆心，h_r 为半径作圆弧，与针尖相连的这段圆弧即为针尖保护范围。保护范围最低点的高度 h_0 为：

$$h_0=\sqrt{h_r^2-\left(\frac{D_3}{2}\right)^2}+h-h_r \tag{8.4}$$

c. 如图 8.8 所示的 2—2 剖面图的保护范围按以下方法确定：以 P 点的垂直线上距地面高度为 $h \geqslant 2h_r$ 的 O 点为圆心，h_r 为半径作圆弧与 B、C 和 A、E 双支避雷针所作出在该剖面图的外侧保护范围延长圆弧相交于 F、H 点。F、H 点的位置及高度可按式(8.5)确定

$$(h_r - h_x)^2 = h_r^2 - (b_0 + x)^2 \tag{8.5}$$

$$(h_r + h_0 - h_x)^2 = h_r^2 - \left(\frac{D_1}{2} - x\right)^2 \tag{8.6}$$

d. 如图 8.8 所示的 3—3 剖面保护范围的方法与步骤 c 相同。

e. 确定 4 支等高避雷针中间在 h_0 至 h 之间高度为 h_y 的 yy' 平面上保护范围截面的方法：

以 P 点为圆心，$\sqrt{2h_r(h_y - h_0) - (h_y - h_0)^2}$ 为半径作圆或圆弧，与各双支避雷针在外侧所作的保护范围截面组成该保护范围截面。如图 8.8 所示。

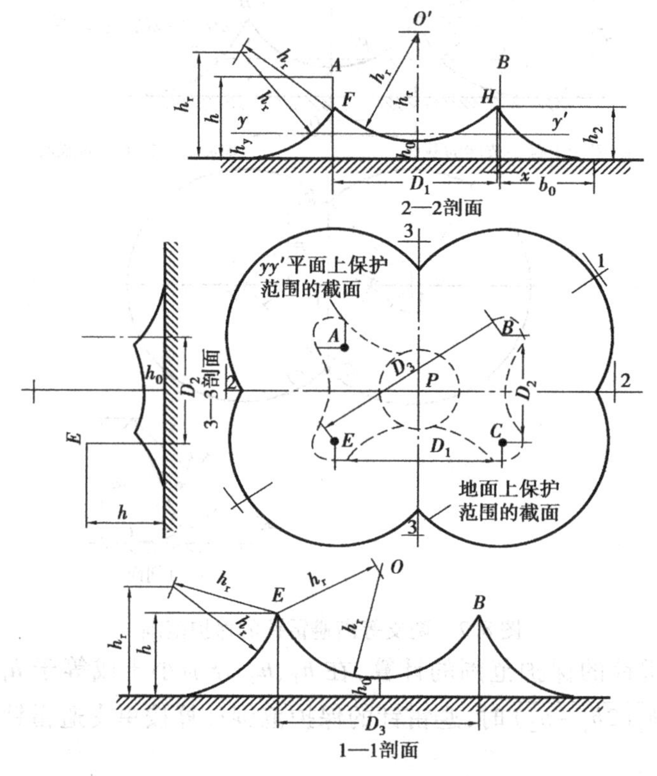

图 8.8　4 支等高避雷针的保护范围

对于比较大的保护范围，采用单支避雷针，由于保护范围并不随避雷针的高度成正比增大，所以将大大增加避雷针的高度，导致安装困难，投资增大，在这种情况下，采用双支避雷针或多支避雷针比较经济。

2)避雷线

当单根避雷线高度 $h \geqslant 2h_r$ 时，无保护范围。

当避雷线的高度 $h < 2h_r$ 时，保护范围如图 8.9 所示，保护范围应按以下方法确定。

①距地面 h_r 处作一平行于地面的平行线。

②以避雷线为圆心，h_r 为半径作弧线交于平行线的 A、B 两点；

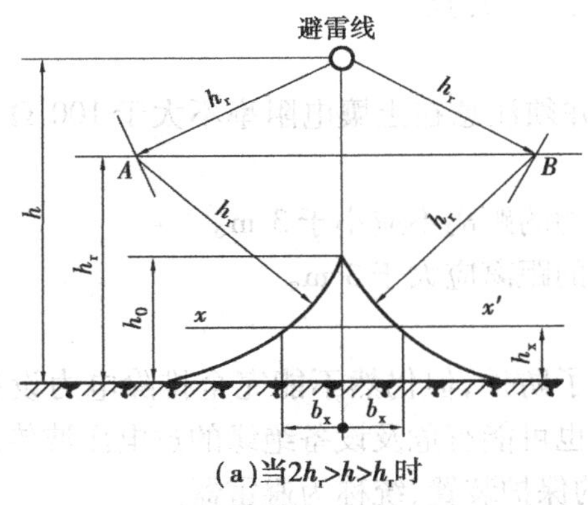

(a)当$2h_r>h>h_r$时

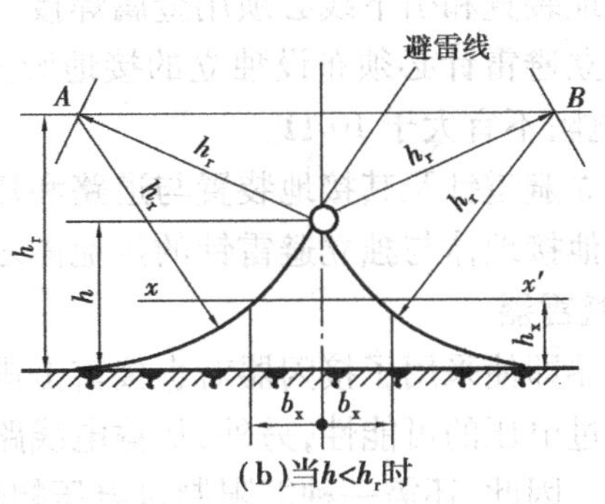

(b)当$h<h_r$时

图8.9　单支避雷针的保护范围

③以A、B为圆心，h_r为半径作弧线，这两条弧线相交或相切，并与地面相切。这两条弧线与地面围成的空间就是避雷线的保护范围。

当$b_x=\sqrt{h(2h_r-h)}-\sqrt{h_x(2h_r-h_x)}$时，保护范围最高点的高度$h_0$按式(8.7)计算

$$h_0=2h_r-h \tag{8.7}$$

避雷线在h_x高度的xx'平面上的保护宽度b_x按式(8.8)计算

$$b_x=\sqrt{h(2h_r-h)}-\sqrt{h_x(2h_r-h_x)} \tag{8.8}$$

式中　h——避雷线的高度；

h_x——保护物的高度。

注意：确定架空避雷线的高度时，应考虑弧垂。在无法确定弧垂的情况下，等高支柱间的档距小于120 m时，其避雷线中点的弧垂直选用2 m；档距为120～150 m时宜选用3 m。

关于两根等高避雷线的保护范围，可参看有关国标或相关设计手册。

3)避雷带和避雷网的保护范围

避雷带和避雷网的保护范围应是其所处的整幢高层建筑，为了达到保护的目的，避雷网的网格尺寸有具体的要求，见表8.4。

4)引下线

引下线的主要作为接闪器引下的雷电流的流通通道，它是防雷装置的重要组成部分，必须极其可靠地按规定安装，以保证其正常工作，保证防雷的效果。

接闪器引下线的材料一般使用圆钢或扁钢，不同材料的引下线其规格尺寸有严格要求，见表8.5。

表8.5　引下线尺寸规格

引下线类型	圆　钢	扁　钢	
	直径/mm	截面积/mm²	厚度/mm
房屋引下线	8	48	4
烟囱引下线	12	100	4

5)接地装置

接地装置主要是向大地泻放雷电流，限制防雷装置对地电压不致过高。接闪器的接地装

置除了必须满足一般的接地要求外，还必须注意以下几点：

①接地装置和引下线必须用金属焊接。

②独立避雷针必须布设独立的接地装置，并须注意在土壤电阻率不大于 100 Ω · m 的地区，接地电阻不宜大于 10 Ω。

③独立避雷针及其接地装置与道路和建筑物的距离不应小于 3 m。

④其他接地体与独立避雷针的接地体之间的距离应大于 3 m。

(3) **避雷器**

避雷器即使采用了接闪器对直接雷击进行了防护，但仍然不能完全排除电力设备绝缘上出现危险过电压的可能性，另外，从输电线路上也可能有危及设备绝缘的过电压波传入发电厂和变电站。因此，还需一种能限制过电压幅值的保护装置，统称为避雷器。

避雷器可分为保护间隙、管式避雷器、阀式避雷器、磁吹避雷器、金属氧化物避雷器等。

(4) **电涌保护器**

电涌保护器(SPD)也称浪涌保护器：用于限制瞬态过电压、泄放电流的器件。按用途可分为电源型电涌保护器、信号型电涌保护器、天馈型电涌保护器，具体如图 8.10 所示。

(a)电源型电涌保护器

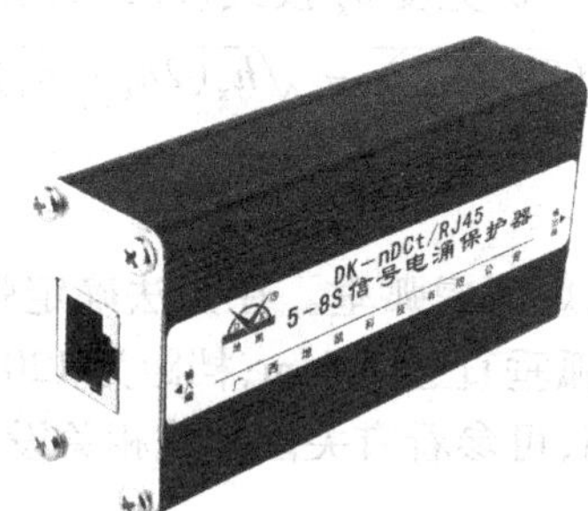

(b)信号型电涌保护器

(c)天馈型电涌保护器

图 8.10　不同类型的电涌保护器

虽然电涌保护器和避雷器都有防止过电压，特别是防止雷电过电压的功能，但在应用上存在许多区别，见表 8.6。

表 8.6　电涌保护器和避雷器的区别

区分类型	具体区别
电压等级	避雷器有多个电压等级，从 0.38 kV 低压到 500 kV 特高压；而电涌保护器的电压等级一般小于 1.2 kV
外观上	避雷器主要由硅橡胶、陶瓷等组成，外观和体积比较大；而电涌保护器以硅胶、环氧包、塑料、金属为主要材料，体积和质量小
使用场所	避雷器主要用在电厂、线路、变配电站等一次系统上，有足够的外绝缘性能；而电涌保护器主要用于低压配电柜、通信、机房等电压较低的场所

8.3.2　电力系统防雷保护

(1)架空线路的防雷保护

1)装设避雷线防线路遭受直击雷击

避雷线的装设一般按电压等级和其他具体情况而定:63 kV 及其以上的架空线需全线装设避雷线;35 kV 架空线只是在人口稠密地区或进出变电所的一段线路(如 1 ~2 km 长)上装设避雷线;10 kV 及以下的一般不装设避雷线,主要是因为这种等级的线路绝缘水平本身就很低,即使装上避雷线来截住直击雷,往往很难避免发生反击闪络。就目前我国的情况而言,全程装设避雷线仍然是 110 kV 及以上电压等级的最重要和最有效的主要防雷手段。

2)降低接地电阻

降低杆塔的接地电阻是提高线路耐雷水平和减少反击概率的有效措施,在年平均雷暴日为 40 天以上的地区,其接地电阻不应超过 30 Ω。一般杆塔的接地电阻为 10 ~30 Ω,具体数值可按表 8.7 选取。

表 8.7　不同土壤电阻率下的杆塔接地电阻

土壤电阻率/Ω · m	100 及以下	100 及以上至 500	500 以上至 1 000	1 000 以上至 2 000	2 000 以上
接地电阻/Ω	小于 10	小于 15	小于 20	小于 25	小于 30

3)加强线路绝缘或装设避雷器以防线路闪络

为防止雷击时避雷线对导线或引下线对导线发生闪络现象,应改善避雷针(线)的接地,或适当加强线路绝缘,或在绝缘薄弱处装设避雷器,或采用瓷横担以及高一级电压等级的绝缘子。

4)采用自动重合闸装置(ARD)

由于线路的绝缘具有自我恢复功能,大多数雷击造成的冲击闪络和工频电弧在线路跳闸后能迅速去电离,线路绝缘的电气强度一般会很快恢复。因此,采用自动重合闸装置后,当架空线遭雷击而跳闸时,能迅速地恢复供电。特别是对 110 kV 的线路,只要自动重合装置调整合适,重合成功率可达 75% ~95% ,这对提高供电的可靠性起到了很大作用。

5)低压架空线路的保护

为防止雷击时雷电波沿低压架空线路侵入建筑物,一般应将进户线电杆上绝缘瓷瓶的铁脚接地,其接地电阻不大于 30 Ω,同时在入户进出处安装避雷器并可靠接地。在多雷区,虽安装在室内,但直接与低压架空线路相连的电度表等用电设备,宜装设压敏避雷器(或保护间隙)进行保护。

(2)变配电所的防雷保护

工厂变配电所的防雷保护主要有两个重要方面:一是要防止变配电所建筑物和户外配电装置遭受直击雷;二是防止过电压雷电波沿输电线路侵入变电所,危及变配电所电气设备的安全。变电所的防雷保护常采用以下措施。

1)防直击雷

我国大多数变配电所都采用装设避雷针来防直击雷,但近年来国内外新建的 500 kV 变电所也有一些采用避雷线。如果变配电所位于附近的高大建筑(物)上的避雷针保护范围内,或者变配电所本身是在室内的,则不必考虑直击雷的防护。不同的电压等级所装设的避雷针也有所差别,具体见表 8.8。

表 8.8 不同电压等级的避雷针安装要求

电压等级	避雷针安装要求
110 kV 及以上变配电装置	一般将避雷针装在构架上,但在土壤电阻率 $\rho>1\ 000\ \Omega\cdot m$ 的区域,仍宜安装独立避雷针,以免发生反击事故
60 kV 及以上变配电装置	在 $\rho>500\ \Omega\cdot m$ 的地区宜采用独立避雷针;在 $\rho<500\ \Omega\cdot m$ 的地区容许采用构架避雷器
30 kV 及以上变配电装置	应采用独立避雷针来进行保护

注:构架避雷针是指装设在配电装置构架上的避雷针。

2)防雷电波的侵入

对 35 kV 进线,一般采用在沿进线 500 ~ 600 m 的这一段距离安装避雷线并可靠的接地,同时在进线上安装避雷器,即可满足要求。对 6 ~ 10 kV 进线可以不装避雷线,只要在线路上装设 FZ 型或 FS 型阀型避雷器即可,如图 8.11 所示。

图 8.11 中接在母线上的避雷器主要是保护变压器不受雷电波危害,在安装时应尽量靠近变压器,其接地线应与变压器低压侧接地的中性点及金属外壳在一起接地,如图 8.12 所示。当变压器低压侧中性点不接地时,为防止雷电波沿低压线侵入,还应在低压侧的中性点装设阀式避雷器或保护间隙。

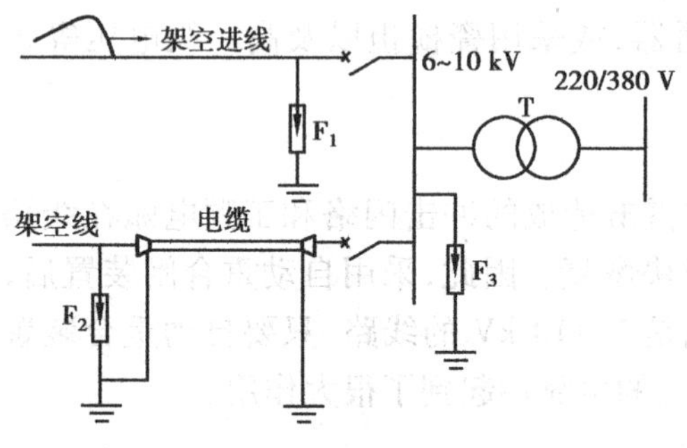

图 8.11 6 ~ 10 kV 防雷电波侵入接线示意图

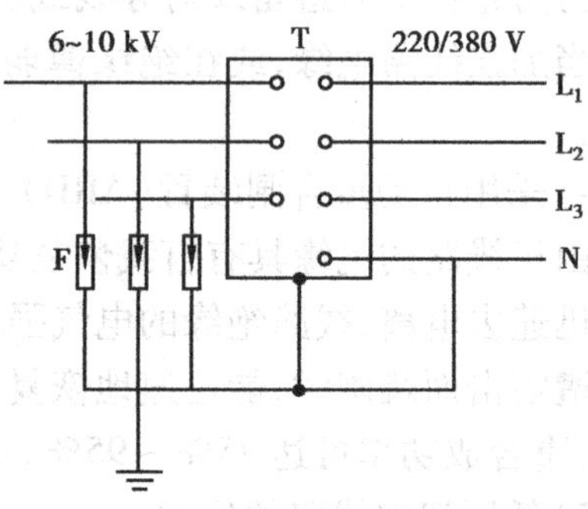

图 8.12 变压器的防雷保护

3)高压电动机的防雷保护

高压电动机的绕组由于制造条件的限制,其绝缘水平比变压器低,它不能像变压器线圈那样可以浸在油里,而只能靠固体介质来绝缘。电动机绕组长期在空气中运行,容易受潮、受粉尘污染、受酸碱气体的侵蚀。电机的热图像可告诉有关电机质量和状况的许多信息。如果电机发生过热,绕组的性能将迅速下降。实际上,电机绕组温度比其设计工作温度每高出10 ℃,就会将线圈绝缘层的寿命减半,即使过热只是暂时的。

对高压电动机一般采用如下的防雷措施:对定子绕组中性点能引出的大功率高压电动机,在中性点加装相电压磁吹阀式避雷器(FCD 型)或金属氧化物避雷器;对中性点不能引出的电动机,目前普遍采用 FCD 磁吹阀式避雷器与电容 C 并联的方法来保护;如图 8.13 所示,该电容器的容量可选 1.5 ~ 2 μF,电容器的耐压值可按被保护电动机的额定电压选用,电容器接成星形,并将其中性点直接接地。

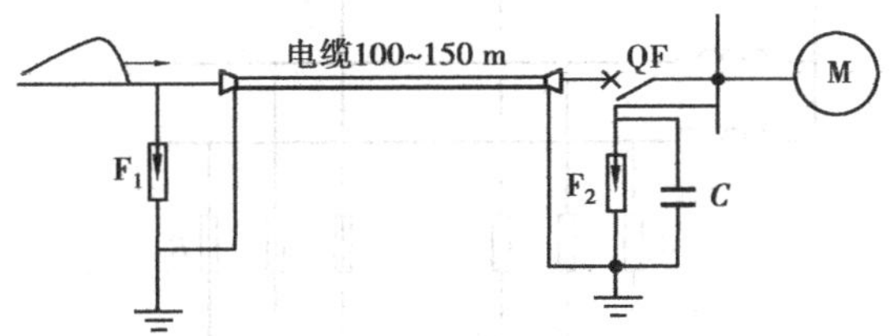

图8.13 高压电动机防雷保护接线示意图
F1—排气式避雷器或普通阀式避雷器;F2—磁吹阀式避雷器

8.4 接地与接地保护

8.4.1 接地保护

为防止因电气设备绝缘损坏而遭受触电的危险,将电气设备的金属外壳与接地体相连接,称为接地保护,其原理如图8.14所示。

在中性点不接地的低压系统中,当电气设备绝缘损坏,使相线碰到设备的外壳时,人误碰到带电的设备外壳后,接地电流 I_r 通过人体、接地体和电网对地绝缘阻抗形成回路,流过每一条通路的电流值将与其电阻大小成反比,即

$$I_r : I_d = R_d : R_r$$

式中 I_r——流经人体的电流;

I_d——流经接地体的电流;

R_d——接地体的接地电阻;

R_r——人体的电阻。

从上式可以看出,接地体的接地电阻 R_d 越小,流经人体的电流就越小,这时漏电设备对地的电压主要取决于接地保护的接地体电阻 R_d 的大小。

由于 R_d 和 R_r 并联,而且 $R_d < R_r$(通常接地体的电阻要比人体的电阻小数百倍),故可以认为漏电设备外壳对地电压为:

$$U_d = \frac{3U_{xg}R_d}{3R_d + Z_c}$$

式中 U_d——漏电设备外壳对地电压,V;

U_{xg}——电网的相电压,V;

R_d——接地体的接地电阻,Ω;

Z_c——电网对地的绝缘阻抗(由电网对地分布电容和对地的绝缘电阻组成)。

又因 $R_d < Z_c$,所以,漏电设备对地电压大为降低,只要适当控制 R_d 的大小(一般不大于4 Ω),就可避免人体触电的危险,起到保护作用。

接地保护适用于三相三线或三相四线制的电力系统。在这种电网中,凡由于绝缘破坏或其他原因而可能呈现危险电压的金属部分,如变压器、电动机以及其他电器等的金属外壳和底座均可采用接地保护。

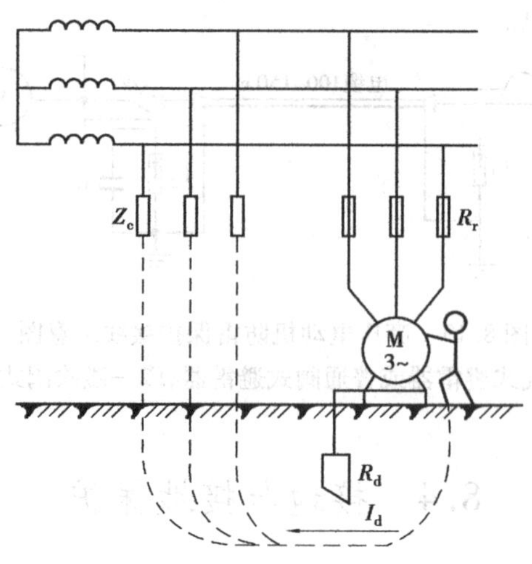

图 8.14　接地保护原理

8.4.2　接地的类型和接地装置

(1)接地的类型

接地按其功能可分为保护接地、工作接地、雷电保护接地以及防静电接地 4 种方式。

保护接地是将电气设备的金属外壳、配电装置的构架、线路的塔杆等在正常情况下不带电,但可能因绝缘损坏而带电的所有部分接地。因为这种接地的目的是保护人身安全,故称为保护接地或安全接地。

工作接地是为了保证电气设备在正常情况下可靠的工作,而进行的接地。各种工作接地都有其各自的功能。如变压器、发电机的中性点直接接地,能在运行中维持三相系统中相线对地电压不变;例如,电压互感器一次线圈中性点接地是为了测量一次系统相对地的电压。

雷电保护接地是给防雷保护装置(避雷针、避雷线、避雷网)向大地泄放雷电流提供通道。

防静电接地是为了防止静电对易燃易爆气液体造成火灾爆炸,而对贮气液体管道、容器等设置的接地。

此外,还有为进一步确保接地可靠性而设置的重复接地等。图 8.15 为几种常见接地形式示意图。

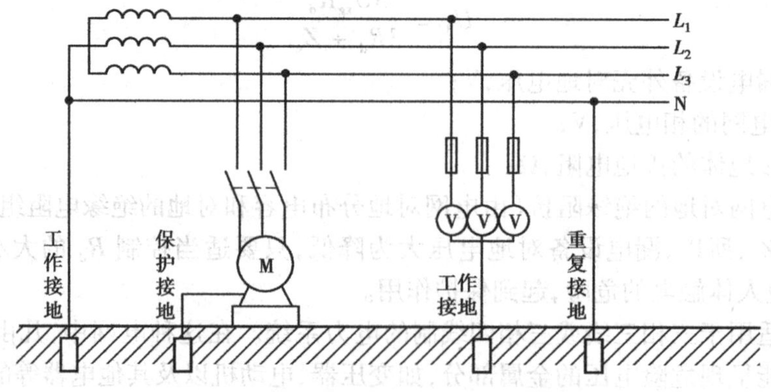

图 8.15　工作接地、保护接地、重复接地示意图

(2)接地装置以及散流现象

埋入大地与土壤直接接触的金属物体,称为接地体或接地极。连接接地体及设备接地部分的导线,称为接地线。接地线又可分为接地干线和接地支线,接地线与接地体总称为接地装置。由若干接地体在大地中互相连接而组成的总体称为接地网。

当发生接地故障时,其故障电流经接地装置进入大地是以半球面形状向大地散开的,故称散流现象。离接地体越远的地方,呈半球形的散流表面积越大,散流电阻也就越小。一般情况下,离接地体20 m处,散流电阻趋近于零,该处的电位也趋近于零,通常将电位为零的点称为电气上的"地"。电气设备接地部分与"地"之间的电位差称为电气设备接地部分的对地电压U_E,接地体与"地"之间的电阻称为接地体的散流电阻。

(3)重复接地

在中性点直接接地的TN系统中,为确保公共PE线或PEN线安全可靠,除在中性点进行工作接地外,还必须在PE线或PEN线的一些地方进行多次接地,这就是所谓的重复接地。

当未进行重复接地时,在PE线或PEN线发生断线并有一相与电气设备外壳相碰时,接在断线后的所有电气设备外壳上,都存在着近乎于相电压的对地电压。如图8.16(a)所示,这是很危险的。如果实施了重复接地,如图8.16(b)所示,断线后面的PE线对地电压$U_E=I_ER_E$。

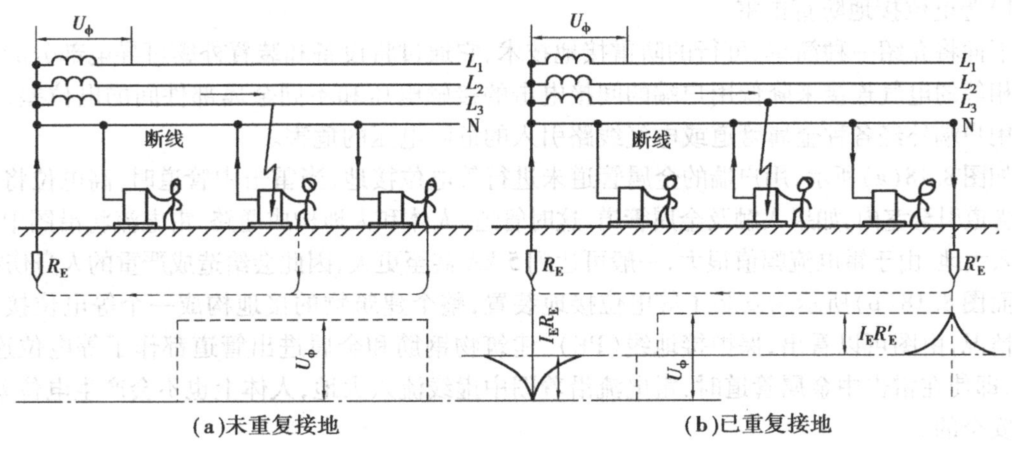

(a)未重复接地　　(b)已重复接地

图8.16　重复接地示意图

若电源中性点接地电阻R_E与重复接地电阻R'_E相等,则断线后的PE线(PEN线)对地电压为$U'_E=R_EU_\phi/R_E+R_E=U_\phi/2$,危险性大大地下降。但是$U_\phi/2$的电压,对人体而言仍然是不安全的,而且在大多数情况下,R_i均大于R_E,也就是说,人体接触电压高于$U_\phi/2$。因此,在施工安装和运行过程中,应尽量避免PE线或PEN线的断线故障。

另一个问题同样要注意,即在同一个保护系统中,不允许一部分电气设备采用TN制,而将另一部分设备采用TT制。假设在TN系统中,有个别位置遥远的电动机为了节省PEN线而采用直接接地的措施(相当于采用TT制),如图8.17所示,当采用直接接地的电动机一旦发生绝缘损坏而漏电时(过电流保护装置动作),接地电流通过大地与变压器的接地极形成回路,使整个PEN线出现了约为$U_\phi/2$的危险电压。这样所有采用PEN线保护的用电设备外壳均带有$U_\phi/2$的电压,这将严重威胁到工作人员的人身安全。

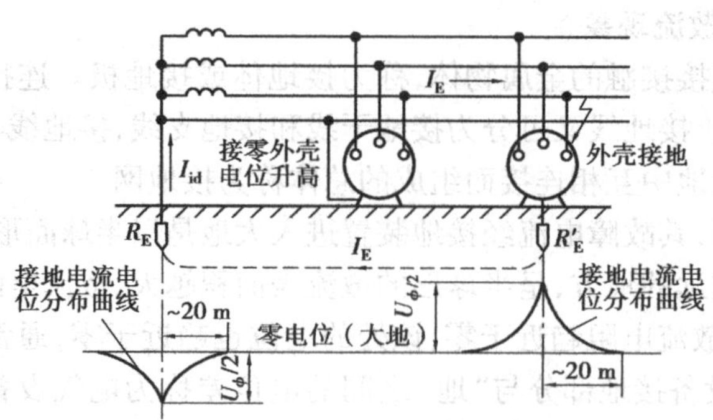

图 8.17　同一系统中采用不同保护措施的危险性

(4)等电位防雷接地

当电力系统中发生雷击事故，并且雷击发生在靠近用户端时，在线路或各种金属管道上将会产生幅值很大的雷电流，并随着输电线路和管道通路侵入用户端，如果用户端防雷措施做得不到位的话，将会发生损坏用户的用电设备或人身触电事故，给用户带来财产和人身的伤害。针对这种情况，必须在用户侧采取相应的措施以抑制雷电流，将用户的损失降低到最低程度。

1)等电位接地防直击雷

下面将介绍一种简单、可行的防雷接地技术，它通过将设备和装置外露可导电部分的电位基本相等的电气连接来降低用户端的间接电击的接触电压和不同金属部件间的电位差，从而消除用户端外经各种金属管道或电气线路引入的危险电压的危害。

如图 8.18(a)所示，用户端的金属管道未进行等电位接地，当雷击中管道时，高电位将会由金属管道引至室内，如果人触及金属管道，这时管道、人体和大地构成通路，雷电流将沿图中的虚线流入大地，由于雷电流幅值很大，一般可达到 5 kA 甚至更大，因此会给造成严重的人身伤害。

而图 8.18(b)所示为安装了等电位接地装置，整个建筑物的接地构成一个等电位接地网络的情况，由图可以看出，保护接地线(PE)、建筑物钢筋和金属进出管道都作了等电位连接。这时，即使在雷击中金属管道时，雷电流沿着图中虚线流入大地，人体上也不会产生电位差，因而是安全的。

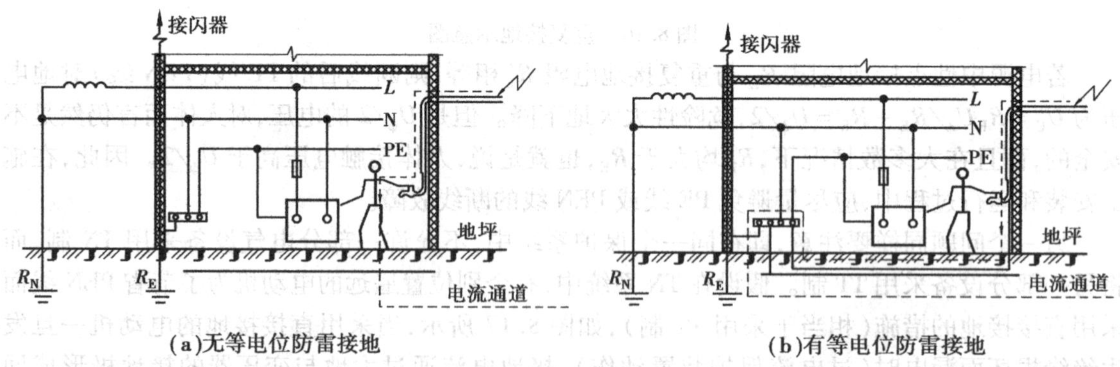

图 8.18　有无等电位防雷接地的比较

在工程中，等电位防雷接地一般将 *PE* 母线、接地干线、建筑物金属结构、总水管、总煤气管以及采暖管道等作统一的人为接地。

以上对等电位防雷接地作了定性的分析，下面通过另一个例子加深对等电位防雷接地的了解。

如图 8.19 所示是建筑物受直击雷后室内设备受损坏的示意图，图中 A、B、C 是处在不同楼层的设备，S_A、S_B、S_C 为各设备之间互相通信的信号线，S 是与建筑物外的设备通信的信号线，G_1、G_2、G_3 为不同楼层建筑物内部钢筋引下线，L、L_A、L_B、L_C 为各个设备的供电线路，R_S 为设备工作接地，R_G 为建筑物防雷接地，G_A、G_B、G_C 为设备工作接地在主杆线上的接地点，P_L、P_S 分别为电源电涌保护器和信号电涌保护器。

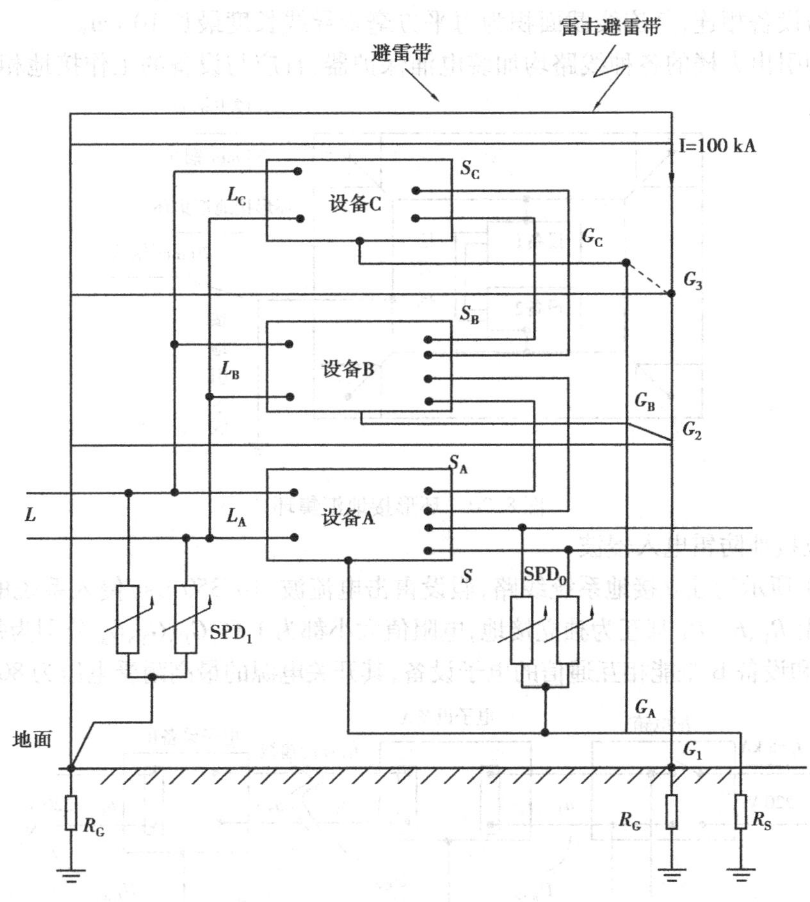

图 8.19　建筑物内设备受雷击分析示意图

假设雷电直接打在建筑物上的避雷带上，雷电流 $I = 100$ kA，$R_G = 1\ \Omega$，$R_S = 1\ \Omega$。此时，G_1、G_2、G_3 所处的各楼层的电位都将抬升至 100 kV。由于 100 kV 的电位差可击穿的空气距离达 300 ~ 500 mm，因此，如果 G_A、G_B、G_C 与防雷接地线不连接，就会发生设备工作地线与建筑物楼板发生反击现象。

如果 R_G 与 R_S 相距较远（如 20 m 以上），设备工作接地线与楼板、墙壁绝缘较好，地电位的抬升不足以击穿设备工作地线。但如果雷击时，工作人员刚好与设备机壳相接触，人身体上的某一部位又与地板或墙壁相接触，雷电将会流过人体进入设备工作接地，人身安全必将受到伤害。

为了避免以上事故的发生，解决直击雷造成反击损坏设备的现象，R_G 与 R_S 必须是同一个接地体，即设备工作接地和防雷接地必须联合接地。

具体做法是：各楼层的设备工作地 G_A、G_B、G_C 应与该楼层的建筑物主钢筋相连（至少两点相连)，组成环形汇集环，如图 8.20 所示。

工程上还须注意以下几点：

①禁止在机房内用细小的铜线将设备串联接地，因为导线的分布电感和线阻，将使各接地点之间电位差增大。

②如机房内的环形接地体无法与大楼内的主钢筋相连，则用两条铜线同时引下，铜线的截面积为每平方毫米导线最长为 0.5 m 且截面积不宜小于 35 mm²。环形接地体与设备的电源插座相连或与设备相连，其连线截面积为每平方毫米导线长度最长 10 cm。

③进入和引出大楼的各种线路均加装电涌保护器，且应与设备的工作接地相连。

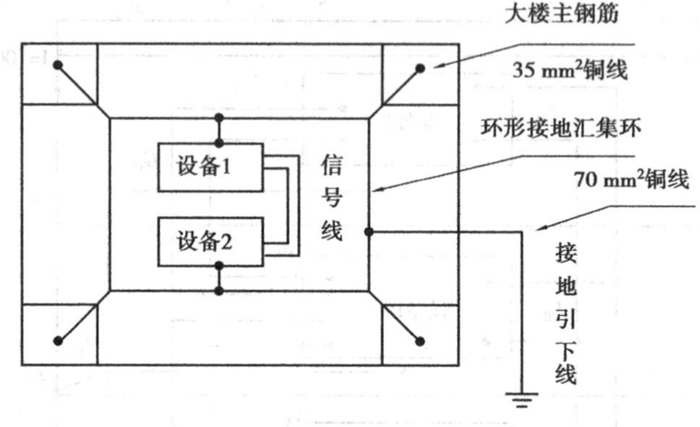

图 8.20　环形接地汇集环

2)等电位接地防雷电入侵波

如图 8.21 所示的独立接地系统线路，假设雷击电流波(10/350 μs)侵入系统的电流幅值为 5 kA，接地电阻 R_1、R_2、R_3 都互为独立接地，电阻值大小都为 1 Ω，G_1、G_2、G_3 分别为每个设备的接地点，设备 A 和设备 B 是能相互通信的电子设备，其开关电源的最高耐受电压为 800 ~ 1 500 V。

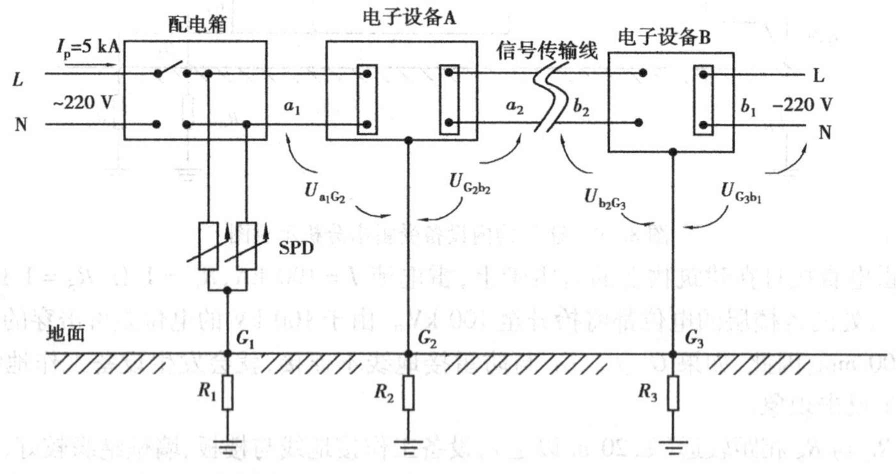

图 8.21　独立接地系统的设备电位差图

当雷击中系统进线端时，假设电源电涌保护器 SPD 性能优良，雷电流 I_p 全部流经电涌保护器进入接地点 G_1 入地，其响应时间和导通后的残压不会损坏电子设备 A。而雷电流 I_p 流过接地电阻 R_1 时，将会使接地点 G_1 的地电位抬升到 $U_{G_1} = I_p \times R_1 = 5 \times 1 = 5$ kV。此时，该电压加到电子设备 A 的输入端 a_1，而设备 A 的接地点 G_2 为零电位，则 a_1 与 G_2 之间的电位差

$U_{a_1G_2}=5$ kV。由于电子设备开关电源耐受的最高电压为800～1 500 V，$U_{a_1G_2}=5\ 000$ V≥800～1 500 V，因此设备A的电源端将会被过电压损坏。

在a_1电压端损坏的同时，G_2的电位变为5 kV，此时，信号传输线另一端设备B的接地点G_3为零电位，而信号接口a_2与接地点G_2之间的电位差$U_{G_2a_2}$也抬升至5 kV，从而使信号接口a_2损坏。

由以上分析可知，独立接地系统不能防止雷击事故造成的破坏。要使设备A的端口得到保护，必须如图8.22所示，首先将G_1、G_2接地点相连，然后在信号接口a_2和接地点G_2之间加装残压小的信号电涌保护器，且接地点必须和G_2相连。

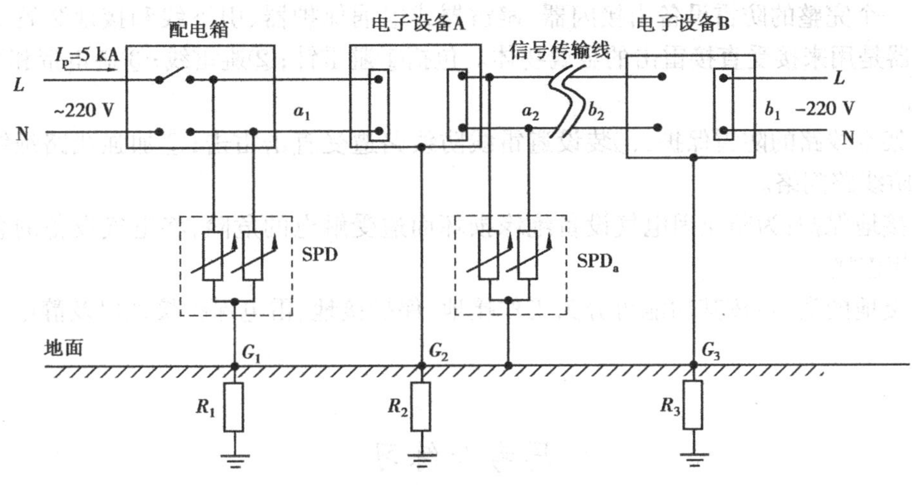

图8.22 等电位防雷接地图

这样做就保证了设备A的进出端口都不会被雷击所损害，但5 kV的电压已加到a_2和G_3端，理论计算与实验结果表明，a_2至b_2的信号传输线，如果线径小于1 mm，长度大于100 m，则线阻加上导线的分布电感所形成的电抗分压，使得加到b_2与G_3的电压$U_{b_2G_3}$小于100 V，但如果传输线小于100 m，则有可能使$U_{b_2G_3}$大于100 V而使设备B受雷击损坏。要使设备B也受到保护，做法和设备A一样，做到整个线路的全线防雷，最终形成等电位连接网络。

本章小结

（1）电气安全：包括供电系统的安全、用电设备的安全和人身安全等3个方面。

（2）电气安全措施

（3）触电：当人体接触带电体或人体与带电体之间产生闪络放电，并有一定电流通过人体，导致人身伤亡现象，称之为触电。

（4）电气火灾的特点：着火的电气设备可能是带电的，如不注意可能引起触电事故，应尽快切断电源。

（5）电气失火的处理：①小范围带电灭火，可使用干砂覆盖。②选择适当的灭火器。

（6）电流强度对人体的危害程度：通过人体的电流强度、持续时间，电压高低、频率高低、电流通过人体的途径以及人体的健康状况等。最主要的因素是通过人体电流强度数值的大小。当通过人体的电流越大,人体的生理反应越明显,致命的危险性也就越大。将电流大致分为3种。①感觉电流;②摆脱电流;③致命电流。

(7)摆脱电流:人体触电时能摆脱的最大电流,中国规定为30 mA,且不超过1 s。

(8)电力系统过电压的概念是:当峰值电压超过系统正常运行的最高峰值电压时的工况称为过电压。一般分为内部过电压和外部过电压两种。

(9)雷电可分为直击雷、感应雷和雷电侵入波3大类。

(10)雷电形成伴随着巨大的电流和极高的电压,在它的放电过程中会产生极大的破坏力,雷电的危害主要是以下几方面:①雷电的热效应;②雷电的机械效应;③雷电的闪络放电。

(11)一个完整的防雷设备由接闪器、避雷器或电涌保护器、引下线和接地装置3部分组成。接闪器是用来接受直接雷击的金属物体。包括①避雷针;②避雷线;③避雷带和避雷网的保护范围。

(12)架空线路的防雷保护:①装设避雷线防线路遭受直击雷击;②加强线路绝缘或装设避雷器以防线路闪络。

(13)接地保护:为防止因电气设备绝缘损坏而遭受触电的危险,将电气设备的金属外壳与接地体相连接。

(14)接地的类型:按其功能可分为工作接地、保护接地、雷电保护接地以及静电接地4种方式。

思考与练习

8.1　怎样区分高压、低压和安全电压？具体规定如何？

8.2　发现有人触电如何急救？

8.3　对于触电者怎样进行抢救？

8.4　对于触电者进行人工呼吸时,应注意什么？

8.5　怎样对呼吸停止者进行急救？

8.6　处理故障时,应遵循哪些安全注意事项？

8.7　线路侧带电时,可能经常断开的开关在防雷上有哪些要求？

8.8　有雷电时,为什么10 kV、35 kV系统的接地信号会动作？其现象是什么？

8.9　什么是静电？有哪些危害？

8.10　雷电是如何产生的？雷电有哪些危害？

8.11　什么是直击雷过电压？

8.12　变电站内装设有哪些防雷设备？

8.13　什么是大气过电压？对设备有何危害？

8.14　架空电力线路上的感应过电压是如何产生的？怎样计算？

8.15　10 kV配电变压器的防自保护有哪些具体要求？

8.16　为什么35 kV线路不采用全线架空地线？

8.17　变电站接地网的接地电阻是多少？避雷针的近地电阻是多少？

8.18　接地网能否与避雷针连接在一起？为什么？

第9章 节约用电与电力谐波

内容提要:节约电能对于加速国民经济的发展和人民生活水平的提高具有重要的意义,与节约电能密切相关的重要技术指标有电力(电力负荷率)、电量、功率因数与电力谐波含量等。主要的无功补偿手段有:电力电容器补偿、静止补偿装置、进相机补偿、串联补偿等。此外还介绍了电力谐波及补偿滤波措施,电力谐波及其性质等。

9.1 节约用电

9.1.1 节约用电的一般知识

(1)节约用电的意义

电力资源是进行生产建设的主要能源。结合我国目前的实际情况,在发展生产的同时,必须注意能源的节约。

实践证明,作好节约用电工作,即可降低生产成本,又可把节约的电能用于扩大再生产,加速我国现代化建设的步伐。同时,对于电力系统来说,节约用电可降低线损、改善电能质量,所以,做好节约用电工作是用户和电力系统的一项很有意义的工作。

(2)实行计划用电的必要性

电力生产的特殊性决定了必须实行计划用电。

电力生产与其他工业不一样,因为到目前为止,电能还不能大量储存,发、供、用是在同一时间内完成的,在这个过程中,任何一个环节发生故障,都将影响电能的生产和供应。发电厂最理想、最经济的运行方式是带满负荷连续稳定运行,但是,实际上由于负荷性质和用电时间不尽相同,如不进行计划调整,在某些时间内,用电负荷急剧增长,而发电厂的装机容量有限,势必造成拉闸限电,影响工农业生产。而在另一些时间内,用电负荷大量下降,使发电厂停发或减发,这将造成不必要的损失。为此,必须有计划、合理地组织和安排电力的分配与使用,使有限的电力发挥最大的经济效益。

(3)节约用电工作的重要性

要想搞好节约用电,首先要从思想上认识到节约用电的重要性与严肃性。必须充分发动群众,提高群众的节电意识,树立全局观念。在企业生产中,应大力提倡技术和工艺革新、改造陈旧的设备、改进操作方法、不断地采用新技术、加强设备的维修与维护;另外还要设法降低产品的耗电量。工矿企业要定期制订节电计划,同时要编制出完成这些计划的技术措施和组织措施。一定要做到有计划、有措施、有布置、有检查。节约用电必须在坚持计划用电的基础上,才能够巩固和发展节电成果。

9.1.2 电力用户企业中的电能节约

在电力用户中与节约电能密切相关的重要技术指标是:电力(电力负荷率)、电量、功率因数与电力谐波含量。

(1)电力(电力负荷率)

限制最大负荷,减小电力用户负荷曲线的峰谷差,不仅可以使电力系统的发、变电设备得到充分利用,而且当电能消耗量在某一规定时间内为定值时,平稳的负荷曲线将使配、变电设备及电网中的电能损耗为最小。

研究设备的利用情况及其电能损耗的重要技术指标是负荷率 α。

随着电气化、自动化水平的提高,负荷率有逐年下降的趋势,由此可知,电力需求量的增长,导致发电及输变电设备相应地不断增长,与此同时,生产设备的有效利用率降低,从而使电能损耗增加,因此,维持电力用户较高的负荷率也就是响应了国家对于电力用户节约电能的要求。

提高负荷率、降低最大负荷的技术措施有:

①电力用户全面节能以降低最大负荷。

②在不违反生产规律的条件下,通过改变某些关键的大型用电设备或生产工序的开工时间以降低最大负荷。

③加强自动控制及自动检测,使关键用电设备工作在负荷曲线的低谷时间。

(2)电量

单位产品的耗电定额,供电系统中变、配电设备及线路上的电能损耗是合理节约电能的重要指标。我国的电力用户企业在节约电能的工作中积累了不少经验。

①利用工业余热发电供热。

②改进旧设备,提高效率及性能。

③在保证设备安全运行条件下,缩短生产周期,增加产量,提高质量。

④减少工序和压缩每道工序所需时间。

⑤改善工艺,改进操作。

⑥加强设备维修,减少机械磨损。

⑦减少工业用气、用风、用水的漏失。

⑧采用新技术、新工艺。

⑨在供电系统中采取措施节约电能,如减少电力用户变压器及线路损耗,提高系统的功率因数等。

⑩在确保安全基础上采用经济运行方式。

具体内容与措施和各工业部门的特点、生产条件有关,国内外已有各行业汇编的节约电能资料可供参考学习。

供电系统中节约电能的主要方法有：

①减少供电系统中变压器的电能损耗。电力用户中的变压器数量较多，正确选择数量和容量，及时投入和退出，使之达到合理运行，对节约电能的影响很大。在负荷较低时，尽量减少空载变压器的台数，特别是节假日进行检修、试验等工作时，一定要对供电系统进行认真调度；为了达到上述目的，在设计供电系统时就需考虑灵活的低压联络。如果电力用户的负荷曲线很不均衡，为了减少变压器的空载损耗，可将事故照明和警卫照明电源接在电力用户厂内电网的不同地点，设置两台相互联络、专供照明的小型变压器供电。

②减少配电线路中的电能损耗。在设计配电线路时，在厂区内应尽量减少迂回，线路走向一经确定，导线电阻便为常数，节约电能只能从导线通过的电流上着手，因此，条件允许时应采用已有的双回路并联工作或尽量利用备用线路供电。

③减少线路无功功率损耗。这可通过减小供电系统的总电流来实现，所以馈电线上应尽量不设置电抗器，必要时可采用分裂绕组变压器或首先考虑设置母线电抗器等办法。用线路供电，应将它们正确排列以减少邻近效应，从而使感抗减小，达到节能目的。

9.1.3 功率因数

功率因数是供、配电环节中节能的一项重要技术措施，在电力用户中，绝大多数用电设备都呈现电感性，需要从电力系统吸取无功功率，除白炽灯、电阻电热器等设备负荷的功率因数接近于1以外，其他设备（如三相交流异步电动机、三相变压器、电抗器等）的功率因数均小于1，特别是在轻载情况下，功率因数将更低。用电设备功率因数降低之后，在有功功率保持不变的情况下，无功功率便增加，这将带来以下许多不良后果：

1）增加电力网中输电线路上的有功功率损耗和电能损耗

若设备的功率因数降低，在保证输送同样的有功功率时，无功功率就要增加（因为 $Q=P\tan\varphi$），这样势必就要在输电线路中传输更大的电流，因此使输电线路上的有功功率损耗 $\left(\Delta P=\dfrac{P^2+Q^2}{U^2}\cdot R\right)$ 和电能损耗增大。

2）使电力系统内的电气设备容量不能充分利用

因为发电机或变压器都有一定的额定电压和额定容量，在正常情况下，运行参数不容许超过这些额定值。根据关系式 $P=\sqrt{3}UI\cos\varphi$ 可知，若功率因数降低，则有功出力也将随之降低，使设备容量不能得到充分利用。

3）功率因数过低还将使线路的电压损耗增大

由于 $\Delta U=\dfrac{PR+QX}{U}$，因此无功功率 Q 增加，电压损耗 ΔU 也将增加，结果使负荷端的电压下降，甚至会低于容许的偏移值，从而严重影响异步电动机及其他用电设备的正常运行。特别是在用电的高峰期，功率因数过低，会出现大面积地区的电压偏低，将给人们的生产和生活造成很大的损失。

综上所述，电力系统功率因数的高低是十分重要的问题。因此必须设法提高电网中各有关部分的功率因数，以充分利用电力系统内各发电设备和变电设备的容量，增加其输电能力，减小供电线路导线的截面，节约有色金属，减少电网中的功率损耗和电能损耗，并降低线路中的电压损失与电压波动，以达到节约电能和提高供电质量的目的。

目前,供电部门征收电费,将用户的功率因数高低作为一项重要的经济指标,《全国供用电规则》规定:“高压供电的装有带负荷调整电压装置的电力用户,功率因数应不低于0.90;其他100 kV·A(kW)及以上电力用户和大、中型电力排灌站,功率因数应不低于0.80。供电部门将根据将用户执行的情况,在收取电费时分别作出奖励、不奖不惩、罚款等处理。”

电力用户的功率因数通常随着负荷的变化与电压的波动而经常变化,供电部门实际上是要求电力用户的均权功率因数不得低于《全国供用电规则》的规定。所谓均权功率因数又称月平均功率因数,是以有功电能和无功电能为参数计算得到的功率因数,其计算公式为:

$$\cos \varphi_{WAV} = \frac{W_p}{\sqrt{W_p^2 + W_q^2}} = \frac{1}{\sqrt{1 + \left(\frac{W_q}{W_p}\right)^2}} \approx 0.93 \tag{9.1}$$

其中,$\cos \varphi_{WAV}$为月平均功率因数;A为有功电能,kW·h;W为无功电能,(kV·A)h。

A与W为电力用户有功电能表与无功电能表一个月内所记录的读数,代入式(9.1),计算得到均权功率因数,供电部门以此为依据调整电费。

【例9.1】 某材料加工厂全年用电量为:有功电能450万度,感性无功电能230万度,容性无功电能50万度,请计算该厂的年平均负荷和平均功率因数。

【解】 该厂年平均负荷为:

$$P_{av} = \frac{A}{8\ 760} = \frac{45 \times 10^5}{8\ 760}\ \text{kW} \approx 513.7\ \text{kW}$$

根据式(9.1)可得平均功率因数为:

$$\cos \varphi_{WAV} = \frac{W_p}{\sqrt{W_p^2 + W_q^2}} = \frac{450}{\sqrt{450^2 + (230 - 50)^2}} \approx 0.93$$

谐波含量超标将在电气回路里产生附加功率损耗、发热、产生机械振动、噪声和谐波谐振等,引发设备的损坏和造成能源损失。

9.2 供配电系统的无功补偿

9.2.1 电力用户的功率因数及对供电系统的影响

在电力用户供电系统中,绝大多数用电设备都具有电感的特性(如感应电动机、电力变压器、电焊机等)。这些设备不仅需要从电力系统吸收有功功率,还要吸收无功功率以产生这些设备正常工作所必需的交变磁场。然而在输送有功功率一定的情况下,无功功率增大,就会降低供电系统的功率因数。因此,功率因数是衡量电力用户供电系统电能利用程度及电气设备使用状况的一个具有代表性的重要指标。

(1)电力用户供电系统中常用的功率因数

1)瞬时功率因数

电力用户的功率因数是随设备类别、负荷情况、电压高低而不断变化的。其瞬时值可由功率因数表测得。或根据电流表、电压表及功率表在同一时刻的读数间接地由下式得到:

$$\cos\varphi = \frac{P}{\sqrt{3}UI}$$

2)均权平均功率因数

均权平均功率因数是指某一规定时间内功率因数的平均值。

$$\cos\varphi = \cos\tan^{-1}\frac{\int_{t1}^{t2}Q\mathrm{d}t}{\int_{t1}^{t2}P\mathrm{d}t} = \cos\tan^{-1}\frac{Q_{av}}{P_{av}} = \frac{1}{\sqrt{1+\left(\frac{V}{W}\right)^2}}$$

3)自然功率因数

凡未装设人工补偿装置时的功率因数称为自然功率因数。自然功率因数有瞬时值和均权平均值两种。

4)总功率因数

设置人工补偿装置后的功率因数称总功率因数。同样它可以有瞬时值和均权平均值。

(2)功率因数对供电系统的影响

当供电系统中输送的有功功率维持恒定的情况下，无功功率增大，即供电系统的功率因数降低将会引起：

①系统中输送的总电流增加，使得供电系统中的电气元件，如变压器、电器设备、导线等容量增大，从而使电力用户内部的启动控制设备、测量仪表等规格尺寸增大，因而增大了初投资费用。

②由于无功功率的增大而引起的总电流的增加，使得设备及供电线路的有功功率损耗相应地增大。

③由于供电系统中的电压损失正比于系统中度过的电流，因此，总电流增大，就使得供电系统中的电压损失增加，使得调压困难。

④对电力系统的发电设备来说，无功电流的增大，对发电机转子的去磁效应增加，电压降低，过度增大激磁电流，则使转子绕组的温升超过允许范围，为了保证转子绕组的正常工作，发电机就不能达到预定的出力。此外原动机的出力是以有功功率衡量的，当发电机发出的视在功率一定时，无功功率的增加，导致原动机的出力相对降低。

无功功率对电力系统及电力用户内部的供电系统都有不良的影响。因此，供电单位和电力用户内部都有降低无功功率需要量的要求，无功功率的减少就相应地提高了功率因数。目前供电部门实行按功率因数征收电费，因此功率因数的高低也是供电系统的一项重要的经济指标。

9.2.2　提高供配电系统的自然功率因数

不添置任何补偿设备，采取措施减少供电系统中无功功率的需要量，称为提高自然功率因数。它不需要增加投资，是最经济的提高功率因数的方法。要提高自然功率因数，首先应明确电力用户供电系统中的无功功率主要提供给哪些用电设备。

电力系统的全部无功功率中，感应电动机的约消耗60%，变压器的约消耗20%，其余的无功功率主要供给整流设备，各种感应器械、电抗器及架空电力线路等。因此，可得出结论，即电力用户的无功功率主要消耗在感应电动机及变压器中。

对于电力用户，提高自然功率因数的方法是通过降低各用电设备所需的无功功率来改善其功率因数，主要包括以下几个方面：

(1)正确选用异步电动机的型号和容量

因为异步电动机的功率因数和效率在70%额定负荷至满载运行时较高。例如，在额定负荷时 $\cos\varphi$ 为0.85~0.89，而在空载时 $\cos\varphi$ 只有0.2~0.3。因此，正确选用异步电动机使其额定容量与它所拖动的负荷相匹配，避免不合理的运行方式，对于改善功率因数是十分重要的。

(2)电力变压器不宜轻载运行

电力变压器一次侧功率因数不仅与负荷的功率因数有关，而且与负荷率有关。若变压器满载运行，一次侧功率因数仅比二次侧降低3%~5%；若变压器轻载运行，当负荷率小于0.6时，由于变压器的激磁损耗是不随负荷变动而变化的，一次侧的功率因数就显著下降，可达11%~18%。因此电力变压器不宜作轻载运行，当变压器负荷率小于30%时，应更换容量较小的变压器。

(3)适当采用同步电动机

对于持续运行的、不需要调速的大容量电机，有条件时可选择同步电动机，并使其过励磁运行，提供超前无功功率进行补偿。

(4)轻载绕线式异步电动机同步化运行

合理安排和调整工艺流程，改善电气设备的运行状况，限制电焊机、机床电动机等设备的空载运转。对于负荷率不大于0.7及最大负荷不大于90%的绕线式异步电动机，必要时可使其同步化运行。即当绕线式异步电动机在启动完毕后，向转子绕组中送入直流励磁，即可产生转矩将异步电动机牵入同步，其运行状态与同步电动机相似，在此励磁的情况下，电动机将向电网反送无功功率，从而达到改善功率因数的目的。

9.2.3 采用电力电容器无功补偿提高功率因数的方法

当采用提高用电设备自然功率因数的方法后，功率因数仍不能达到《供用电规则》所要求的数值时，就需要设置专门的补偿设备来提高功率因数。在电力用户中，广泛采用静电电容器作为无功补偿电源。此外，同步电动机在过励磁方式运行[功率因数为0.8~0.9(超前)]时，也可向电力系统提供无功功率。但是同步电动机结构复杂且配有启动控制设备，维护工作量大，用同步电动机作无功补偿的价格明显高于用异步电动机加电力电容器补偿的价格。用户在满足工艺条件的情况下，是否采用同步电动机来提高企业的功率因数，可通过技术、经济比较决定。通常，对低速、恒速且长期连续工作的容量较大的电动机，如轧钢机的电动发电机组、球磨机、空压机、鼓风机、水泵等设备宜采用同步电动机，这些设备容量一般在250 kW以上，环境和启动条件均可满足同步电动机的要求，而且停歇时间较小，因此对改善功率因数起很大的作用；而对小容量的高速电动机，采用同步电动机一般是不经济的。

用电力电容器作无功补偿以提高功率因数，其电力电容器的补偿容量可用下式确定：

$$Q_c = \alpha P_{ca}(\tan\varphi_1 - \tan\varphi_2) \tag{9.2}$$

式中 P_{ca}——最大有功计算负荷；

α——月平均有功负荷系数；

$\tan\varphi_1$、$\tan\varphi_2$——补偿前、补偿后均权功率因数角的正切值。

在计算补偿用电力电容器容量和个数时，应考虑实际运行电压可能与额定电压不同（实际运行电压只能低于或等于额定电压），电容器能补偿的实际容量应按下式进行换算：

$$Q'_{N} = Q_{N}\left(\frac{U}{U_{N}}\right)^{2} \tag{9.3}$$

式中　Q_N——电容器铭牌上的额定容量；

Q'_N——电容器在实际运行电压下的容量；

U_N——电容器的额定电压；

U——电容器的实际运行电压。

从式(9.3)可以看出，除了在不得已的情况下，应避免电力电容器降压运行。

【例9.2】　某玩具厂全年消耗的电能共为2 500万度，无功电能为1 300万度，供电电压为10 kV。其平均有功功率和平均功率因数是多少？欲将功率因数提高到0.9，需装设额定容量为30 kV·A、额定电容为0.86 μF的并联电容器多少台？

【解】　平均有功功率 P_{ca}：

$$P_{ca} = \frac{W}{8\,760} = \frac{(2\,500 - 1\,300) \times 10^{4}}{8\,760}\ \text{kW} \approx 1\,370\ \text{kW}$$

根据式(9.1)的平均功率因数 $\cos_{WAV}$，得：

$$\cos_{WAV} = \frac{W_{P}}{\sqrt{W_{p}^{2} + W_{q}^{2}}} = \frac{1\,200}{\sqrt{1\,200^{2} + 1\,300^{2}}} \approx 0.68$$

无功补偿前：$\tan \varphi_1 = \tan(\arccos 0.68) \approx 1.078\,2$

无功补偿后：$\tan \varphi_2 = \tan(\arccos 0.9) \approx 0.484\,3$

$$Q_{c} = \alpha P_{ca}(\tan \varphi_{1} - \tan \varphi_{2}) = 0.75 \times 1\,370 \times (1.078\,2 - 0.484\,3)\ \text{kV} \cdot \text{A} = 610.23\ \text{kV} \cdot \text{A}$$

$$n = \frac{Q_{c}}{Q_{N}} = \frac{610.23}{30} \approx 20.3$$

考虑三相平均分配，应装设21个并联电容器，每相7个，实际补偿容量为 $21 \times 30 = 630$ kV·A。

9.2.4　并联电容的无功补偿方式

用户的电容器补偿方式可分为就地补偿、分组（分散）补偿和集中补偿3种，如图9.1所示。

1）高压集中补偿

高压集中补偿方式是在地面变电所6～10 kV母线上集中装设移相电容器组，一般设有专门的电容器室，并要求通风良好及配有可靠的放电设备。它只能补偿6～10 kV母线前所有向该母线供电的线路上的无功功率，而该母线后的用户线路并没有得到无功补偿，因而对于用户来讲，经济效益较差。由于用户6～10 kV母线上无功功率变化比较平稳，高压集中补偿便于运行管理和调节，而且利用率高，还可提高供电变压器的负荷能力。从全局上看可以改善地区电网，甚至区域大电网的功率因数，因此至今仍是城市及大中型工矿企业的主要无功补偿方式。

2）低压成组补偿

低压成组补偿方式是把低压电容器组或无功功率自动补偿装置装设在车间动力变压器低

压母线上。它能补偿低压母线前的用户高压电网、地区电网和整个电力系统的无功功率,用户本身可获得相当的经济效益。低压成组补偿投资不大,通常安装在低压配电室内,运行维护及管理也很方便,因而正在逐渐成为无功补偿中的重要成分。

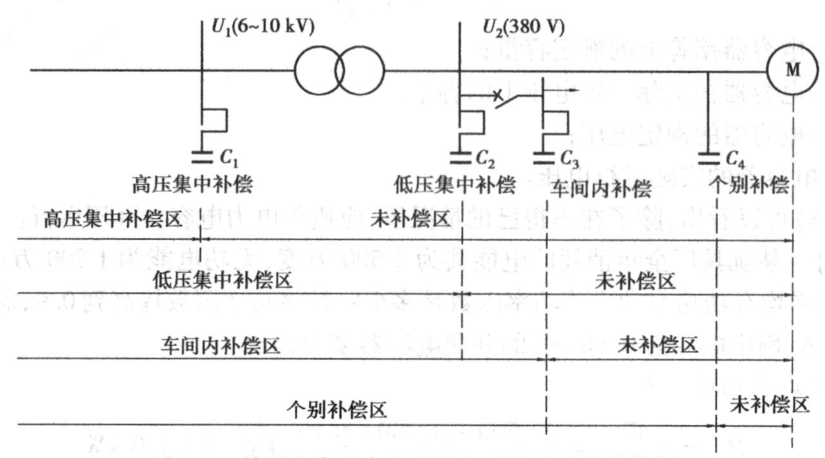

图 9.1　并联电容器在工厂配电系统中的装设位置

3)分散就地补偿

分散就地补偿方式是将电容器组分别装设在各组用电设备或单独的大容量电动机处。它与用电设备的停、运相一致,但不能与之共用一套控制设备。分散就地补偿从补偿效果上看是比较理想的,但是投资较大,同时增加了管理上的不便,而且利用效率较低,所以仅适用于个别容量较大且位置单独的负荷。

在实际应用中,若能够将3种补偿方式统筹考虑、合理布局,将可能取得很好的技术经济效益。对于补偿容量相当大的电力用户,宜采用高压侧集中补偿和低压侧分散补偿相结合的方法。对于用电负荷分散及补偿容量较小的电力用户,一般仅采用低压补偿。

虽然并联电容器补偿方式比较简单,而且成本也比较低,但这种方式只能补偿固定的无功功率,因为一旦电容值选定后,就确定了其相应的无功功率。此外,在系统中有谐波时,还可能发生并联谐振,使谐波放大,造成电容器损坏。

如图9.2所示是低压无功补偿装置,由带内熔丝的金属膜自愈式电容器、复合控制开关(或调切器)、自动投退及配变监测等组成。无功补偿算法:以无功功率为控制物理量,以功率因数和电压为投切参考限制条件,运行中不会产生过补。

投切控制方式可实现三相补偿、分相补偿和混合补偿中的任一种补偿方式;具有手动/自动控制切换功能,可以对电容器投切闭锁;具有电容器零电压投入,零电流切除控制功能,无投切震荡,无补偿死区;三相补偿方式应支持循环投切和编码投切。

9.2.5　采用静止补偿装置提高功率因数的方法

传统采用电力电容器作为无功补偿的方法,其阻抗值是固定的,不能跟踪负荷无功需求的变化,即使采用断路器或接触器投切补偿电容器,也只能进行分级阶梯状调节,并且受机械开关动作的限制,响应速度慢,不能满足对波动频繁的无功负荷进行补偿的要求,也就是不能实现对无功功率的动态补偿。而随着电力系统的发展,对无功功率进行快速动态补偿的需求越来越大。

(a)XJD户外无功补偿箱

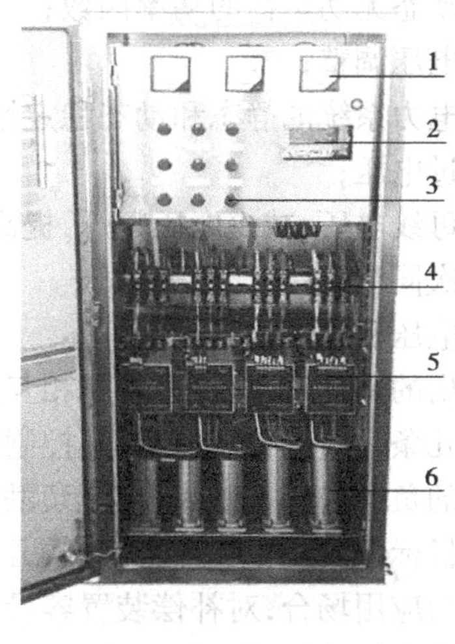

(b)补偿箱内部布局情况
(桂越科技提供)

图9.2　低压无功补偿装置
1—指示仪表;2—无功补偿控制器;3—指示灯;
4—过载保护熔断器;5—复合开关;6—电容器

传统的无功功率动态补偿装置是同步调相机。它是专门用来产生无功功率的同步电机,在过励磁或欠励磁的不同情况下,可分别发出不同大小的容性或感性无功功率。20世纪20年代以来,同步调相机在电力系统无功功率控制中曾一度发挥了主要作用。然而,由于它是旋转电机,因此,损耗和噪声都较大,运行维护复杂,而且响应速度慢,在很多情况下已无法适应快速无功功率控制的要求。所以自20世纪70年代以来,同步调相机开始逐渐被静止型无功补偿装置(Static Var Compensator,SVC)所取代,目前有些国家甚至已不再使用同步调相机。

早期的静止型无功补偿装置是饱和电抗器(Saturated Reactor,SR)型的,与同步调相机相比,具有静止、响应速度快的优点;但是由于其铁芯需磁化到饱和状态,因而损耗和噪声都很大,而且存在非线性电路的一些特殊问题,加之不能分相调节以补偿负荷的不平衡,所以未能占据静止型无功补偿装置的主流。

电力电子技术的发展及其在电力系统中的应用,将使用晶闸管控制的静止型无功补偿装置推上了电力系统无功功率控制的舞台。1977年,美国GE公司首次在实际电力系统中演示运行了其使用晶闸管控制的静止无功补偿装置。1978年,在美国电力研究院的支持下,西屋电气公司制造的使用控制晶闸管的静止无功补偿装置投入实际运行。由于使用晶闸管控制的静止无功补偿装置具有优良的性能,所以在世界范围内其市场一直在迅速而稳定地增长,已占据静止无功补偿装置的主导地位。因此,静止无功补偿装置(SVC)这个词往往是专指使用晶闸管控制的静止无功补偿装置,包括晶闸管控制电抗器(Thyristor Controlled Reactor,TCR)和晶闸管投切电容器(Thyristor Switched Capacitor,TSC),以及这两者的混合装置(TCR+TSC)等。20世纪80年代,一种更为先进的静止型无功补偿装置出现了,这就是采用自换相变流电路的静止无功发生器(Static Var Generator,SVG)。后文将对这些补偿装置分别简要介绍。

利用静止无功补偿装置对电力系统中无功功率进行快速动态补偿，可以实现以下功能：

①校正动态无功负荷的功率因数；

②改善电压调整；

③提高电力系统的静态和动态稳定性，阻尼功率振荡；

④降低过电压；

⑤稳定母线电压，减少电压闪烁，提高电压质量；

⑥阻尼次同步振荡；

⑦减少电压和电流的不平衡。

应当指出的是，以上功能虽然是相互关联的，但实际的静止无功补偿装置往往只能以其中某一条或某几条为直接控制目标，其控制策略也因此而不同。此外，这些功能有的以对一个或几个在一起的负载进行补偿为目标（负载补偿），有的则是以提高整个输电系统性能的改善和传输能力为目标（输电补偿），而改善电压调整、提高电压的稳定度，则可看成是二者的共同目标。在不同的应用场合，对补偿装置容量的要求也不一样。以电弧炉、电解、轧机等大容量工业冲击负荷为直接补偿对象的无功补偿装置，要求的容量较小；而以电力系统性能为直接控制目标的系统用无功补偿装置，则要求具有较大容量，往往达到几十或几百兆乏。

（1）晶闸管控制电抗器（TCR）

TCR 的基本原理如图 9.3 所示。其单相基本结构就是两个反向并联的晶闸管与一个电抗器相串联，而三相多采用三角形联结。这样的电路并联到电网上，就相当于电感负载的交流调压电路。显然，触发延迟角 α 的有效移相范围为 90° ~ 180°。该电路位移因数始终为 0，也就是说，基波电流都是无功电流。触发延迟角 $\alpha=90°$时，晶闸管完全导通，导通角 $\delta=180°$，与晶闸管串联的电抗器相当于直接接到电网上，这时电抗器吸收的基波电流和无功功率最大：当触发延迟角 α 为 90° ~ 180°时，晶闸管为部分区间导通，导通角 $\delta<180°$。增大触发延迟角 α 的效果就是减少电流中的基波分量，减小其等效电纳，因而减少了其吸收的无功功率。

为了防止三次及 3 的倍数次数谐波对电网造成影响，TCR 的三相接线形式大都采用三角形联结，使上述谐波经三相电抗器形成环流而不注入电网。在工程实际中，还常常将每一相的电抗器分成如图 9.4 所示的两部分，分别接在晶闸管对的两端。这样可以使晶闸管在电抗器损坏时能得到额外的保护。

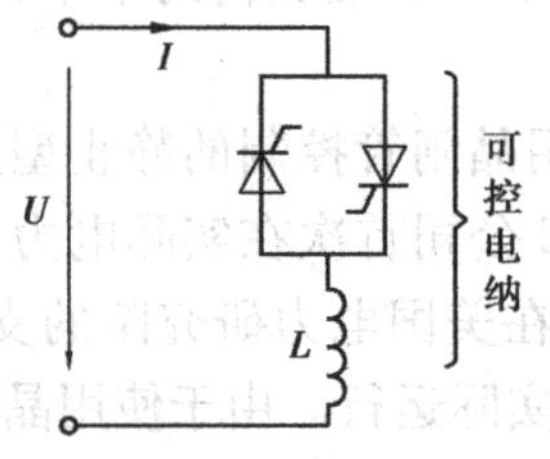

图 9.3　TCR 的基本原理图

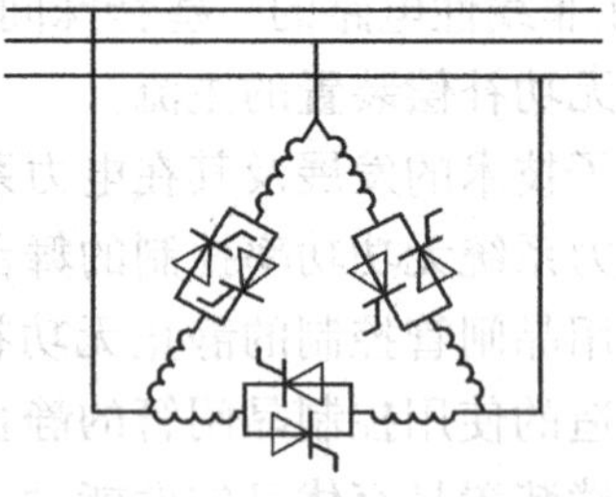

图 9.4　TCR 的三相接线形式

（2）晶闸管投切电容器（TSC）

TSC 的基本原理如图 9.5 所示。图 9.5（a）是其单相电路图，图中两个反向并联晶闸管起着将电容器投入电网或从电网中切除的作用，而串联的小电感对电容器投入电网时可能造成的冲击电流起抑制作用。在工程上常常将电容器分成几组，如图 9.4（b）所示，每组都可由晶闸管单独投切。与 TCR 中利用相控方式改变等效感抗不同,TSC 采用整数半周控制,根据电网的无功功率需求来投切这些电容器。

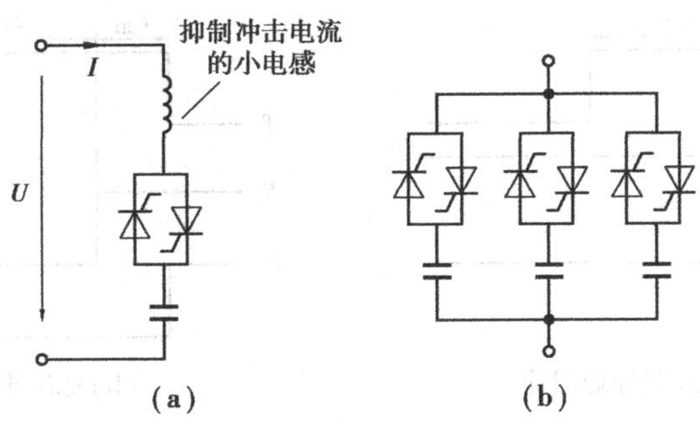

图 9.5　TSC 的基本原理图

TSC 实际上就是可有级调节的、发出容性无功功率的动态无功补偿器。与 TCR 相比,TSC 虽然不能连续调节无功功率,但具有运行时不产生谐波而且损耗较小的优点。因此 TSC 已在电力系统中获得了较广泛的应用。为了实现连续可调的发出容性无功功率的能力,可采用 TSC 和 TCR 相结合的方法。

(3)**复合开关投切电容器**

复合开关的基本工作原理是将晶闸管与磁保持继电器并接,实现电压过零导通和电流过零切断。适用于对低压无功补偿电容器的通断控制,由于投切电容无冲击电流,可实现快速无功补偿。基本工作原理是将晶闸管与磁保持继电器并接,使复合开关在接通和断开的瞬间具有晶闸管过零投切的优点,而在正常接通期间又具有接触器无功耗的优点。其原理如图 9.6 和图 9.7 所示。

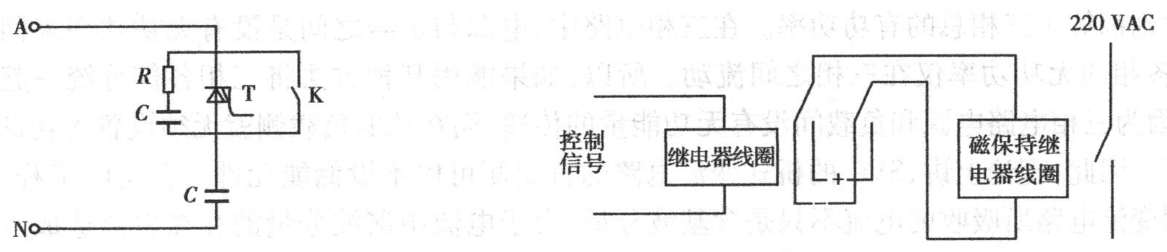

图 9.6　复合开关原理图　　　　图 9.7　磁保持继电器正负脉冲极性转化电路原理图

①过零投切。过零投切的实现方法是投入时在电压过零瞬间晶闸管先过零触发,稳定后再将磁保持继电器吸合导通;而切除时是先将磁保持继电器断开,晶闸管延时过零断开,从而实现电流过零切除。

②采用单片机控制投切并监控晶闸管、继电器以及输入电源和负载的运行状况,从而具备完善的保护功能。

图 9.8 是复合开关工作时序图,其中,T 代表晶闸管触发脉冲的使能信号,K 代表交流接触器的开关信号,S 代表复合开关的开关信号,逻辑均为正逻辑。$t_{on1}=10$ ms,$t_{on2}=20$ ms,$t_{off1}=10$ ms,$t_{off2}=20$ ms。

复合开关与交流接触器、晶闸管或固态继电器等开关元件相比较有很大的技术优势。主要优点是接到外部控制信号后,通过逻辑判断,自动寻找最佳投入(切除)点;保证过零投切,无涌流,触点不烧结,能耗小,无谐波注入;同时具有电压异常保护、缺相保护、元件故障保护、运行指示等功能。与同类产品相比,其在技术上具有极大的先进性,高效低耗,环保节能,尤其是在涌流和安全可靠性方面性能大大提高。

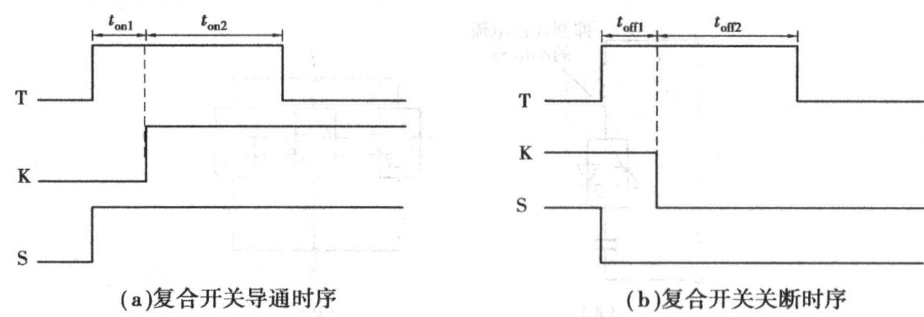

(a)复合开关导通时序　　(b)复合开关关断时序

图 9.8　复合开关工作时序图

(4)**静止无功发生器**(SVG)

SVG 通常是指由自换相的电力半导体变流器来进行动态无功补偿的装置。与传统的以 TCR 和 TSC 为代表的 SVC 装置相比,SVG 的调节速度更快、运行范围更宽,而且在采用多重化、多电子或 PWM 技术等措施后可大大减少补偿电流中的谐波分量。同时,SVG 使用的电抗器和电容器容量远比 SVC 中使用的电抗器和电容器要小,这将大大缩小装置的体积。

简单地说,SVG 的基本原理就是,将自换相桥式变流电路通过电抗器或直接并联在电网上,适当地调节桥式电路交流侧输出电压的相位和幅值,或者直接控制其交流侧电流,就可以使该电路吸收或者发出满足要求的无功电流,实现动态无功补偿。

从电路原理可知,在单相电路中,与基波无功功率有关的能量是在电源和负载之间来回往返的。但是在对称三相电路中,不论负载的功率因数如何,三相瞬时功率的和是一定的,在任何时刻都等于三相总的有功功率。在三相电路中,电源与负载之间是没有无功功率来回流动的,各相的无功功率仅在三相之间流动。所以,如果能用某种方法将三相各部分统一起来处理,因为三相电路电源和负载间没有无功能量的传递,而在总的负载侧就无须设置无功储能元件了。因此,理论上讲,SVG 的桥式变流电路的直流侧可以不设储能元件。在实际工程中,考虑到变流电路所吸收的电流不只是含基波分量,由于电流中谐波分量的存在也会造成少许无功功率在三相电源和 SVG 之间流动,因此,为了维持桥式变流电路的正常工作,其直流侧需装设一定大小的电感或电容用作储能,但所需储能元件的容量要比 SVG 所能提供的无功容量小得多。因此,SVG 中储能元件的体积和成本比同容量的 SVC 中大大减小。

SVG 通常分为电压型桥式电路和电流型桥式电路,如图 9.9(a)、(b)所示。电路的直流侧分别接电容和电感两种不同的储能元件。在交流侧,对电压型桥式电路,还需串联电感才能并入电网;对电流型桥式电路,则需并联上电容器,以吸收换相产生的过电压。目前,由于运行效率等原因,实际上大多数采用电压型桥式电路,以下介绍它的工作原理,并简称为 SVG。

SVG 正常工作时是通过电力电子元件的导通和阻断将直流侧电压转换成交流侧(与电网同频率)的输出电压,它就像一个电压型逆变器,只不过其交流侧输出接的是电网,而不是无源负载。因此,当仅考虑基波频率时,SVG 可以等效地视为幅值和相位均可以控制的一个与电网同频率的交流电压源,它通过电抗器连接到电网上,其单相等效电路如图 9.10(a)所示。图中 $\dot{U}_S$为电网电压,$\dot{U}_1$为 SVG 输出的交流电压,连接用的电抗器上的电压 $\dot{U}_L$即为 $\dot{U}_S$和 $\dot{U}_1$的相量差。改变 SVG 交流侧输出电压 $\dot{U}_1$的幅值及相对于 $\dot{U}_S$的相位,就可改变连接电抗上的电压,从而控制 SVG 从电网吸收电流的相位和幅值,也就控制了 SVG 吸收无功功率的性质和大小。若忽略电抗器的有功损耗,则可将电抗器看成是纳电感,这样,只需使 $\dot{U}_1$与 $\dot{U}_S$外同相位,仅改变 $\dot{U}_1$的幅值大小即可控制 SVG 从电网吸收电流 $\dot{I}$的大小和相位。如图9.10(b)所示,当 $U_1 > U_S$ 时,电流超前电压 90°,SVG 吸收容性的无功功率;当 $U_1 < U_S$ 时,电流滞后电压 90°,SVG 吸收感性的无功功率。

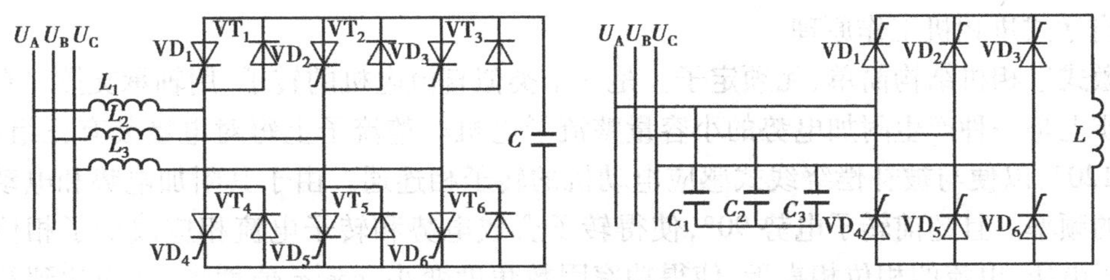

图9.9 SVG 的电路基本结构

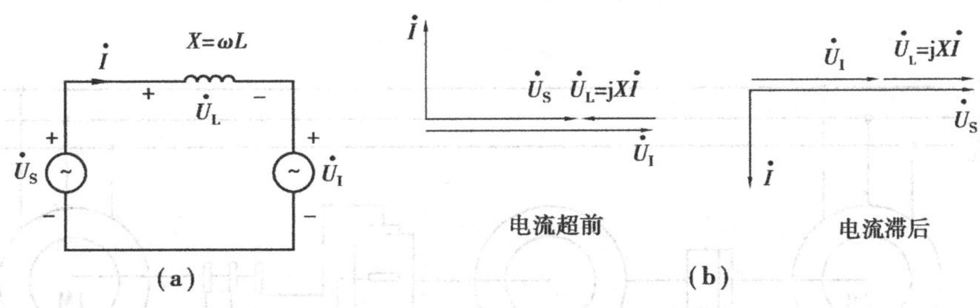

图9.10 SVG 等效电路及工作原理(不考虑损耗)

若计及电抗器的有功损耗和变流器本身的损耗,并将这些损耗用电阻来替代,则 SVG 单相等效电路如图9.11(a)所示,图9.11(b)为其相量图。在这种情况下,变流器输出电压$\dot{U}_1$与电流 $\dot{I}$仍相差 90°,而电网电压 $\dot{U}_S$与电流 $\dot{I}$ 的相差则不再是 90°,而是比 90°小了 δ 角,因此,电网就需要提供有功功率,以满足电路对损耗的要求,与之相关的电流 $\dot{I}$ 中就有一定的有功分量。由相量图可知,这个 δ 角也就是变流器输出电压 $\dot{U}_1$与电网电压 $\dot{U}_S$的相位差,改变 $\dot{U}_1$的幅值,才能改变电流 $\dot{I}$ 的相位和大小,从而调节 SVG 从电网吸收的无功功率大小和性质。

(5)进相机补偿

进相机是一种用来对绕线式异步电动机进行就地无功补偿的节电装置,有自激式和它激式两种。进相机的基本工作原理是在电动机的转子回路中,增加一个导前于转子主电势 90°的附加电势,从而使电动机的功率因数得到改善。这里主要介绍自激式进相机。

自激式进相机是一种特种电机,可以提高三相绕线式异步电动机的功率因数,特别是大、中型三相绕线式异步电动机的功率因数,可使主电动机的功率因数提高到 0.95 ~ 1.00。适合于恒转场合,配用于工矿企业使用的 95 ~ 1 250 kW 高、低压三相绕线式异步电动机,在一定条件下还能提高主电机效率和过载能力等独到的特点。

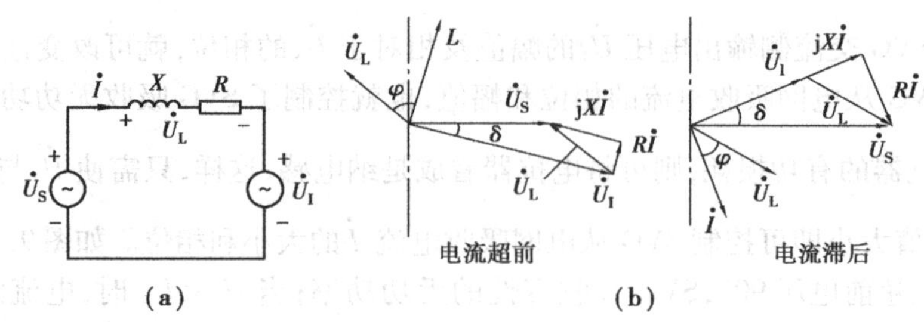

图 9.11　SVG 等效电路及工作原理(考虑损耗)

1)自激式进相机工作原理

自激式进相机结构简单、无须定子。是一个类似直流电机的转子,用轴承支撑。自激式进相机实质上是一种产生附加电势的小容量整流子电机。整流子上每对电极装有三组电刷,彼此相隔 120°,以便与被补偿绕线式感应电动机的转子相连通。由于其附加电势和电动机转子有相同的频率。且超前转子电势 90°,使得转子合成电势和转子电流相应改变了相位。进而影响定子电压、电流的相位相靠近,使得功率因数角度变小,$\cos\varphi$ 值增大,从而达到补偿无功功率降低有功损耗的目的。进相机接入绕线式异步电动机转子回路运行时的接线,如图 9.12 所示。

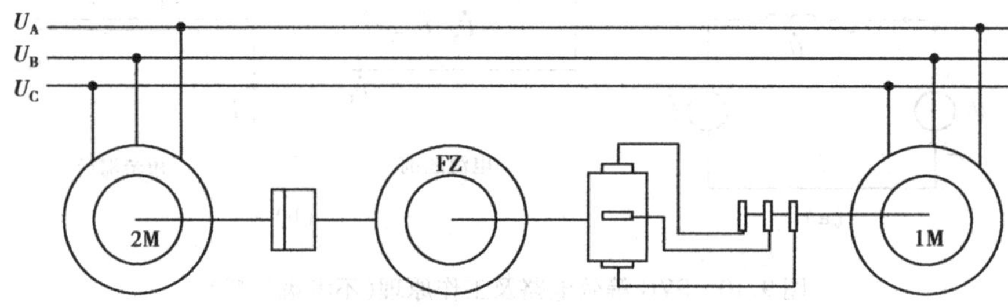

图 9.12　进相机接线示意图

1M—绕线式异步电动机;2M—进相机拖动电机;FZ—进相机

2)自激式进相机的特点

进相机的优点:

①能减少供电电路的无功电流及供电线损,投入进相机后,即是主电动机电路中电流通过能力增加,在电线输送的过程中,损失减少了。

②减少主电动机的铜耗并降低定子的温升。

③主电动机工作电流下降 25%,节能效果好,同时还防止了主电动机发热和过载跳闸现象,延长了电动机的使用寿命。对挖潜改造的糖厂效果明显,可以不换电动机,提高压榨处理量 20% ~30%。

④运行可靠,无须调节,结构简单,操作维护方便。

进相机的缺点:

①由于进相机只有转子,没有定子,转子裸露在外面,容易受到环境的污染,影响进相机的正常工作,要在较好的环境下才能更好地发挥其作用。

②进相机由于使用碳刷,使用时有点娇气,要注意其正确使用及维护。

(6)**调节发电机的励磁电流进行无功补偿**

励磁系统是同步发电机的重要组成部分,它是供给同步发电机励磁电源的一套系统。励磁系统一般由两部分组成:一部分用于向发电机的磁场绕组提供直流电流,以建立直流磁场,通常称作励磁功率输出部分(或称励磁功率单元)。另一部分用于在正常运行或发生故障时调节励磁电流,以满足安全运行的需要,通常称作励磁控制部分(或称励磁控制单元或励磁调节器)。在电力系统的运行中,同步发电机的励磁控制系统起着重要的作用,它不仅控制发电机的端电压,而且还控制发电机无功功率、功率因数和电流等参数。在电力系统正常运行的情况下,维持发电机或系统的电压水平;合理分配发电机间的无功负荷;提高电力系统的静态稳定性和动态稳定性,所以对励磁系统必须满足以下要求:励磁电流,以维持电压在稳定值水平,并能稳定地分配机组间的无功负荷。在有自备发电机组的企业可以考虑。

(7)**串联补偿**

串联补偿技术就是利用补偿装置的容抗抵消部分输电线路感抗。它的引入可以减少电能损失,增加线路的输送能力,较好地调整线路负荷,改善系统的静态、动态稳定性,在电力系统发生严重干扰的过程中,还可减少负荷区的电压降落。由于采用串联补偿输电,交流输电的距离变得越来越远,输送主干电力的串联补偿交流输电走廊已实现输送距离超过 1 000 km。

1)提高系统稳定性和输送功率

串联补偿装置的连接示意图如图 9.13 所示。

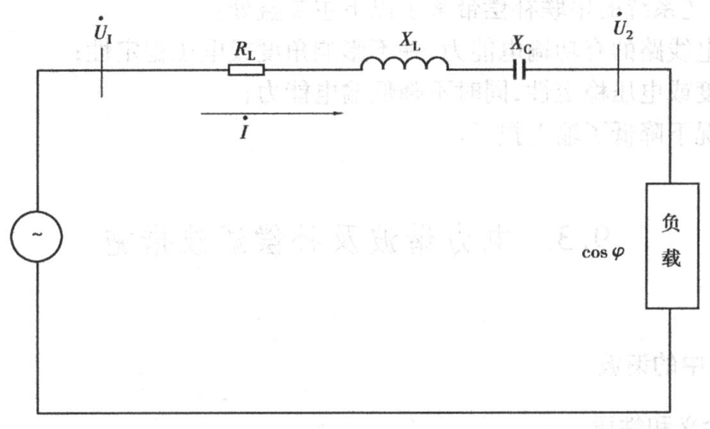

图 9.13　串联补偿装置的连接示意图

如果在图 9.13 中没有加入串联补偿装置,在一般的实用计算中,输电线路的输送功率为:

$$P = \frac{U_1 U_2}{X_L} \sin \delta = P_m \sin \delta \tag{9.4}$$

式中　U_1、U_2——线路首末端电压;

P_m——线路极限输送功率,即线路静态稳定极限;

X_L——线路电抗;

δ——线路首末端电压相角差,即功角。

所以,如果能降低输电线路的感抗,就能提高稳定极限和传输功率。例如,在高压远距离输电线路上,串联补偿电容器组的作用相当于缩短线路的电气距离,从而提高线路的稳定极限和输送能力。在输电线路补偿策略中属于线路补偿。装设容抗 X_C 为串联无功补偿装置后,线路的输送功率为：

$$P = \frac{U_1 U_2}{X_L - X_C} \sin\delta \tag{9.5}$$

所以，在同一功角 δ 下，增加的输送功率倍数为：

$$\frac{X_L}{X_L - X_C} = \frac{1}{1 - K_C} \tag{9.6}$$

式中 $K_C = X_C / X_L$——串联补偿度。

串联补偿对输电阻抗的影响为优化平行输电回路之间的负荷平衡提供了可能，并且允许提高总的电力输送能力。这是由于引入串联补偿能够让电力从负荷繁重的支线向负荷较轻的支线转移，这样为实现更多的电力输送提供了余地。

2）改善线路的电压质量

在图 9.13 中，线路电压降 ΔU 可表示为：

$$\Delta U = I[R_L \cos\varphi + (1 - K_C) X_L \sin\varphi] \tag{9.7}$$

由式（9.7）可知，串联无功补偿装置可使线路电压降 ΔU 减少 $K_C \cdot I \cdot X_L \sin\varphi$，而且补偿度 K_C 越高，ΔU 减少越显著。

所以串联补偿有助于在真正动态环境下实现电压稳定。这使得串联补偿成为在负荷繁重的输电回路中保持甚至增加电压稳定性的一个很有效的方式。

总之，电力输送系统的串联补偿带来了以下主要益处：

①增加了输电线路的有功输电能力，并不影响角度或电压稳定性；

②增加了角度或电压稳定性，同时不降低输电能力；

③在许多情况下降低了输电损耗。

9.3 电力谐波及补偿滤波措施

9.3.1 电网中的谐波

（1）谐波的含义和性质

谐波是一个周期电气量的正弦波分量，其频率为基波频率的整倍数。由于谐波的频率是基波的整数倍，因此也常称它为高次谐波。

谐波的特性表现在以下几个方面：

1）谐波次数 N 次必须是正整数

如我国电力系统的额定频率为 50 Hz，则其基波频率为 50 Hz，二次谐波为 100 Hz，三次谐波为 150 Hz。

2）谐波和暂态现象的区别

谐波现象波形是保持不变的；而暂态现象，其每周的波形都发生变化。对于不属谐波范畴的波形畸变（仅在正弦波一周期的极小部分上发生陷波），一般以基波峰值 U_{1m} 的百分数来表示，其畸变偏差百分值 δ_u^*，用下式计算为：

$$\delta_u^* = 100\Delta u / U_{1m}\% \tag{9.8}$$

式中　Δu——畸变偏差值。

对畸变偏差百分值 δ_u^* 的最大允许值要加以限制。

3)短时间谐波和暂态现象中的谐波分量

对于间断性质的电流脉冲及其引起的电压畸变电要求：

电流脉冲持续的时间不超过2 s,且两个电流脉冲之间的时间间隔不小于30 s,则这种谐波分量和暂态分量是允许的。但对在生产过程中造成的电压波动所引起的闪变必须加以限制,为了使闪变减少到可以容许的限度,供电点处的短路电流须保持一定水平或是装设电压波动补偿装置并附带谐波滤波器。

此外实际电力系统中常存在一些频率不是基波频率整数倍的正弦分量,这些分量频率与基波频率之比有些是分数,如1/2、1/3、…,则称为次谐波或分数次谐波,有些则介于两个整数之间,如2.5、3.6、…,则称为间谐波。它们的情况与谐波不尽相同,在本节中不予讨论。

(2)电力系统谐波产生的原因及谐波源

1)供电系统中谐波产生的原因

谐波产生的根本原因是由于电力系统中某些设备和负荷的非线性,即所加的电压与产生的电流不呈线性关系而造成的波形的畸变。当电力系统向非线性的设备及负荷供电时,这些设备或负荷在传递(如变压器)、变换(如交直流换流器)、吸收(如电弧炉)系统发电机所供给的基波能量的同时,又把部分基波能量转换为谐波能量,向系统倒送大量的谐波,使系统的正弦波形畸变,电能质量降低,损坏系统设备,威胁电力系统的安全运行,增加电力系统的功率损耗,给系统带来危害。

电力系统的工频电源主要是发电厂中的同步发电机。当在发电机励磁绕组中通以直流电流,并在磁极下产生按正弦分布约磁场时,定子绕组中将感应出正弦电动势,发电机输出波形为正弦波的电压。但这只是理想的情况,实际发电机中,磁极磁场并非完全按照正弦规律分布,因此感应电动势就不是理想的正弦波,输出电压中也就包含一定的谐波。这种谐波电动势的频率和幅值只取决于发电机本身的结构和工作情况,基本与外接负载无关,可以看成是谐波电压源。由于在设计发电机时,采取了许多削弱谐波电动势的措施,因此,其输出电压的谐波含量是很小的。国际电工委员会(IEC)规定,发电机的端电压波形在任何瞬间与其基波波形之差不得大于基波幅值的5%。因此,在分析公用电网的谐波时,可以认为发电机电动势为纯正弦波形,不考虑其谐波分量。

2)电力系统谐波源

谐波源产生的谐波,与其非线性特性有关。电力系统的谐波源主要有以下几种：

①系统中的各种非线性用电设备。如换流设备、调压装置、电气化铁道、电弧炉、荧光灯、家用电器以及各种电子节能控制设备等是电力系统谐波的主要产生源。

②供电系统本身存在的非线性元件是谐波的又一来源。这些非线性元件主要有变压器激磁支路、交直流换流站的晶闸管控制元件、晶闸管控制的电容器、电抗器组等。

③如荧光灯、家用电器等的单个容量不大,但数量很大且散布于各处,电力部门又难以管理的用电设备。如果这些设备的电流谐波含量过大,则会对电力系统造成严重影响,对该类设备的电流谐波含量,在制造时即应限制在一定的数量范围之内。

④发电机发出的谐波电势。发电机发出的谐波电势同时也会有谐波电势产生,其谐波电势取决于发电机本身的结构和工作状况,基本上与外接阻抗无关。故可视为谐波恒压源,但其

值很小。

(3)谐波对电气设备的影响和危害

谐波的危害主要体现在以下几个方面：

1)谐波对旋转电机的影响

谐波对旋转电机(发电机和电动机)的主要影响是产生附加功率损耗和发热，其次是产生机械振动、噪声和谐波过电压。

谐波对旋转电机可引起附加损耗，反映谐波附加损耗的谐波电阻 R_n 和反映基波损耗的工频电阻 R_1 之比大于1，一般采用以下近似比值：

$$\frac{R_n}{R_1} \approx \sqrt{n} \tag{9.9}$$

对于某些旋转电机实际比值可能比式(9.9)小；对于某些变压器实际比值可能比式(9.9)大。

2)对无功补偿电容器引起谐振或谐波电流的放大

电力谐波对无功补偿电容器引起谐振或谐波电流的放大，从而导致电容器因过负荷或过电压而损坏；对电力电缆也会造成电缆的过负荷或过电压击穿。类似现象国内外都有这方面的深刻教训。

3)对供电网和导线增加电网的损耗

当发生谐振或放大现象时，损耗可达到相当大的程度。谐波电流在导线上的发热比均方根电流造成的预期发热量高，原因是集肤效应和邻近效应造成的。

4)对继电保护、自动控制装置和计算机产生干扰和造成误动作

尤其是一些衰减时间较长的暂态过程，如变压器合闸涌流中的谐波分量，由于其含量和辐值都很大，更容易引起继电保护的误动作。

5)造成电能计量的误差

谐波的影响一方面是增加电度表本身的误差，另一方面是谐波源负荷从系统中吸收基波功率而向系统送出谐波功率。这样受害的用户既从系统中吸收基波功率，又从谐波源吸收无用的谐波功率，其后果是谐波源负荷用户少付电费，而受害的用户需多付电费。

6)谐波电流在高压架空线路上的流动带来的问题

谐波电流在高压架空线路上的流动除增加线损外，还将对相邻通信线路产生干扰影响。

7)对断路器和熔断器的影响

电流波形的畸变明显地影响断路器断路容量，当存在负荷电流畸变时，在过零点时可能造成高的 di/dt 值，比电流为正弦波时开断更为困难，由于开断时间延长导致了故障电流切除时间的延长，因而会造成快速重合闸后的再燃弧。熔断器是由于发热而熔断的，而本质上是均方根过流电流器件，一般使用的熔断器由几个带状熔片组成，对谐波过流集肤效应引起的发热效应很敏感，故其更易受到影响。

(4)国内外对谐波的监督管理及限制电网谐波要求

国际大电网会议、国际电工委员会和各国制订的限制电力系统谐波的共同原则和要求如下：

①把电力系统中谐波电压控制在允许的范围内，保证供电网供给波形合格的电力。

②限制谐波源注入电网的谐波电流及其在电网连接点产生的谐波电压。

③防止谐波对电网发电、供电设备的干扰，特别要防止高压电网发生谐振或谐波放大，维

护电网经济运行。

④保证供电质量，使接入电网的各种用电器具免受谐波干扰，保持正常工作。

⑤有利于国际技术经济交流与合作。

⑥电压总谐波畸变率

低压电网(≤1 kV)　　4%～5%

中压电网(2.4～72 kV)　　2%～4%

高压电网(84 kV及以上)　　1%～1.5%

(5)我国对公用电网谐波电压限制的规定

对于不同电压等级的公用电网，允许电压谐波畸变率也不相同。电压等级越高，谐波限制越严。对偶次谐波的限制高于奇次谐波的限制。表9.1为公用电网谐波电压限值。

表9.1　公用电网谐波电压(相电压)限值

<table>
<tr><th rowspan="2">电网标称电压/kV</th><th rowspan="2">电压总谐波畸变率/%</th><th colspan="2">各次谐波电压含有率/%</th></tr>
<tr><th>奇　次</th><th>偶　次</th></tr>
<tr><td>0.38</td><td>5.0</td><td>4.0</td><td>2.0</td></tr>
<tr><td>6</td><td rowspan="2">4.0</td><td rowspan="2">3.2</td><td rowspan="2">1.6</td></tr>
<tr><td>10</td></tr>
<tr><td>35</td><td rowspan="2">3.0</td><td rowspan="2">2.4</td><td rowspan="2">1.2</td></tr>
<tr><td>66</td></tr>
<tr><td>110</td><td>2.0</td><td>1.6</td><td>0.8</td></tr>
</table>

(6)我国对公用电网谐波电流限制的规定

公用电网公共连接点的全部用户向该点注入的谐波电流分量(方均值)不应超过表9.2的规定值。

表9.2　注入公共连接点的谐波电流允许值

<table>
<tr><th rowspan="2">标准电压/kV</th><th rowspan="2">基准短路容量/(MV·A)</th><th colspan="12">谐波次数及谐波电流允许值/A</th></tr>
<tr><th>2</th><th>3</th><th>4</th><th>5</th><th>6</th><th>7</th><th>8</th><th>9</th><th>10</th><th>11</th><th>12</th><th>13</th></tr>
<tr><td>0.38</td><td>10</td><td>78</td><td>62</td><td>39</td><td>62</td><td>26</td><td>44</td><td>19</td><td>21</td><td>16</td><td>28</td><td>13</td><td>24</td></tr>
<tr><td>6</td><td>100</td><td>43</td><td>34</td><td>21</td><td>34</td><td>14</td><td>24</td><td>11</td><td>11</td><td>8.5</td><td>16</td><td>7.1</td><td>13</td></tr>
<tr><td>10</td><td>100</td><td>26</td><td>20</td><td>13</td><td>20</td><td>8.5</td><td>15</td><td>6.4</td><td>6.8</td><td>5.1</td><td>9.3</td><td>4.3</td><td>7.9</td></tr>
<tr><td>35</td><td>250</td><td>15</td><td>12</td><td>7.7</td><td>12</td><td>5.1</td><td>8.8</td><td>3.8</td><td>4.1</td><td>3.1</td><td>5.6</td><td>2.6</td><td>4.7</td></tr>
<tr><td>66</td><td>500</td><td>16</td><td>13</td><td>8.1</td><td>13</td><td>5.4</td><td>9.3</td><td>4.1</td><td>4.3</td><td>3.3</td><td>5.9</td><td>2.7</td><td>5.0</td></tr>
<tr><td>110</td><td>750</td><td>12</td><td>9.6</td><td>6.0</td><td>9.6</td><td>4.0</td><td>6.8</td><td>3.0</td><td>3.0</td><td>2.4</td><td>4.3</td><td>2.0</td><td>3.7</td></tr>
</table>

续表

标准电压/kV	基准短路容量/(MV·A)	谐波次数及谐波电流允许值/A											
		14	15	16	17	18	19	20	21	22	23	24	25
0.38	10	11	12	9.7	18	8.6	16	7.8	8.9	7.1	14	6.5	12
6	100	6.1	6.8	5.3	10	4.7	9.0	4.3	4.9	3.9	7.4	3.6	6.8
10	100	3.7	4.1	3.2	6.0	2.8	5.4	2.6	2.9	2.3	4.5	2.1	4.1
35	250	2.2	2.5	1.9	3.6	1.7	3.2	1.5	1.8	1.4	2.7	1.3	2.5
66	500	2.3	2.6	2.0	3.8	1.8	3.4	1.6	1.9	1.5	2.8	1.4	2.6
110	750	1.7	1.9	1.5	2.8	1.3	2.5	1.2	1.4	1.1	2.1	1.0	1.9

当公共连接点处的最小短路容量不同于基准短路容量时，按下式修正谐波电流值为：

$$\dot{I}_n = \frac{S_{K_1}}{S_{K_2}} I_{hp} \tag{9.10}$$

式中 S_{K_1}——公共连接点的最小短路容量，MV·A；

S_{K_2}——基准短路容量，MV·A；

I_{hp}——第 h 次谐波电流允许值，A；

I_n——短路容量为 S_{K_1} 时的第 n 次谐波电流允许值，A。

第 n 次谐波电压含有率 HRU_n 与第 n 次谐波电流分量 I_n 有如下关系：

$$HRU_n = \sqrt{3}\frac{Z_n I_n}{10U_N} \tag{9.11}$$

式中 U_N——电网标称电压，kV；

I_n——第 n 次谐波电流，A；

Z_n——系统的第 n 次谐波电抗，Ω。

两个谐波源的同次谐波电流在一条线路上的同一相上叠加，当相位角已知时，总谐波电流 I_n 可按下式计算：

$$I_n = \sqrt{I_{n_1}^2 + I_{n_2}^2 + 2I_{n_1}I_{n_2}\cos\theta_n} \tag{9.12}$$

式中 I_{n1}——谐波源 1 的第 n 次谐波电流，A；

I_{n_2}——谐波源 2 的第 n 次谐波电流，A；

θ_n——谐波源 1 和谐波源 2 的第 n 次谐波电流之间的相位角。

当两个谐波源的同次谐波电流在一条线路上相位不确定时，总谐波电流可按下式计算：

$$I_n = \sqrt{I_{n_1}^2 + I_{n_2}^2 + K_n I_{n_1} I_{n_2}} \tag{9.13}$$

式中系数 K_n 按下表 9.3 选取。

表 9.3 系数 K_n 的值

n	3	5	7	11	13	9，>13，偶次
K_n	1.62	1.28	0.72	0.18	0.08	0

两个及以上谐波源在同一节点同一相上引起的同次谐波电压叠加公式与式(9.12)和式(9.13)类似。同一公共连接点有多个用户时,每个用户向电网注入的谐波电流允许值按该用户在该点的协议容量与其公共点的供电设备容量之比进行分配。第 i 个用户的第 n 次谐波电流允许值 I_{ni} 可由下式计算:

$$I_{n_i} = I_n\left(\frac{S_i}{S_t}\right)^{\frac{1}{\alpha}} \tag{9.14}$$

式中　I_n——按 $I_n = S_{K_1}.I_{hp}/S_{K_2}$ 计算的第 n 次谐波电流允许值,A;

S_i——第 i 个用户的用电协议容量,MV·A;

S_t——公共连接点的供电设备容量,MV·A;

α——相位叠加系数,具体按表9.4取值。

表9.4　相位叠加系数取值

n	3	5	7	11	13	9,>13,偶次
α	1.1	1.2	1.4	1.8	1.9	2

9.3.2　有源补偿滤波方式

有源补偿滤波:如果负载中无功能量不与电网交换,即电网不给负载提供无功功率,那么电网就只需给负载提供与电网同频同相的理想电流,从而达到补偿和滤波的双重目的。

目前,谐波治理方式主要有两种,即有源滤波方式和无源滤波方式。

无源滤波器:采用电力滤波装置就近吸收谐波源所产生的谐波电流,是抑制谐波污染的有效措施。通常采用由电力电容器、电抗器和电阻器适当组合而成的无源滤波装置进行滤波。其工作原理如图9.14所示。

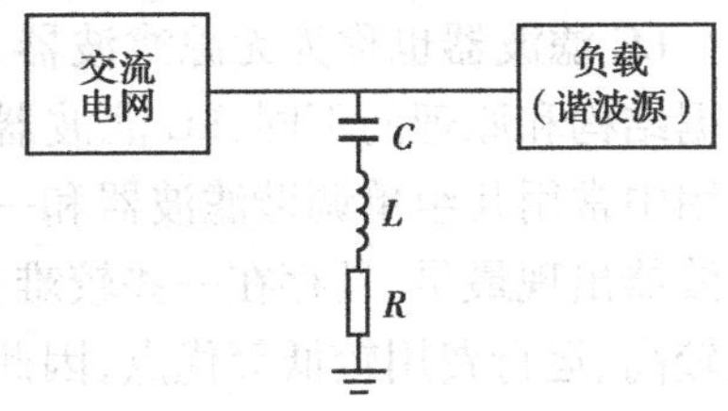

图9.14　无源滤波器的工作原理图

无源滤波器由电容电抗和电阻组成,根据电容电阻固有的阻抗特性,对某一特定频率的谐波呈低阻抗,为负载谐波电流提供较低的阻抗通道,与电网阻抗形成分流的关系,使大部分该频率的谐波流入滤波器,而不流入电网。由于无源滤波器是通过在系统中为谐波提供一条并联的低阻通路,以起到滤波的作用,其滤波特性由系统和滤波器的阻抗比所决定,因而有许多不足之处。

由于无源滤波器具有较多缺陷,随着电力电子技术的不断发展,人们将滤波研究方向逐步转向有源滤波器。与无源滤波器相比,有源电力滤波器具有高度可控性和快速响应性,不仅能补偿各次谐波,还可抑制闪变、补偿无功,有一机多能的特点,其具体特点如下:

①滤波特性不受系统阻抗的影响,可消除与系统阻抗发生谐振的危险;

②具有自适应功能,可自动跟踪补偿变化着的谐波。

③尽管有源电力滤波器有着无源滤波器所不具备的巨大技术优势,但目前要想在电力系统中完全取代无源滤波器还不太现实。这是因为与无源滤波器相比,有源电力滤波器的成本较高,这一点是限制其推广使用的关键。

(1)**有源无功补偿滤波系统的构成**

电源、负载和补偿滤波器的电流方向如图 9.15 所示。

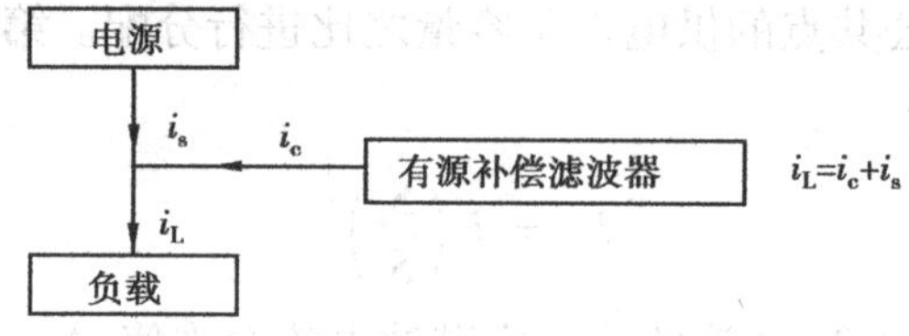

图 9.15 有源无功补偿滤波系统的构成示意图

(2)**有源滤波系统的基本原理**

有源滤波装置是一种用于动态抑制谐波、补偿无功的新型电力电子装置,它能对大小和频率都变化的谐波以及变化的无功进行补偿,其应用可克服 *LC* 滤波器等传统的谐波抑制和无功补偿方法的缺点。

9.3.3 供电系统中谐波抑制的方法

限制电力系统的谐波,一般在谐波源处采取措施最为有效。由于谐波源主要为电流源,因此,要根据国家谐波规定的标准,限制谐波源注入电网的谐波电流,把电力系统的谐波电压抑制在允许的范围之内,以确保电能质量和电力系统的安全、经济运行。

就目前的情况而言,抑制谐波的方法可分为补偿的方法(包括设置 LC 滤波器、有源滤波器等)和改造谐波源的方法[包括设法提高电力系统中主要的谐波源(即整流装置)的相数及采用高功率因数整流器等]。本书将主要对补偿方法进行介绍。

LC 滤波器也称为无源滤波器,它是由滤波电容器、电抗器和电阻组合而成的滤波装置。根据结构和原理的不同,LC 滤波器可分为单调谐滤波器、高通滤波器和双调谐滤波器等,实际应用中常用几组单调谐滤波器和一组高通滤波器组成滤波装置。在各种谐波抑制方法中,LC 滤波器出现最早,且存在一些较难克服的缺点,但因其具有结构简单、设备投资较少、运行可靠性较高、运行费用较低等优点,因此至今仍是应用最多的方法。

1)单调谐滤波器

如图 9.16(a)所示为单调谐振滤波器原理电路。滤波器对 n 次谐波的阻抗为:

$$Z_{fn} = R_{fn} + j\left(n\omega_s L - \frac{1}{n\omega_s C}\right) \tag{9.15}$$

式中 R_{fn}——第 n 次单调谐滤波器;

ω_s——系统角频率。

单调谐滤波器是利用串联 L、C 谐振原理构成的,谐振次数为:

$$n = \frac{1}{\omega_s \sqrt{LC}} \tag{9.16}$$

电路阻抗频率特性如图 9.16(b)所示。在谐振点处,$Z_{fn}=R_{fn}$;因为 R_{fn} 很小,n 次谐波电流主要分流到滤波器,而很少流入电网中。而对其他次数的谐波,$Z_{fn} \gg R_{fn}$,滤波器分流很少。由图 9.16 可知,只要将滤波器的谐振频率设定为需要滤除谐波的频率,则该次谐波电流的大部分流入滤波器,很少部分流入电网,从而达到滤除该次谐波的目的。

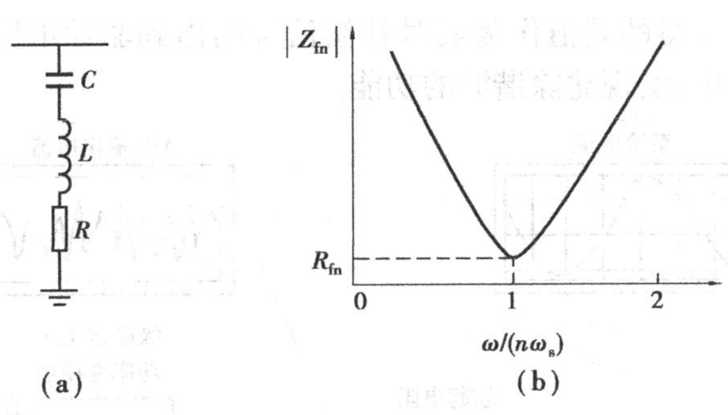

图9.16 单调谐振滤波器原理电路图

2)双调谐滤波器

双调谐滤波器的原理电路如图9.17(a)所示。由图9.17(b)电路的阻抗频率特性可见,它有两个谐振频率,可同时吸收这两个谐波频率的谐波,因此这种滤波器的作用相当于两个并联的单调谐滤波器。但这种单调谐滤波器结构复杂,调谐也困难,故工程上用得很少。

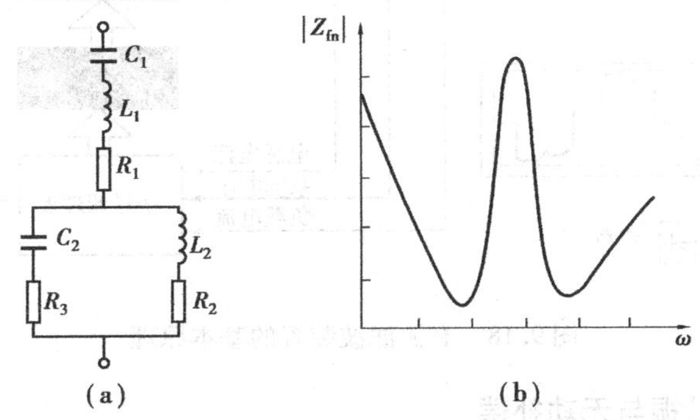

图9.17 双调谐滤波器原理电路图及阻抗频率特性

3)有源电力滤波器

传统的LC滤波器常称为无源滤波器,它在特定的滤波频率下,呈现出低阻抗,使谐波电流流向滤波器,而不流向电网,起到滤波作用。图9.17中的HPF(High Pass Filter)为高通无源滤波器,其电路结构简单,运行维护方便,初投资少。当电网运行方式改变或由于环境温度的变化引起元件参数变化时,无源滤波器的滤波效果较差,甚至出现失调或谐波放大现象,危及电气设备的安全运行。

有源电力滤波器(Active Power Filter,APF)是一种用于动态抑制谐波,补偿无功的新型电力电子装置,它可以克服无源滤波器的上述缺点,特别是近年来瞬时无功功率理论和PWM控制技术的发展,使得有源电力滤波技术已进入工程使用阶段。

有源滤波器采用与系统并联的方式,通过实时检测负载的谐波和无功分量,采用PWM变换技术,将与谐波和无功分量大小相等、方向相反的电流注入供配电系统中,实现消除谐波补偿无功的功能。

有源滤波器的工作原理如图9.18所示,主接触器闭合后,为防止上电后电网对直流母线电容器的瞬间冲击,首先通过软起电阻对直流母线的电容器充电,这个过程会持续几十秒,当母线电压U_{dc}达到预定值后,软启动后用接触器闭合。直流电容作为储能器件,为IGBT换流器和内部电抗器向外输出补偿电流提供能量。通过外部CT实时采集电流信号送至信号调理电路,然后再送至FPGA控制器,控制器将基波成分分离并提取出谐波,将集到的谐波成分和已发出的补偿电流比较所得的差值作为实时补偿信号输出到驱动电路,触发 IGBT 换流器将补偿谐波电流注入电网中,实现滤除谐波的功能。

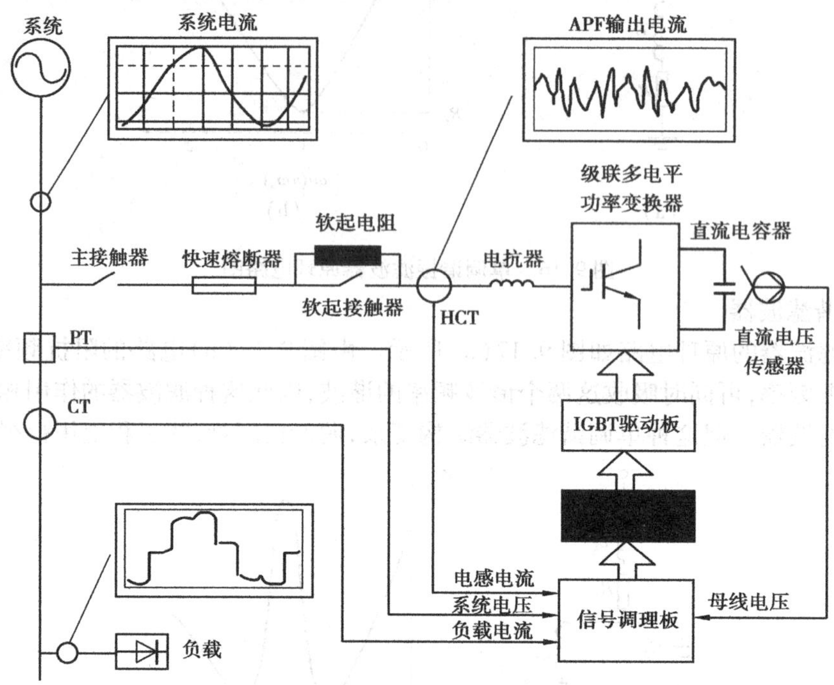

图 9.18　有源滤波装置的基本原理

9.3.4　电力谐波谐振与无功补偿

谐振是交流电路的一种特定工作状况,在由电阻、电感和电容组成的电路中,当电压相量与电流相量同相时,就称这一电路发生了谐振。谐振的发生是由于电力系统中存在电感和电容等储能元件,在某些情况下,如电压互感器铁磁饱和、非全相拉合闸、输电线路一相断线并一端接地等,在部分电路中形成谐振。谐波也可产生谐振,由谐波源和系统中的某一设备或某几台设备可能构成某次谐波的谐振电路。谐波在电网中长期存在,而谐振仅是电网某一范围内的一种异常状态;当系统中发生谐振时,也要产生谐波。

在无功缺额较大的用电系统(如铝电解大功率大电流电力晶闸管整流系统)中,作为应对无功缺额的措施,往往采用电容无功补偿装置进行无功补偿;但电力大功率大电流晶闸管整流装置又产生大量的电力谐波,所采用的电容补偿装置参数配置是否合理,将会导致是否有电力谐波的放大或引起谐振的现象发生;在实际运行中证明,电力谐波的放大或谐波谐振现象的发生,不但与装置设计参数有关还与系统运行方式有关;如何使得系统无功得到最优的补偿,又使得电力谐波得到最有效的治理,是设计人员和相关运行人员所必须考虑的问题。

(1)**功率因数的进一步讨论**

在供配电系统中,不管从变电站和电源方面来看,都要求能充分利用设备的容量,减少输配电的损耗,达到安全、经济运行的目的;从用户和负荷方面来看,要求电网电压、电流的有效值和频率等电气参数都应有稳定的数值,并且要求电压的波形尽可能是正弦波,也就是从功率因数的角度而言,要求系统有较高的功率因数,据功率因数的概念有:

$$\cos \varphi = \frac{P}{S} \tag{9.17}$$

在电流电压波形为正弦波的情况下，有 $S^2 = P^2 + Q^2$。

$$\cos \varphi = \frac{P}{\sqrt{P^2 + Q^2}} \tag{9.18}$$

式中　S——视在功率；

P——有功功率；

Q——无功功率。

在产生重大谐波的铝电解大功率大电流电力晶闸管整流系统的电力电网中，其电压、电流波形均为非正弦波，这时有：

$$S^2 = \sum_{n=1}^{N} U_n^2 \sum_{n=1}^{M} I_n^2 \tag{9.19}$$

频域无功功率：

$$Q_f = \sum_{n=1}^{M} U_n I_n \sin \varphi_n \tag{9.20}$$

引入畸变功率后：

$$S^2 = P^2 + Q_f^2 + D^2 \tag{9.21}$$

式(9.21)中

$$D = \sqrt{\sum_{m \neq n} \left[U_m^2 I_m^2 + U_n^2 I_n^2 - 2U_m I_m U_n I_n \cos(\varphi_m - \varphi_n) \right] + \sum_{m \neq n} U_m^2 I_n^2} \tag{9.22}$$

在非正弦的情况下，难以用电压和电流间的相移这个概念来表述功率因数，根据能量流动有：

$$\cos \varphi = \frac{P}{\sqrt{P^2 + Q_f^2 + D^2}} \tag{9.23}$$

定义无功 Q_t，并使 $Q_t^2 = Q_f^2 + D^2$。　(9.24)

$$P = \frac{1}{T}\int_0^{T_1} UI \mathrm{d}t = \sum_{n=1}^{N} U_n I_n \cos \varphi_n \tag{9.25}$$

式中　φ_n——第 n 次谐波电流滞后电压相角。

在电网电压和电流都接近正弦波形发生的情况下，$\cos \varphi \leqslant 1$ 的主要原因是电压和电流间的相移所致。

当电网电压和电流的波形发生畸变时，功率因数 $\cos \varphi \leqslant 1$ 的主要原因是电压和电流间的相移与波形畸变两大因素共同所致。

(2)电力电容器的作用

电力晶闸管大功率大电流整流系统，电网电压和电流的波形均发生畸变，这时电网要解决的问题是：一方面要治理电网公害——谐波；另一方面又要提高功率因数 $\cos \varphi$。

目前，我国在电力电网上，治理谐波都是要求用户就地治理，采用的办法是利用电抗器和电力电容器组成的滤波器组，针对系统中含量较大的谐波进行过滤，以达到消除或减轻谐波危害的目的。考虑到设备的综合利用，同时又把滤波器组的电力电容器组的电力电容器组利用为无功补偿，以提高功率因数，充分发挥电力设备的容量，减少各种输电损耗。

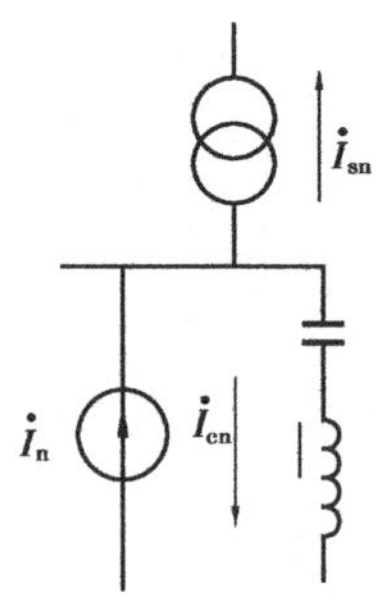

图9.19　电力系统简化电路图

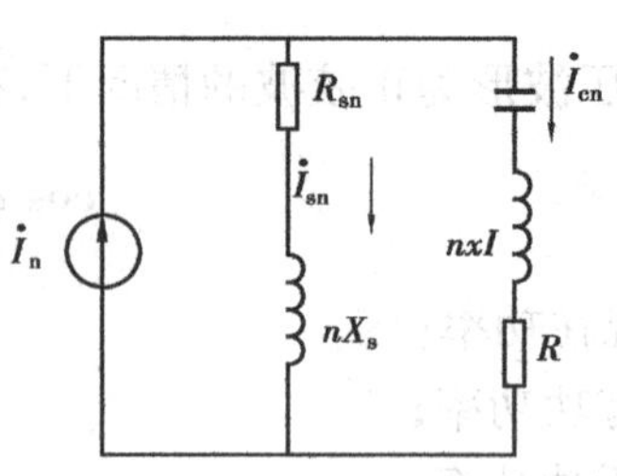

图9.20　电流分布示意图

(3)谐波治理与无功补偿装置关系

在大电流电力晶闸管整流的电网中,均是非正弦波的,在同一谐波源内可能出现某次谐波是感性无功,而另一次谐波则是容性无功,这时将导致不同谐波的无功相互补偿。像大功率大电流电力晶闸管整流机组这样的谐波源用户,按式(9.25)计算出的功率 P 值可能会小于它的基波功率 P_1,即它将吸收的一部分基波功率转化为谐波功率而反馈至电网并危害其他用户。某些谐波由于参数的原因,不但不能消除或减轻,反而被放大而产生共振现象,所以在选择谐波滤波器组时,既要有利于提高电网侧的功率因数,又要利于避免谐波谐振。

使滤波装置满足无功补偿要求,应采取的办法有:

①如其无功容量小于需补偿容量,不足部分可加普通的并联电容器组。

②加大滤波器容量,使其总的无功容量满足补偿要求。

为了更好地理解谐波治理与无功补偿装置关系,现对电力系统谐波滤波器组有关参数进行讨论:

如图9.20所示,设电力系统基波阻抗为 $Z_s = R_s + jX_s$,n 次谐波阻抗为 $Z_{sn} = R_{sn} + jX_{sn}$,$R$ 为串联电阻,包括电抗器电阻。

令谐波源的 n 次谐波电流为 I_n,进入电力系统的谐波电流为 I_{sn},进入电容器组的谐波电流 I_{cn} 分别为:

$$I_{cn} = \frac{nX_s + R_{sn}}{R_{sn} + nX_s + \left(nX_1 - \frac{X_c}{n}\right)} I_n \tag{9.26}$$

$$I_{sn} = \frac{R + nX_s - \frac{X_c}{n}}{R_{sn} + nX_s + \left(nX_1 - \frac{X_c}{n}\right)} I_n \tag{9.27}$$

从设计角度出发,不希望出现系统谐波电流放大和电容器谐波电流放大,即不允许 $I_{sn} > I_n$,$I_{cn} > I_n$ 的任何一种情况发生,因此有下式:

$$\begin{cases} \left| \dfrac{nX_s + R_{sn}}{R_{sn} + nX_s + \left(nX_1 - \dfrac{X_c}{n}\right)} \right| < 1 \\ \left| \dfrac{R + nX_s - \dfrac{X_c}{n}}{R_{sn} + nX_s + \left(nX_1 - \dfrac{X_c}{n}\right)} \right| < 1 \end{cases}$$

由此可推出：

$$\begin{cases} -1 < \dfrac{nX_s + R_{sn}}{R_{sn} + nX_s + \left(nX_1 - \dfrac{X_c}{n}\right)} < 1 & (9.28) \\ -1 < \dfrac{R + nX_s - \dfrac{X_c}{n}}{R_{sn} + nX_s + \left(nX_1 - \dfrac{X_c}{n}\right)} < 1 & (9.29) \\ X_c \neq n(R_{sn} + nX_s + nX_1 + R) & (9.30) \end{cases}$$

由上述可知，系统的谐波滤波器组参数及电网的参数都要同时满足式(9.28)、式(9.29)、式(9.30)时，便不会出现谐波被放大或产生谐振的现象。单独考虑谐波滤波器组本身参数作为抑制谐波的设备配置显然是不全面的，还要考虑电网参数变化因素的影响。如电网参数没有满足式(9.28)，则会有电力谐波被电容器组放大的现象发生。若滤波器组的参数不能满足式(9.29)，则进入电力系统的谐波电流将放大。若电网参数与谐波滤波器组的参数不能满足式(9.30)，则 I_{sn}、I_{cn}将趋于无穷大，即会发生谐波严重放大，并可能会出现谐波严重谐振现象。具体可由图9.21看出。

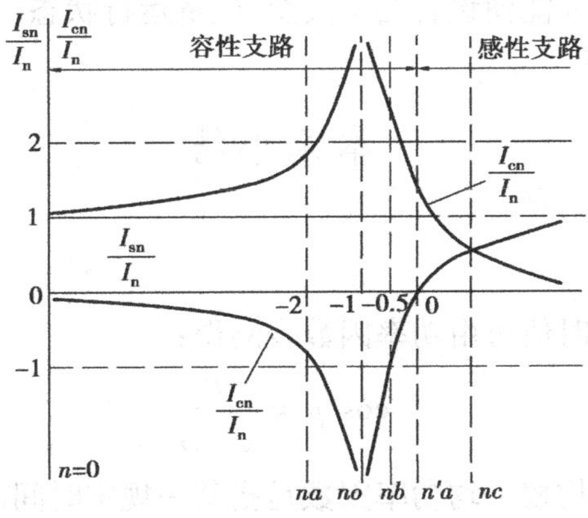

图9.21 I_{cn}、I_{sn}变化曲线图

谐波滤波器组的滤波效果与功率因数相互关系的讨论：以单调滤波器组为例，说明过分追求高功率因数会影响谐波器组的滤波效果，甚至引起谐波放大的现象及谐振现象。

设滤波电容器额定容量 Q_{cn}（三相值），额定电压 U_{cn}，基波容抗：

$$X_c = \frac{3U_{cn}^2}{Q_{cn}} \tag{9.31}$$

为了提高整流系统交流侧的功率因数，工程上习惯采用电容集中补偿的方式，即依靠滤波电容器组产生无功以补偿缺额的无功来提高功率因数；若过分增加电容量 Q_{cn}来提高电网功率因数，则有下式：

$$\cos\varphi = \frac{P}{\sqrt{P^2 + Q^2}} = \frac{P}{\sqrt{P^2 + \left(\dfrac{3U_{cn}^2}{X_c}\right)^2}}$$

可推出：

$$X_c = \frac{3U_{cn}^2}{P\sqrt{\frac{1}{\cos^2\varphi} - 1}}$$

代入式(9.30)，则可看出，X_c 有降低的趋势，这时电网参数及滤波电容器组的参数，就有可能不能满足式(9.30)，将会产生某次谐波严重谐振的现象，这时对整个电网危害是最大的。一般 R_{sn}、X_s、X_L、R 是较 X_c 小的，对某次谐波而言，很容易造成式(9.30)的不满足，这是电力电网及变电站，尤其是包含重大谐波源用户的电力系统所要考虑的；否则会给用户带来灾难性事故，特别是用户在对大负荷操作时，发生事故的可能性是较高的。原因在于，滤波系统存在着某次谐波的谐振，流过滤波器开关的峰值电流有可能远远超过其开关正常工作电流值而使开关遮断容量不足，导致开关在分断时可能发生爆炸，类似事故曾在我国某特大企业发生过，造成了重大的经济损失。

总而言之，类似铝电解大电流电力晶闸管整流系统、高压直流换流站等场合，是众所周知的重大谐波源，在进行设计类似的电力系统，尤其要考虑既要保证系统有足够的功率因数，以及充分考虑电网发展的需要，又要完全避免谐波谐振的发生。这样要求设计部门对电网参数与谐波滤波器组参数达到最佳选择，并要考虑到电网发展的情况；同时运行人员在运行方式管理要做好各种方式的预测，才能使设备处于安全、经济运行状态。

本章小结

(1)功率因数

①瞬时功率因数：其瞬时值可由功率因数表测得：

$$\cos\varphi = \frac{P}{\sqrt{3}UI}$$

②均权平均功率因数：均权平均功率因数是指某一规定时间内功率因数的平均值：

$$\cos\varphi = \cos\tan^{-1}\frac{\int_{t_1}^{t_2}Q\mathrm{d}t}{\int_{t_1}^{t_2}P\mathrm{d}t} = \cos\tan^{-1}\frac{Q_{av}}{P_{av}} = \frac{1}{\sqrt{1+\left(\frac{V}{W}\right)^2}}$$

③自然功率因数：凡未装设人工补偿装置时的功率因数称为自然功率因数。自然功率因数有瞬时值和均权平均值两种。

④总功率因数：设置人工补偿装置后的功率因数称总功率因数。同样它可以有瞬时值和均权平均值。

(2)功率因数对供电系统的影响

当供电系统中输送的有功功率维持恒定的情况下，无功功率增大，即供电系统的功率因数降低将会引起：系统中输送的总电流增加，使得设备及供电线路的有功功率损耗相应地增大，从而使得供电系统中的电压损失增加，造成调压困难，对电力系统的发电设备来说，无功电流的增大，导致原动机的出力相对降低。

无功功率对电力系统和电力用户内部的供电系统都有极不良的影响。功率因数的高低也是供电系统的一项重要的经济指标。

(3)提高供配电系统的自然功率因数

①正确选用异步电动机的型号和容量;②电力变压器不宜轻载运行;③适当采用同步电动机;④轻载绕线式异步电动机同步化运行。

(4)电力电容器无功补偿提高功率因数的方法

电容器补偿方式可分为就地补偿、分组(分散)补偿和集中补偿3种。

(5)常用的补偿电容投切器件及方法

①晶闸管控制电抗器(TCR);②晶闸管投切电容器(TSC);③复合开关投切电容器;④静止无功发生器(SVG);⑤进相机补偿;⑥调节发电机的励磁电流进行无功补偿;⑦串联补偿等。

(6)谐波

谐波是一个周期电气量的正弦波分量,其频率为基波频率的整倍数。谐波产生的根本原因是由于电力系统中某些设备和负荷的非线性,即所加的电压与产生的电流不呈线性关系而造成的波形的畸变。

(7)谐波对电气设备的影响和危害

谐波对旋转电机的影响,对无功补偿电容器引起谐振或谐波电流的放大,对供电网和导线增加电网的损耗,对继电保护、自动控制装置和计算机产生干扰和造成失误动作,造成电能计量的误差,谐波电流对相邻通信线路的影响,对断路器和熔断器的影响。

(8)供电系统中谐波抑制的方法

LC滤波器:①单调谐滤波器;②双调谐滤波器;③有源电力滤波器。

有源补偿滤波:如果负载中无功能量不与电网交换,即电网不给负载提供无功功率,那么电网就只需给负载提供与电网同频同相的理想电流,从而达到补偿和滤波的双重目的。还要考虑电力谐波谐振与无功补偿。

思考与练习

9.1　电力用户中与节约电能密切相关的重要技术指标有哪些?

9.2　提高自然功率因数的方法有哪些?

9.3　电容器补偿方式有哪几种?各有何特点?

9.4　利用静止无功补偿装置对电力系统中无功功率进行快速的动态补偿,可实现哪些功能?

9.5　简述TCR、TSC、SVG的基本功能。

9.6　电力系统的谐波源主要有哪几种?

9.7　电力系统中谐波产生的危害有哪些?谐波抑制的方法主要有哪些?

第10章 工厂电气照明

内容提要:首先介绍照明技术的基本知识,其次介绍常用的光电源和灯具及其布置方式,之后介绍了照度计算的几种方法,最后对照明供电系统、电气照明负荷的供电方式以及相关线路导线的选择作简要介绍。

照明分为自然照明和人工照明两大类。自然照明就是利用天然采光,人工照明则是为弥补因各种原因造成的采光不足而采取的人为照明措施。本章介绍的电气照明是人工照明中应用范围最广的一种照明方式。在厂矿企业里,电气照明是供配电系统中不可缺少的组成部分。照明设计是否合理,直接影响生产安全、产品质量以及劳动生产率的提高和工作人员视力健康。因此,电气照明的合理设计对工业生产具有十分重要的意义。

10.1 电气照明概述

10.1.1 照明技术的有关概念

(1)光

光是一种电磁辐射能,在空间以电磁波的形式传播。电磁波的波长不同其特性也不相同,波长为380~780 nm的电磁辐射波为可见光,可见光是能引起人眼视觉的一部分电磁辐射。在可见光的区域里不同波长呈现不同的颜色,如红、橙、黄、绿、青、蓝、紫7种颜色。能产生可见光的辐射体就是光源。

(2)光通量

光源在单位时间内向周围空间辐射出的使人眼产生光感的能量,称为光源的光通量,用符号Φ表示。其单位为流明(lm)。电光源所发出的光通量(Φ)与该电光源所消耗的电功率(P)之比,称为电光源的发光效率。发光效率是电光源的重要技术参数。电光源的单位用电所发出的光通量越大,光效率越高。

(3)光强

电光源在某一方向单位立体角内辐射的光通量,即发光的强弱程度,称为电光源在该方向上的光强度。这个量是表明发光体在空间发射的汇聚能力的。可以说,光强就是描述了光源到底有多亮。光强符号为 I,单位为坎德拉(cd)。1 cd 表示在单位立体角内辐射出 1 lm 的光通量。

(4)照度

照度是表征表面被照明程度的量,它是发光体照射在被照物体单位面积上的光通量,用符号 E 表示,单位为勒克斯(lx)。勒克斯(lx)=流明/面积。

当光通量 Φ 均匀地照射到某物体表面上(面积为 A)时,该平面上的照度值为:

$$E = \frac{\Phi}{A} \tag{10.1}$$

照度是一个很重要的物理量,我国在照明标准中对各种工作场合规定了必需的最低照明度。下面给出常用的照度选择,见表 10.1。

(5)亮度

亮度是人对光的强度的感受,人眼对物体亮或暗的感觉是取决于该物体在人眼视网膜上成像的照度,而不是取决于该物体本身的照度。因此,把被照物体在给定方向(如人眼的视线方向)单位投影面上的发光强度称为亮度,符号为 L,单位为尼特(cd/m^2)或熙提(cd/cm^2)。

表 10.1　照度选择

场　所	推荐照度/lx
厂区道路	0.5~2
走道、厕所、浴室、更衣室	5~15
仓库、车库	10~20
配电站、动力站	20~30
一般生产车间、厂房	30~50
食堂、托儿所	30~75
医务室、阅览室、办公室、会议室、接待室	75~150
设计室、绘图室、计算机房	100~200

发光体的亮度与视线方向无关。当发光体表面的亮度相当高时,对视觉会引起不舒适的感觉或降低观察物体的能力,所产生的视觉现象称为眩光。它是人的视觉特性,是由人眼的生理特点所决定的。在工业照明中,眩光程度可分为五级,具体标准可见表 10.2。

表 10.2　直接眩光限制等级

质量等级	眩光程度	作业或活动的类型
A	无眩光	很严格的视觉工作
B	刚刚感到眩光	视觉要求高的作业;视觉要求中等但注意力要求高的作业
C	轻度眩光	视觉要求和集中注意力要求中等的作业,并且工作人员有一定的流动性
D	不舒适眩光	视觉要求和集中注意力要求低的作业,工作人员在有限的区域内频繁走动
E	一定的眩光	工作人员不限于一个工作岗位而是来回走动,并且视觉要求低的房间,不是由同一批人连续使用的房间

为了限制眩光，在照明设计中，应尽量限制直射或反射光，可采用保护角较大的灯具或磨砂玻璃的灯具，也可提高灯具的悬挂高度来解决。

(6)物体的光照性能

光投射到物体上时，将光通量分成3个部分：一部分从物体表面反射出去，一部分被物体本身吸收，而剩余部分则透过物体，如图10.1所示。

为了表征物体的光照性能，引入了以下3个参数：

反射系数：

$$\rho = \frac{\Phi_\rho}{\Phi} \tag{10.2}$$

吸收系数：

$$\alpha = \frac{\Phi_\alpha}{\Phi} \tag{10.3}$$

透射系数：

$$\tau = \frac{\Phi_\tau}{\Phi} \tag{10.4}$$

以上3个系数应满足：

$$\rho + \alpha + \tau = 1 \tag{10.5}$$

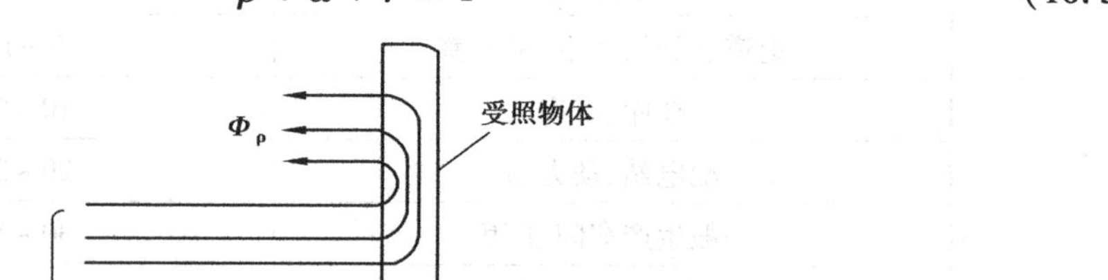

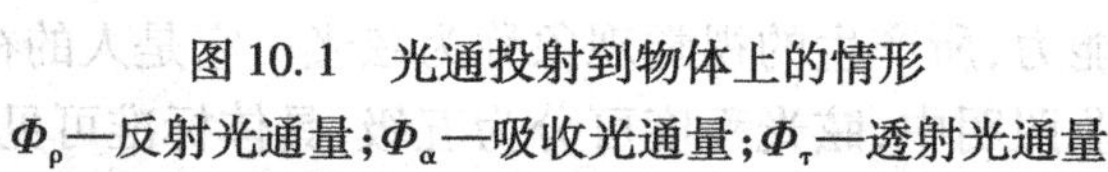

图10.1　光通投射到物体上的情形

Φ_ρ—反射光通量；Φ_α—吸收光通量；Φ_τ—透射光通量

反射系数是照明技术中重要的参数，它直接影响工作面的照度。

(7)光源的显色性能

同一颜色的物体在不同光谱的光源照射下，能显示不同的颜色。光源对被照物体颜色显现的性质，称为光源的显色性。光源的显色性是由显色指数来表明。

光源的显色指数是指在待测光源照射下，物体的颜色与日光照射下该物体的颜色相符合的程度，能较全面反映光源的颜色特性。物体的颜色以日光的参考光源照射下的颜色为准，若将日光的显色指数定为100，人工光源的显色指数一般小于100，如果物体颜色失真越小，人工光源的显色指数越接近100，光源的显色性能就越好。

白炽灯的一般显色指数为97~99，荧光灯的显色指数为75~90，明显荧光灯的显色性能要差一些(LED为70~90)。

(8)光效

光效指电光源将电能转化为光的能力,以发出的光通量除以耗电量来表示,单位为每瓦流明(lm/W)。

(9)色温

光源发射光的颜色与黑体在某一温度下辐射光色相同时,黑体的温度称为该光源的色温。光源色温不同,光色也不同,色温在3 000 K以下有温暖的感觉,达到稳重的气氛;色温在3 000~5 000 K为中间色温,有爽快的感觉;色温在5 000 K以上有冷的感觉。

10.1.2　照明方式和种类

(1)照明方式

照明方式是指照明设备按其安装部位或光的分布而构成的基本制式。就安装部位而言,有一般照明(包括分区一般照明)、局部照明和混合照明等。按光的分布和照明效果可分为直接照明和间接照明。

1)一般照明

在工作场所内不考虑特殊的局部需要,以照亮整个工作面为目的的照明方式称一般照明。一般照明时,灯具均匀分布在被照面上空,在工作面形成均匀的照度。这种照明方式适合于工作人员的视看对象位置频繁变换的场所,以及对光的投射方向没有特殊要求,或在工作面内没有特别需要提高视度的工作点,或工作点很密的场合。

2)分区一般照明

同一房间内由于使用功能不同,各功能区所需要的照度值不相同,常采用分区一般照明。如在大型厂房内,会有工作区与交通区的照度差别,不同工段间也有照度差异,各区域对照度和光色的要求均不相同。分区一般照明不仅可以改善照明质量,获得较好的光环境,而且节约能源。

3)局部照明

为满足室内某些部位的特殊需要,在一定范围内设置照明灯具的照明方式。局部照明方式在局部范围内以较小的光源功率获得较高的照度,同时也易于调整和改变光的方向。

4)混合照明

由一般照明与局部照明共同组成,它既可使一般工作场所获得较均匀的照度,又可使有特殊要求的工作场所获得较高的照度。工厂的绝大部分车间采用混合照明。

(2)照明的种类

照明种类分为正常照明、应急照明、值班照明、警卫照明和障碍照明5类。

为满足正常工作而设置的室内外照明称为正常照明。正常照明是照明设计中的主要照明。在正常照明因故障熄灭后,供事故情况下继续工作、人员安全或顺利疏散的照明称为应急照明。

工作照明一般可单独使用,也可和应急照明、值班照明同时使用,但控制线路必须分开。应急照明应装设在可能引起事故的设备、材料周围及主要通道和入口处,并在灯的明显部位涂以红色,且照度不应小于场所所规定的照度的10%。重要车间及有重要设备的车间和仓库等场所应装设值班照明。障碍照明一般用闪光、红色灯显示。

10.1.3 绿色照明

从20世纪90年代开始,人们已不再满足简单的照亮某个环境,而在追求高品位照明环境的同时,把照明和全球环境保护问题紧密联系在一起。照明需要耗电,照明耗电在总发电量中占有不可忽视的比重,发电产生的大量有害气体,“温室效应”和“酸雨”、粉尘对环境和人类的生活构成严重威胁。于是提出了“绿色照明”概念,绿色照明是指通过科学的照明设计,采用效率高、寿命长、安全和性能稳定的照明电器产品,包括电光源、灯用电器附件、灯具、配线器材以及调光控制设备,最终达到舒适、安全、经济、有益环境保护,改善、提高人们工作、学习生活的质量,有益于身心健康并体现照明文化的现代照明。

目前,在我国部分地区使用的风光互补路灯系统就是一种绿色的照明光源,它具备了太阳能产品和风能产品的双重优点,弥补了风电和光电独立应用时的不足,是新能源综合开发和利用的完美结合,具体如图10.2所示。

图10.2 不同类型的风光互补路灯系统

这种新型的照明系统相比于传统照明具有以下优势:

①虽然风光互补路灯初投资较高,但不需要输电线路,也不需要开挖路面做线路铺设工程,不消耗电能,能量互补,从长远来看有明显的经济效益。

表10.3 风光互补型路灯与普通高压钠灯经济效益对比

<table>
<tr><th colspan="2">方案 / 费用/万元</th><th>高压钠灯</th><th>风光互补路灯</th><th>备注</th></tr>
<tr><td rowspan="4">工程建设阶段</td><td>灯具费用</td><td>200</td><td>960</td><td rowspan="4">风光互补路灯在工程建设阶段需要多投资259万元</td></tr>
<tr><td>变压器费用</td><td>90</td><td>36</td></tr>
<tr><td>电缆费用</td><td>529</td><td>82</td></tr>
<tr><td>工程建设阶段费用合计</td><td>819</td><td>1 078</td></tr>
<tr><td rowspan="4">道路使用阶段</td><td>用电费用</td><td>1 927.2</td><td>255.5</td><td rowspan="4">风光互补路灯在道路使用阶段可节省2 131.5万元</td></tr>
<tr><td>灯管维护费用</td><td>400</td><td>0</td></tr>
<tr><td>灯管具维护费用</td><td>60</td><td>0</td></tr>
<tr><td>道路使用阶段费用合计</td><td>2 387</td><td>255.5</td></tr>
</table>

续表

方　案 费用/万元	高压钠灯	风光互补路灯	备　注
10年各种费用合计	3 206	1 333.5	使用10年，风光互补路灯总共可节省1 872.5万元

通过表10.3的计算分析可知，风光互补路灯虽然在早期投入方面比高压钠灯要多259万元，但是由于其耗电量少，免维护，在使用10年中，却可节省2 131.5万元，整个工程总共可节省费用1 872.5万元。

②风光互补路灯以太阳能、风能为能源，不消耗化石燃料，无二氧化碳、二氧化硫等有害气体的排放，清洁干净，环境效益良好。

③采用了全方位优化设计，造型美观，可美化城市照明环境，成为道路上的一道靓丽风景线。

风光互补路灯是集环保和节能为一体的产品，随着全球常规能源短缺情况的加剧，风能和太阳能这种清洁可再生的自然能源的利用将会普及，风光互补路灯将代表着未来路灯的发展方向。

10.2　常用的光电源和灯具

光源和灯具是照明器的两个主要部件，光电源将电能转换成光学辐射能，提供发光源；灯具起固定光源的作用。

10.2.1　照明光源

在电气照明中，各种电光源可根据其原理构造等特点分成三大类：一类是热辐射光源，利用电流将物体加热到白炽程度辐射发光，如白炽灯、卤钨灯等；另一类是气体放电光源，利用电流通过气体发光，如荧光灯、高压汞灯等；第三类是电致发光，如LED等。

(1)常用光电源

1)卤钨灯

在灯泡内充入含有部分卤族元素或卤化物气体的充气白炽灯称为卤钨灯，它通过在通电后灯丝被加热至白炽状态而发光。普通白炽灯使用时高温造成灯丝蒸发出来的钨沉积在灯泡内壁上导致玻璃壳体发黑，使发光效率降低。卤钨灯利用卤钨循环的原理消除了这一发黑的现象。卤钨循环是指当卤钨灯起燃后，从灯丝蒸发出来的钨在泡壁区域内与卤钨反应，形成挥发性的卤钨化合物。由于泡壁温度足够高，卤钨化合物呈气态，当卤钨化合物扩散到较热的灯丝周围区域时又分化为卤素和钨，释放出来的钨部分回到灯丝上，而卤素继续参与循环过程。卤钨灯的外形如图10.3所示。

为使灯壁处生成的卤化物处于气态，卤钨灯的管壁温度要比普通白炽灯高得多。在卤钨灯中能有力的抑制钨的蒸发，同时卤钨循环消除了灯泡壳发黑，灯丝工作温度和光效比白炽灯都大为提高，灯的寿命也较白炽灯长。

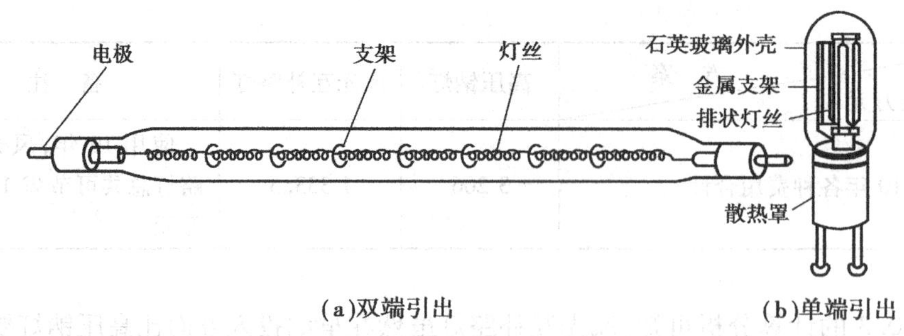

(a)双端引出　　(b)单端引出

图 10.3　卤钨灯的外形

2)荧光灯

荧光灯也称日光灯,是利用汞蒸汽在外加电压作用下产生弧光放电,发出少量的可见光和大量的紫外线,这些紫外线再激励管内壁涂覆的荧光粉发出可见光。

荧光灯内装有两个灯丝。灯丝上涂有电子发射材料三元碳酸盐(碳酸钡、碳酸锶和碳酸钙),俗称电子粉。在交流电压作用下,灯丝交替地作为阴极和阳极。灯管内壁涂有荧光粉。管内充有氩汽和少量的汞。通电后,管内少量的汞汽化,在电场作用下,汞原子不断从原始状态被激发成激发态,继而自发跃迁到基态,并辐射出紫外线。荧光粉吸收紫外线的辐射能后发出可见光。荧光粉不同,发出的光线也不同,这就是荧光灯可做成白色和各种彩色的缘由。由于荧光灯所消耗的电能大部分用于产生紫外线,因此,荧光灯的发光效率远比白炽灯和卤钨灯高,是目前最节能的电光源。

荧光灯同白炽灯相比使用寿命较长,发光效率较高,照明柔和,眩光影响小,但其不适合频繁启动的场合。常用于办公、教学场所、商场、住宅照明等,在电气照明中广泛应用。

除直管形荧光灯外还有环形荧光灯和紧凑型荧光灯。环形荧光灯的玻璃外壳制成环形,造型美观,在居住环境应用较多;紧凑型荧光灯是将灯管弯曲或拼接成一定的形状,以缩短灯管的长度,配有电子镇流器的紧凑型荧光灯也称为节能灯,被广泛应用于照明。

3)高压汞灯

高压汞灯又称高压水银荧光灯,是荧光灯的改进产品。高压汞灯是由石英电弧管、外泡壳(通常内涂荧光粉)、金属支架、电阻件和灯头组成。它是利用汞放电时产生的高气压获得可见光的电光源。

电弧管为核心元件,内充汞与惰性气体。放电时,内部汞蒸气压为 2 ~ 15 个大气压,因此称为高压汞灯。高压汞灯光效高,寿命长,色温 4 100 K 左右,但有明显的频闪,显色性较差,且熄灭后启动时间较长,常用于室内外的工业照明、道路照明灯领域。

4)高压钠灯

高压钠灯是利用高压钠蒸气放电发光的电光源,当灯泡启动后,电弧管两端电极之间产生电弧,由于电弧的高温作用使管内的钠汞剂受热蒸发成为汞蒸气和钠蒸气,阴极发射的电在向阳极运动过程中,撞击放电物质有原子,使其获得能量产生电离激发,然后由激发态回复到稳定态;或由电离态变为激发态,再循环使用,多余的能量以光辐射的形式释放,便产生了光。高压钠灯辐射光的波长集中在人眼较灵敏的区域内,所以其光效比高压汞灯还高。它还具有寿命长、紫外线辐射少、透雾性好等优点,但显色性较差,启动时间和再次启动时间较长,对电压波动反应敏感。常用于道路等室外照明。

5)金属卤化物灯

金属卤化物灯主要依靠金属卤化物作为发光材料,它是为改善光色而发展起来的新型光源,其发光原理是在高压汞灯内添加某些金属卤化物,靠金属卤化物的循环作用,不断向电弧提供相应的金属蒸气,金属原子在电弧中受电弧激发而辐射该金属的特征光谱线。金属卤化物灯发光效率高,正常发光时发热少,显色指数高,受电压影响也较小,是目前较理想的光源。

6)氙灯

氙灯是填充氙气的光电管或闪光电灯,氙气在高压下放电能产生很强的白光,其发出的光谱和日光非常接近,这是氙灯的最大特点。氙灯因其功率大,亮度高,适用于广场、公园、机场、车站等大面积照明。

7)LED

LED(Lighting Emitting Diode)即发光二极管,是一种半导体固体发光器件。它是利用固体半导体芯片作为发光材料,在半导体中通过载流子发生复合放出过剩的能量而引起光子发射,直接发出红、黄、蓝、绿、青、橙、紫、白色的光。LED照明产品就是利用LED作为光源制造出来的照明器具。

LED被称为第四代照明光源或绿色光源,它主要是电子经由发光中心与电洞复合而发光,所以是一种微细的固态光源,不但体积小、寿命长、驱动电压低、反应速率快、耐震性特佳、高亮度、低热量、环保耐用,而且能够配合轻、薄和小型化之应用设备的需求,广泛应用于各种指示、显示、装饰、背光源、普通照明和城市夜景等领域。利用各种化合物半导体材料及组件结构之变化,设计出不同的LED。

随着LED发光功率和产量的不断提高,LED将不断地扩展其在传统照明领域的应用。LED光源已在很多领域获得应用:

①各类道路的照明灯具。由于发光效率的提高,成本的不断降低,供应链的完善和工艺的进步,使得越来越多的道路安装这种半导体LED光源。这种LED光源道路照明灯的具体指标可见表10.4。

表10.4 LED光源道路照明灯产品基本技术指标

项目	参数
外观结构	专用型路灯灯具与光源为整体结构,外壳采用铝合金,表面进行阳极氧化处理,防腐耐用,钢化玻璃灯壳
防护等级	IP66
防触电保护类别	I类
工作环境	-40 ~ +40 ℃
电源范围	AC 220 V ±40%
光源寿命	50 000 h光衰小于30%,用于道路照明,每天按使用11 h计算,可使用12年
显色指数	83
功率规格	38 W、72 W、130 W、160 W
光效	70 lm/W左右
呼吸过滤系统	不需要

②交通指示灯。LED 光源具有亮度高、光响应速度快、抗震耐冲击、省电、寿命长、在浓雾和日光下可视性高等优点。许多城市正在用高亮度的 LED 阵列替换交通信号的白炽灯泡，取得良好的效果。随着 LED 灯性能的提高及价格的下降，将有更多的交通信号灯采用 LED 光源。

③建筑泛光照明和装饰彩灯。如上海东方明珠电视塔景观照明工程，北京奥运场馆的水立方等。

LED 光源具有使用低压电源、耗能少、适用性强、稳定性高、响应时间短、对环境无污染、多色发光等的优点，使其被认为将不可避免地替代传统的光源。

发光二极管的核心部分是由 P 型半导体和 N 型半导体组成的晶片，在 P 型半导体和 N 型半导体之间有一个过渡层，称为 P-N 结。在某些半导体材料的 PN 结中，注入的少数载流子与多数载流子复合时会把多余的能量以光的形式释放出来，从而把电能直接转换为光能。这种利用注入式电致发光原理制作的二极管称为发光二极管，通称 LED。当它处于正向工作状态时（即两端加上正向电压），电流从 LED 阳极流向阴极时，半导体晶体就发出从紫外到红外不同颜色的光线，光的强弱与电流有关。发光二极管的构造如图 10.4 所示。

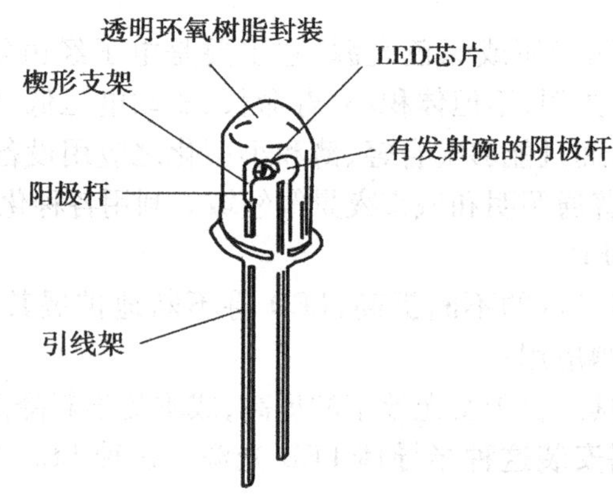

图 10.4　发光二极管的构造图

(2)光电源的主要特性

电光源的主要性能指标有光效、寿命、色温、显色指数、启动性能等。中国目前生产的常用电光源的主要特性列于表 10.5。

表 10.5　常用电光源的主要特性

主要特性＼光源名称	白炽灯	荧光灯	卤钨灯	高压汞灯	高压钠灯	LED 灯
灯泡额定功率/W	10 ~ 1 000	6 ~ 125	500 ~ 2 000	50 ~ 1 000	250 ~ 400	0.5 ~ 100
光效/($lm \cdot W^{-1}$)	6.5 ~ 19	25 ~ 67	19.5 ~ 21	30 ~ 50	90 ~ 100	60 ~ 90
平均寿命/h	1 000	2 000 ~ 3 000	1 500	2 500 ~ 5 000	3 000	100 000
显色特性	高	一般	高	低	很低	高
启动时间	0	1 ~ 3 s	0	4 ~ 8 min	4 ~ 8 min	0
功率因数 $\cos\phi$	1	0.33 ~ 0.7	1	0.44 ~ 0.67	0.44	0.98

续表

光源名称 主要特性	白炽灯	荧光灯	卤钨灯	高压汞灯	高压钠灯	LED灯
适用的照度标准	低	低	较高	高	高	低
频闪效应	不明显	明显	不明显	明显	明显	不明显
表面亮度	大	小	大	较大	较大	大
耐振性能	较差	一般	很差	好	较好	好

(3)**光电源的选择**

1)照明目的和环境需求

光源使用的环境对光源本身技术参数的要求,包括功率、亮度、显色性、色温、频闪特性、启动再启动性能、抗震性、平均寿命等。

2)经济性要求

照明设备需要资金投入,光源的选择和设计,对总投资有直接影响。总投资包括光源的初投资和运行费用。初投资有光源的设备费、材料费、人工费等。运行费用有电费、维护费、折旧费等。

3)节能的要求

我国目前正在实施绿色照明工程,其核心就是节约照明用电。在选择电光源时应按照国家照明设计标准,采用光效高、使用寿命长的光源。

10.2.2　灯具

灯具起固定光源和保护光源的作用,是光源与照明配件的总称。为了使光源发出的光辐射符合要求地分配到被照面上,以满足视觉要求和美化、装饰环境,必须正确地选择照明灯具。

(1)**灯具的特性**

灯具的特性一般可用配光曲线、遮光角、灯具效率3个指标来描述。

1)配光曲线

配光曲线就是以平面曲线图的形式反映灯具在空间各个方向上光强的分布情况。该曲线的形态与灯罩的材料、灯罩的形状是密切相关的。

配光曲线习惯上用极坐标来表示。具有旋转轴对称的灯具,以光源中心为极坐标原点,将灯具在各个方向的发光强度用矢量表示出来,连接矢量的端点,极为灯具的极坐标配光曲线,如图10.5所示。由于灯具形状是旋转轴对称,其光强分布也是对称的,所以任意一个通过旋转轴线平面内的曲线就能表示灯具的光强分布。非旋转轴对称灯具则需要多个平面的配光曲线才能表明灯具的光强分布。

对于有两个对称面的灯具,其光辐射的范围集中用直角坐标配光曲线更能将其分布特性表达清楚,如图10.6所示。

2)遮光角

遮光角又称遮光角保护角,用于衡量灯具为了防止眩光而遮挡住光源直射光范围的大小。它是光源发光体最外沿一点和灯具出光口边沿的连线与通过光源光中心的水平线之间的夹角,如图10.7所示。遮光角是用来衡量灯罩保护人眼不受光源照明部分直射耀眼的程度。角越大,眩光作用越小,在正常的水平视线条件下,为防止高亮度的光源造成直接眩光,灯具至少要有10°~15°的遮光角。在照明质量要求高的环境里,灯具应有30°~45°的遮光角。但保护角不能太大,加大遮光角会降低灯具效率,这两方面要权衡考虑。

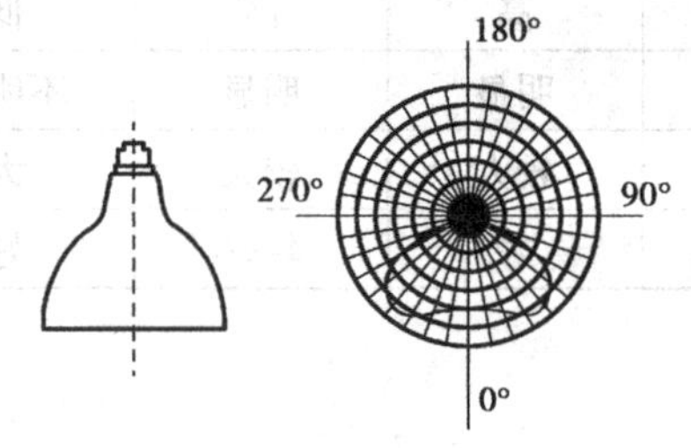

图10.5　直角坐标配光曲线

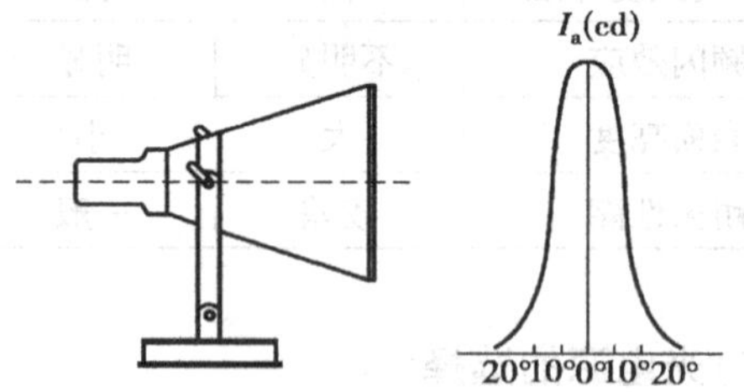

图10.6　旋转轴对称灯具的配光曲线

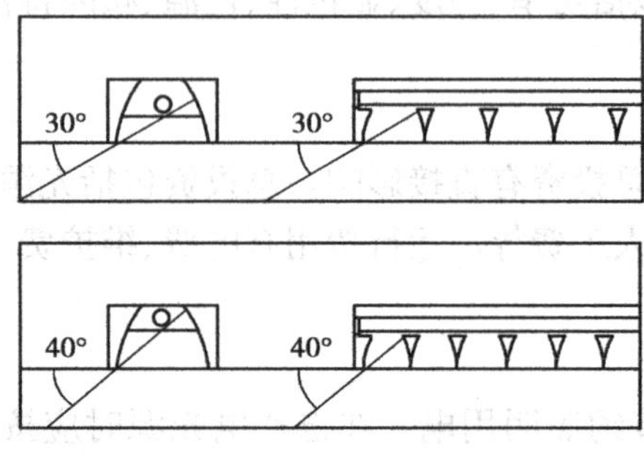

图10.7　灯具的保护角

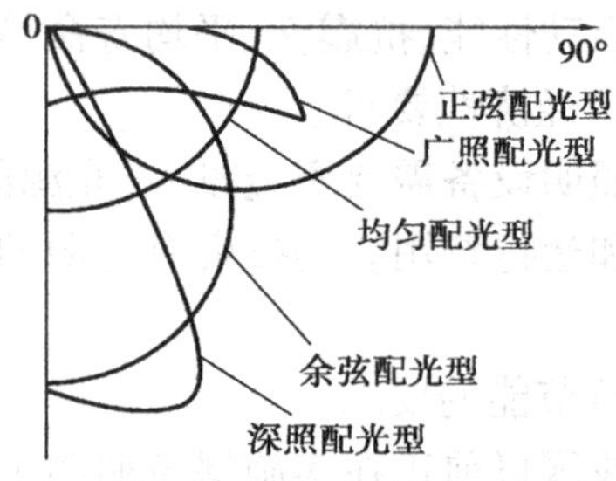

图10.8　灯具的配光曲线

3)灯具效率

灯具效率是指在规定条件下测得的灯具所发射的光通量值与灯具内所有光源发出的光通量之和的比值。该特性常用来评价灯具的经济性。

(2)灯具的类型

灯具有成千上万种,分类的方法也很多。如按用途分类、按CIE推荐的根据光通量分配比例分类和按防尘、防潮、防触电等级分类等。

1)按配光曲线形状分类

①正弦分布型:光强是投射角θ的正弦函数,投射角为光在空间的投射方向与垂直方向的夹角,且当$\theta=90°$时光强最大。

②广照型:最大光强分布在较大角度上,可在较广的面积上形成均匀的照度。

③均匀配光型:光强在各个方向大致相等。

④余弦配光型:光强是角度的余弦函数,$\theta=0°$时的光强最大。

⑤深照配光型:光通量和最大光强集中在0°~30°的狭小立体角内。

图10.8给出了上述几种灯具的配光曲线,因为上述几种配光曲线均在下半部,而且左右对称,故只绘出其右下部分(0°~90°)的曲线。

2)按光通量分布分类

国际照明学会(CIE)采用的配光分类法,是以灯具向上、向下半个空间发出的光通量的比例来分类,共分5类:

①直接照明型:灯具向下投射的光通量占总光通量的90%~100%,而向上投射的光通量

极少。光线集中，所以灯具的光通量的利用率最高。

②半直接照明型：灯具向下投射的光通量占总光通量的60%～90%，少部分射向上方。光线能集中在工作面上，射向上方的分量将减少产生的阴影的硬度并改善其各表面的亮度比，空间可获得适当照度，眩光较小。

③均匀漫射型：灯具向下投射的光通量和向上投射的光通量差不多相等，各为40%～60%。空间在各个方向光强基本一致。

④半间接照明型：灯具向上投射的光通量占总光通量的60%～90%，向下投射的光通量只有10%～40%。增强了反射光的作用，光线较均匀柔和。

⑤间接照明型：灯具向上投射的光通量占总光通量的90%～100%，而向下投射的光通量极少。扩散性好，光线均匀，避免眩光，光的利用率低。

另外，按灯具的结构特点，可分为开启型、闭合型、封闭型、密闭型、防爆型；按防触电保护方式，可分为0类、Ⅰ类、Ⅱ类、Ⅲ类，0类灯具的安全程度最低，Ⅰ、Ⅱ类较高，Ⅲ类最高。

(3)灯具的选择

灯具的选择应以效率高、利用系数高，维护检修方便为原则。

选择灯具时应综合考虑以下原则：

①功能原则：合乎要求的配光曲线、保护角、灯具效率，款式符合环境的使用条件。

②安全原则：符合防触电安全保护的规定要求。

③经济原则：初投资和运行费用最小化。

④协调原则：灯饰与环境整体风格协调一致。

⑤高效原则：在满足眩光限制和配光要求的条件下，应选用效率高的灯具，以利节能。

(4)灯具布置

灯具布置对照明质量有很大的影响。灯具布置应满足被照射工作面上能得到均匀的照度，应减少眩光和阴影的影响，要整齐美观、与环境协调且维修方便，安全经济。

灯具的布置方式可分为均匀布置和选择布置两种，如图10.9所示。

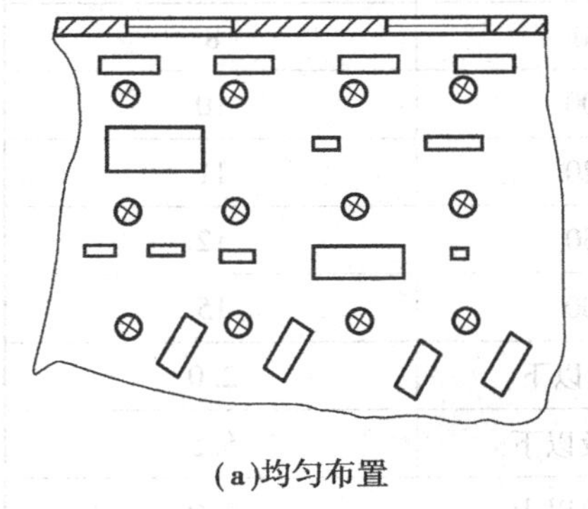

(a)均匀布置

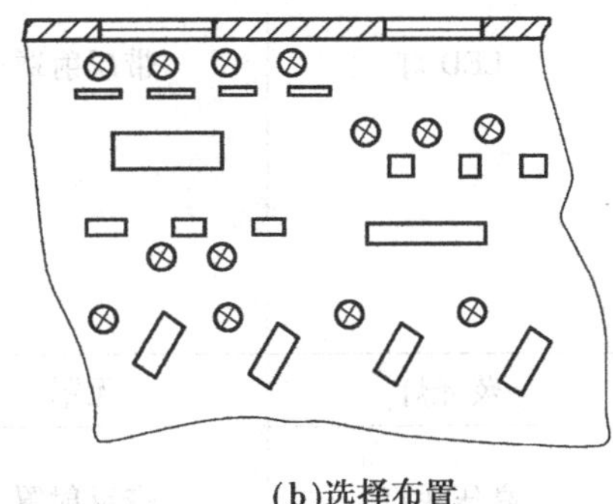

(b)选择布置

图10.9　一般照明灯具的布置

1)均匀布置

灯具在整个车间内均匀分布，其布置与设备位置无关，使全车间的面积上具有均匀的照度。均匀布置的灯具可以排列成直线形、长方形、正方形或菱形，如图10.10所示。矩形排列的等效灯距$L=\sqrt{l_1 l_2}$。实验分析表明：矩形排列，当$l_1=l_2$时，照明均匀度最好；菱形排列，当$l_1=2\sqrt{3}l_2$时，照度最均匀。

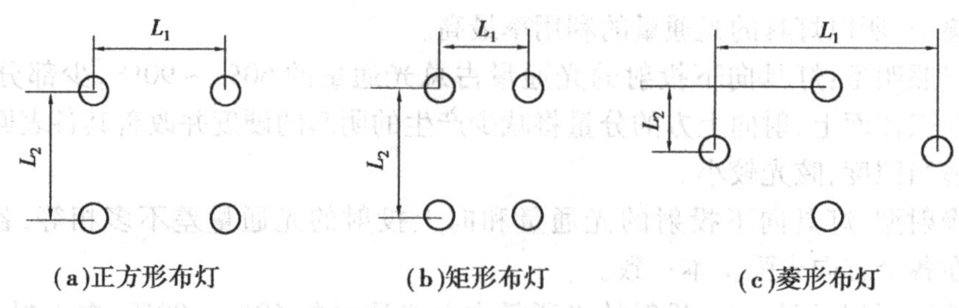

图 10.10　均匀布置的几种形式

灯具布置应按灯具的光强分布、悬挂高度、房屋结构及照度要求等多种因素而定。为使工作面上获得较均匀的照度，较合理的距高比一般不超过各类灯具规定的最大距高比，具体可参见有关的技术手册。从而使整个房间获得较均匀的照度考虑，最边缘一列灯具离墙的距离为 l''，当靠墙有工作面时，$l''=(0.2\sim0.3)l$；当靠墙为通道时，$l''=(0.4\sim0.5)l$。对于矩形布置，可采用纵横两向的均方根值。

2）选择布置

灯具布置与生产设备的位置有关。一般按工作面对称布置，力求使工作面能获得最有利的光通方向和消除阴影，如图 10.10(b)所示。

室内灯具不宜悬挂过高或过低。过高会降低工作面上的照度且维修不方便；过低则容易碰撞且不安全，另外，还会产生眩光，降低人眼的视力。表 10.6 给出了一般照明灯的悬挂高度最小值。

表 10.6　室内一般照明灯具距地面的最低悬挂高度

光源种类	灯具形式	灯泡容量/W	最低离地悬挂高度/m
LED 灯	带反射罩	30	3
		50	5
		70	7
		80	8
		700	10
		120	11
		150	12
		200	15
荧光灯	无罩	40 及以下	2.0
高压汞灯	带反射罩	250 及以下	5.5
		400 及以上	6.0
高压钠灯	带反射罩	250	6.0
		400	7.0
金属卤化物灯	带反射罩	400	6.0
		1 000 及以上	14.0 以上

10.3　电气照明的照度计算

企业的生产场所及其他活动环境必须保证具有足够的照度，照度是决定照明效果的重要指标。中国制定的《工业企业照明设计标准》，它对各种场所的照度标准作了规定，具体可查阅相关资料。

照度计算的目的有两点：一是根据工作面所需要的照度值，考虑其他已知条件（如灯具种类、悬挂高度、房间墙面反射情况等）来确定灯具的容量及数量；二是在灯具的种类、悬挂高度、布置的方案初步确定后计算工作面上的照度，检验其是否满足规定的照度要求。

照度的计算方法有利用系数法、比功率法，以及用来计算任一斜面上指定点照度的逐点计算法等。本节主要介绍几种常用的计算方法。

（1）**利用系数法**

利用系数法是计算工作面上平均照度的常用方法。该方法既考虑了直射光通量，也考虑了反射光通量，计算结果为水平面上的平均照度。

1）利用系数的概念

利用系数（用 u 表示）是指照明光源投射到工作面上的光通量与全部光源发出的总光通量之比，是表征光源的光通量有效利用的程度的一个参数。

利用系数的计算公式为：

$$u = \frac{\Phi_e}{n\Phi} \tag{10.6}$$

式中　Φ_e——投射到工作面上的直射与反射的总光通量；

Φ——每盏灯发出的光通量；

n——灯的个数。

利用系数 u 与下列因数有关：

①与灯具的形式、光效和配光曲线有关。

②与灯具悬挂高度有关。悬挂越高，反射光通越多，利用系数也越高。

③与房间的面积及形状有关。房间的面积越大，越接近于正方形，则由于直射光通越多，因此利用系数也越高。

④与墙壁、顶棚及地板的颜色和洁污情况有关。颜色越浅，表面越洁净，反射的光通越多，因而利用系数也越高。

2）利用系数的确定

利用系数的值可按墙壁和顶棚的反射系数及房间的受照空间特征来查表确定（查有关设计手册，表10.7给出了GC1-A，B-1型配照灯的利用系数）。

其中顶棚、墙壁的反射系数 ρ 值可直接查表10.8得到；房间的受照空间特征用一个"室空间比（RCR）"的参数来表征，如图10.11所示。

房间顶棚上装有吊灯（或吸顶灯），工作面距地面有一定的高度；因此，将一个房间按受照的情况不同分为3个空间：最上面为顶棚空间（安装吸顶灯即无此空间），中间为室空间，下面为地板空间（若工作面为地面，则无地板空间）。此时，室空间比RCR按下式决定：

$$\mathrm{RCR} = \frac{5h_{\mathrm{RC}}(l + b)}{lb} \tag{10.7}$$

式中 h_{RC}——室空间高度,m;

l、b——房间的长度和宽度,m。

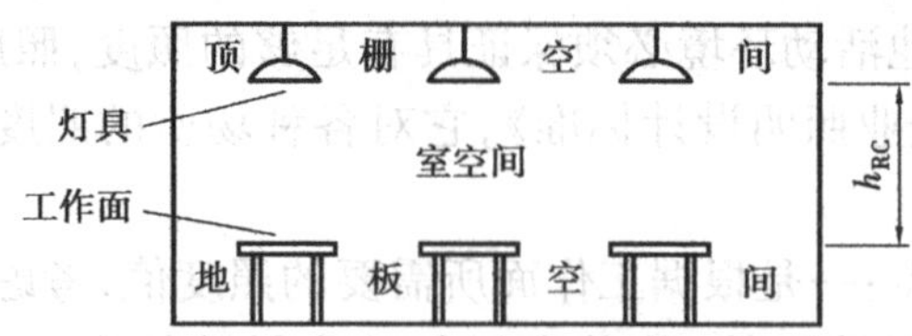

图 10.11 室内空间比的概念说明图

求出室空间比 RCR、顶棚反射系数 ρ_c、墙壁反射系数 ρ_w 后,查利用系数表(见表 10.7)可得到利用系数 u。如果 RCR、ρ_c、ρ_w 不是表 10.7 中分级的整数,可用内插法求出其对应值。

3)计算工作面上的平均照度

当已知房间的长、宽、室空间高度、灯型及光通量时,可按下式计算平均照度:

$$E'_{\mathrm{av}} = \frac{un\Phi}{S} \tag{10.8}$$

式中 n——灯的个数;

S——受照工作面面积(矩形房间即为长宽的乘积)。

4)计算工作面上的实际平均照度

灯具在使用期间,光源本身的光效要逐渐降低,灯具也会陈旧脏污,被照场所的墙壁和顶棚也有污损的可能,从而使工作面上的光通量有所减少,因此,在计算工作面上的实际平均照度时,应计入一个小于 1 的灯具减光系数 K,则工作面的实际平均照度为:

$$E_{\mathrm{av}} = \frac{uKn\Phi}{S} \tag{10.9}$$

减光系数 K 的值可查表 10.9。

表 10.7 GC1-A、B-1 型配照灯(150 W)的利用系数表

遮光角	8.7°									
灯具效率	85%									
最大距高比	1.25									
顶棚反射系数	70			50			30			0
墙壁反射系数	50	30	10	50	30	10	50	30	10	0
RCR										
1	0.85	0.82	0.78	0.82	0.79	0.76	0.78	0.76	0.74	0.70
2	0.73	0.68	0.63	0.70	0.66	0.61	0.68	0.63	0.60	0.57
3	0.64	0.57	0.51	0.61	0.55	0.50	0.59	0.54	0.49	0.46
4	0.56	0.49	0.43	0.54	0.48	0.43	0.52	0.46	0.42	0.39
5	0.50	0.42	0.36	0.48	0.41	0.36	0.46	0.40	0.35	0.33

续表

RCR										
6	0.44	0.36	0.31	0.43	0.36	0.31	0.41	0.35	0.30	0.28
7	0.39	0.32	0.26	0.38	0.30	0.26	0.37	0.30	0.26	0.24
8	0.35	0.28	0.23	0.34	0.28	0.23	0.33	0.27	0.23	0.21
9	0.32	0.25	0.20	0.31	0.24	0.20	0.30	0.24	0.20	0.18
10	0.29	0.22	0.17	0.28	0.22	0.17	0.27	0.21	0.17	0.16

表10.8　顶棚、地面和墙壁的反射系数近似值

反射面情况	反射系数 ρ/%
大白粉刷的墙、顶棚、白窗帘	70
大白粉刷的墙、深窗帘或没窗帘；大白粉刷的顶棚、房间潮湿；未刷白的墙和顶棚，但洁净光亮	50
水泥墙壁、顶棚，有窗子；木墙、木顶棚；有浅色墙纸的墙和顶棚；水泥地面	30
灰尘较重的墙地面、顶棚；无窗帘的玻璃窗；有深色墙纸的墙、顶棚；未粉刷的墙；广漆、沥青地面	10

表10.9　减光系数值

环境污染特征	类　别	灯具每年擦洗次数	减光系数
清洁	仪器仪表的装配车间、电子元器件的装配车间，实验室，办公室，设计室	2	0.8
一般	机械加工车间、机械装配车间、织布车间	2	0.7
污染严重	锻工车间、铸工车间、碳化车间、水泥厂球磨车间	3	0.6
室外	道路和广场	2	0.7

5）利用系数法的计算步骤

①根据灯具的布置，确定室空间高度 h。

②计算室空间比RCR。

③确定反射系数 ρ（查表10.8）。

④确定利用系数 u（由RCR值和反射系数查手册或表10.7）。

⑤根据有关手册查出布置灯具的光通量 Φ。

⑥根据有关手册或表10.9查出减光系数 K。

⑦计算平均照度 E'_{av} 和实际平均照度 E_{av}。

【例10.1】　有一机械加工车间长为32 m，宽为20 m，高为5 m，柱间距为4 m。工作面的高度为0.8 m。若采用GC1-A、B-1型工厂配照灯（电光源型号为PZ220-150）做车间的一般照明。车间的顶棚有效反射比 ρ_c 为50%，墙壁的有效反射比 ρ_w 为30%。试确定灯具的布置方案,并计算工作面上的平均照度和实际平均照度。设该车间的照度标准为 75 lx。

【解】 (1)确定布置方案

查表 10.2 可知,150 ~200 W 的白炽灯最低距地悬挂高度为 3 m,故可设灯具的悬挂高度为 0.5 m,则室空间高度为:

$$h_{RC} = (5 - 0.8 - 0.5)\ m = 3.7\ m$$

由表 10.3 可知,该种灯具的最大距高比为 1.25,即 $l/h_{RC} = 1.25$,则灯具间的合理距离为:

$$l \leqslant 1.25h_{RC} = 1.25 \times 3.7\ m = 4.625\ m$$

初步确定灯具布置方案如图 10.12 所示。

该布置方案的实际灯距为:

$$L = \sqrt{4\ m \times 4\ m} = 4\ m < 4.625\ m$$

满足要求。

此时,灯具个数为 $n = 5 \times 8 = 40$。

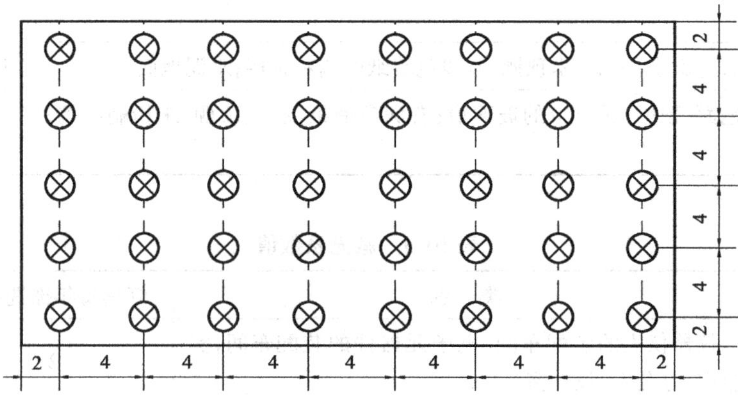

图 10.12 【例 10.1】的灯具布置方案

(2)利用系数法计算照度

①计算室空间比 RCR。

$$RCR = \frac{5h_{RC}(l + b)}{lb} = \frac{5 \times 3.7 \times (32 + 20)}{32 \times 20} = 1.5$$

②确定利用系数。

查表 10.3 可知,$\rho_c = 50\%$,$\rho_w = 30\%$,RCR = 1 时,$u = 0.79$;$\rho_c = 50\%$,$\rho_w = 30\%$,RCR = 2 时,$u = 0.66$。运用插入法可知,$\rho_c = 50\%$,$\rho_w = 30\%$,RCR = 1.5 时,$u = 0.72$。

③确定布置灯具的光通量。

光通量 F 是表征 LED 总光输出的辐射能量,它标志器件的性能优劣。F 为 LED 向各个方向发光的能量之和,它与工作电流直接有关。随着电流的增加,LED 光通量随之增大。可见光 LED 的光通量单位为流明。

LED 向外辐射的功率:光通量与芯片材料、封装工艺水平及外加恒流源大小有关。目前单色 LED 的光通量最大约 1 lm,白光 LED 的 $F \approx 1.5 \sim 1.8$ lm(小芯片),对于 1 mm×1 mm 的功率级芯片制成白光 LED,其 $F = 18$ lm。

④确定减光系数。

查表 10.5 可知,机械加工车间的 $K=0.7$。

⑤计算平均照度。

$$E'_{av}=\frac{un\Phi}{A}=\frac{0.72\times 40\times 2\ 920}{32\times 20}\ \text{lx}=131.4\ \text{lx}$$

⑥计算实际平均照度。

$$E_{av}=\frac{uKn\Phi}{S}=\frac{0.72\times 0.7\times 40\times 2\ 920}{32\times 20}\ \text{lx}=91.98\ \text{lx}$$

计算结果满足照度要求。

(2)**比功率法**

1)比功率的概念

比功率就是单位水平面积上照明光源的安装功率,即

$$P_0=\frac{P_{\sum}}{A}=\frac{nP_N}{A}\tag{10.10}$$

式中　$P_{\sum}$——受照房间总的灯泡安装功率;

P_N——每一灯泡功率;

n——总的灯数;

A——受照水平面积。

附表 10.1 列出了采用工厂配照灯的一般照明比率参考值供参考。

2)按比功率法估算照明灯具安装功率或灯数

当确定了灯具、被照面积、平均照度、计算高度等参数后,可从表中查出单位面积上的安装功率(W/m^2),继而可求出被照面积上的总的安装功率为:

$$P_{\sum}=P_0A\tag{10.11}$$

式中　$P_{\sum}$—— 受照面积上总的安装功率。

10.4　照明供电系统

目前在照明装置中,采用的都是电光源,合理的照明配电系统是电光源安全、可靠运行的保证。

10.4.1　照明供电方式的选择

我国照明供电一般采用 380/220 V 三相四线中性点直接接地的交流网络供电。

工厂照明按用途分为工作照明和事故照明。工作照明是指在正常生产和工作的情况下而设置的照明。工作照明根据装设的方式分一般照明、局部照明和混合照明。工厂的工作照明一般由动力变压器供电,有特殊需要时可考虑专用变压器供电。

事故照明一般与工作照明同时投入,以提高照明的利用率。但事故照明装置的电源必须保持独立性,最好与正常工作照明的供电干线接自不同的变压器,如图 10.13 所示。仅供疏散用的事故照明可以由与工作照明分开的回路供电,如图 10.14 所示。

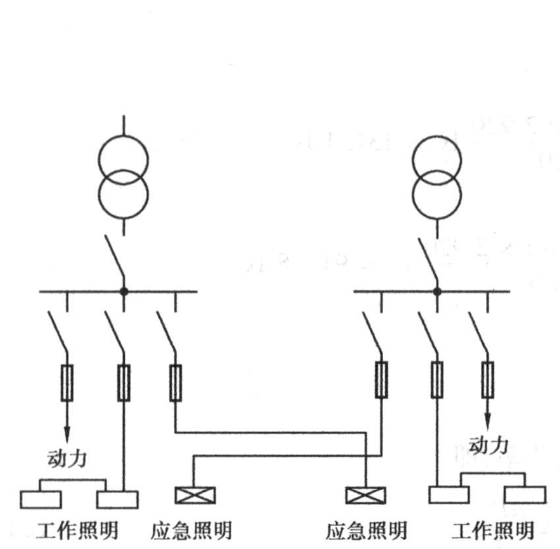

图 10.13　两台变压器交叉供电的照明供电系统

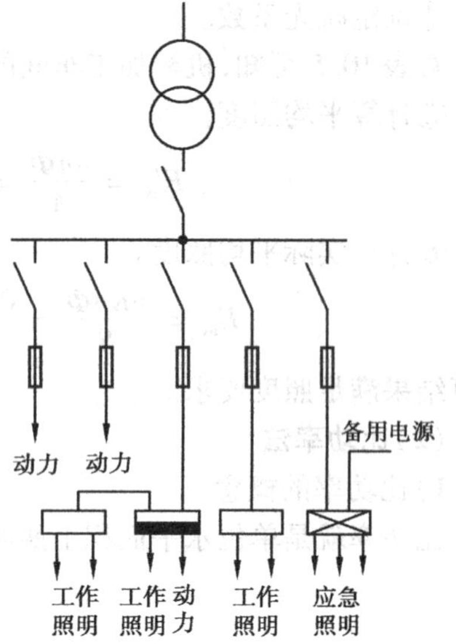

图 10.14　一台变压器供电的照明供电系统

事故照明还可采用其他供电方式:独立与正常电源的发电机组;蓄电池供电网络中独立与正常电源的馈电线路;事故照明灯自带直流逆变器等。

10.4.2　照明配电网络的设计

供电网络的接线方式有放射式、树干式和混合式。其中以放射式和树干式结合的方式居多。如图 10.15 所示。这种方式可根据照明配电箱布置位置、容量、线路走向等综合考虑,在当前的照明设计中这种方式最为普遍。

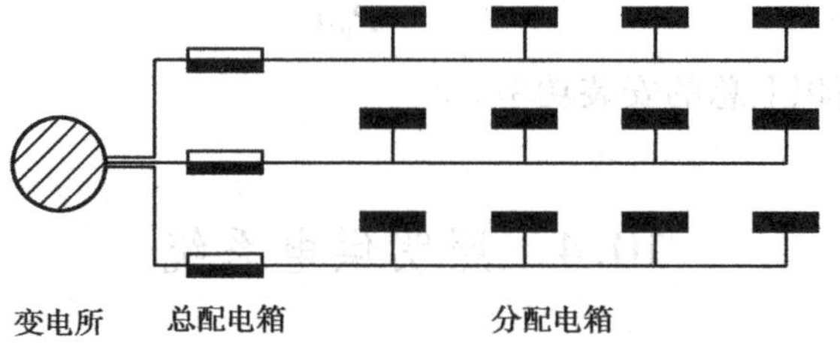

图 10.15　照明配电网络形式示意图

照明配电的单相负荷宜在三相配电干线上平衡分配,以使各相电压偏差不致差别太大。一般规定相负荷不超过三相负荷平均值的 ±15%。为了减小分支线路内发生故障的影响范围以及检查维修的方便,每个照明单相分支回路的电流不宜超过 16 A,所接光源数不宜超过 25 个;连接组合式灯具时,回路电流不宜超过 25 A,光源数不宜超过 60 个;连接高强度气体放电灯的单相分支回路的电流不应超过 30 A。

照明配电箱应设置在靠近照明负荷中心附近便于操作维护的位置;考虑要装设剩余电流动作保护器(即漏电保护器),插座不宜和照明灯接在同一分支回路。

10.4.3　照明配电线路导线的选择

①照明配电常用的导线主要是绝缘电线和电缆。绝缘电线大致分为塑料绝缘电线与橡皮

绝缘电线两大类。常用的BLV、BV、BVV、BVR、RV聚氯乙烯绝缘线等属于塑料绝缘电线;BLX、BX、BBX、BXF等属于橡皮绝缘电线。

照明配电用的低压电力电缆由导电芯线、绝缘层、保护层组成。电力电缆按其芯数有单芯、双芯、三芯、四芯、五芯线之分。

②照明配电线路应按负荷计算电流(即允许载流量或发热条件)和灯端允许电压值选择导体截面积,同时还应考虑必要的短路和机械强度校验。

照明配电干线和分支线,应采用铜芯绝缘电线或电缆,分支线截面不应小于1.5 mm^2。主要供给气体放电灯的三相配电线路,其中性线截面应满足不平衡电流及谐波电流的要求,且不应小于相线截面,接地线截面选择应符合国家现行标准的有关规定。

本章小结

本章介绍了照明技术的有关概念,照度计算的方法和步骤,以及工厂照明供电系统设计的基本知识。

(1)电气照明的相关概念

把能发光的物体称为光源,光源在单位时间内向周围空间辐射出的使人产生光感的能量称为光源的光通量。光通量越大,光效越高。电光源在某一方向单位立体角内辐射的光通量,称为电光源在该方向上的光强度。受照物体表面单位面积(A)上接受的光通量称为照度。发光体在视线方向单位投影面上的发光强度称为亮度。光源的显色指数越高,显色性能就越好,物体在该光源的照射下的失真度越小。

照明方式又可分为一般照明、分区一般照明、局部照明和混合照明,照明种类有正常照明、应急照明、值班照明、警卫照明和障碍照明等。照明设计的优劣主要用照明质量来评价。

(2)工厂常用电光源和灯具

工厂常用的电光源有白炽灯、荧光灯、卤钨灯、高压汞灯、高压钠灯、金属卤化物灯等。一般按不同的使用场合和不同的环境选用不同的灯具。

灯具根据配光特性与结构特点可进行不同分类,灯具的布置有均匀布置和选择布置,以满足照度及均匀性。

(3)照度计算

照度的常用计算方法有利用系数法和比功率法。一般适用于水平面上的照度计算。利用系数法建立在利用系数的概念上,用以确定平均照度和灯的盏数;比功率法则通过查表得到单位面积的安装功率,然后由公式求出总的安装功率。

(4)照明供电系统

了解常用的照明供电系统,能看懂工厂照明系统图和平面布置图,初步掌握一般的照明设计方法。

思考与练习

10.1　电气照明有哪些特点？对工业生产有什么作用？

10.2　什么是光通量、照度、光强、亮度？什么是灯具的保护角？

10.3　表征光源性能的主要指标有哪几个？显色指数的高低表明了光源的什么性能？

10.4　什么称为热辐射光源和气体放电光源？试以白炽灯和荧光灯为例，说明各自的发光原理和性能。

10.5　灯具悬挂高度有什么要求？为什么？

10.6　什么是照明光源的利用系数？与哪些因素有关？什么是减光系数？又与哪些因素有关？

10.7　什么是照明光源的比功率？它与哪些因素有关？

10.8　有一个4 in(1 in = 2.54 cm)的彩色显示器，需要8个额定的正向电压为3.0 V，额定正向电流20 mA，耗散功率为150 mW的白光LED提供适当的背光照明和全彩。每4个LED串联一起，组成两个LED串，问需驱动电源电压、输出功率各为多少？

10.9　某办公室的建筑面积为$3.3 \times 4.2\ m^2$，拟采用YG1-1筒式荧光灯照明。办公桌面高0.8 m，灯具吊高3.1 m，试计算需要安装灯具的数量。

第 11 章 漏电保护和防止窃电的一般常识

内容提要：本章主要介绍漏电检测、漏电保护器的基本原理、电度计量方法、常见窃电的基本手法、防窃电基本措施和窃电者为窃电而改变电能表的正常接线。防窃电是指窃电未发生前，通过采取技术措施或管理措施，使窃电者难以实施窃电的一切活动。

电能是商品，为了贸易结算或指标考核，需要计量发电量、厂用电量、供电量和销售电量等，为此，线路中装设了大量的电能计量装置。其计量是否准确、公正，直接关系到用户和电力企业双方的经济利益。

11.1 低压电网的漏电保护

低压电网的漏电保护是指当电网发生对地漏电并到一定程度时，为避免人身触电和设备损坏，而采取的技术防范措施。因而漏电保护的目的应是能够有效地防止各种因电网漏电可能造成的危害后果的发生。

11.1.1 电流型漏电保护器

电流型漏电保护器的原理接线如图 11.1 所示，它是以用电设备的漏电流作为动作信号的。其工作原理说明如下：

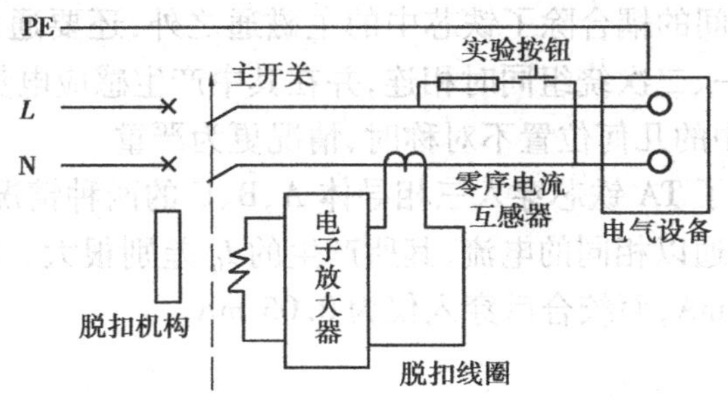

图 11.1 电流型漏电保护器的原理接线

(1)**零序电流互感器** TA

零序电流互感器的原理图如图 11.2 所示,其主要部件是用高导磁材料制成的空芯铁环、一次线圈和二次线圈。一次线圈是穿越铁芯的电源线,二次线圈是绕在铁芯上的多匝线圈,该线圈是电源开关操动机构的电流源。当用电设备没有漏电时,穿越铁芯中电源线的电流 I 大小相等,方向相反,故它们所产生的磁场彼此抵消,因此,二次线圈中无感应电势产生,二次回路中也将无电流流过。可是,当受电设备发生漏电时,电源线流入的电流为 I,流出的电流为 I 减去漏电电流 I_K,即 $I_{回}=I-I_K$,于是,铁芯中将有磁场,该磁场在二次线圈中产生感应电势,二次回路中有电流流过。该电流经过处理之后,将去触发晶闸管 SCR 的控制极,SCR 导通后,操动机构获得电源,将开关 SW 切断。

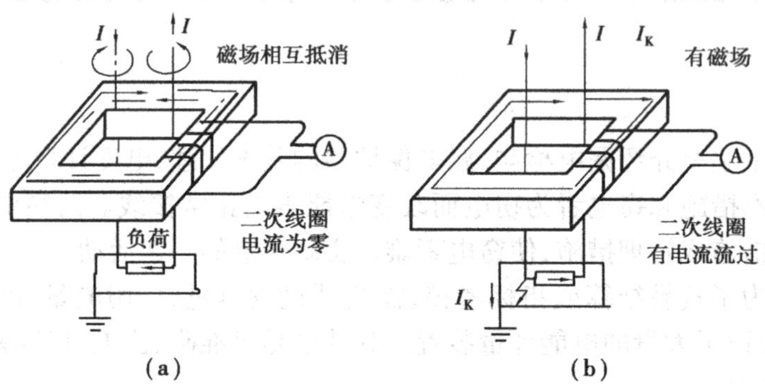

图 11.2　零序电流互感器的原理图

电流型漏电保护器的工作原理:当用电设备发生漏电时,TA 的二次线圈中产生感应电势,该电势经脉冲触发电路形成触发电压施加在 SCR 的控制极,SCR 被触发导通。于是操动机构的线圈 TC,经桥式整流电路,可控硅的阳极、阴极构成回路,于是 TC 中有电流流过,该电流所产的磁力驱动开关操作,切断电源开关 SW。

(2)**零序电流互感器的一次回路的穿线要求**

当零序电流互感器一次回路的电线穿越铁芯时,应将电线并拢绞合后穿过,可减少二次线圈的剩余电流。所谓剩余电流是指被保护网络或受电设备根本不存在漏电故障的情况下,二次线圈中仍有电势产生的电流。

如图 11.3 所示,尽管一次回路中流入和流出的电流相等,但二次线圈中有剩余电流 I_0 流过。如果 I_0 太大,则会引起漏电保护器误动作,甚至使网络难于投入。产生这种现象的原因是:TA 的一、二次线圈之间的耦合除了铁芯中的主磁通之外,还要通过漏磁通耦合,这些通过空气的漏磁通有可能与一、二次绕组同时相连,并在其中产生感应电势并建立剩余电流 I_0。特别是当二次绕组在铁芯中的几何位置不对称时,情况更为严重。

如图 11.5 所示给出了 TA 铁芯穿入三相导体 A、B、C 的两种情况:一种是平行直线穿入;另一种是绞合后穿入,并通以相同的电流,其所产生的 I_0 差别很大。若通以 200 A 的电流,平行穿入的剩余电流 0.83 mA,而绞合后穿入仅为 0.05 mA。

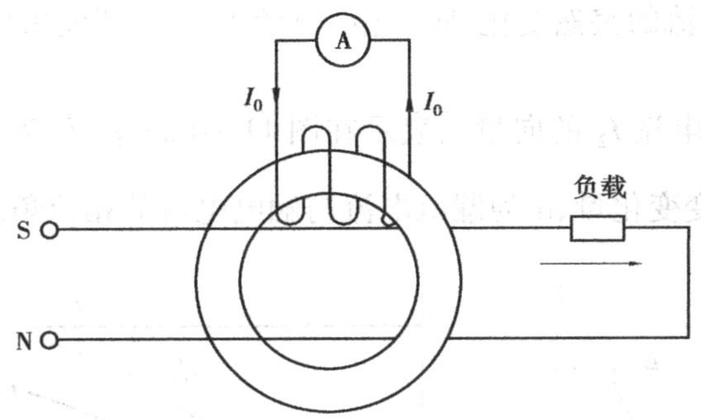

图 11.3　零序电流互感器的一次穿线

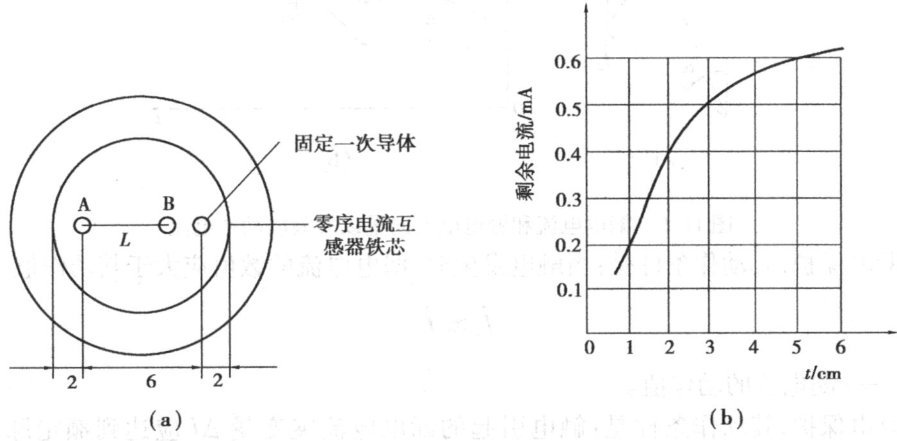

图 11.4　一次线圈的排列

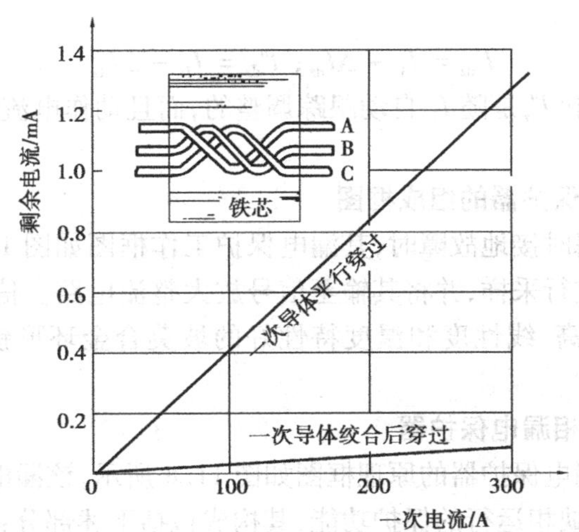

图 11.5　剩余电流与一次电流关系

11.1.2　脉冲相位型漏电保护器的工作原理

(1)脉冲相位型漏电保护的工作原理

电力网中总是存在着一定的漏电电流,线路的绝缘水平越差,则漏电电流越大。而当发生触电时，必将引起漏电电流的突然变化，脉冲相位型漏电保安器便采用这一突变的脉冲变量作为识别触电的依据。

漏电电流 I_1 和触电电流 I_2 的向量图表示在图 11.6(a)中，I_0 为触电时电网的漏电电流，$\Delta \dot{I}$ 为引起漏电电流突变变化量，α 为漏电电流与触电电流的相位角。

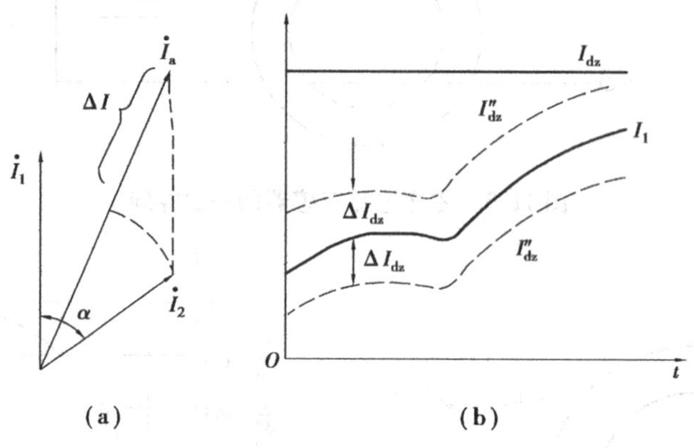

图 11.6 漏电电流和触电电流向量以及漏电动作电流

作为漏电保护，其动作条件是：当触电发生时，漏电电流的数值应大于其动作值，即

$$\dot{I}_\alpha \geqslant \dot{I}_{dz} \tag{11.1}$$

式中 $\dot{I}_{dz}$——漏电流的动作值。

作为触电保护，其动作条件是：触电引起的漏电电流突变量 ΔI 应达到额定脉冲动作值 ΔI_{dz}，即 $\Delta I \geqslant |\Delta I_{dz}|$。这就是说，相当于有两组额定漏电动作。其为图 11.6(b)中的 I'_{dz} 和 I''_{dz}，且

$$I'_{dz} = I_1 + \Delta I_{dz};\ I''_{dz} = I_1 - \Delta I_{dz}$$

从上式不难看出：I'_{dz} 和 I''_{dz} 是随 I_1 自动跟踪调整的，而且动作电流的数值与 I_1 以及 I_1 和 I_2 之间的夹角 α 有关。

(2)脉冲相位型漏电保护器的组成框图

当电路发生触电或瞬时接地故障时，其漏电保护工作框图如图 11.7 所示，信号测量电路即对漏电电流的突变量进行采样，并将其输至信号放大整流电路。信号测量元件采用零序电流互感器，并选用磁导率高、线性度和温度特性好的坡莫合金环形铁芯制成，具有良好的平衡性。

(3)多功能双保护三相漏电保护器

多功能双保护三相漏电保护器的原理框图如图 11.8 所示，该漏电保护器除了作为触电保护之外，还增加了电动机缺相运行的保护功能，其构成包括下述部分：

1)漏电指示电路

漏电指示电路是用来直读线路上的合成泄漏电流，同时还可作平衡调节时使用。

2)缺相保护电路

缺相保护电路是用来保护电动机缺相运行，以免因此使电动机烧毁。

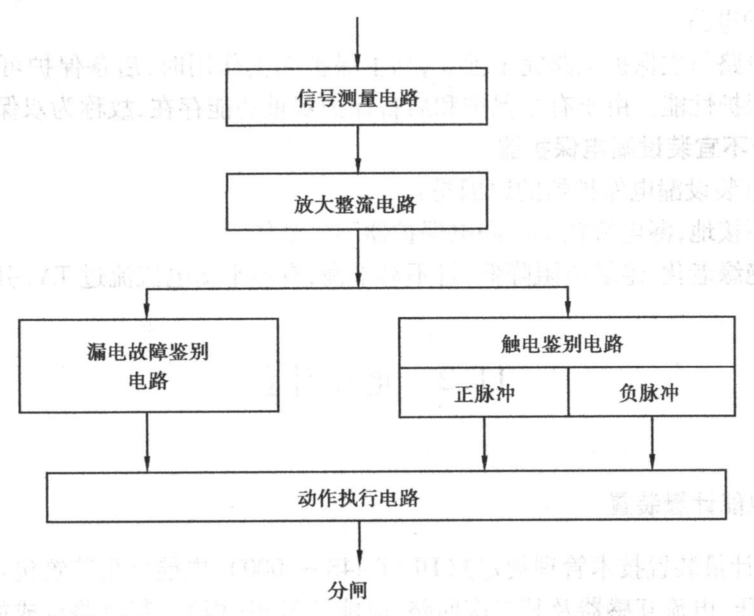

图 11.7　脉冲相位型漏电保护器的组成框图

3)重合闸电路

重合闸电路由缓慢充电和快速放电电路组成,当漏电达到保护整定值时,使线路跳闸后,保护器可进行一次重合闸。如果故障不消失,将产生闭锁,而如果为瞬时故障,且瞬间故障的间隔时间大于 1 s,仍可进行重合。

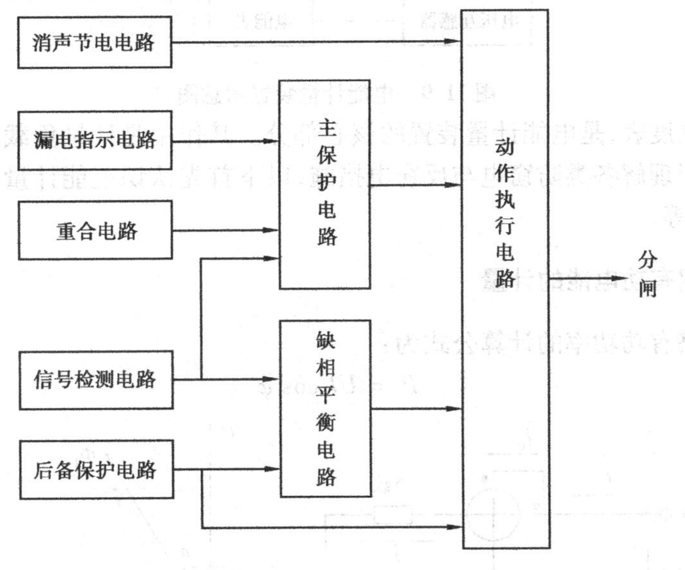

图 11.8　多功能双保护漏电保护器图

4)消声节电电路

消声节电电路的功能是消除交流接触器的运行噪声,消除接触器的线圈、铁芯的发热问题,提供其运行可靠性,延长其使用寿命。

5)后备保护电路

后备保护电路与主保护电路完全独立,当主保护失去作用时,后备保护可起同样的作用,提高了设备的保护性能。由于有主保护和后备保护双重功能存在,故称为双保护。

(4)IT **系统不宜装设漏电保护器**

IT 系统不宜装设漏电保护器的原因是:

①中性点不接地,漏电流较小。漏电保护器不易动作。

②若三相绝缘老化,绝缘电阻降低,且不易平衡,有不平衡电流流过 TA,引起误动。

11.2 电能计量

11.2.1 电能计量装置

根据《电能计量装置技术管理规定》(DL/T 448—2000),电能计量装置包含各种类型的电能表,计量用电压、电流互感器及其二次回路、电能计量箱(柜)。其电路构成如图 11.9 所示,虚线部分为二次回路。

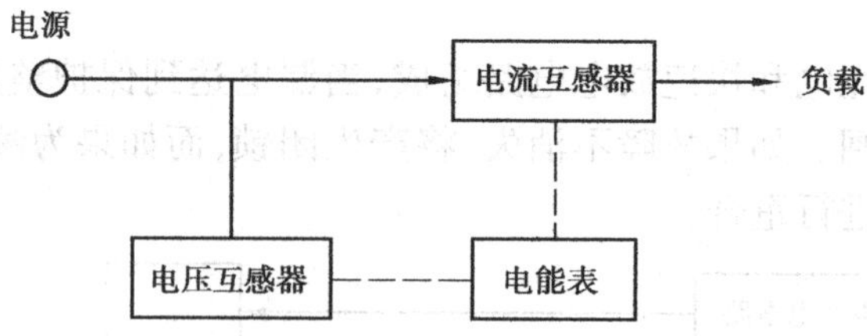

图 11.9　电能计量装置示意图

电能表俗称电度表,是电能计量装置的核心部分。其作用是计量负载消耗的或电源发出的电能。为了便于理解各类防窃电与反窃电措施,以下首先认识电能计量装置各部分的工作原理、分类及作用等。

11.2.2 单相有功电能的计量

单相交流电路有功功率的计算公式为:

$$P = UI\cos\varphi \tag{11.2}$$

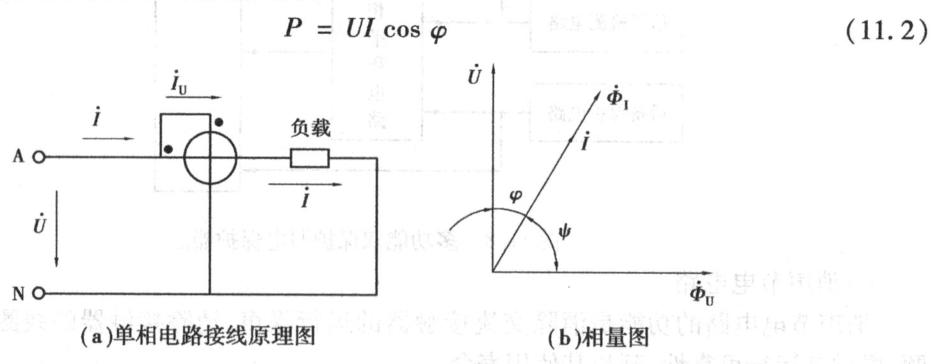

(a)单相电路接线原理图　　(b)相量图

图 11.10　单相电路有功电能的测量

如图11.10所示为测量单相电路有功电能的接线。电能表的电流线圈或电流互感器的一次绕组必须与电源相线串联,而电能表的电压线圈应跨接在电源端的相线与零线(中线)之间。电流、电压线圈标有黑点"•"的一端(称为电源端)应与电源端的相线连接。按此接线电能表可以正确计量电能。

11.2.3　三相四线制电路有功电能的测量

三相四线制电路可看成是由3个单相电路组成的。其平均功率P等于各相有功功率之和,即

$$P = P_A + P_B + P_C = U_A I_A \cos\varphi_A + U_B I_B \cos\varphi_B + U_C I_C \cos\varphi_C \tag{11.3}$$

无论三相电路是否对称,上述公式均可成立。

如图11.11所示,常用三相四线式有功电能表(DT形)或3只单相有功电能表(DD形),按此接线方式进行三相四线制电路有功电能的测量。

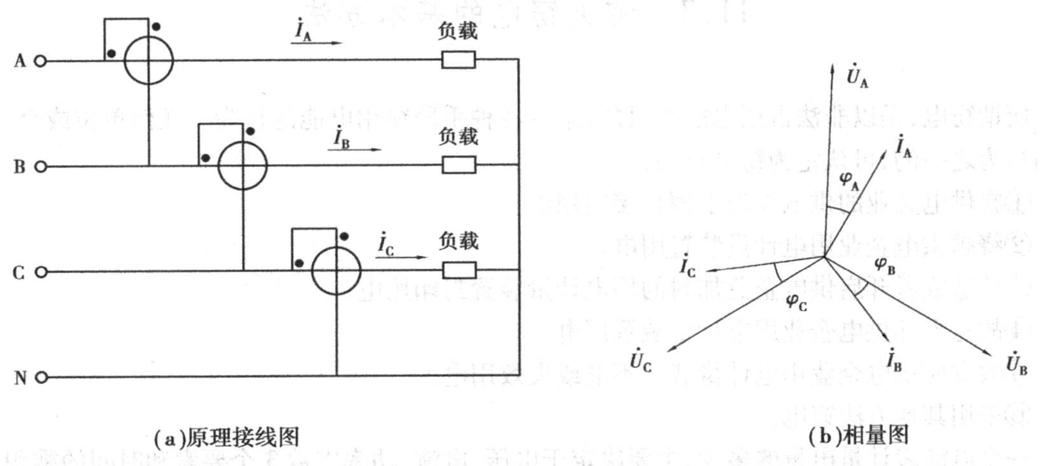

图11.11　三相四线制电路有功电能的测量

在三相四线制电路中,无论负载是否对称,均能采用三表法或三相四线式有功电能表计量三相总的电能。

需要注意的是,三相四线制电路不能采用二表法测量电能,只有在三相电路完全对称的情况下,即$i_A + i_B + i_C = 0$时才允许,否则计量电能会产生误差。分析如下:

一般三相四线制电路中,三相电流之和$i_A + i_B + i_C = i_D$。因此,各相负载消耗的瞬时功率为:

$$\begin{aligned} p &= u_A i_A + u_B i_B + u_C i_C \\ &= u_A i_A + u_B[i_N - (i_A + i_C)] + u_C i_C \\ &= u_{AB} i_A + u_{CB} i_C + u_B i_N \end{aligned} \tag{11.4}$$

二表法测量的三相瞬时功率$p' = u_{AB} i_A + u_{CB} i_C$。

因此,按图11.12所示的接线方式测量三相瞬时功率时,将引起误差γ为:

$$\gamma = \frac{p' - p}{p} \times 100\% = \frac{-u_B i_N}{u_{AB} i_A + u_{CB} i_C + u_B i_N} \times 100\% \tag{11.5}$$

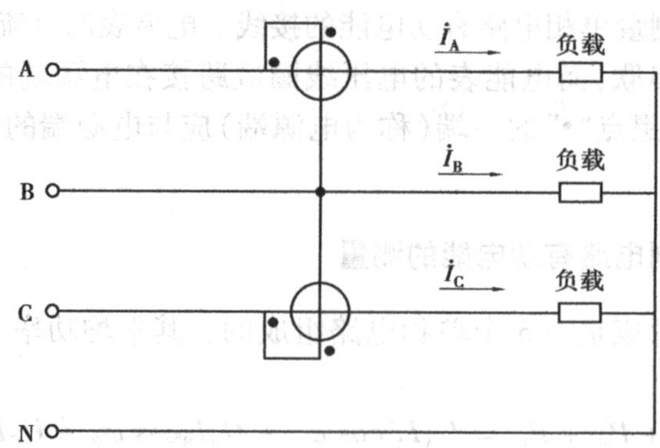

图 11.12　三相四线制电路二表法测量接线图

11.3　常见窃电的基本方法

所谓窃电，是以非法占用电能为目的，采取各种手段窃用电能的行为。任何单位或个人有下列行为之一的，可认定为窃电行为：

①在供电企业的供电设施上擅自接线用电。

②绕越供电企业用电计量装置用电。

③伪造或者开启供电企业加封的用电计量装置封印用电。

④故意损坏供电企业用电计量装置用电。

⑤故意使供电企业用电计量装置不准或失效用电。

⑥采用其他方法窃电。

一个电能表计量电量的多少，主要决定于电压、电流、功率因数 3 个要素和时间的乘积，只要改变任何一个要素都可使电表慢转、停转甚至反转，从而达到窃电的目的；另外，通过采用改变电表本身的结构性能的手法使电表少计，也可达到窃电的目的；各种私拉乱接、无表用电的行为则属于明目张胆的窃电行为。常见的窃电方式有欠流法窃电、欠压法窃电、移相法窃电、扩差法窃电、无表法窃电 5 种类型。

①欠流法窃电：窃电者采用各种手法故意改变计量电流回路的正常接线或故意造成计量电流回路故障，致使电能表的电流线圈无电流通过或只通过部分电流，从而导致电量少计，这种窃电方法称为欠流法窃电。

②欠压法窃电：窃电者采用各种手法故意改变电能计量电压回路的正常接线或故意造成计量电压回路故障，致使电能表的电压线圈失压或所受电压减少，从而导致电量少计，这种窃电方法称为欠压法窃电。

③移相法窃电：窃电者采用各种手法故意改变电能表的正常接线，或接入与电能表线圈无电联系的电压、电流，还有的利用电感或电容特定接法，从而改变电能表线圈中电压、电流间的正常相位关系，致使电能表慢转甚至倒转，这种窃电手法称为移相法窃电。

④扩差法窃电：窃电者私拆电表，通过采用各种手法改变电表内部的结构性能，致使电表本身的误差扩大；以及利用电流或机械力损坏电表，破坏电表的运行条件，使电能表少计，这种

窃电手法称为扩差法窃电。

⑤无表法窃电：未经报装入户就私自在供电部门的线路上接线用电，或有表用户私自甩表用电，称为无表法窃电。这类窃电手法与前述四类在性质上是有所不同的，前四类窃电手法基本上属于偷偷摸摸的窃电行为，而无表法窃电则是明目张胆的带抢劫性质的窃电行为，并且其危害性也更大，不但造成供电部门的电量损失，同时还可能由于私拉乱接和随意用电而造成线路和公用变过载损坏，扰乱、破坏供电秩序，极易造成人身伤亡及引起火灾等重大事故发生；其次，无表法窃电对社会造成的负面影响也更大，还可能对其他窃电行为起到推波助澜的作用。

11.4　防治窃电技术措施

防窃电是指窃电未发生前，通过采取技术措施或管理措施，使窃电者难以实施窃电的一切活动。目前，全国各省电力公司投入大量的资金，对各类电能计量装置进行的计量装置防窃电改造，就属于防窃电方法之一。

反窃电是指窃电发生后，通过一切手段查证窃电事实，利用法律、法规打击窃电行为，追回窃电损失的一切活动。

近年来，各地在防治窃电技术措施方面积累了不少成功的经验，除采用专用计量箱或专用电表箱；采用防伪、防撬铅封；规范电表安装接线；规范互感器二次接地和表箱接地等外。现将一些做法介绍如下：

①采用双向计量或逆止式电表。

②三相四线用户改用三只单相表计量。

③三相三线用户改用三元件电表计量。

④低压用户配置漏电保护开关。

⑤采用防窃电表。

⑥禁止在单相用户间跨相用电。

⑦防窃电新技术、新产品应用介绍。

11.4.1　采用双向计量或逆止式电表

双向计量或逆止式电表是针对移相法窃电所采用的对策，适用于无倒供电能的高压供电用户和普通低压用户。

移相法窃电时电表将慢转、停转甚至反转。从调查情况看，移相法窃电大多数采用间断式的游击战术。其中主要有两个原因：一是移相法窃电如果采用连续式，电表异常运行工况往往比较容易发现，而间断式往往见好就收，在现场不易抓到作案证据；二是由于移相法窃电技术性较高，除了部分用户掌握一定专业知识能利用改变接线移相而达到窃电目的外，还有相当部分是雇用一些所谓窃电专业户，通过利用窃电器使电表在短时间内快速倒转。针对这一类窃电行为，比较有效又简便易行的办法就是采用双向计量电表或采用逆止式电表。采用双向计量电表，移相法窃电使电表倒转时计度器不但不减码反而照常加码，使窃电者得不偿失；若采用逆止式电表，其作用主要就是防倒转。

不足之处主要是：移相法窃电使电表慢转、停转时，本措施无效；旧式普通表要改装成双向计量或加装逆止机构较麻烦，需增加投资；在不同相别的单相电表用户间跨相用电时可能造成计量失准，例如，用电焊机的380 V抽头接入不同相别的单相电表用户间，正常情况下是一个电表正转，另一个电表反转，两个单相电表的计量结果之和为真实电度，而采用双向计量或逆止式电表的计量结果就不能反映真实电度，这一点必须向用户说明。

11.4.2 三相四线用户改用三只单相电表计量

适用于高供低计三相四线供电用户和普通低压三相四线供电用户。和三相三元件电表相比，采用三只单相电表计量有以下好处：

(1)查电比较容易

例如某相电流开路或某相电压开路，三相三元件电表计量的是两相电量，在三相负荷平衡的情况下电表少计1/3，在查电时从直观上是很难觉察的；而采用三只单相电表计量的情况就不同了，当某相电流或电压为零，该相的电表就会马上停转。又如一相TA极性反接，在三相负荷平衡的情况下，三相表计量的是1/3电量，而采用三只单相电表计量时1只电表反转，其他两相则正常计量。类似的情况还有很多，像这些采用各种手法使三相三元件电表慢转的窃电行为，当采用三只单相电表计量时却表现为1个或两个单相表停转或反转。显然，采用三只单相电表计量是比较有利于侦查窃电的。

(2)使窃电比较困难

采用三相三元件电表计量时只有一个电表，而采用三只单相表时的电表数是三相三元件电表数的3倍。如果窃电者采用拆开表壳作案，其相对难度将大得多；如果窃电者故意改变电能表的正常接线或故意制造接线故障，当采用三只单相表计量时，要想做到比较隐蔽，其难度比采用三相二元件电表时要大得多。

(3)使用比较安全

当电能表不经互感器接入时，如果采用三相三元件电表，由于电能表的接线端子距离较近，容易引起相间短路；其次就是当查电或现场带电检查电表时也很容易引起短路。如果改用三只单相电表，表间距离可适当放宽，上述故障的概率就可大大降低。

11.4.3 三相三线用户改用三元件电表计量

采用这一措施的目的是防止欠流法和移相法窃电，适用于低压三相三线用户。

对于低压三相三线用户的电能计量，习惯上通常采用一只三相二元件电表。从原理上讲，无论三相负载是否对称，这种计量方式都是无可非议的。

①由于三相二元件电表只有A相元件和C相元件，B相负载电流没有经过电表，因此，如果在B相与地之间接入单相负载，电表对单相负载的电流就无法计量。

②三相二元件电表A元件的测量功率为$P_A = U_{AB}I_A\cos(30° + \varphi)$，当A相与地之间接入电感负载时，$U_{AB}$与$I_A$的相角差就可能大于90°，即电表可能倒转。因此，窃电者可利用这一原理，在A相接入一台空载运行的电焊变压器或其他类似的大电感负载，如图11.13所示。当三相负载电流较大时，负载电流I_{FA}与电感电流I_C叠加的结果使总电流I_A与U_{AB}的相角差小于90°，电表慢转；而当负载电流较小时，负载电流I_{FA}与电感电流I_L叠加的结果使总电流I_A与U_{AB}的相角差大于90°，电表反转；当负载电流为零时，I_L与U_{AB}的相角差约等于120°，电表反转。

③三相二元件电表 C 元件的测量功率 $P_C = U_{CB}I_C\cos(30° + \psi)$，当 C 相与地之间接入电容时，$I_C$ 超前 U_{CB} 的角度就可能大于 90°，即电表也可能慢转、停转甚至倒转。因此，和 A 相接入电感的原理类似。

如果采用三相三元件电表，电表的测量功率为：

$$\begin{aligned} P &= P_A + P_B + P_C \\ &= U_A I_A \cos\varphi_A + U_B I_B \cos\varphi_B + U_C I_C \cos\varphi_C \end{aligned} \tag{11.6}$$

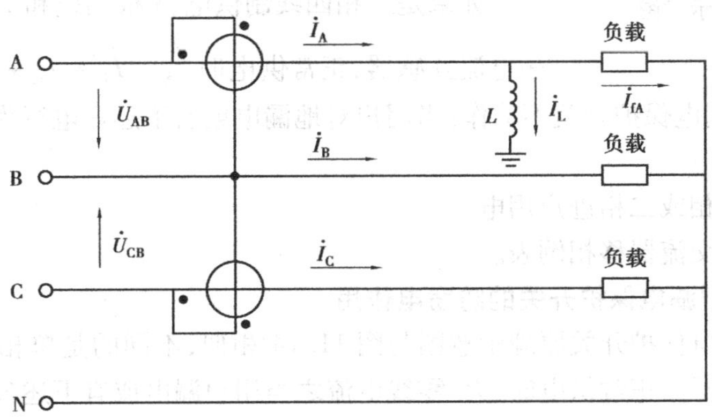

(a)接线图

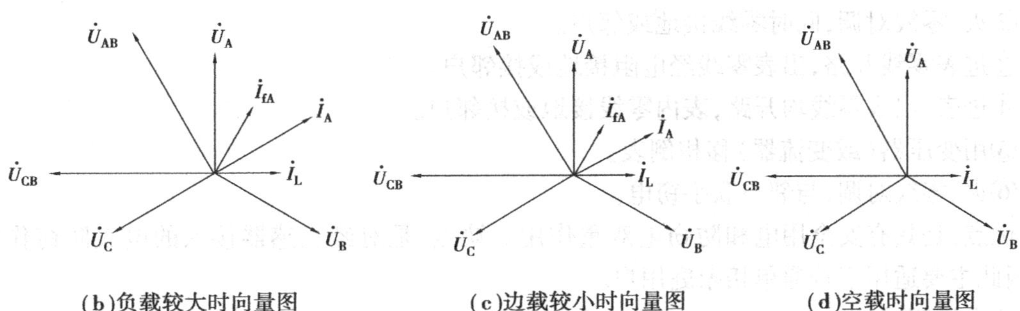

(b)负载较大时向量图　(c)边载较小时向量图　(d)空载时向量图

图 11.13 A 相接入电感及向量图

因为三相均有测量元件，从任何一相接入单相负载都可照常计量；3 个元件的测量功率分别是各自的相电压、相电流与两者夹角余弦的乘积，从任何一相接入电感或电容都不可能使相电压与相电流的相角差大于 90°，因而可有效防止利用电感或电容移相的窃电手法。

11.4.4 低压用户配置漏电保护开关

这项措施可以起到一举多得的作用。既可以起到漏电保护的作用，又可对欠压法、欠流法、移相法窃电起到一定的防范作用。适用于低压三相用户和普通单相用户。

(1)三相电流型漏电保护开关的防窃电作用

三相电流型漏电保护开关工作原理示意图如图 11.14 所示。

采用三相三线制供电时，3 条火线均穿过零序电流互感器 L_0，在正常供电的情况下，$\dot{I}_A + \dot{I}_B + \dot{I}_C = 0$；零序电流互感器二次电流 I_{02} 为零，漏电保护开关不动作；当用户对地漏电或有下

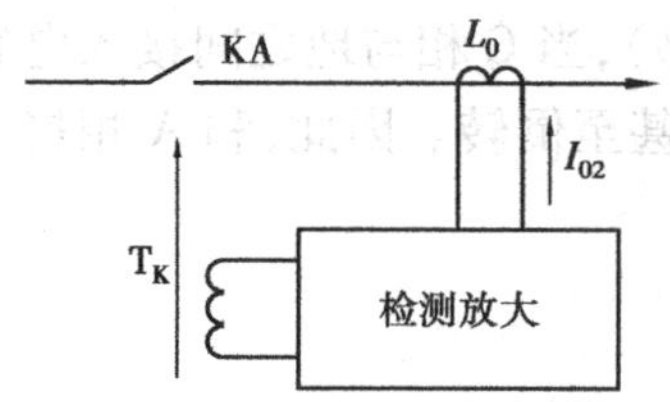

图 11.14 三相电流型漏电保护开关工作原理示意图

述欠流法、移相法窃电而导致三相电流之和不为零时，一旦 I_{02} 大于整定电流 I_{DZ_0}，漏电保护开关将动作跳开 QA。

①从电表前接一相或二相进户与地或邻户零线供单相负载。

②在表后接单相负载。

③用变压器或变流器移相倒表。

如果是三相四线制供电，3 根相线和 1 根零线一同穿过零序电流互感器，正常供电时 $\dot{I}_A + \dot{I}_B + \dot{I}_C + \dot{I}_b = 0$，零序电流互感器二次无输出，漏电保护开关不动作；当用户对地漏电或有下述窃电行为时漏电保护开关可能动作跳闸：

①从表前接一相或二相进户用电。

②用变压器或交流器移相倒表。

(2)**单相电流型漏电保护开关的防窃电作用**

单相电流型漏电保护开关原理示意图与图 11.14 相似，不同的是单相电路只有 1 根火线穿过零序电流互感器。正常供电时，火、零线电流之当用户漏电或有下述欠流法、欠压法、移相法窃电导致火、零线电流之和不为零时，漏电保护开关将动作跳闸：

①从电表前接 1 根火线(或零线)进户。

②火、零线对调，同时零线接地或邻户。

③进表零线开路，出表零线经电阻接地或接邻户。

④进表、出表零线均开路，表内零线接地或接邻户。

⑤用变压器(或变流器)移相倒表。

⑥火、零线对调，与邻户联手窃电。

优点：是具有安全用电和防窃电双重作用。缺点：是对经互感器接入的电表防窃作用不大，因此主要适用于普通单相家庭用户。

几点说明：

①对于分散装表的居民单相用户，应将漏电保护开关与单相电表装于同一地点，以免为窃电者提供方便。

②漏电保护开关不能装在表箱内，而应另设开关箱，因表箱的门锁由供电部门掌握，而开关箱仅作防雨用，不需设锁。

③应定期检查漏电保护开关，保证其工作正常，这样才能使漏电保护开关在出现漏电故障或窃电时能自动跳闸。

11.4.5 采用防窃电表

这一措施主要用于防止欠压法、欠流法和移相法窃电，同时对扩差法窃电也有一定的防范作用。

防窃电表按执行方式区分，主要有 3 种形式：断电式、记录式、报警式。

(1)**防窃电表的基本工作原理**

目前，国内生产的各种类型的防窃电表，其工作原理基本相同，即通过采用电子技术，对接入电表的电压、电流、相位进行取样、检测、比较，然后根据比较结果加以判断和发出指令，由执行元件完成操作任务。当判断有窃电行为时，根据形式不同可完成以下操作任务：

①断电式防窃电表的操作。用户窃电时断路器自动切断用户电路。用户中止窃电后又自动取消断电指令而恢复向用户正常供电。

②记录式防窃电表的操作。用户窃电时自动记录窃电时间（有的还同时记录开表盖时间），以及当时的运行参数。为查处窃电提供证据。

③报警式防窃电表的操作。用户窃电时自动发出声、光信号报警。由于电表正常计量时运行指示灯亮，若窃电者破坏了取样电路，则窃电时虽无声、光报警信号，但也同时切断了运行指示灯电源，因而也同样可起到提示作用。

除了上述3种形式防窃电表，有些电能表的生产厂家只是将普通电表稍作改进窃电起到了一定的作用，但这类电表还不能算作防窃电表。

(2)防窃电功能

防窃电表顾名思义就是既有计量功能又有防窃电功能的电能表。然而任何事物都有它的局限性，防窃电表也不可能对任何窃电手法都能防范。就目前国内生产的各种防窃电表而言，它主要对欠压法窃电、欠流法窃电、移相法窃电手法具有防窃功能。

当窃电者采用扩差法窃电和无表法窃电时防窃电表可能无法测出。

11.4.6 禁止在单相用户间跨相用电

这一措施主要用来防止单相表不规范接线情况下出现的移相法窃电。近年来，有人把单相电焊机的380 V抽头接到不同相别的单相用户间跨相用电，这种做法可能造成计量失准。

(1)正常接线下在单相用户不同路相用电的分析

低压三相四线制（或三相五线制）供电时，单相电能表的接线和有关电压、电流正方向如图11.15所示。

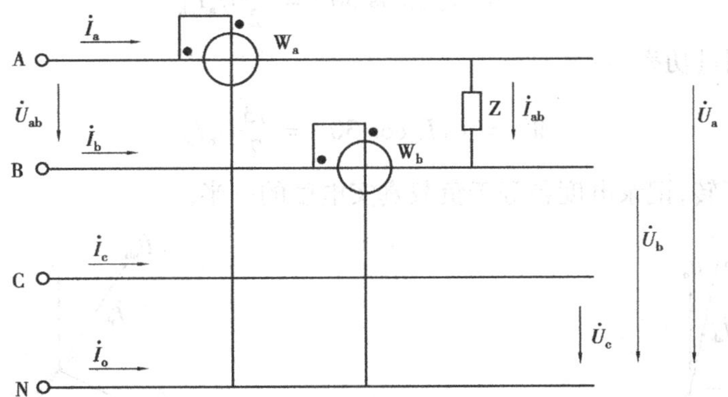

图11.15 跨相负载接线示意图

为了讨论方便，先假设各相的正常单相负荷电流为零，而仅有跨相负荷单独接入电表，然后分析单相负荷和跨相负荷共同作用的情形。其向量图如图11.16所示。

1)电感性跨相负载时的功率表达式

跨相负载的有功功率为：

$$W = U_{ab}I_{ab}\cos\varphi = \sqrt{3}U_aI_{ab}\cos\varphi \tag{11.7}$$

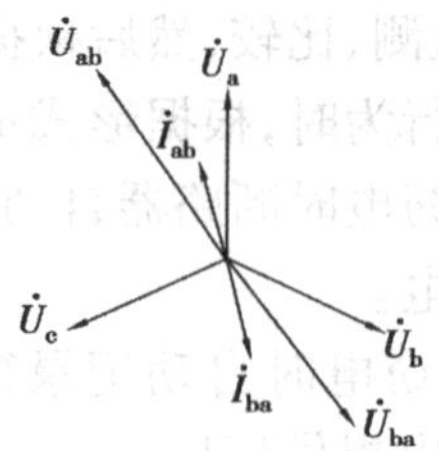

图 11.16　感性负载向量图

A 相电表的测量功率为：

$$W_a = U_a I_{ab}\cos(30° - \varphi) = \sqrt{3}U_a I_{ab}\left(\frac{\sqrt{3}}{2}\cos\varphi + \frac{1}{2}\sin\varphi\right) \tag{11.8}$$

B 相电表的测量功率为：

$$W_b = U_b I_{ab}\cos(30° + \varphi) = \sqrt{3}U_b I_{ab}\left(\frac{\sqrt{3}}{2}\cos\varphi - \frac{1}{2}\sin\varphi\right) \tag{11.9}$$

当 φ 从 0°~90°变化时，A 相电表恒为正转，B 相电表则由正转→停转（φ=60°）→反转，随 φ 角增大而变化，两表记录电度之和等于真实电度，更正系数的一般表达式为：

$$K = \frac{W}{W_a + W_b} = \frac{2 \times \sqrt{3}}{(\sqrt{3} + \tan\varphi) + (\sqrt{3} - \tan\varphi)} = 1 \tag{11.10}$$

2）纯电阻跨相负载时的功率表达式

纯电阻跨相负载向量图如图 11.17 所示。

跨相负载的有功功率为：

$$W = U_{ab}I_{ab}\cos 0° = \sqrt{3}U_a I_{ab} \tag{11.11}$$

A 相电表的测量功率为：

$$W_a = U_a I_{ab}\cos 30° = \frac{\sqrt{3}}{2}U_a I_{ab} \tag{11.12}$$

B 相电表的测量功率为：

$$W_b = U_b I_{ab}\cos 30° = \frac{\sqrt{3}}{2}U_b I_{ab} \tag{11.13}$$

这时两表均正转，记录电度各等于负载真实电度的一半。

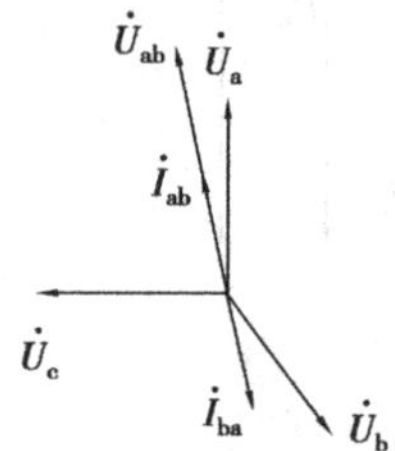

图 11.17　纯电阻跨相负载向量图

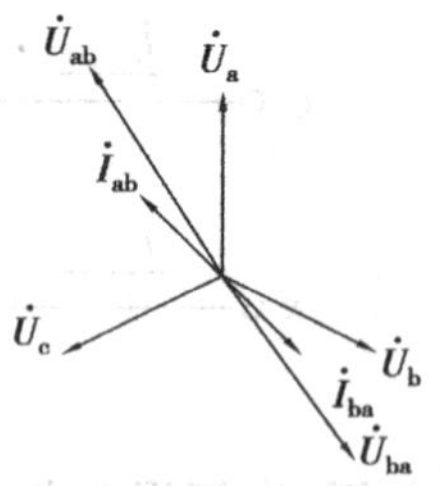

图 11.18　电容性跨相负载向量图

3）电容性跨相负载时的功率表达式

电容性跨相负载向量图如图 11.18 所示。跨相负载的有功功率为：

$$W = U_{ab}I_{ab}\cos\varphi = \sqrt{3}U_a I_{ab}\cos\varphi \tag{11.14}$$

A 相电表的测量功率为：

$$
\begin{aligned}
W_a &= U_a I_{ab}\cos(30° + \varphi) \\
&= U_a I_{ab}\left(\frac{\sqrt{3}}{2}\cos\varphi - \frac{1}{2}\sin\varphi\right)
\end{aligned}
\tag{11.15}
$$

B 相电表的测量功率为：

$$
\begin{aligned}
W_a &= U_a I_{ab}\cos(30° - \varphi) \\
&= U_a I_{ab}\left(\frac{\sqrt{3}}{2}\cos\varphi + \frac{1}{2}\sin\varphi\right)
\end{aligned}
\tag{11.16}
$$

当 φ 从 0°～90°变化时，A 相电表由正转→停转（$\varphi=60°$）→反转而转化，B 相电表则恒为正转，两表记录电度之和等于真实电度。

4）跨相负载和单相负载共同作用的情形

如果单相用户原有一定负荷，当接入跨相负荷后，单相电表的运行工况也会发生变化。例如，假设原来 A 相负荷电流为 I_{af}，电流落后电压 30°，B 相负荷则为零。当跨相接入电流为 I_{ab} 的纯电阻负载后，有关电压、电流向量图如图 11.19 所示（假设 $I_{ab}=I_{af}=I$）。

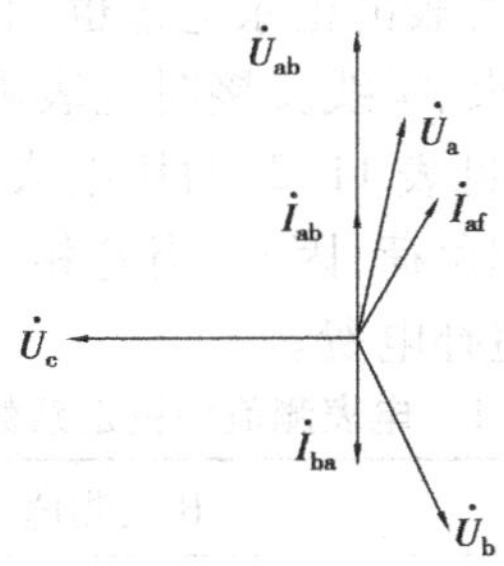

图 11.19　跨相和单相负载向量图

跨相负载和单相负载的真实功率为：

$$
W = \sqrt{3}U_a I_{ab}\cos 0° + U_a I_{af}\cos 30° = \sqrt{3}UI + \frac{\sqrt{3}}{2}UI \tag{11.17}
$$

A 相电表的测量功率为：

$$
W_a = U_a I_{ab}\cos 30° + U_a I_{af}\cos 30° = \sqrt{3}UI \tag{11.18}
$$

B 相电表的测量功率为：

$$
W_b = U_b I_{ab}\cos 30° = \frac{\sqrt{3}}{2}UI \tag{11.19}
$$

这时 A 相电表正转，B 相电表也正转，两表记录电能之和仍等于真实电能。

就一般情况而言，单相用户的电表为图 11.19 所示的接法，正常运行时电表正转，当跨相接入别的负荷后，随着跨相接入负载的性质和负荷电流大小不同，电表格在原有负荷和跨相负荷电流的共同作用下重新决定其转向和转速，两表记录电能之和则仍等于真实电能。

(2)单相电表火、零线反接时跨相用电的分析

单相电表在实际接线中可能出现火线和零线反接情况，但是，在这种接线方式下如出现跨相用电，情况就不同了。例如，有两个单相用户，甲表接于 A 相，其火线和零线反接；乙表接于 B 相，采用常规接线。现有一电感性负载跨接于甲、乙两表负荷侧的火线间，在此跨相负载单

独作用下,甲表记录电量为零(停转),而乙表记录电量为:

$$W_{hb} = U_b I_{ab}\left(\frac{\sqrt{3}}{2}\cos\varphi - \frac{1}{2}\sin\varphi\right)t \tag{11.20}$$

此时的更正系数为:

$$\begin{aligned} K &= \frac{\sqrt{3}UI\cos\varphi t}{UI\left(\frac{\sqrt{3}}{2}\cos\varphi - \frac{1}{2}\sin\varphi\right)t} \\ &= \frac{2\sqrt{3}}{\sqrt{3} - \tan\varphi} \end{aligned} \tag{11.21}$$

从更正系数的表达式可以看出,当 $\varphi < 60°$时正转,$\varphi > 60°$时反转,而 $\varphi = 60°$时电表停转(即此时甲、乙两表均停转),更正系数无穷大,根本无从知道实用电量。如果单相用户原有一定负荷,则甲表对正常单相负荷仍可照常记录,只是因为跨相负荷电流没有流经其电流线圈便无法参与作用;而乙表将受跨相负荷和本身单相负荷的共同作用决定其记录电量,两者的作用可能相加也可能相减,两种负载也不可能长期恒定不变,因而无法通过乙表的记录电量和更正系数求出跨相负载的真实电量,同时乙表的记录电量也无法反映其本身单相负载的真实电量。在跨相负载的单独作用下,A 相电表火、零线反接时电表测值及更正系数见表 11.1;B 相电表火、零线反接时电表测值及更正系数见表 11.2;两块电表均反接时测值均为零。通常在一个月的抄表周期内往往不可能仅有跨相负荷,因此,当跨相负荷造成单相电表计量失准后,也就很难通过抄见电量和更正系数计算追补电费。

表 11.1　电表测值和更正系数(1)

负载性质	A 表测值	B 表测值	更正系数
电感性	0	$U_a I_{ab}\left(\frac{\sqrt{3}}{2}\cos\varphi - \frac{1}{2}\sin\varphi\right)t$	$\frac{2\sqrt{3}}{\sqrt{3}+\tan\varphi}$
电容性	0	$U_a I_{ab}\left(\frac{\sqrt{3}}{2}\cos\varphi + \frac{1}{2}\sin\varphi\right)t$	$\frac{2\sqrt{3}}{\sqrt{3}-\tan\varphi}$
纯电阻	0	$\frac{\sqrt{3}}{2}U_a I_{ab}$	2

表 11.2　电表测值和更正系数(2)

负载性质	B 表测值	A 表测值	更正系数
电感性	0	$U_a I_{ab}\left(\frac{\sqrt{3}}{2}\cos\varphi + \frac{1}{2}\sin\varphi\right)t$	$\frac{2\sqrt{3}}{\sqrt{3}-\tan\varphi}$
电容性	0	$U_a I_{ab}\left(\frac{\sqrt{3}}{2}\cos\varphi - \frac{1}{2}\sin\varphi\right)t$	$\frac{2\sqrt{3}}{\sqrt{3}+\tan\varphi}$
纯电阻	0	$\frac{\sqrt{3}}{2}U_a I_{ab}$	2

11.4.7　防窃电新技术、新产品应用介绍

国内的一些生产厂家在市场经济的引导下也开发研制了不少功能较完善且防窃电效果较好的多种防窃电新产品。根据目前已搜集的信息，国内近几年已投入市场的防窃电产品按其功能实现的方式可归纳为外围防护型、功能集成型、在线监测型、现场检验型共 4 种类型。

(1)外围防护型

外围防护型主要有各类防窃电电表箱、计量箱和配套的防伪封印、箱门锁头，构成外围防护系统。其思路是对计量装置加强防护，使窃电者难以下手，有效防止窃电行为。有关产品举例如下：

1)智能控制计量箱

智能控制计量箱与本章第一节介绍的专用计量箱相比，其防窃电作用范围相同，即对 5 种常见窃电手法均有防范作用；这种计量箱具有以下几个明显特点：

①采用保险柜式结构，其箱体机械强度高，经久耐用，还具有闭锁、防撬等功能，有效防护计量装置；

②采用电子密码钥匙控制，正常状态下(箱门不开启)不上电，具有无误动作、寿命长、免维护等特点；

③通过智能控制装置，当表格门被非法打开后自动断电，且无法自行恢复送电；

④电子密码钥匙授权方式和改码方便灵活且便于保密。

2)全封闭防伪封印

全封闭防伪封印与旧式铅封及本章第三节介绍的防撬铅封相比，其防窃电功能和适用范围基本相同，而其功能实现的方式却有本质上的区别。

防窃电预付费 PC 计量箱(见图 11.20)是一种每户用电计量装置。防窃电计量箱分计量部分和控制部分，计量部分加装保险锁及铅封钉，保险锁钥匙由电业部门收管，同时加上铅封。能有效地防止窃电。从根本上消除了固窃电而造成的不良后果，为安全、有序、节约用电提供了保障。

其特征在于它由箱体、保险锁、铅封钉、防漏电断路器、出线及短路过载保护断路器；箱体用 SMC、PC、金属等材质加工而成，箱体被设计成进线、计量、出线间隔的 3 个部分。计量部分，可开关门上装的玻璃观察窗，加有保险锁及铅封钉，右边为带塑料翻盖门的控制部分，装有具有短路过载保护的断路器或同时具备防漏触电的漏电断路器。如图 11.21 所示，是防窃电预付费 PC 计量箱实地安装情况示意图。

(2)功能集成型

功能集成型主要有各种单相、三相防窃电电能表。由于其设计思路是在电能表所具有的电能计量功能的基础上增加防窃电功能，所以称为功能集成型。窃电的判据主要是引入电表的电压、电流、相角三要素。根据对判定窃电的执行方式又可分为断电式、记录式和报警式 3 种。

①断电式：判定用户窃电时自动断电，用户停止窃电时又自行恢复送电。

②记录式：判定用户窃电时自动记录，包括窃电时间，窃电时的运行参数等。

③报警式：判定用户窃电时自动报警，发出灯光报警和声音报警信号。这类防窃电表对欠压法、欠流法、移相法和扩差法窃电均有一定的防范作用，为供电企业及时准确查获窃电行为

和追补电量提供依据，因其本身是电能表，适用于各类不同计量方式的用户。

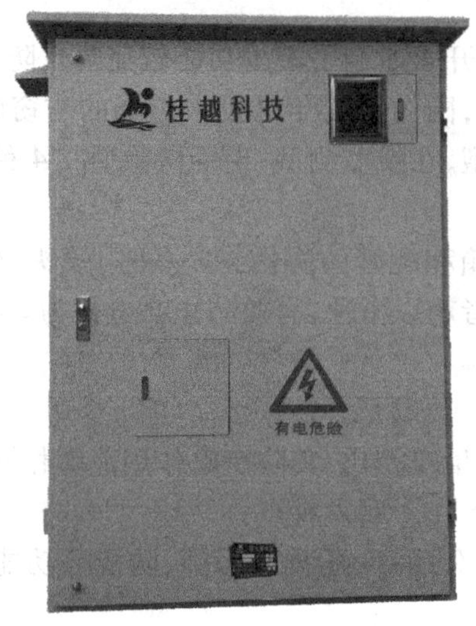

(a)预付费计量箱

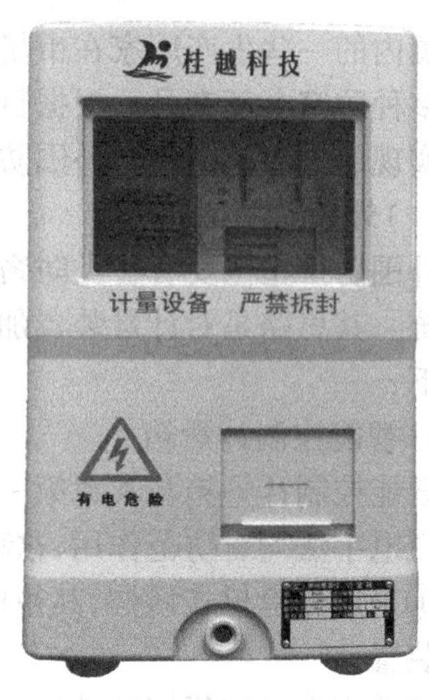

(b)单相1位-SMC

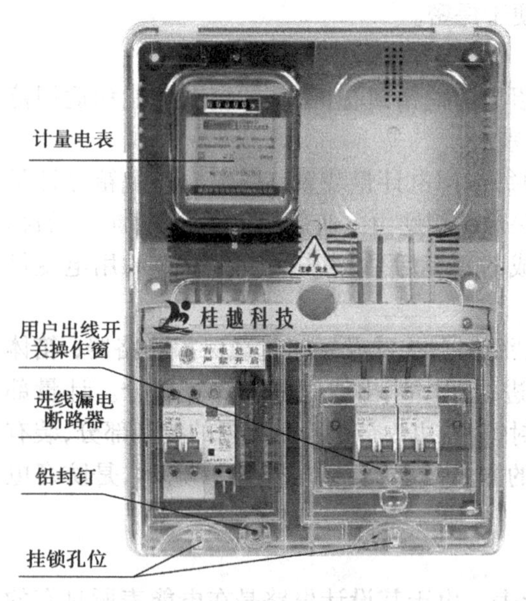

(c)计量PC电表箱

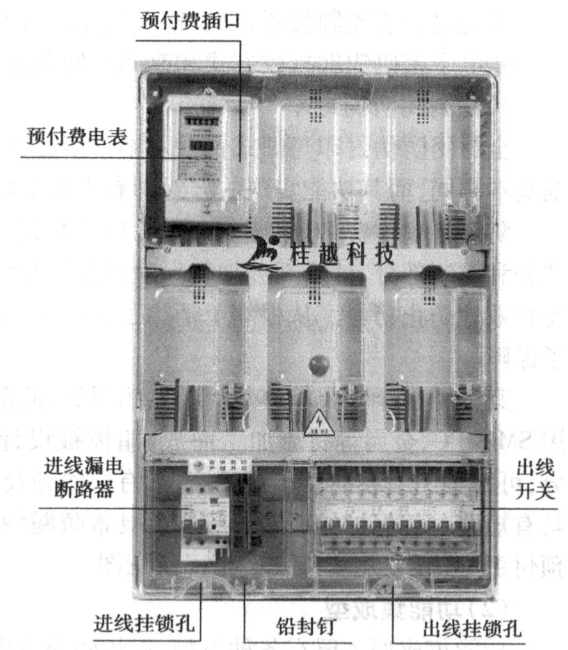

(d)防窃电预付费PC计量箱

图 11.20　多种防窃电电表箱实物图

另外，目前正在推广应用的远程秒表系统，由于具有对用户电量的实时监测功能，对用户电量突然变化能够及时发现，为及时查获窃电行为和及时发现计量装置故障提供了更为科学和更为实用的手段，也是防窃电新技术的一个发展方向。

远方抄表系统是通过 RS-485 数据通信接口或其他多种接口方式，系统的终端能够抄录表计提供的各项示度数据，包括正向有功、正向有功需量，正向无功、反向有功、反向无功、瞬时电压、瞬时电流等电能表能够通过RS-485或其他接口输出的数据。

图11.21　防窃电预付费PC计量箱实地安装情况图

支持手动实时抄表、自动定时抄表、预约抄表等多种方式。自动定时抄表失败时能按照供电部门设定的程序自动补抄，补抄失败则提供失败名单。在一个终端下可以挂接多个表计和多个采集器，一个采集器下可以挂接多个电能表，从而实现变电站集抄功能和居民集中抄表功能。

异常信息报警功能。终端实时采集、分析表计数据。一旦报警的条件满足，终端立即主动上报异常报警。终端把异常发生时客户的电量信息一起上报主站，以起到保护现场的作用。主站收到异常报警后，能够把异常信息用短信的方式，发给相关负责人。当报警的条件消失后，终端会主动上送异常恢复信息。系统能提供多种异常报警，供电部门可根据实际情况，合理配置。

①计量箱门及表盖非法打开报警。

②终端上电、停电报警。

③表计故障报警。

④终端编程时间更改报警。

⑤客户电量突变报警。

⑥电能表停走报警。

⑦计量装置参数更改报警。

⑧电能表通信异常报警。

⑨电能表失压断流报警。

⑩负荷过载报警。

线损分析功能。馈线线损是配网管线中至关重要的一个环节，但由于馈线运行方式的复杂性和缺乏有效的远抄方式，一直是供电部门管理中的一大难题。该系统有效地解决了这一问题，能自动为供电部门提供实时、有效的馈线线损，为供电部门提供决策依据。

远方控制功能。供电部门可在单位里控制客户停电、送电，使工作人员能及时对违约用电的客户进行停电和违约处理后及时送电给客户，大大提高了工作效率。

(3)**在线监测型**

在线监测型又可分为远方监测型和就地监测型。通过对电能计量装置运行参数的实时在线监测，判断计量装置是否正常或有无窃电。

1)远方监测型

远方监测型主要有计量装置远方监测仪、负荷监控系统和电能计量异常运行监测仪。计量装置远方监测仪通过对计量回路实时监测并存储监测数据，抄表机抄录监测数据并输入主站计算机，给出窃电综合报表，三者构成供电计量回路远传监测系统，远传通道采用有线载波。负荷监控系统通过在用户计量点增加一套电量采集回路，并将两套电量信息通过无线电传送给主站计算机，实现对用户的远方实时监控。电能计量装置异常运行监测仪通过对用户计量装置在线实时监测，一旦发现计量装置运行异常，即可通过移动通信网给查电人员发短信息，告知某用户计量异常，同时另发一条短信至主站计算机，由计算机记录存档并加发一条短信给查电人员。远方监测方式主要优点是便以融入配网自动化，但投资较多。从可靠性来说，载波通道易受系统运行方式改变的影响，无线电通道易受外界干扰，移动通信通道的可靠性较高，但也存在一些盲区。

2)就地监测型

就地监测型主要有电能表现场监测仪和智能式断压、断流误接线计时仪。前者用于就地监测电能表电压、电流输入情况，并可对各种工作状态进行判断记录和打印结果。后者用于监视计量回路的运行状态，并对各种非正常运行状态自行记录和就地显示。就地监测型主要优点是经济实用，投资回报率较高易以推广应用。

(4)**现场检验型**

现场检验型主要有低压计量故障分析仪和检测仪，是侦查窃电的专用仪器，具有电流表、电压表、相位表、电能表的所有检测功能，而且更加直观方便，功能还有所扩展。现以计量故障分析仪举例如下：

计量故障分析仪作为侦查窃电的专用仪器，可用于检测分析欠压法、欠流法、移相法和扩差法窃电。适用于检测高供低计和其他低压用户的计量一、二次回路。并可对高供高计用户进行接线判别和误差对比。实际操作时不必打开电能表和改变计量回路接线而直接在线实测，在屏幕上可直接显示各相电压、电流、功率和相量图、功率因数、功率总加，配合钳形电流互感器可直接实测低压TA变比和间接测量高压TA变比，通过误差测试还可现场检验电能表。由于该仪器按便携式设计，体积小，质量轻，携带方便；而且功能比较完善，操作十分简便，各种电参量显示一目了然，分析各种计量异常情况事半功倍。

任何一种防窃电产品都不可能对所有的窃电手法起防范作用，而且每一种防窃电技术措施也有一定的局限性，因而就有必要采用多种防窃电技术措施配合和选用多种防窃电产品进行合理配置，现场检验型防窃电产品作为一种现场侦查窃电的专用仪器，就是一种防治窃电的补充手段，从而构成比较完整的防范系统，这样才能达到更好的防窃电效果。

本章小结

低压电网的漏电保护是指当电网发生对地漏电并到一定程度时，为避免人身触电和设备损坏而采取的技术防范措施。因而漏电保护的目的应是能够有效地防止各种因电网漏电可能造成的危害后果的发生。

当用电设备没有漏电时，穿越铁芯中电源线的电流 I 大小相等，方向相反，故它们所产生的磁场彼此抵消，因此，二次线圈中无感应电势产生，二次回路中也将无电流流过。可是，当受电设备发生漏电时，电源线流入的电流为 I，流出的电流为 I 减去漏电电流 I_K，即 $I_{回} = I - I_K$，于是，铁芯中将有磁场，该磁场在二次线圈中产生感应电势，二次回路中有电流流过。

电能表俗称电度表，是电能计量装置的核心部分。其作用是计量负载消耗的或电源发出的电能。包括单相有功电能的计量，三相四线制电路有功电能的测量。

常见的是从电能计量的基本原理入手。一个电能表计量电量的多少，主要决定于电压、电流、功率因数三要素和时间的乘积，只要改变三要素中的任何一个要素都可以使电表慢转、停转甚至反转。

思考与练习

11.1　什么是漏电保护？为什么要进行漏电保护？

11.2　漏电保护器主要分为哪几种？分别说明其判断漏电的依据？

11.3　三相四线制接线的电能计量有哪几种方法？试述各种方法的区别。

11.4　三相四线制电路能不能采用二表法测量电能？在哪种情况下可以采用？

11.5　提高电表计量精度的方法有哪些？

11.6　防窃电有哪些措施？

11.7　试举例说出几种新型的防窃电装置，并分析其原理。

附　录

附录1　需要系数和二项式系数

附表1.1　用电设备组的需要系数、二项式系数及功率因数值

用电设备组名称	需要系数 K_d	二项式系数		最大容量设备台数 x[①]	cos φ	tan φ
		b	c			
小批生产的金属冷加工机床	0.16～0.2	0.14	0.4	5	0.5	1.73
大批生产的金属冷加工机床	0.18～0.25	0.14	0.5	5	0.5	1.73
小批生产的金属热加工机床	0.25～0.3	0.24	0.4	5	0.6	1.33
大批生产的金属热加工机床	0.3～0.35	0.26	0.5	5	0.65	1.17
通风机、水泵、空压机及电动发电机组	0.7～0.8	0.65	0.25	5	0.8	0.75
非连锁的连续运输机械及铸车间整砂机械	0.5～0.6	0.4	0.4	5	0.75	0.88
连锁的连续运输机械及铸车间整砂机械	0.65～0.7	0.6	0.2	5	0.75	0.88
锅炉房和机加工、机修、装配等类车间的吊车(e=25%)	0.1～0.15	0.06	0.2	3	0.5	1.73
铸造车间的吊车(e=25%)	0.15～0.25	0.09	0.3	3	0.5	1.73
自动连续装料的电阻炉设备	0.75～0.8	0.7	0.3	2	0.95	0.33
非自动连续装料的电阻炉设备	0.65～0.7	0.7	0.3	2	0.95	0.33
实验室用的小型电热设备(电阻炉、干燥箱等)	0.7	0.7	0	—	1.0	0
工频感应电炉(未带无功补偿装置)	0.8	—	—	—	0.35	2.68

续表

用电设备组名称	需要系数 K_d	二项式系数		最大容量设备台数 x①	cos φ	tan φ
		b	c			
高频感应电炉(未带无功补偿装置)	0.8	—	—	—	0.6	1.33
电弧熔炉	0.9	—	—	—	0.87	0.57
点焊机、缝焊机	0.35	—	—	—	0.6	1.33
对焊机、铆钉加热机	0.35	—	—	—	0.7	1.02
自动弧焊变压器	0.5	—	—	—	0.4	2.29
单头手动弧焊变压器	0.35	—	—	—	0.35	2.68
多头手动弧焊变压器	0.4	—	—	—	0.35	2.68
单头弧焊电动发电机组	0.35	—	—	—	0.6	1.33
多头弧焊电动发电机组	0.7	—	—	—	0.75	0.88
生产厂房及办公室、阅览室、实验室照明②	0.8~1	—	—	—	1.0	0
变配电所、仓库照明②	0.5~0.7	—	—	—	1.0	0
宿舍(生活区)照明②	0.6~0.8	—	—	—	1.0	0
室外照明、应急照明②	1	—	—	—	1.0	0

注:①如果用电设备组的设备总台数 $n<2x$ 时,则最大容量设备台数取 $x=n/2$,且按“四舍五入”修约规则取整数;

②这里是 cos φ 和 tan φ 值均为白炽灯照明数据。若为荧光灯照明,则 cos $\varphi=0.9$,tan $\varphi=0.48$;若为高压汞灯、钠灯,则 cos $\varphi=0.5$,tan $\varphi=1.73$。

附表 1.2 部分工厂的全厂需要系数、功率因数及年最大有功负荷利用小时参考值

工厂类别	需要系数	功率因数	年最大有功负荷利用小时数	工厂类别	需要系数	功率因数	年最大有功负荷利用小时数
汽轮机制造厂	0.38	0.88	5 000	量具刃具制造厂	0.26	0.60	3 800
锅炉制造厂	0.27	0.73	4 500	工具制造厂	0.34	0.65	3 800
柴油机制造厂	0.32	0.74	4 500	电机制造厂	0.33	0.65	3 000
重型机械制造厂	0.35	0.79	3 700	电器开关制造厂	0.35	0.75	3 400
重型机床制造厂	0.32	0.71	3 700	电线电缆制造厂	0.35	0.73	3 500
机床制造厂	0.2	0.65	3 200	仪器仪表制造厂	0.37	0.81	3 500
石油机制造厂	0.45	0.78	3 500	滚珠轴承制造厂	0.28	0.70	5 800

附录2 并联电容器的技术数据

附表 2.1 并联电容器的无功补偿率

补偿前的功率因数	补偿后的功率因数				补偿前的功率因数	补偿后的功率因数			
	0.85	0.90	0.95	1.00		0.85	0.90	0.95	1.00
0.60	0.713	0.849	1.004	1.333	0.76	0.235	0.371	0.526	0.85
0.62	0.646	0.782	0.937	1.266	0.78	0.182	0.318	0.473	0.80
0.64	0.581	0.717	0.872	1.206	0.80	0.130	0.266	0.421	0.75
0.66	0.518	0.654	0.809	1.138	0.82	0.078	0.214	0.369	0.69
0.68	0.458	0.594	0.749	1.078	0.84	0.026	0.162	0.317	0.64
0.70	0.400	0.536	0.691	1.020	0.86	—	0.109	0.264	0.59
0.72	0.344	0.480	0.635	0.964	0.88	—	0.056	0.211	0.54
0.74	0.289	0.425	0.580	0.909	0.90	—	0.000	0.155	0.48

附表 2.2 并联电容器的技术数据

型号	额定容量 /(kV·A)	额定电容 /μF	型号	额定容量 /(kV·A)	额定电容 /μF
BW0.4-12-3	12	240	BWF6.3-40-1W	40	3.2
BW0.4-14-3	14	280	BWF6.3-50-1W	50	4.0
BCMJ0.4-10-3	10	200	BWF6.3-100-1W	100	8.0
BCMJ0.4-12-3	12	240	BWF6.3-120-1W	120	9.6
BCMJ0.4-14-3	14	280	BWF10.5-25-1W	25	0.72
BCMJ0.4-16-3	16	320	BWF10.5-30-1W	30	0.86
BCMJ0.4-20-3	20	400	BWF10.5-40-1W	40	1.15
BCMJ0.4-25-3	25	500	BWF10.5-50-1W	50	1.44
BWF6.3-25-1W	25	2.0	BWF10.5-100-1W	100	2.89
BWF6.3-30-1W	30	2.4	BWF10.5-120-1W	120	3.47

附录3 S9 系列6～10 kV级铜绕组低损耗电力变压器的技术数据

额定容量/(kV·A)	额定电压/kV 一次	额定电压/kV 二次	连接组标号	空载损耗/W	负载损耗/W	阻抗电压/%	空载电流/%
30	11、10.5、10、6.3、6	0.4	Yyno	130	600	4	2.1
50			Yyno	170	870	4	2.0
63			Yyno	200	1 040	4	1.9
80			Yyno	240	1 250	4	1.8
100			Yyno	290	1 500	4	1.6
			Dynll	300	1 470	4	4
125			Yyno	340	1 800	4	1.5
			Dynll	360	1 720	4	4
160			Yyno	400	2 200	4	1.4
			Dynll	430	2 100	4	3.5
200			Yyno	480	2 600	4	1.3
			Dynll	500	2 500	4	3.5
250			Yyno	560	3 050	4	1.2
			Dynll	600	2 900	4	3
315			Yyno	670	3 650	4	1.1
			Dynll	720	3 450	4	3
400			Yyno	800	4 300	4	1.0
			Dynll	870	4 200	4	3
500			Yyno	960	5 100	4	1.0
			Dynll	1 030	4 950	4	3
630			Yyno	1 200	6 200	4.5	0.9
			Dynll	1 300	5 800	5	1.0
800			Yyno	1 400	7 500	4.5	0.8
			Dynll	1 400	7 500	5	2.5
1 000			Yyno	1 700	10 300	4.5	0.7
			Dynll	1 700	9 200	5	1.7
1 250			Yyno	1 950	12 000	4.5	0.6
			Dynll	2 000	11 000	5	2.5
1 600			Yyno	2 400	14 500	4.5	0.6
			Dynll	2 400	14 000	6	2.5
2 000			Yyno	3 000	1 800	6	0.8
			Dynll	3 000	1 800	6	0.8
2 500			Yyno	3 500	2 500	6	0.8
			Dynll	3 500	2 500	6	0.8

附录4 常用高压断路器的技术数据

类别	型号	额定电压/kV	额定电流/A	开断电流/kA	断流容量/(MV·A)	极限通过电流峰值/kA	热稳定电流/kA	应有分闸时间/s	合闸时间/s	配用操动机构型号
少油户外	SW2-35/1000	35	1 000	16.5	1 000	45	16.5(4 s)	≤0.06	≤0.4	CT2-XG
	SW2-35/1500		1 500	24.8	1 500	68.4	24.8(4 s)			
少油户内	SN10-35 Ⅰ	35	1 000	16	1 000	45	16(4 s)	≤0.06	≤0.2	CT10
	SN10-35 Ⅱ		1 250	20	1 000	50	20(4 s)		≤0.25	CT10Ⅳ
	SN10-10 Ⅰ	10	630	16	300	40	16(4 s)	≤0.06	≤0.15	CT8
			1 000	16	300	40	16(4 s)		≤0.2	CD10 Ⅰ
	SN10-10 Ⅱ		1 000	31.5	500	80	31.5(2 s)	≤0.06	≤0.2	CD10 Ⅰ、Ⅱ
	SN10-10Ⅲ		1 250	40	750	125	40(2 s)	≤0.07	≤0.2	CD10Ⅲ
			2 000	40	750	125	40(4 s)			
			3 000	40	750	125	40(4 s)			
真空户内	ZN5-10/630	10	630	20		50	20(2 s)	≤0.05	≤0.1	专用 CD 型
	ZN5-10/1000		1 000	20		50	20(2 s)			
	ZN5-10/1250		1 250	25		63	25(2 s)			
	ZN12-10/1250		1 250	31.5		80,	31.5(4 s)			
	ZN12-10/2000		2 000							
	ZN12-10/2500		2 500	40		100	40(4 s)			
	ZN12-10/3150		3 150							
六氟化硫(SF_6)户内	LN2-35 Ⅰ	35	1 250	16		40	16(4 s)	≤0.06	≤0.15	CT12-Ⅱ
	LN2-35 Ⅱ		1 250	25		63	25(4 s)			
	LN2-35Ⅲ		1 600	25		63	25(4 s)			

附录5 常用高压隔离开关的技术数据

型 号	额定电压/kV	额定电流/A	极限通过电流		5 s 热稳定电流 /kA	操动机构型号
			峰值	有效值		
GN § -6T/200	6	200	25.5	14.7	10	CS6-ⅠT (CS6-Ⅰ)
GN § -6T/400		400	40	30	14	
GN § -6T/600		600	52	30	20	
GN § -10T/200	10	200	25.5	14.7	10	CS6-ⅠT (CS6-Ⅰ)
GN § -10T/400		400	40	30	14	
GN § -10T/600		600	52	30	20	
GN § -10T/1000		1000	75	43	30	

附录6 照明技术数据

附表6.1 工作场所作业面上的照明标准(GB 50034—1992)

视觉作业特性	识别对象的最小尺寸 d/mm	视觉作业分类		亮度对比	照度范围/lx					
		等	级		混合照明			一般照明		
特别精细作业	$d \leq 0.15$	Ⅰ	甲	小	1 500	2 000	3 000	—	—	—
			乙	大	1 000	1 500	2 000	—	—	—
很精细作业	$0.15 < d \leq 0.3$	Ⅱ	甲	小	750	1 000	1 500	200	300	500
			乙	大	500	750	1 000	150	200	300
精细作业	$0.3 < d \leq 0.6$	Ⅲ	甲	小	500	750	1 000	150	200	300
			乙	大	300	500	750	100	150	200

附表6.2 一般生产车间工作面上的照度标准(GB 50034—1992)

视觉作业特性	识别对象的最小尺寸 d/mm	视觉作业分类		亮度对比	照度范围/lx					
		等	级		混合照明			一般照明		
一般精细作业	$0.6 < d \leq 1.0$	Ⅳ	甲	小	300	500	750	100	150	200
			乙	大	200	300	500	75	100	150
一般作业	$1.0 < d \leq 2.0$	Ⅴ	—	—	150	200	300	50	75	100

续表

视觉作业特性	识别对象的最小尺寸 d/mm	视觉作业分类		亮度对比	照度范围/lx					
		等	级		混合照明			一般照明		
较粗糙作业	$2.0 < d \leq 5.0$	Ⅵ	—	—	—	—	—	30	50	75
粗糙作业	$d > 5.0$	Ⅶ	—	—	—	—	—	20	30	50
一般观察生产过程	—	Ⅷ	—	—	—	—	—	10	15	20
大件储存	—	Ⅸ	—	—	—	—	—	5	10	15
有自行发光材料的车间	—	Ⅹ	—	—	—	—	—	30	50	75

参考文献

[1] 唐志平,杨胡萍,等. 供配电技术[M]. 北京:电子工业出版社,2006.

[2] 李友文. 工厂供电[M]. 北京:化学工业出版社,2006.

[3] 刘介才. 工厂供电[M]. 北京:机械工业出版社,2013.

[4] 柳春生. 现代供配电系统实用与新技术问答[M]. 北京:机械工业出版社,2008.

[5] 王玉华,赵志英,等. 工厂供配电[M]. 北京:北京大学出版社,中国林业出版社,2006.

[6] 孟祥忠. 现代供配电技术[M]. 北京:清华大学出版社,2006.

[7] 张莹,等. 工厂供电技术[M]. 北京:电子工业出版社,2006.

[8] 柳春生. 现代实用供配电系统实用与新技术问答[M]. 北京:机械工业出版社,2008.

[9] 李景村. 防治窃电应用技术与实例[M]. 北京: 中国水利水电出版社,2004.

[10] 覃汉. 铝电解大电流晶闸管整流的电力谐波与无功补偿[J]. 流技术与电力牵引,2006(6).

[11] 海涛,等. 多单片机复合电容补偿装置[J]. 电世界,2009,50:7-9.

[12] 海涛,黄新迪,骆武宁,等. 基于 AVR 单片机三相功率因数测算的研究[J]. 陕西电力,2008(11).

[13] 海涛,闭耀宾,骆武宁,等. 准同期并网三相不平衡问题的优化[J]. 电力系统保护与控制,2009,37:70-73.

[14] 海涛,邵红硕,陈明媛,等. 一种新型高精度电压补偿装置的研究[J]. 低压电器,2011(14):39-42.

[15] 陈宏,海涛,陈快,等. 准同期并网中小容量发电机组频率不稳定性研究[J]. 陕西电力. 2012,40(3):31-34.